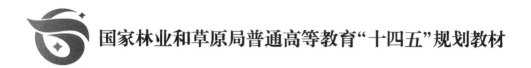

国家林业和草原局普通高等教育"十四五"规划教材

城乡协同生态学

曹子林　杨桂英　主编

内 容 提 要

城乡协同发展是国家现代化发展的必然要求。本教材针对城乡发展不协同的现状，以城乡生态系统为对象，研究城乡生态系统的组成、结构与功能，城乡生态系统的演变趋势及其产生的生态环境及社会经济问题，提出城乡生态功能区划、协同整治以及生态系统管理，最终实现城乡协同发展与一体化以及城乡社会现代化。本教材契合新时代乡村振兴战略、城乡发展一体化及实现社会主义现代化等主题，适于高等院校生态学、环境科学、水土保持与荒漠化防治等专业的专业课教材，也可供从事农业、林业和城乡生态建设与管理人员参考。

图书在版编目(CIP)数据

城乡协同生态学 / 曹子林，杨桂英主编．—北京：中国林业出版社，2024.11
国家林业和草原局普通高等教育"十四五"规划教材
ISBN 978-7-5219-2692-7

Ⅰ.①城… Ⅱ.①曹… ②杨… Ⅲ.①生态环境–城乡建设–中国–高等学校–教材 Ⅳ.①X21

中国国家版本馆 CIP 数据核字(2024)第 088977 号

责任编辑：范立鹏
责任校对：苏　梅
封面设计：周周设计局

出版发行：中国林业出版社
　　　　　（100009，北京市西城区刘海胡同 7 号，电话 83143626）
电子邮箱：jiaocaipublic@163.com
网　址：https://www.cfph.net
印　刷：北京中科印刷有限公司
版　次：2024 年 11 月第 1 版
印　次：2024 年 11 月第 1 次
开　本：787mm×1092mm　1/16
印　张：19.25
字　数：460 千字
定　价：56.00 元

《城乡协同生态学》编写人员

主　　编：曹子林　杨桂英

副主编：梁启斌　廖周瑜　王　妍

编　　委：(以姓氏拼音排序)
　　　　　曹光球（福建农林大学）
　　　　　曹子林（西南林业大学）
　　　　　陈志钢（西南林业大学）
　　　　　何子怡（中国建筑设计研究院）
　　　　　雷雅凯（河南农业大学）
　　　　　梁启斌（西南林业大学）
　　　　　廖周瑜（西南林业大学）
　　　　　刘　娟（中国建筑设计研究院）
　　　　　宋娅丽（西南林业大学）
　　　　　涂　璟（安徽工程大学）
　　　　　王晓丽（西南林业大学）
　　　　　王　妍（西南林业大学）
　　　　　杨桂英（西南林业大学）
　　　　　于福科（云南大学）

主　　审：王克勤（西南林业大学）

前　言

城市和乡村是社会两个密不可分的组成部分。新中国成立后至改革开放前，我国工业化过程实施重工业超前的发展战略，跨过了以轻工业为重心的发展阶段，并实行集中的计划体制和城乡分割政策，形成了城乡二元结构，在城乡建设发展中产生了生态环境、食品安全等问题。现阶段，城乡关系之间不平衡、农业农村发展不充分已成为我国现代化进程的障碍。党的十八大报告指出，城乡发展一体化是解决"三农"问题的根本途径。党的十九大报告提出，要实施乡村振兴战略，推动农业农村优先发展，加快推进农业农村现代化；要培养造就一支懂农业、爱农村、爱农民的"三农"工作队伍。党的二十大报告提出，要全面推进乡村振兴，深入实施新型城镇化战略。到本世纪中叶，要全面建成社会主义现代化强国。

城乡协同生态学正是在上述背景下产生的新的生态学分支学科，是将城市(镇)及其所辖的乡村作为一个整体(城乡生态系统)，在系统论、协同论、共生论等理论的指导下，应用生态学理念和综合生态系统分析方法，系统地研究城乡生态系统的结构、功能、演变规律及存在的问题，提出城乡生态功能区划、协同整治及管理、推进协同发展与一体化等对策，最终实现城乡社会现代化。全书共分为10章，第1章介绍城乡协同生态学的概念、研究内容及其学科基础；第2章介绍城乡生态系统的组成、空间、动态及营养结构；第3章介绍城乡生态系统的主要功能及其价值的评估方法；第4章介绍我国城乡关系的演变过程及新时代的发展趋势，新时期的城乡二元结构问题；第5章介绍城乡建设发展中产生的生态环境、食品安全等问题；第6章介绍生态功能区划方法、城乡生态功能区划，以及各生态功能区的类型、划分依据等；第7章介绍城乡各类污染的整治方法以及各种退化生态系统的修复方法；第8章介绍城乡土地、水、生物、能源、旅游、人力、公共服务等资源的管理；第9章介绍城乡协同发展及其评价，城乡一体化发展的障碍及实现策略；第10章介绍农业农村现代化、城市现代化及中国式现代化。本教材契合新时代实施乡村振兴战略、推进城乡一体化发展及建设社会主义现代化强国等主题，有助于读者学习和掌握我国城乡发展现状、存在问题及解决对策，树立"三农"情怀，对于指导新时期的城乡建设及现代化目标的实现具有重要的理论与现实意义。

本教材由曹子林、杨桂英担任主编，梁启斌、廖周瑜和王妍担任副主编。编写分工如下：第1章由廖周瑜、王妍负责编写；第2章由涂璟负责编写；第3章由涂璟、廖周瑜负责编写；第4章由曹子林、曹光球、何子怡负责编写；第5章由杨桂英和王妍负责编写；第6章由曹子林、于福科、雷雅凯负责编写；第7章由梁启斌、杨桂英负责编写；第8章由杨桂英负责编写；第9章由梁启斌、宋娅丽、刘娟负责编写；第10章由曹子林、陈志钢、王晓丽、涂璟负责编写。曹子林、杨桂英进行统稿后，西南林业大学王克勤教授对书稿进行了审定。

  本教材的出版得到了西南林业大学资源与环境学科的资助出版,中国林业出版社对本教材的出版给予了大力支持,崔亚伟老师为教材编写提供了帮助,在此表示衷心感谢!

  本教材可作为高等院校生态学、环境科学、农业资源与环境等专业的专业基础课教材使用,也可供从事农业、林业和城市生态建设与管理人员参考。

  本教材参考和引用了众多专家、学者的珍贵资料和研究成果,除注明出处的部分外,限于篇幅未能一一说明,在此谨向有关作者致以诚挚的谢意!

  受编写时间所限,书中错误和疏漏之处在所难免,敬请广大读者和专家批评指正。

编　者

2024 年 8 月

目 录

前 言

第1章 绪 论 (1)
1.1 城乡协同生态学的概念 (1)
1.1.1 城与乡 (1)
1.1.2 城乡关系与城市化 (2)
1.1.3 城乡协同生态学 (2)
1.2 城乡生态系统的特征 (3)
1.3 城乡协同生态学的研究内容 (5)
1.4 城乡协同生态学的学科基础 (6)
1.4.1 生态学 (6)
1.4.2 环境学 (7)
1.4.3 协同学 (7)
1.5 城乡协同生态学的方法论 (8)
1.5.1 信息论、控制论与系统论 (8)
1.5.2 共生理论 (8)
1.5.3 复合生态系统生态控制与自生能力理论 (9)
小 结 (9)
思考题 (10)
推荐阅读书目 (10)

第2章 城乡生态系统的结构 (11)
2.1 城乡生态系统的组成结构 (12)
2.1.1 自然子系统 (13)
2.1.2 社会子系统 (21)
2.1.3 经济子系统 (23)
2.2 城乡生态系统的空间结构 (26)
2.2.1 城市子系统 (26)
2.2.2 乡村子系统 (27)
2.2.3 城乡交错带 (29)
2.3 城乡生态系统的动态结构 (32)
2.4 城乡生态系统的营养结构 (32)
2.4.1 食物链 (32)

2.4.2　食物网 …………………………………………………………… (34)
　　　2.4.3　同资源种团 ………………………………………………………… (34)
　　　2.4.4　泛生态链 …………………………………………………………… (34)
　2.5　新生态系统理论的城乡耦合系统 ……………………………………… (35)
　　　2.5.1　生态核 ……………………………………………………………… (36)
　　　2.5.2　生态器 ……………………………………………………………… (36)
　　　2.5.3　生态质 ……………………………………………………………… (37)
　小　结 ………………………………………………………………………… (37)
　思考题 ………………………………………………………………………… (37)
　推荐阅读书目 ………………………………………………………………… (38)

第3章　城乡生态系统的功能 ……………………………………………… (39)
　3.1　城乡生态系统的主要功能 ……………………………………………… (39)
　　　3.1.1　物质循环 …………………………………………………………… (39)
　　　3.1.2　能量流动 …………………………………………………………… (41)
　　　3.1.3　价值增值 …………………………………………………………… (41)
　　　3.1.4　信息传递 …………………………………………………………… (41)
　　　3.1.5　人力流 ……………………………………………………………… (42)
　　　3.1.6　物种流 ……………………………………………………………… (42)
　3.2　城乡生态系统的服务功能 ……………………………………………… (43)
　　　3.2.1　生态系统服务功能的概念 ………………………………………… (43)
　　　3.2.2　生态系统服务功能的内涵 ………………………………………… (43)
　　　3.2.3　生态系统服务功能的价值分类 …………………………………… (45)
　　　3.2.4　生态系统服务功能价值的特征 …………………………………… (45)
　　　3.2.5　生态系统服务功能价值的评价方法 ……………………………… (46)
　小　结 ………………………………………………………………………… (49)
　思考题 ………………………………………………………………………… (49)
　推荐阅读书目 ………………………………………………………………… (49)

第4章　城乡生态系统的演变 ……………………………………………… (50)
　4.1　我国城乡关系的演变 …………………………………………………… (50)
　　　4.1.1　改革开放前的城乡关系 …………………………………………… (50)
　　　4.1.2　改革开放后的城乡关系 …………………………………………… (52)
　　　4.1.3　我国的城乡关系思路历史演进经验 ……………………………… (55)
　4.2　新时代城乡二元结构问题 ……………………………………………… (55)
　　　4.2.1　传统二元结构的观念障碍 ………………………………………… (56)
　　　4.2.2　城乡二元结构的体制性障碍 ……………………………………… (56)
　　　4.2.3　旧二元体制演化为新二元体制 …………………………………… (57)
　　　4.2.4　二元体制使二元结构存续期延长 ………………………………… (58)
　4.3　新时代城乡关系发展的趋势 …………………………………………… (58)

    4.3.1 新型城镇化 (59)
    4.3.2 乡村振兴战略 (65)
    4.3.3 乡村振兴和新型城镇化协同发展 (69)
    4.3.4 城乡一体化及社会现代化 (72)
  小　结 (73)
  思考题 (73)
  推荐阅读书目 (73)

第5章　城乡演化中的问题 (74)
  5.1 城乡生态破坏问题 (74)
    5.1.1 城乡生态系统退化 (74)
    5.1.2 城乡生物多样性减少 (77)
    5.1.3 水土流失 (79)
    5.1.4 土地退化 (80)
    5.1.5 生态破坏问题产生的原因 (81)
  5.2 城乡环境污染问题 (82)
    5.2.1 乡镇企(工)业"三废"污染 (82)
    5.2.2 农业面源污染 (83)
    5.2.3 交通污染 (84)
    5.2.4 环境污染问题产生的原因 (85)
  5.3 城乡食品安全问题 (86)
    5.3.1 食品安全的概念 (86)
    5.3.2 食品安全存在的问题 (87)
    5.3.3 食品安全的危害 (91)
    5.3.4 我国食品安全问题不容忽视 (91)
    5.3.5 食品安全问题产生的原因 (92)
  5.4 城乡社会差距问题 (93)
    5.4.1 城乡收入差距变化特征 (93)
    5.4.2 城乡收入结构演变特征 (94)
    5.4.3 城乡消费与结构变化特征 (95)
    5.4.4 城乡基本公共服务差距 (96)
    5.4.5 城乡差距问题的关键驱动因素 (100)
  小　结 (103)
  思考题 (103)
  推荐阅读书目 (103)

第6章　城乡生态功能区划 (104)
  6.1 生态功能区划概述 (104)
    6.1.1 生态功能区划含义 (104)
    6.1.2 生态功能区划总目标 (104)

6.1.3　城乡生态功能区划的方法 …………………………………………………(105)
6.2　城乡生态功能区划 ……………………………………………………………(107)
　　6.2.1　城乡生态功能区划现状 …………………………………………………(107)
　　6.2.2　城乡生态功能区划的目的和依据 ………………………………………(108)
　　6.2.3　城乡生态功能区划的原则 ………………………………………………(110)
　　6.2.4　城乡生态功能区划的一般程序及内容 …………………………………(111)
6.3　城乡生态功能分区 ……………………………………………………………(114)
　　6.3.1　商业居住区 ………………………………………………………………(114)
　　6.3.2　生态工业园区 ……………………………………………………………(118)
　　6.3.3　生态农业区 ………………………………………………………………(119)
　　6.3.4　自然保护区 ………………………………………………………………(126)
　　6.3.5　风景旅游区 ………………………………………………………………(131)
小　结 …………………………………………………………………………………(135)
思考题 …………………………………………………………………………………(135)
推荐阅读书目 …………………………………………………………………………(136)

第7章　城乡生态环境协同整治 …………………………………………………(137)

7.1　协同整治的策略 ………………………………………………………………(137)
7.2　环境污染协同整治 ……………………………………………………………(140)
　　7.2.1　水污染协同整治 …………………………………………………………(140)
　　7.2.2　大气污染协同整治 ………………………………………………………(146)
　　7.2.3　噪声及其他物理污染协同整治 …………………………………………(149)
　　7.2.4　固体废物处理处置及资源化利用 ………………………………………(152)
　　7.2.5　城乡面源污染控制 ………………………………………………………(154)
　　7.2.6　环境污染协同整治和清洁生产 …………………………………………(155)
7.3　生态破坏的协同整治 …………………………………………………………(155)
　　7.3.1　生态恢复的程序 …………………………………………………………(156)
　　7.3.2　生态恢复的目标与原则 …………………………………………………(157)
　　7.3.3　生态恢复的评价 …………………………………………………………(159)
　　7.3.4　城乡主要退化生态系统类型的修复 ……………………………………(160)
　　7.3.5　生物多样性保护 …………………………………………………………(163)
　　7.3.6　水土流失治理 ……………………………………………………………(163)
　　7.3.7　土地退化治理 ……………………………………………………………(165)
小　结 …………………………………………………………………………………(165)
思考题 …………………………………………………………………………………(165)
推荐阅读书目 …………………………………………………………………………(166)

第8章　城乡生态系统管理 ………………………………………………………(167)

8.1　城乡生态系统管理的概念及原则 ……………………………………………(167)
　　8.1.1　城乡生态系统管理的概念 ………………………………………………(167)

8.1.2　城乡生态系统管理的原则 …………………………………………… (168)
8.2　城乡生态系统管理的核心内涵及必要性 ……………………………………… (169)
　　8.2.1　城乡生态系统管理的核心内涵 ……………………………………… (169)
　　8.2.2　城乡生态系统管理必要性 …………………………………………… (170)
8.3　城乡土地资源管理 ……………………………………………………………… (171)
　　8.3.1　土地资源的重要作用 ………………………………………………… (171)
　　8.3.2　土地资源的性质和特点 ……………………………………………… (171)
　　8.3.3　我国土地资源的配置和利用状况 …………………………………… (172)
　　8.3.4　土地资源的合理利用与管理 ………………………………………… (173)
8.4　城乡水资源管理 ………………………………………………………………… (178)
　　8.4.1　城乡水资源现状 ……………………………………………………… (178)
　　8.4.2　水资源的持续性利用及管理 ………………………………………… (179)
8.5　城乡生物资源管理 ……………………………………………………………… (181)
　　8.5.1　生物资源的价值 ……………………………………………………… (181)
　　8.5.2　我国的生物资源概况 ………………………………………………… (181)
　　8.5.3　生物资源的合理利用对策及管理方法 ……………………………… (182)
8.6　城乡能源管理 …………………………………………………………………… (184)
　　8.6.1　我国城乡能源发展现状 ……………………………………………… (184)
　　8.6.2　能源开发与利用对环境的影响 ……………………………………… (185)
　　8.6.3　城乡发展进程中的能源管理 ………………………………………… (186)
8.7　城乡旅游资源管理 ……………………………………………………………… (188)
　　8.7.1　旅游资源概述 ………………………………………………………… (188)
　　8.7.2　旅游资源开发与环境保护之间的关系 ……………………………… (188)
　　8.7.3　旅游资源的可持续性管理对策 ……………………………………… (190)
8.8　人力资源的管理 ………………………………………………………………… (192)
　　8.8.1　人力资源的概念 ……………………………………………………… (192)
　　8.8.2　城乡人力资源现状及特点 …………………………………………… (192)
　　8.8.3　城乡人力资源的合理配置 …………………………………………… (193)
8.9　城乡公共服务资源管理 ………………………………………………………… (196)
　　8.9.1　城乡公共卫生资源的管理建议 ……………………………………… (196)
　　8.9.2　农村基础设施和公共服务设施管理的政策建议 …………………… (197)
小　结 ………………………………………………………………………………… (199)
思考题 ………………………………………………………………………………… (199)
推荐阅读书目 ………………………………………………………………………… (199)

第9章　城乡协同发展与一体化 ……………………………………………………… (200)
9.1　城乡协同发展理论及内涵 ……………………………………………………… (200)
　　9.1.1　城乡协同发展的理论基础 …………………………………………… (200)
　　9.1.2　具有中国特色的城乡协同发展理论 ………………………………… (200)

9.1.3 城乡协同发展的内涵 (201)
9.2 城乡一体化基础知识 (203)
　9.2.1 城乡一体化的概念及特征 (203)
　9.2.2 推进城乡一体化应把握的问题 (205)
　9.2.3 城乡一体化的驱动力 (207)
　9.2.4 城乡一体化运作机制 (208)
9.3 城乡一体化发展的制度障碍 (209)
　9.3.1 户籍制度改革亟待深化 (209)
　9.3.2 城乡二元土地制度亟待破解 (213)
9.4 城乡一体化的政策措施 (217)
　9.4.1 城乡一体化指导思想 (217)
　9.4.2 基础设施一体化 (217)
　9.4.3 公共服务一体化 (219)
　9.4.4 劳动力市场一体化 (222)
　9.4.5 社会管理一体化 (225)
9.5 城乡协同发展与一体化评价 (230)
　9.5.1 城乡协同发展水平的综合评价 (230)
　9.5.2 城乡一体化发展水平评价 (236)
小　结 (243)
思考题 (243)
推荐阅读书目 (244)

第10章 城乡社会现代化 (245)

10.1 中国式城市现代化 (245)
　10.1.1 中国式城市现代化的理论内涵 (245)
　10.1.2 中国式城市现代化的评价体系 (246)
　10.1.3 中国式城市现代化的评价指标 (247)
　10.1.4 推进中国式城市现代化的政策启示 (250)
10.2 农业农村现代化 (251)
　10.2.1 中国特色农业农村现代化的历史进程 (251)
　10.2.2 农业农村现代化的核心内涵 (253)
　10.2.3 农业农村现代化的目标定位 (255)
　10.2.4 农业农村现代化的实现路径 (257)
　10.2.5 农业农村现代化评价 (260)
10.3 中国式现代化 (267)
　10.3.1 中国式现代化的发展脉络 (267)
　10.3.2 中国式现代化的科学内涵 (269)
　10.3.3 中国式现代化的世界意义 (272)
　10.3.4 实现中国式现代化的现实挑战 (275)

10.3.5　实现中国式现代化的中心工作与路径 …………………………（276）
　小　结 ……………………………………………………………………（281）
　思考题 ……………………………………………………………………（281）
　推荐阅读书目 ……………………………………………………………（281）
参考文献 ……………………………………………………………………（282）

第 1 章

绪　论

城市和乡村是相互联系、相互影响和相互制约的统一整体，是构成社会不可分割的部分。城市是地区的政治、经济和文化中心，代表一个地区最先进的生产力和经济发展水平与方向，是社会进步的主要动力来源。城市化是人类社会发展的必然趋势和经济技术进步的必然产物，是一个国家或地区走向现代化的必经阶段。随着城市化的发展，城市与乡村发展不平衡，发展差距扩大，两极分化明显，这必将制约社会的可持续发展。因此，如何协调城乡关系，缩小城乡差距，促进城乡协同发展是我国构建和谐社会进程中的重点和难点。生态学是研究生物与环境相互关系的科学，人们对"关系"研究的目的在于利用或协调生物与环境构成的系统内各组分间的关系，使各组分通过相互协调和协作使系统达到最佳状态，物质与能量处于良性循环，系统得以持续健康的发展。因此，运用生态学等学科的理论与方法，从系统的角度认识城与乡的关系及其演变规律，探讨城乡协同发展与一体化，是构建和谐社会、实现区域及社会可持续发展的必然趋势。本章介绍了城乡协同生态学的概念、研究内容与学科基础。

1.1　城乡协同生态学的概念

1.1.1　城与乡

在人类社会的发展过程中，人类为了生存和发展，必须设法获得安全居住与休息的场所和各种活动的基地。人类活动是社会性的，这导致了人们从事劳动生产、居住、生活、休息以及各种社会活动场所(即聚落)的形成和不断发展。聚落包括了乡村和城市两大部分。

乡村(rural)也称农村，由原始聚落发展而来，是以农业人口和农业经济活动为基本内容的一类聚落的总称。原始聚落起源于旧石器时代中期到新石器时代，农业和畜牧业开始分离，以农业为主要生计的氏族定居下来后才出现了真正的乡村。乡村人口以农业生产产出为主要生活来源，分布较分散。城市(city)则是以非农业活动和非农业人口为主，具有一定规模的建筑、交通、绿化及公共设施用地的聚落。城市人口密度大、职业和需求异质性强，是一定地域内的政治、经济和文化中心。

城市和乡村是社会生产力发展和社会大分工的产物。乡村为城市的发展提供物质和人口支持,是城市发展的基础;而城市又反作用于乡村,给广大乡村提供各种物质产品、信息及服务,促进了乡村的发展,因而城市与乡村是构成社会两个不可分割的组成部分。

1.1.2 城乡关系与城市化

城市与乡村通过相互作用、相互影响和相互制约的联系与互动构成了密切的城乡关系。城乡关系是一定社会条件下政治关系、经济关系、阶级关系等诸多因素在城市和乡村两者关系的集中反映。城市的发展和乡村的发展相互影响,任何一方的发展或滞后都会影响另一方。在区域内,城市的发展变化,取决于自身以外的其他地域,主要是广大乡村的支持力度。乡村的发展虽然处于被动地位,但它却是一个区域发展的基础,是推动城市发展的基础。在一定区域内,乡村的发展除了自身必须具备的条件外,与之相互依存的城市的辐射、扩散作用起着举足轻重的作用(蔡云辉,2003)。

随着城市聚落中工业、商业和其他行业的发展,使城市经济在国民经济中的地位日益增长,城市地域不断扩大,引起人口由农村向城市集中,农民由专业农户转为兼业农户,最后成为非农户,城市人口不断增加,农村人口逐渐减少,农用地转变为市区,用作住宅、道路、工厂、绿地和其他设施用地,这就出现了城市化(urbanization)现象,又称都市化或城镇化(冯云廷,2005)。城市的"霸权式"发展,城市的中心地位作用日益增强,优势区域集中,将人力、物力、资金源源不断地引向城市,城乡社会发展差距不断扩大,乡村居民在教育、消费、文化、社区服务、社会保障等方面更是与城市无法相比,乡村公共产品缺乏或建设发展严重落后。而随着城市化的推进,大量的农村人口涌入城市,导致随之而来的交通拥挤、治安恶化、环境超载等问题(朱海龙,2005)。城乡发展的不协调,引发了一系列的生态、社会和经济问题,这必将阻碍社会的整体健康与可持续发展。

城乡关系与城市化是一种相互影响的正向关系。当城市与乡村之间消除对抗,变对立关系为协调、平衡、融合的分工协作、共同发展的关系时,社会经济就能以较快的速度健康发展,并由此推动城市化的快速发展;反之亦然(蔡云辉,2003)。城市是人类文明的标志,是人们经济、政治和社会生活的中心。城市化的程度是衡量一个国家和地区经济、社会、文化、科技水平的重要标志,也是衡量国家和地区社会组织程度和管理水平的重要标志。城市的持续发展离不开乡村的支持与配合,因此,正确处理城乡关系,促进城市与乡村的协同发展和融合增长,是实现乡村繁荣和城市快速发展的关键。

1.1.3 城乡协同生态学

协同,可以简单地理解为互相配合,即两个或两个以上的要素互相配合、和谐一致地完成某一目标的过程。协同发展(cooperation development)是系统内部以及各子系统之间的相互适应、相互协作、相互配合和相互促进,耦合而成的同步、协作与和谐发展的良性循环过程。它不是单个系统的功能体现,是一种整体性、综合性和内生性的聚合,是系统整体中所有子系统之间相互关联、作用的动态程度的反映(穆东等,2005)。

随着经济社会的发展,在一定地理单元范围内,城市和乡村系统独立存在难以发挥各自的功能,协同是发展的必然规律和客观要求,从城乡生态系统的角度研究城市和乡村的关系是系统观的体现。城乡生态系统是城市(镇)与其辖区乡村之间的人口、资源、环境、信息和物质等要素通过相互渗透、相互融合、相互依存而形成的功能单位,是研究城市与乡村关系的基本单元。

城乡协同生态学是研究城与乡之间相互关系与协同发展的学科。它是以城乡生态系统为对象,运用生态学、环境学和协同学等学科的理论与方法,研究城乡生态系统的结构与功能特征与演变规律、城乡发展过程中的生态环境和社会经济问题及其协同整治,为城乡可持续发展提供理论与实践指导的应用基础学科。

城乡协同发展是国家现代化的必然趋势。从系统、整体的角度来探讨城乡关系的演化与发展规律,妥善处理城乡关系,打破城乡界限,统筹城乡经济社会发展,包括城乡产业、就业、基础设施、社会事业等的发展,加快工业化、城市化的发展步伐,建立以工促农、以城带乡、城乡互动、统筹发展的体制,实现城乡协同发展、共同繁荣,是构建健康、和谐与可持续发展社会的必由之路。

1.2 城乡生态系统的特征

城乡生态系统是介于自然系统与人工系统之间的一类特殊系统,其内部的结构、功能与其他生态系统有较大的差别,具有以下几个基本特征。

(1) 城乡生态系统具有明显的边界

城乡生态系统中城市(镇)是该系统的政治、经济和文化的中心,其管辖的行政区域就是城乡生态系统的范畴,具有人为的明显边界。同时,由于组成城乡生态系统的自然及人文等要素具有区域特色,城乡生态系统也因此呈现明显的区域特征。此外,城乡生态系统与行政区域一样,具有从属性和层次性,因此,在进行城乡生态规划与建设时,既要注意系统内部的协同,也要注意系统间的协调,以维持区域的整体协调发展。

(2) 城乡生态系统是以人为中心的"社会—经济—生态"复合生态系统

在城乡生态系统中,人起着重要的主导作用。人是物质文明和精神文明的创造者,建设生态文明,实现可持续发展需要发挥人的能动作用,需要人去协调社会、经济与生态环境之间的关系。由于涉及人的素质与人的能动性问题,因此,城乡生态系统比自然生态系统更为复杂,它既有自然系统的自组织现象,又有社会系统的自组织作用。人在发展实践中,不能以纯粹自我规定的活动来实现自己的主观愿望,不能对人的能动性滥加发挥。工业文明时代,人类开始利用先进的工具、技术,不顾一切地掠夺开发各种自然资源,并把废弃物抛弃在环境之中。工业文明带来的资源短缺、环境污染、生态破坏是前所未有的,引起了全球性环境问题。因而,城乡生态系统可持续发展要求人类必须正确认识对自然界的改造、创造和协调的关系,调整人们的价值观念,从人类长远的发展来规范自己的行为,与自然协调发展,共同进化。

城乡社会进步与文明发展是建立在一定的经济基础上的,同时,它又推动经济的发展;经济发展和社会进步既需要具有生态平衡的环境条件,也需要有丰富的资源供给;而随着经济发展和社会进步,人们将拥有更新的技术方法和更高的管理水平来维护生态平衡、合理开发利用宝贵的自然资源。因此,城乡生态系统是一个自然资源、环境、人口、经济与社会等要素相互依存、相互制约的复合"共生"系统。

(3) 城乡生态系统是城与乡相互联系与制约的有机整体

城市(镇)与其所辖乡村之间相互联系和相互制约,构成一个有机联系的整体。一方面,城市(镇)虽然在整体生态系统中起着中心主导作用,但乡村不仅可以为城市提供廉价的自然资源、劳动力和食物,而且其良好的植被为城市提供舒适的环境,在生态上起着"城市之肺"、城市之"初级生产者"的作用,是城市(镇)可持续发展的空间、物质基础;另一方面,乡村若离开城市的资金、先进技术和科学管理理念的输入,则只能维持低级的、低效率的自然再生产过程。因此,城乡生态系统必须做到统筹兼顾,不能片面地、急功近利地发展某一组分而削弱另一组分,不能片面地、无节制地进行某一区域开发而不顾全局利益,任何组分的畸形发展或不合理的结构改变都有可能破坏系统的统一性,从而削弱其整体功能。城与乡的发展不是单以追求自身环境优美或自身的经济繁荣,而是要将乡村区域要素与城市区域要素结合成为一个有机的整体,兼顾城乡社会、经济和环境层面的整体效益,在整体协调的新秩序下寻求协同发展,从而维持和促进该生态系统区域的生态平衡。

(4) 城乡生态系统功能具有高效性和渠道多样性

物流、能流和信息流是自然生态系统的三大基本功能,是通过食物链(网)来实现的。城乡生态系统除了具备物流、能流和信息流等基本功能外,还具有人口流、价值流等,由于人为因素的参与,物质、能量得到多层次分级利用,废弃物循环再生,各行业之间共生协作,因而城乡生态系统物质和能量的流通量大、运转快、功能高效。城乡生态系统中各功能实现的渠道,除少部分是通过食物链(网)(如农林业生产等),大部分是通过人工渠道(如各种交通道路以及广播媒体等),流通速率快、效率高。

(5) 城乡生态系统结构要素呈梯度分布,发展不均衡

城乡生态系统中,自然要素如温度、降水等,从城市(镇)到郊区,再到乡村地区呈现梯度分布;社会经济如金融、教育、社会公共服务设施等要素则聚集在城市,在城市周边的郊区的发展机会相对较多,但随着地理空间距离的增大,城市的能级逐渐衰减,中心城市(镇)的辐射和带动功能减弱,致使偏远地区难以分享中心城市(镇)的好处,因而城乡社会发展差距往往呈梯度增大。

(6) 城乡生态系统是自我调节能力弱、依赖性很强的生态系统

城乡生态系统无论在物质上还是在能量上,都是一个高度开放的生态系统,这种高度的开放性导致它对其他生态系统具有高度的依赖性,同时对其他生态系统产生强烈的干扰。此外,城乡生态系统又是一个不完全的开放性生态系统,系统内无法完成物质循环和能量转换。许多输入物质经加工、利用后又从该系统输出(包括产品、废弃物、资金、技术、信息等)。同时,城乡生态系统中,人类的生产活动和日常生活产生的大量废弃物,不能完全在系统内分解和再利用,必须输送到其他生态系统。因此,城乡生态系统的依赖性很强,独立性很弱,自我调节维持平衡的能力很弱。

在城乡生态系统发展过程中,城市区域随着城市化的发展而逐渐扩大,而乡村区域则将逐渐缩小,物质基础功能逐步削弱,城乡生态系统的依赖性将不断增强。

1.3 城乡协同生态学的研究内容

城乡协同生态学的研究范畴为城市及其所管辖的乡村区域,研究内容包括:

(1) 城乡生态系统的结构与功能

城乡生态系统的结构与功能是城乡协同生态学研究的重要内容。运用生态系统的相关理论,将城市(镇)与其所辖乡村视为一个整体,即城乡生态系统,研究其空间分布、组成结构、物流、能流、信息流、价值流等,正确认识这一生态系统的特殊性,是对其进行科学合理规划、开发、协同建设与管理的基础,也是促使城市化健康有序发展、促进城乡一体化的重要基础。

(2) 城乡生态系统的演变与问题

城市化是人类社会发展的必然趋势,也是一个国家走向现代化的必经阶段。城市作为一个人口高度密集地区,是人们从事经济、文化乃至政治活动最为频繁的重要场所,也是人类对自然生态环境干预较为强烈、破坏较为严重的区域。随着城市(镇)化的发展,城市开发力度的增大和社会经济活动的加剧,不合理的资源开发利用,导致了城乡生态环境的严重恶化、城乡社会发展差距逐步增大等问题,从而影响到城乡生态系统的健康发展。因此,深入分析城乡关系的演化规律及其演化过程中所出现问题的实质,为制定有关政策、采取相应措施解决这些问题提供依据,对于推进城市化及城乡一体化等可持续发展战略实施具有至关重要的理论与现实意义。

(3) 城乡生态功能区划

生态功能是生态系统的内在属性。根据城乡生态系统的自然属性、环境条件和生态系统动态,兼顾资源开发利用以及经济、社会发展需求等因素,因地制宜地进行生态功能区划,是指导区域经济开发和资源、环境保护,保障城乡协同发展的重要基础。

(4) 城乡生态环境协同整治

城乡环境是反映一个地区文明建设成果的重要窗口,是一个地方对外交往中展示自身形象的一张名片,更是保障广大人民群众安居乐业的关键所在。城与乡是构成社会不可分割、相互联系和相互作用的两个部分,城市化进程中所出现的生态环境问题,必须协同起来进行综合整治,建立城乡规范、有序、整洁、优良的环境,是加快现代化建设进程的必然要求,是维持人们正常生产生活秩序的重要前提,也是保障整个社会经济系统正常运转的根本保证。

(5) 城乡生态系统协同管理

人类社会的可持续发展归根结底是一个生态系统管理问题,即如何运用生态学、经济学、社会学和管理学的有关原理,对各种资源进行合理管理,既满足当代人的需求,又不对后代人满足其需求的能力构成损害。城乡生态系统协同管理是人类以科学理智的态度在城市化进程中利用、保护生存环境和自然资源的行为体现,是对各种资源的掌控、协调及优化,以实现城乡的可持续发展。

(6) 城乡协同发展与一体化

城乡协同与一体化发展是城乡协同生态学研究的归宿。城乡一体化不是要乡村都变成城市，而是打破二者之间的各种藩篱，促进要素合理流动，城乡平等分工协作，实现资源的最优配置，二者的生产生活方式、居住形态、环境特征、人口密度、文化特色等差异继续存在，但公共服务水平、生活质量等接近或一样。高质量的新型城镇化过程就是城乡融合发展与乡村振兴过程(方创琳，2022)。城乡融合发展是城乡一体化的阶段性目标，乡村振兴是实现共同富裕的必然要求。城乡一体化是国家现代化的重要标志，是重塑新型城乡关系的迫切需要、破解社会主要矛盾转化的重要选择、推进乡村振兴的首要路径(张克俊等，2019)。城乡协同生态学研究城乡生态系统的结构与功能，城乡关系的演化及其所导致的生态环境问题，探讨城乡生态环境协同整治与管理的措施，最终的目的是缩小城乡社会发展差距，促使城乡的协同可持续发展。

(7) 城乡社会现代化

城乡一体化是贯彻落实科学发展观、构建社会主义和谐社会和全面建成小康社会的重要举措，是实现现代化的前提基础，也是通向现代化的必由之路(钱志新，2013；宿钟文，2016)。借鉴发达国家城乡一体化的成功经验，充分发挥我国城乡的不同优势与作用，突破城乡二元结构的束缚，通过城带乡、乡促城，促进城乡经济社会共同、持续、稳定且协调发展，达到城乡融合、共同繁荣的目的(万艳华，2002；扶国，2010)，最终实现城市现代化及农业农村现代化。

1.4 城乡协同生态学的学科基础

与城乡协同生态学相关的学科很多，但最为重要的相关学科有生态学、环境学、协同学等学科。

1.4.1 生态学

生态学(Ecology)研究生物之间、生物与环境之间的相互关系，城乡协同生态学是以城乡生态系统为研究对象，因此，从研究的对象来看，城乡协同生态学是生态学的一个分支学科，生态学的许多基本规律与原理是城乡协同生态学研究的重要理论基础。例如，物种间及生物与环境各要素之间的相互依存和相互制约规律、物质循环与再生规律、环境资源的有效极限规律、生态系统动态平衡规律、生物与环境之间相互适应与补偿的协同进化规律等，这些自然生态系统的基本规律是城乡生态系统的基本规律；生态系统中的物质循环与能量流动原理、生物多样性原理、生物群落演替原理、生物生存和竞争的生态位原理、生态交错区理论等生态系统的基本原理是城乡协同生态学的基本原理。

城乡生态系统是由城市(镇)及其所辖乡村地区构成，因此，与此相关的生态学的一些分支学科(如农业生态学、景观生态学、恢复生态学、城市生态学等)，的基本理论与方法，也是城乡协同生态学的重要基础。农业生态学(Agroecology)研究由农业生物与自然和社会环境相互作用构成的农业生态系统的结构、功能及其调控和管理，提高整体效益的途径，这些对于城乡生态系统的农业生产具有重要理论和现实意义。景观生态学(Landscape Ecology)是研究兼具经济、生态和文化等多重价值的，由不同土地单元镶嵌组成具有明显视觉特征的地理实体即景观的结构、功能和变化，包括景观元素的类型及其空间配置，景观元素间的相互联系与相互作用，景观结构和功能随时间改变的特征与规律。这些是城乡生态系统有关功能区划的基础，其"岛屿生物地理学""源—汇系统"以及"斑块—廊道—基底"等理论对于认识城乡生态系统中物流运动规律具有重要意义。恢复生态学(Restoration Ecology)是研究生态系统退化的原因、退化生态系统恢复与重建的技术和方法及其生态学过程和机理，是生态系统层次上的实验生态学，研究人与自然关系的合成生态学。恢复生态学中自我设计和人为设计理论(self-design versus design theory)对于认识、指导城乡有关退化生态系统的恢复具有重要意义。城市生态学(Urban Ecology)研究城市结构、功能、演变动力和空间组合规律，研究城市生态系统的自我调节与人工控制对策，这对于城市化过程中合理规划以及生态城市(镇)的建设具有重要指导意义。

从以上可看出，生态学及其分支学科是城乡协同生态学的学科基础。

1.4.2　环境学

环境学是在人们亟待解决环境问题的社会需要下迅速发展起来的，是一个由多学科到跨学科的庞大学科体系组成的新兴学科，也是一门介于自然科学、社会科学和技术科学之间的边缘学科。环境学形成的历史虽然很短，只有几十年，但随着环境保护实际工作的迅速扩展和环境学理论研究的深入，其概念和内涵日益丰富和完善。目前，环境学可定义为"是一门研究人类社会发展活动与环境演化规律之间相互作用关系，寻求人类社会与环境协同演化、持续发展途径与方法的科学"，研究对象是"人类和环境"这对矛盾之间的关系，其目的是要通过调整人类的社会行为，保护、发展和建设环境，从而使环境永远为人类社会持续、协调、稳定发展提供良好的支持和保证。当前，环境学的具体研究内容包括：人类社会经济行为引起的环境污染和生态破坏；环境系统在人类活动影响下的变化规律；当前环境质量恶化的程度及其与人类社会经济矛盾的关系；人类社会经济与环境协调持续发展的途径和方法等。

环境学探索全球范围内环境演化的规律，揭示人类活动同自然生态之间的关系，探索环境变化对人类生存的影响，研究区域环境污染综合防治的技术措施和管理措施。这些是系统认识城乡生态系统的环境问题，综合运用技术措施和管理手段，从环境的整体性出发，调节并控制人类活动和环境之间的相互关系，综合治理城乡生态系统的环境问题，促进城乡一体化及其可持续发展的根本保障。

1.4.3　协同学

协同学也称协同论或协和学，是20世纪70年代初由理论物理学家哈肯创立的，是研究不同事物共同特征及其协同机理的新兴学科。协同学近十几年来获得发展并被广泛应用，它着重探讨各种系统从无序变为有序时的相似性。协同学的创始人哈肯说过，他把这个学科称为"协同学"，一方面是由于我们所研究的对象是许多子系统的联合作用，以产生宏观尺度上的结构和功能；另一方面，它又是由许多不同的学科进行合作，来发现自组织系统的一般原理。

协同学研究协同系统从无序到有序的演化规律，即自然界物理、化学、生物乃至社会的各种不同的系统，从混沌的无序状态至有序的自组织状态的过程所遵循的共同规律。协同系统是指由许多子系统组成的、能以自组织方式形成宏观的空间、时间或功能有序结构的开放系统。客观世界存在着各种各样的系统，社会的或自然界的，有生命或无生命的，宏观的或微观的系统等，这些看起来完全不同的系统，尽管属性不同，但在整个环境中，各个系统间存在着相互影响而又相互合作的关系。系统的状态分为"有序"和"无序"，如果一个系统内的诸多要素互相离散、掣肘，不能有效地协调、同步，那么该系统就是处于无序状态，不能很好地发挥整体功能，甚至要瓦解、崩溃；如果一个系统中的诸多要素协调、同步，互相配合，那么该系统就是处于整体自组织状态，就能正常地发挥整体功能，即产生协同。

协同学的理念应用于城乡生态系统建设与管理过程中，就是要打破城乡资源(人、财、物、信息、流程等)之间的各种壁垒和边界，使它们为共同的目标而进行协调的运作，通过对各种资源最大的开发、利用和增值以达成共同的目标，即城乡一体化。

1.5　城乡协同生态学的方法论

当代科学发展的一个新特点是各学科之间相互渗透、相互借鉴，交叉形成许多新的边缘学科，而多学科之间相互渗透与借鉴的中介是科学的方法论。

1.5.1　信息论、控制论与系统论

信息论、控制论与系统论是20世纪40年代创立的，是物理科学与生物科学结合的产物，其概括出的基本原理适用于一切科学，成为各学科的基本方法论。信息论主要解决对信息的认识问题，即如何描述、度量信息问题。控制论是解决信息的利用问题，即如何对信息进行处理和控制的问题。系统论是为了解决上述问题，把研究和处理的对象看作由一些相互联系、相互作用的要素组成的系统，并具有整体性、综合性。系统是由相互联系、相互作用的各要素组成的整体，组成整体的各个要素总是综合地发挥作用，同时系统具有动态性。系统本质的整体性原则，体现系统目的的最优化原则。认识系统整体性原则的重要意义，在于使人们能更自觉地注重提高系统的整体效应。整体大于各部分之和，这一系统论的定律，是对于系统的整体效应的最好表达；最优化原则指客观系统都存在着一种自然状态下的优化。生物系统的优化是自然选择的结果；非生物系统的优化，则可以用结构的相对稳定性和有序性来解释。一切系统都是以一定条件下的最稳定的结构和最好的组织化程度而存在着，否则就会受到破坏，就会被淘汰。

由于城乡生态系统动态的复杂性及其过程的显著变异性，不能简单地通过物理方法去解析或剖析它，而需要应用信息论、控制论与系统论的理论与方法，把研究对象视为互相联系及互相制约的有机整体进行分析和研究。

1.5.2　共生理论

"共生"一词的概念源于生物学，指不同种属的生物一起生活，动植物互相利用对方的特性和自身特性一同生活、相依为命的现象。随着共生研究的逐渐深入以及社会科学的发展，共生的思想和概念已不为生物学家所独享，逐步引起人类学家、生态学家、社会学

家、经济学家、管理学家甚至政治学家的关注,一些源于生物界的共生概念和方法理论在诸多领域内正在得到运用和实施。共生不仅是一种生物现象,也是一种社会现象;共生不仅是一种自然现象,也是一种可塑状态;共生不仅是一种生物识别机制,也是一种社会科学方法(袁纯清,1998)。

共生理论认为:共生是自然界、人类社会的普遍现象,共生的本质是协商与合作,协同是自然与人类社会发展的基本动力之一;互惠共生是自然与人类社会共生现象的必然趋势。运用共生现象普遍性的观点来看待城乡之间的政治、经济、文化和教育的关系,就会更加深刻地理解和把握这些关系存在的客观性,从而按照共生原理不断推进其向优化转变,从而实现城乡协同与可持续发展。

1.5.3 复合生态系统生态控制与自生能力理论

复合生态系统生态控制论原理可以归结为3类(王如松,2000):竞争、共生与自生。竞争是促进生态系统演化的一种正反馈机制,是社会进化过程中的一种生命力和催化剂。它强调发展的效率、力度和速度,强调资源的合理利用、潜力的充分发挥,倡导优胜劣汰,鼓励开拓进取。共生是维持生态系统稳定的一种负反馈机制。它强调发展的整体性、平稳性与和谐性,注意协调局部利益和整体利益、眼前利益和长远利益、经济建设与环境保护、物质文明和精神文明间的相互关系,强调体制、法规和规划的权威性,倡导合作共生,鼓励协同进化,共生是社会冲突的一种缓冲剂和磨合剂。自生是生物的生存本能,是生态系统应付环境变化的一种自我调节、自我生存与自我发展的能力。自生能力是生态系统可持续发展的关键,任何一个系统如同一个人的肌体,要想正常发展,必须有良好的造血机能,不可能长期靠外界输血来维持肌体的正常运转。可持续发展自生能力是区域生态经济社会系统协同发展的核心目标,其实质包括系统的协同能力和持续能力(王玉芳等,2007)。

协同能力是生态、经济、社会复合系统内各子系统对彼此之间相互作用的反映和适应能力,是可持续发展自身能力的核心。因为复合系统的结构、功能和状态是各子系统协同与合作的结果,系统的协同高于一切,任何一个子系统的发展能力都必须以考虑其他子系统的发展利益为前提。协同能力充分兼顾了各子系统的自我发展能力,是各子系统可持续发展能力的高度概括。持续能力是生态经济社会复合系统内各子系统所具备的能够支持自身和其他子系统长期、稳定运行的潜力,包括发展的长期性和发展的能力,实质就是生态、经济、社会的发展潜力,只有具备了这种潜力,发展才能长久持续下去。

城乡生态系统实质是一个特定区域"生态—经济—社会"复合生态系统。因此,在城乡建设中,应综合系统的竞争、共生和自生能力,耦合生态、经济与社会目标,培育城乡生态系统的可持续发展自生能力。

小 结

本章就城乡协同生态学的概念与内涵,研究内容,学科基础与方法论等方面做了介绍。城市与乡村是相互联系、相互制约的统一整体,城市是社会进步的主要动力,乡村则是推动城市发展的基础，二者相辅相成，是构成社会不可分割的两部分。城乡协同发展是构建和谐社会，实现区域及社会可持续发展的基础。因此，在城乡建设过程中，必须运用生态学、环境学及协同学等学科的基本理论与方法，将城市（镇）及其所辖乡村作为一个整体（生态系统），从系统的角度认识城乡生态系统结构与功能特征及其演变规律，因地制宜地进行合理的生态功能区划，对城乡生态环境问题进行协同整治，对城乡各类资源进行协同管理，从生态、经济和社会各方面促进城乡协同发展，实现城乡一体化及社会现代化。

思考题

1. 什么是协同发展？城乡协同发展有何意义？
2. 为什么说生态学是城乡协同生态学的基础？
3. 什么是城乡生态系统？它具有哪些基本特征？
4. 系统论、协同论、共生论对于城乡的协同发展有何意义？
5. 什么是生态系统自生能力？自生能力对生态系统发展有何意义？
6. 什么是城乡协同生态学？它研究哪些内容？

推荐阅读书目

1. 蔡晓明，2000. 生态系统生态学[M]. 北京：科学出版社.
2. 赫尔曼·哈肯，2005. 协同学——大自然构成的奥秘[M]. 上海：上海世纪出版集团.
3. 魏宏森，曾国屏，1995. 系统论：系统科学哲学[M]. 北京：清华大学出版社.
4. 刘爱梅，2021. 新型城镇化与城乡融合发展[M]. 北京：人民出版社.

第 2 章

城乡生态系统的结构

　　城市与乡村是一组相互依存的复杂概念，它们相互联系又相互交融，共同形成了城乡耦合的复杂地域系统。城市化改变了城市周边的土地利用方式和社会、经济功能，使自然/农业生态系统逐步向城市生态系统转变，并形成城市—城郊—农业/自然生态系统的环境梯度，构成了社会、经济和环境要素复杂联系的城乡复合生态系统。城乡生态系统的结构决定其功能，如果想要更好地搞好城乡规划、促进城乡协同发展，就必须了解城乡生态系统的结构特征。在本章，我们主要围绕城乡生态系统的组成要素、结构单元、空间结构、时间结构、营养结构(食物链、食物网、同资源种团和泛生态链)而展开介绍。

　　城市(镇)与其辖区乡村之间的人口、资源、环境、信息和物质等要素通过相互渗透、相互融合、相互依存而形成的功能单位，即城乡生态系统(图2-1)。城乡生态系统的空间地域子系统由城市子系统、乡村子系统和城乡交错带3部分组成。这3个子系统在城乡生态系统中，有着自己独特的特点和不可替代的功能与作用。由图2-1可知，城乡生态系统的主要能源是太阳光能及各种形式的辅助能如煤、水能及电能等。这对于维持整个系统的运转是非常重要的。城市及乡村子系统的能量主要通过泛食物链与物质循环结合在一起。绿色植物及经济作物是整个城乡生态系统的主要生产者，从周围土壤及人工施肥等途径吸收营养盐，进行光合作用，除了维持自身的需要以外，还要供养其他动物(如经济动物)及乡村人群；并通过食品输送转移至城市子系统的广大消费者人群，所以其作用是非常重要的、不可替代的。当然消费者这一大类，通过自身的次级生产可以使某些低能的物质转化成高能的物质，提高物质循环的质量。尤其是作为主要组成的人类，虽然作为消费者，但通过自己的劳动，可以提高经济作物的生产力及经济价值，具有很大的主观能动性。生产者和消费者同时产生废物、废水、垃圾(无机和有机)、有机燃料等，大多被分解者分解，当然，也有一部分如果没有及时地被降解，就会出现水体及土壤富营养化等环境问题。虽然从图2-1中我们似乎可以看出这2个子系统具有明显的界限和特征，但随着城乡一体化的进程，这两者之间的界限和差异将逐渐缩小甚至消失，两者只是作为城乡生态系统功能不同、不可缺少的部分。当然，城乡交错带作为2个子系统的过渡带，是动态的、变化的，界限和特征也将会随着城乡一体化的进程而逐渐模糊甚至不存在，成为功能分区的单位之一。

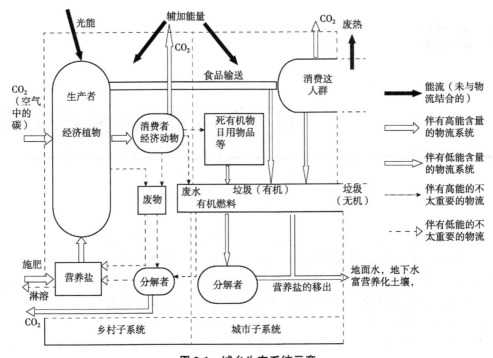

图 2-1 城乡生态系统示意

(图中圆角框表示有生命部分,方框表示无生命部分;Adam,1988)

2.1 城乡生态系统的组成结构

如图 2-2 所示,从宏观层次上讲,城乡生态系统的组成结构包括社会子系统、经济子系统和自然子系统(也就是后来提及的环境结构要素)。这 3 个要素在各自层面上,又是一个完整的系统,有着自己的结构。它们交织在一起,相辅相成,相生相克,导致了城乡生态系统这个复合体复杂的矛盾运动。社会子系统以人口为中心,包括基本人口、服务人口、抚养人口、流动人口等。该系统以满足城乡居民的就业、居住、交通、供应、文娱、医疗、教育及生活环境等需求为目标,为经济子系统提供劳力和智力。它以高密度的人口和高强度的生活消费为特征。经济子系统以资源为核心,由工业、农业、建筑、交通、贸易、金融、信息、科教等子系统组成。它以物质从分散向集中的高密度运转,能量从低质向高质的高强度集聚,信息从低序向高序的连续积累为特征。自然子系统以生物结构和物理结构为主线,包括植物、动物、微生物、人工设施和自然环境等,它以生物与环境的协同共生及环境对城乡及农业活动的支持、容纳、缓冲及净化为特征。

城乡生态系统演替的动力学机制来源于自然和社会两种作用力。自然力的源泉是各种形式的太阳能,它们流经系统的结果导致各种物理、化学、生物过程和自然变迁,特别是从个体、种群、群落到生态系统等不同层次生物组织的系统变化。社会力的源泉包括:经济杠杆——资金;社会杠杆——权力;文化杠杆——精神。资金刺激竞争,权力推动共生,而精神孕育自生。三者相辅相成,构成社会系统的原动力。自然力和社会力的耦合控

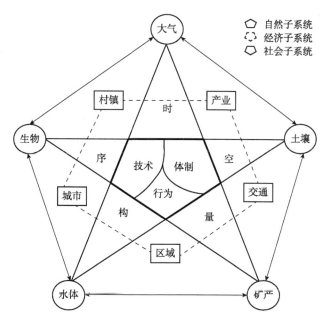

图 2-2 城乡生态系统的组成结构及关系
(王如松,2000)

制导致不同层次城乡生态系统特殊的运动规律(王如松,2000)。

2.1.1 自然子系统

2.1.1.1 生产者

生产者是能以简单的无机物制造食物的自养生物(李博,2000),包括所有的绿色植物、光合细菌和化能合成细菌等。它们是生态系统中最基础的成分。植物能在地球上广泛分布,适应空间和时间资源上的差异,从而保证了资源的充分利用。绿色植物通过光合作用制造成初级产品——糖类。糖类可进一步合成脂肪和蛋白质,用来建造自身。这些有机物也成为地球上包括人类在内的一切异养生物的食物资源。

但是,城市生态系统中的绿色植物虽然也具有固定物质和太阳能的作用,但是在现代城市的物质和能量循环体系中,这些物质和能量几乎不能参与到整个循环中。例如,城市中的居民和其他动物并不能以这些绿色植物为食,人类也不能以城市中的绿色植物作为自己的能源基础。绿色植物老化后的枯枝落叶和腐殖质所携带的物质和能量,被作为城市的垃圾清运出去。生态系统的生产者,从本质上而言,是指生态系统物质和能量的供给者。因此,从物质和能量供给的角度来说,绿色植物绝不是城市生态系统的生产者。其次,城市种植绿色植物的目的,不是以其作为食物和能量的来源,而是作为环境保护、观赏审美、气候调适、生态廊道、空间隔离屏障等用途。通过绿色植物的调节作用,来改善城市的环境。因此,绿色植物在整个城市生态系统中,充其量只能是一个重要的环境因子,不具有城市生态系统中的生产者地位。既然绿色植物不是城市生态系统物质和能量的供给者,城市生态系统也就没有能直接固定太阳能并将其传送到生态系统中参与循环的物质实体。因此,应从"谁为城市生态系统提供了物质和能量"这个基本点出发,来考察城市生态系统的生产者。可以纳入城市生态系统生产者范畴的有5类：

①郊区农作物。如果把郊区也纳入城市生态系统的范畴，那么，郊区的农作物无疑是城市生态系统重要的生产者。郊区农作物不仅为整个城市生态系统提供了重要的物质和能量，而且还具有重要的气候调节作用。

②作为动物性食品和副食品。大城市(如上海、香港)的动物性食品和副食品的供给只有一部分是由郊区提供的，还有一部分则通过远程运输系统从外地运来。研究这些食品供给的来源，有助于我们更准确地把握城市生态系统的能量供给渠道，从而对其进行优化。

③矿物。人类通过采掘地下矿物，为城市生态系统提供了大量的供生产和消费用的物质(工业原料)和能量(化石能源)。这些物质一部分是太阳能的固定者，一部分则是地球内能作用的产物。

④太阳能、地热能及其转化者。如利用风能、水能、太阳能、地热能转化为电能为城市提供重要的能源。它们也应纳入城市生态系统的生产者体系中。

⑤人类。人类自身也是城市生态系统的生产者。首先，他们借助各种劳动工具，通过自己的劳动，将自己体内能量的一部分固定在各种劳动对象上，以物质形式或能量形式传送到整个城市生态系统中。其次，人类通过创造性地劳动，能够将自然界的各种物质和能量进行发掘和固定。正如"科学技术是第一生产力"一样，人类的生产性活动对于促进物质和能量的循环转化具有其他实体不可替代的作用(黄辞海，2002)。

2.1.1.2 消费者

是指不能利用太阳能将无机物质制造成有机物质，而只能直接或间接地依赖于生产者所制造的有机物质维持生命的各类异养生理生态特性的生物，主要是各类动物。根据动物食性的不同，通常又可将其分为以下几类(李洪远，2006)，以池塘和草地为例：

①食草动物。是直接以植物体为营养的动物。在池塘中有两大类，即浮游动物和某些底栖动物，后者如环节动物，它们直接依赖生产者而生存。草地上的食草动物，如一些食草性昆虫和食草性哺乳动物。食草动物可以统称一级消费者。

②食肉动物。即以食草动物为食者。例如，池塘中某些以浮游动物为食的鱼类，在草地上以食草动物为食的捕食性鸟兽等。以食草性动物为食的食肉动物，可以统称为二级消费者。

③大型食肉动物或顶极食肉动物。即以食肉动物为食者。例如，池塘中的黑鱼或鳜鱼，草地上的鹰隼等猛禽。它们可统称为三级消费者(李博，2000)。

在城乡生态系统中，人类群体无疑是消费者。但是，除了人类这一顶级的消费者之外，在城乡生态系统中还有其他各种各样的消费者：

①城市观赏动物。城市观赏动物并不为整个城市生态系统提供可供循环的物质和能量，相反，还要消耗城市生态系统的物质和能量。而且，由于人类所赋予其在城市中的独特地位(观赏、保护)，它们事实上也处于城市生态系统的消费者行列。相比于人类而言，它们更是纯粹的消费者。

②城市生产体系各个环节的企业。它们在以产品形式为下一个环节提供物质和能量的同时，自身也要消耗一部分物质和能量。而且，由于人类技术水平的限制，这些消费者在

消耗大量物质和能量时,要产生大量的废物(废气、废水、废渣)(黄辞海,2002)。

2.1.1.3 分解者

分解者是异养生物,其作用是把动植物残体的复杂有机物分解为生产者能重新利用的简单化合物,并释放出能量,其作用与生产者相反。分解者在生态系统中的作用是极为重要的,如果没有它们,动植物尸体将会堆积成山,物质不能循环,生态系统将会毁灭。分解作用不是一类生物所能完成的,往往有一系列复杂的过程,各个阶段由不同的生物完成。例如,池塘中的分解者有两类:一类是细菌和真菌;另一类是蟹、软体动物和蠕虫等无脊椎动物。草地中也有生活在枯枝落叶和土壤上层的细菌和真菌,还有蚯蚓、螨等无脊椎动物,它们也发挥着分解作用(李洪远,2006)。

但是在城乡生态系统中,由于城镇环境卫生管理的要求、城市下垫面和城市废物构成等因素,使城乡生态系统与自然生态系统有很大的差别。城市中细菌、真菌和土壤动物的量相当小,它们对城市中的有机废物和无机废物的分解是相当有限的,无法在城市废物分解中起到实质性作用。而且,城市生态系统产生的废物(尤其是工业垃圾、生活垃圾)的生物可降解性十分低,这些生物在垃圾面前,只能是无能为力。尽管在现代城市管理中,已经开始使用可生物降解的材料,但是,城市生产生活产生的废物(包括人类自身的死亡体),大部分仍需借助人工处理才能进行分解和还原。因此,涉及垃圾处理、污水处理、火葬等行业,以及进行废物再生、废物资源化的各个环节的企业实体应纳入城乡生态系统的分解者范畴(黄辞海,2002)。

2.1.1.4 自然环境

环境是环绕着人群的空间中可以直接、间接影响到人类生活和发展的一切自然因素和社会因素的总体,又称之为区域环境。人类离不开环境,与环境相并存,但人类不是消极地适应环境,而是通过劳动能动地控制环境、改造环境,并利用环境为自身服务。但环境是有一定容量的,人类经济活动不能超过环境容量,否则环境就会遭到破坏,人类的经济活动就会受到限制。因此,人类必须合理地调节自己的经济活动,使其与环境容量相适应,并力争提高环境质量,促进生态、经济、社会的协调发展(金岚,2000)。

(1) 太阳辐射

由于城市和乡村的很多因素诸如人口、下垫面状况等有差异,所以,城市地面获得的太阳辐射跟乡村比较起来,有着以下几个特点:

①到达市区地表的太阳辐射及市区地表的吸收和反射。由于市区空气中灰尘杂质及烟雾明显多于周郊,这些物质对太阳辐射有较强的削弱作用,从而使到达市区地表的太阳直接辐射和总辐射平均少于郊区10%~20%,紫外辐射少5%~30%。尤其在冬季,一些城市近地面常有逆温层出现,气层稳定,大量的浑浊物聚积在低处不易扩散,加之冬季太阳高度较低,阳光透过大气层的路径长,使太阳辐射的削弱量高达50%。虽然市区空气中的散射介质较多,到达地表的太阳散射辐射比郊区多,但散射和直射对总辐射的影响相比以直射减弱影响为主,导致总辐射减弱。市区建筑参差错落,形成许多高宽比不同的"城市街谷",白天在太阳辐射下,街谷中墙与墙之间、墙与地面之间,对太阳辐射多次反射和吸收,使市区总的反射率小于郊区,若墙壁和屋面涂刷较深的颜色,其反射率会更小,因而

在其他条件相同的情况下，市区地面能比郊区地面获得较多的太阳辐射能。

②市区地面有效辐射支出。工业生产和人类生活向城市空气中排放大量的温室气体及一些烟尘杂质，这些物质具有强烈吸收和放射长波辐射的能力，当地面向空中放射长波辐射时，它们可吸收其中的75%~95%，阻止地面辐射向宇宙损失，并以大气逆辐射的形式返还给地面。另外，在"城市街谷"中，天穹可见度比空旷郊区小，市区地面不仅可接收来自大气的逆辐射，而且还有建筑物墙壁、屋檐等向下反射的长波辐射，因而使市区地面的有效辐射损失大大减少。由上分析可见，市区与郊区的辐射收支状况相比，虽然到达市区地表的太阳总辐射少于郊区，但由于市区地表对太阳辐射的总反射率较小、吸收率较大，并且市区的地面有效辐射损失小于郊区，所以市区的地气系统更利于辐射能的储存和积累，这也是导致其温度偏高的原因之一。

③日照时间。城市日照影响到居民生活和健康等方面，也是城市建筑设计、规划所必须考虑的一个气象因子。日照时间的多寡取决于纬度和季节，也取决于大气透明度，对同一城市来说，日照时数城郊差异的时空变化又主要取决于后者。大气透明度的降低必然影响城市日照状况（张理华等，2001）。

④市区总辐射。工业生产和人们的日常生活向大气中排放了大量的废气和固体颗粒，空气中固体杂质的增加影响了大气的透明度，加大了大气的反射和散射，减少了太阳的直接辐射，同时对散射辐射也产生了影响，进而影响了总辐射。另外，固体颗粒的增多也就增加了水汽凝结的凝结核，这就使得云量相应的增多、日照百分率减少，进而加剧了总辐射的减少（曹丽萍，2000）。

⑤浑浊岛。投射到地表的太阳辐射，可以分为两部分：一部分是以平行光线方式射来的直接阳光，称为太阳直接辐射 S；另一部分是太阳辐射经过地球大气圈时，因为受到空气分子、悬浮颗粒物和云粒的散射作用而向四面八方散射出的光亮，称为散射辐射 D。在相同强度的太阳辐射下，浑浊空气中的散射粒子多，其散射辐射比干洁空气强，直接辐射则大为削弱。气象学者以 D/S 表示大气的浑浊度（又称浑浊度因子）。城市中因工业生产、交通运输和居民炉灶等排放出的烟尘污染物比郊区多，这些污染物又大都是善于吸水的凝结核。城市中垂直湍流比较强，因此有利于低云的发展，这就使得城市的散射辐射比郊区强，直接辐射比郊区弱，大气的浑浊度显著大于郊区（于建，2004）。

另外，城市化发展虽然大大减少了自然光照时间，但人为的光污染却愈演愈烈，部分地段夜间灯火辉煌，通宵达旦，严重影响到人们的休息和睡眠，已到了没有厚窗帘遮光难以入睡的地步（吴兴国，1999）。在城市，人为光污染主要有白亮污染、人工白昼及彩光污染3种（杨士弘，2003）。

（2）温度

观测证明，世界上大大小小的城市，无论其纬度、海陆位置、地形条件有何不同，其市区的气温都经常高于周郊，这种现象特别在秋冬季节晴稳无风天气下出现的频率最大，此时市郊两地温差也最大。在空间等温线分布图上，市区就像一个"温暖的岛屿"矗立在四周农村较凉爽的"海洋"上，所以，此现象常被称为热岛效应。

热岛效应形成的原因，首先是因为城市中除少数绿地外，绝大部分是人工铺砌的道路、参差错落的建筑物，形成许多高宽比不同的"城市街谷"。白天在太阳照射下，"城市街谷"中墙壁与墙壁、墙壁与地面间多次的反射和吸收,能比附近的平旷郊区获得较多的太阳热能;并且砖瓦、沥青和水泥板等建筑材料又具有较大的导热率和热容量,因而"城市街谷"在日间吸收和贮存的热量远比郊区地面多;城区下垫面不透水面积大,降雨后雨水很快从排水管道流失,可供蒸发的水分、消耗于蒸发的潜热远比郊区农田绿野少,获得的太阳热能主要用于下垫面增温,形成下垫面温度"热岛"。然后再通过湍流交换和长波辐射等方式将热量输送给空气增温。

另外,城市中因能源消耗量和人口密度远比郊区大,其排放至空气中的人为热量和温室气体(如 CO_2 等)又比郊区多,加剧了城市热岛的形成。夜晚风速一般比白天小,城郊之间的热量交换弱,"城市街谷"白天蓄热多,夜晚散热慢,其气温下降速率比郊区更慢,这时城市热岛效应更为显著(曹丽萍,2000)。

(3) 降水

城市中由于有热岛中心的上升气流,空气中又有较多的粉尘等凝结核,因此云量比郊区多,城市中及其下风方向的降水量也比其他地区多。城市的云量主要有以下两个方面的变化特征:一方面,在同一时期,城市云量比郊区多;另一方面,在同一城市,随着城市的发展,城市的云量越来越多。

城市中云量随城市的发展而增多的原因可从以下几个方面来考虑:①城市热岛效应产生的"热岛"环流,有利于城市对流云的形成和发展。②城市下垫面粗糙度增大,机械湍流作用的加强助长了上升运动,有利于低云的形成。③空气中凝结核增多,特别是吸湿性凝结核增多,有利于云的形成。④城区人为的水汽大量排放,也为城市云的形成创造了有利条件,以上4个因子综合影响的结果,使城市中总云量、低云量逐年递增(张理华等,2001)。

城市发展对雾的影响往往有两方面的效应。一方面,随着城市的发展,城市大气凝结核增多,风速减小,大风和静风日数减少,小风或微风日数增多,有利于雾的形成;另一方面,随着城市的发展,"热岛"和"干岛"效应不断加强,不利于雾的形成。那么城市发展是否有利于雾的形成,就要看在城市发展过程中究竟是有利于雾形成的条件占优势还是不利于雾形成的条件占优势(张理华等,2001)。在城市发展早期,由于"热岛"和"干岛"效应还不明显,而凝结核的增多和风速的减小却很明显,故往往有利于雾的形成。当城市发展到一定程度后,由于"热岛"和"干岛"这两个不利于雾形成的因子的加强,雾日数趋向于逐渐减少(张志新,2003)。

城市中由于有热岛中心的上升气流,空气中又有较多的粉尘等凝结核,因此云量比郊区多,城市中及其下风方向的降水量也比其他地区多。"干岛"和"湿岛"现象的形成,既有下垫面因素,又与天气条件密切相关。在白天太阳照射下,下垫面通过蒸散(含蒸发和植物蒸腾)过程而进入低层空气中的水汽量,城区小于郊区,特别是在盛夏季节,郊区农作物生长茂密,城、郊之间自然蒸散量的差值更大。城区由于下垫面粗糙度大(建筑群密集、高低不齐),又有热岛效应,其机械湍流和热力湍流都比郊区强。通过湍流的垂直交换,城区低层水汽向上层空气的输送量又比郊区多,导致城区近地面的水汽压小于郊区,形成城市干岛。夜晚,风速减小,空气层结稳定,郊区气温下降快,饱和水汽压降低,大量水汽在地表凝结成露水,存留于低层空气中的水汽量少,水汽压迅速降低,城区因有

"热岛效应"，其凝露量远比郊区少，夜晚湍流弱，与上层空气间的水汽交换量小，城区近地面的水汽压高于郊区，出现城市湿岛。这种由于城郊凝露量不同而形成的城市湿岛称为凝露湿岛，大都在日落后 1~4 h 内形成。日出后，因郊区气温升高，露水蒸发，城区又转变成城市干岛(于建，2004)。

城市雨岛原因与云量增多的原因类似，大致可以从 3 个方面来分析：①城市热岛效应的影响。热岛效应对降水的形成有两方面的意义：一方面，热岛效应有利于形成"热岛"环流；另一方面，热岛效应使城市大气不稳定性增强，促使大气上升运动加强。在城市水汽充足的情况下，气流上升运动有利于对流云的形成和对流性降水的增加。②城市的机械阻挡作用。城市的机械阻挡作用对降水的影响也有两方面的意义：一方面，它能阻碍降水系统(如锋面、切变线等)的移动速度，使其在城市上空滞留时间加长，降水时间延长；另一方面，它们又能引起机械湍流，使上升气流加强，促进降水强度的增大。③城市凝结核的作用。观察研究表明，城市凝结核比郊区多得多。特别是吸湿性凝结核，城市比郊区往往多 10~20 倍，甚至更高。凝结核增多会促进水汽凝结，有利于降水增多(张理华等，2001)。

城市不仅影响降水的空间分布，而且还影响到降水的性质，由于市区空气中的 SO_2 和 NO_x 浓度较大，这些气体在一系列复杂的化学反应后，形成硫酸和硝酸液滴，经成雨过程和冲刷过程形成"酸雨"(雨滴 pH<5.6，危害很大)。

(4) 土壤

长期以来土壤研究主要集中在农地和林地土壤上，以确保满足世界不断增长的人口对食物和纤维的需要，无暇顾及城市土壤。由于城市化进程不断加快，城市生态环境质量日益受到广泛关注。城市土壤是城市生态系统的重要组成成分，是城市园林植物生长的介质和养分的供应者，是城市污染物的汇和源；它关系到城市生态环境质量和人类健康。因此，了解城市土壤特性，可为城市园林绿化的规划和管理、城市环境保护和治理提供理论依据和方法指导。

①城市土壤受人为活动的影响强烈。其形成和性质与所处的自然环境没有必然的联系，本质上是一种泛域的人为土或人为新成土。城市土壤在空间上变异十分明显，在较短距离内会出现完全不同的土壤类型。除自然土壤物质外，城市土壤包含大量的人为物质，这些物质决定或影响着城市土壤的形态学、物理、化学、生物学特性和污染状况，城市土壤具有以下特征(卢瑛等，2002；张甘霖等，2003；杨瑞卿等，2006；孔海等，2013)。

②土壤剖面结构和形态混乱。由于在城市建设过程中挖掘、搬运、堆积、混合和大量废弃物填充等原因，城市土壤结构和剖面发育层次十分混乱，土层分异不连续，许多土层之间没有发生学上的联系，土层缺失且没有统一的出现规律，有的甚至发生土层倒置现象，即 B 层在下，A 层在上，或古土壤层在上，新土壤层在下等。

③土壤质地变性，人工附加物丰富，砾石和石块含量高。城市建设如建筑修路及工业生产、居民生活等原因，导致城市土壤中的外来物极其丰富，如碎石、砖块、玻璃、煤渣、混凝土块、塑料、工业废弃物、生活垃圾等，这使得城市土壤多为砾石、垃圾和土的混合物，土壤颗粒组成中砾石和砂粒较多，细粒和黏粒所占比例较小，土壤质地粗，多为石质、砂质，有些土壤层次砾石和石块含量可高达 80%甚至 90%以上，土壤持水性差，对

植物产生不利影响。

④土壤紧实，容重大，孔隙度小。城市人口密集，交通发达，人流车流量大。由于人为践踏和车辆压轧等原因，土壤结构破坏严重。较自然土壤而言，城市土壤紧实，容重大，孔隙度小。如 Jim 对香港行道树的土壤进行了详细研究，发现行道树土壤容重为 1.65 g/cm³，孔隙度为 36.6%。人踩车压增加了土壤硬度，一般人流影响土壤深度为 3~10 cm，土壤硬度为 14~18 kg/cm²；车辆影响深度为 30~35 cm，土壤硬度为 10~70 kg/cm²；机械反复碾压的建筑区，影响深度可达 1 m 以上。

⑤土壤 pH 值偏高，以偏碱性为主，具有一定的空间变异性。酸碱度是土壤重要的基本性质之一，直接影响着土壤中养分存在的形态和有效性，对土壤的理化性质、微生物活动以及植物生长发育有很大影响。城市土壤的 pH 值一般在 7.5 以上，普遍高于自然土壤，有偏碱性的趋势，部分地区甚至超过了 9.0，呈强碱性。城市土壤碱性增强的原因可能包括：融化道路积雪的氯化钙、氯化钠和其他种类的盐，随地表径流积累在土壤中；用富钙的水灌溉植物；建筑废弃物、水泥、砖块和其他碱性混合物中钙的释放；大量含碳酸钙和碳酸镁的灰尘的沉降；流经混凝土和石灰石表面的径流到处存在，而径流中含有钙离子等碱性物质；土壤中碳酸盐与碳酸反应形成重碳酸盐等。但城市土壤酸碱度也具有一定的空间变异性，如于法展等研究发现，城市交通区的 pH 值较其他区域偏低，汽车尾气产生的氮氧化物(NO_x)、二氧化硫等气体与水结合形成酸性物质，是 pH 值降低的重要原因。

⑥大多数土壤养分含量低，肥力下降。植物生长所需的土壤养分元素包括常量元素和微量元素两大类。与农业土壤相比，城市土壤生态系统的养分循环过程单一，缺少人工的培肥作用，土壤养分元素主要来源于土壤母质、降雨、废物和少量的生物残体，而缺乏化肥和有机肥的大量补充，元素输出主要为植物吸收、淋溶流失和氧化、挥发等，这种低输入、高输出的土壤养分循环模式必然导致城市土壤含量低，肥力下降。但有些养分含量较高，如城市土壤中钙、镁含量高，供应充足；由于硫存在于一些底质中，大气来源的输入相对较多，所以城市土壤不可能存在硫缺乏的问题，而更多关注的是工业来源硫的输入，导致土壤酸化和毒害的问题。南京市道路绿地 0~20 cm 土层土壤有效磷平均值为 24.2 mg/kg，速效磷含量大于天然林土壤和农业土壤，这可能与大量含磷废水和垃圾的混入有关。

⑦土壤污染严重，常具有特异的物质组成。城市是一个重要的污染源，它产生的工业"三废"物质、生活垃圾、汽车尾气、医药垃圾等均会导致城市土壤污染。加上城市土壤多零星分布，面积小而孤立，物质循环和转化过程单调缓慢，土壤微生物种类和数量少，代谢降解能力低，环境容量小，自净能力差等原因，城市土壤污染严重，土壤污染物特别是金属污染物锌、铅、铜等的含量明显高于自然土壤。有些土壤的锌、铅含量甚至高达 3000 mg/kg。城市土壤常具有特异的物质组成。如由炼钢炉渣发育的土壤含铁特异；由食品工厂废渣发育的土壤组成中则可能含硫很高。因为物质来源的不同，这些特异物质种类复杂且对土壤化学性质的影响各异。

⑧城市土壤生物多样性下降。土壤生物学特性一般包括土壤动物和微生物学特性，常用指标有土壤动物指标、土壤微生物组成、微生物生物量、土壤酶活性等。由于城市土壤表面的固化、生物栖息地的孤立、人为干扰与土壤污染的加重，城市土壤生物群落呈结构单一、多样性水平低的特点，生物的种类、数量远比农业和自然土壤少。城市土壤遭受污

染后,也可导致土壤微生物特性的显著变化。在英国阿伯丁的一项研究表明,与农业土壤相比,城市土壤的微生物的基底呼吸作用明显增强,但微生物生物量却显著降低,微生物的一些生理生态参数值明显升高,数据显示,城市土壤对能源碳的消耗量和速率也明显提高。通过主成分分析显示土壤中有效态铅是控制城市与农业土壤微生物特征差异的主要因素,其次为有效态和有机态的锌、铜、镍。

(5)河流水文性质

河流水文性质包括水位、断面、流速、流量、径流系数、洪峰、历时、水质、水温和泥沙等。城市化对河流水文性质的影响是多方面的(杨士弘,2003)。

①流量增加,流速加大。城市化可使降水量增加,而且由于不透水地面多,植物稀少,所以地表径流量增加。城市化对天然河道进行改造和治理,增加了河道汇流的水力学效应,使流速增大。河道变得平直和规则,减小了河道对洪水的调蓄能力;河道粗糙度减小,使得输水能力加强,导致洪水汇流速度增加。峰现时间提前;涨洪历时和汇流时间缩短,洪水量更加集中,整个洪水历时压缩。

②径流系数增大。径流系数是指某段时间内径流深与降水量之比,表示降水量用于形成径流的有效雨量。城市蒸发渗漏少,降水量用于形成径流的有效雨量多,故径流系数增大。

③洪峰增高,峰现提前,历时缩短。由于城市化,流量增加,流速加大,集流时间加快,汇流过程历时缩短,城市雨洪径流增加,流量曲线急升急降,峰值增大,出现时间提前。

④径流污染负荷增加。随着城市发展,大量工业废水、生活污水排放进入地表径流。这些废污水富含金属、重金属、放射性污染物、细菌和病毒等。由于污水的处理率不高,大量污水未经处理直接排入水域,使河流污染严重,径流污染负荷增加。

此外,城市建设施工期间,大量泥沙被雨水冲洗,使河流泥沙含量增大。工业冷却水排放也会使局部水温升高。

(6)地下水

①地下水位下降,局部水质变差。城市不透水区域下渗水量几乎为零,土壤水分补给减少。由于地下水开采量大,促使地下水位急剧下降。在城市中,水质总体较好,但局部受到一定程度的点状或面源污染,部分指标超标,局部水质变差。

②水量平衡失调。由于人口增加,对水的需求量大增,地表水又受到不同程度的污染,于是大量抽取地下水,超过了自然补给能力,使水量平衡失调。

③生态环境恶化。由于地下水补给不足持续时间较长,容易引起地下水含水层的衰竭,造成城区地下水水位持续下降,引起建筑物大幅度位移,海水倒灌,城市排水功能下降,容易发生洪涝、干旱灾害,使生态环境恶化(杨士弘,2003)。

2.1.1.5 人工环境

(1)人工设施

人工设施一般包括建筑物、大型交通基础设施、管线设施、环境设施等(杨士弘,2003)。

①建筑物。一般是指人们进行生产、生活或其他活动的房屋或场所,如工业建筑、民

用建筑、农业建筑和园林建筑等。建筑物是人造的、相对于地面固定的、有一定存在时间的，且是人们要么为了其形象、要么为了其空间使用的物体，也叫"建筑"。它往往都具备人能居住和活动的稳定空间，是人造自然的主体。一般情况下，建筑的建造目的既侧重于得到人可以活动的空间——建筑物内部的空间(现代主义建筑非常强调这点)或和建筑物之间围合而成的空间(比如城市中的市民广场)；也侧重于获得建筑形象——建筑物的外部形象(如纪念碑)或建筑物的内部形象(如教堂)。

②大型交通基础设施。一般包括道路、桥涵、车站、码头、机场等。交通是生产过程在流通领域的继续和进行社会再生产的必要条件，是沟通工农业之间、城乡之间、地区之间、企业之间经济活动的纽带，也是联系国内外的桥梁。良好的交通条件，以及有效的运输、邮电生产活动，能使经济活动和人们日常生活正常进行。开采矿山资源，开拓贸易往来，开发经济落后地区，促进社会交往和旅游活动等都要依靠交通。因此，交通是国民经济活动的主要环节之一，在国民经济发展中起先行的作用。我国在改革开放后，工农业生产迅速发展，经济基础日益增强。城市化进程以及经济发展的加快对连接城市与城市、城市与乡村、乡村与乡村间的交通运输状况提出了新的要求。而经济的发展，又反作用于交通运输业的发展，它们之间的协调发展越来越引起人们的重视。人类社会的发展和人们的日常活动，诸如生产活动、贸易往来、社会交往和信息传递等都离不开交通。一个国家或地区的经济繁荣和科学文化发达等，也必须有相应的交通条件。

③管线设施。包括排水管线、供水管线、燃气管线、供热的热力站管线等设施。

④环境设施。包括园林、绿化带、污水处理厂、垃圾处理厂等。

(2) 人为环境

人类区别于动物之处在于不是被动地去适应环境，而是以自己的智慧、劳动去改造环境。这种由于人类的活动干扰引起环境质量的变化所形成的环境，称人为环境，是人类为了不断提高自己的物质和文化生活而创造的环境。

广义的人为环境包括动植物的引种、培育、驯化、农作物需要的环境，以及人工管理经营的森林、草地、绿化带，还包括自然保护区内的一些控制和防护等措施、风景旅游区、城市、房屋、娱乐场地等。狭义的人为环境是指人工控制下的环境，如薄膜育苗，可提高苗床的土温和气温，防止夜间低温和霜冻，促进幼苗的生长发育，争取丰产丰收；用人工光照以刺激家禽神经内分泌，加强卵巢活动，促使其多产卵。

由于对大自然认识的片面性，人类常采取一些顾此失彼的措施，只顾当前的、直接的利益而忽视环境在人为作用下长期缓慢的不良变化，如古丝绸之路曾是植被繁茂的好地方，由于战火和不适当的垦殖导致了严重的水土流失，最终出现了沙漠化。另外，不合理或不科学地大量砍伐森林、过度放牧造成的草原破坏，也加剧水土流失、土壤盐渍化、沙漠扩大化，导致自然环境不断恶化(金岚，2000)。

2.1.2 社会子系统

2.1.2.1 人口

人口是指一定时间内生活在一定地域的人的总数。人具有自然和社会的二重性。人口是城乡生态系统的核心要素，人可以能动地控制人口本身，使其与环境、资源、物资、资金、科技等要素相连接，构成丰富多彩的生态、经济、社会关系。人不仅是消费者，而且是生产者，能创造出比自己所消费的多得多的财富。这种消费和生产的对立统一关系，一方面表现为人口在与环境、资源、能源、粮食等方面给城乡生态系统造成压力，影响、动摇甚至破坏城乡生态系统的平衡；另一方面表现为人具有生产、劳动和创造才能，可以使城乡生态系统向更高级的平衡状态演化。因此，人口要素在城乡生态系统中，起着促进或延缓其发展的作用。

2.1.2.2 智力

智力是一种综合的认识能力，它包括注意力、观察力、记忆力、想象力和思维力5个基本因素，思维力是智力的核心，创造力是智力的最高表现。人的文化智力素质，是指后天人在社会实践中所具有的文化知识、科学技术水平、生产经验和劳动技能。在现代科技革命影响下的社会经济活动中，智力支出日趋成为人类劳动的主导。科学技术引起的产业结构日趋向技术密集、信息化等方面发展，这进一步引起了职业构成的变化，要求人口文化技术素质不断提高，并成为社会经济增长的核心。

人口的资源环境素质是指人口开发利用和保护资源、环境的知识、技能以及人口的生态环境意识。在当今世界，是否具有健康的生态环境意识已成为衡量一个国家国民素质的重要标志。在一个"生态盲""环境盲"充斥的国度里，要想根本改善环境是难以想象的。因此，从长远考虑，要把树立全民生态环境意识作为提高人口资源、环境素质的重点，把人口教育、环境教育植根于国民教育之中，使社会公众具备基本的生态环境基础知识、生态环境国情意识和人口意识，并使之长期保持人口、环境的危机感和忧患意识。影响人口的社会、经济、文化等诸因素中，从长远来看起根本作用的是发展经济和普及教育。相对而言，教育比其他因素对生育率以及对人口素质提高的影响更为直接，关系也更为密切。从教育对生育率的影响来看，妇女生育率与妇女文化教育都存在着一种显著的负相关关系。即妇女文化教育程度越高，终生生育的平均子女数越少。据调查，人口教育水平的提高，还会降低人口的死亡率。教育水平是人口素质的核心。也就是说，决定人口素质的关键在于人口的受教育水平。在现代经济和现代科技已十分发达的今天，这一点更为明显。为此，中国要努力提高教育投资强度和效益，实现全民普及教育目标。最主要的是要根据中国国情和经济发展阶段加大对教育的投入，从教育入手，提高全民的科学文化素质，大力开发人力资源，为人与自然的协调持续发展提供一定的前提条件。

2.1.2.3 劳动力

劳动力指人的劳动能力、蕴藏在人体中的脑力和体力的总和。劳动力有广义和狭义之分。广义上的劳动力指全部人口。狭义上的劳动力则指具有劳动能力的人口。物质资料生产过程是劳动力作用于生产资料的过程。离开劳动力，生产资料本身不可能创造任何东西；但是，在物质资料生产过程中，劳动力想要发挥作用，除了必须具备一定的生产经验和劳动技能和文化科学知识外，还必须具备一定量的生产资料，否则，物质资料生产过程也是不能进行的。劳动者在生产过程中运用劳动力和生产工具，作用于劳动对象，既可以创造出物质财富，也可以不断提高自己的劳动技能。在不同的社会中，由于生产资料和劳动力结合的方式不同，劳动力的使用状况也不同。中国劳动力数量居世界前列，据统计，中国有接近8亿的劳动力。中国总人口的不断膨胀使劳动力人口也随之膨胀,从战略发展上看,中国劳动力总量相对于将长期就业绝对过剩是关系国计民生的重大战略问题。

2.1.3 经济子系统

2.1.3.1 资源

资源指生产资料或生活资料的天然来源。由于所处地理位置不同,资源的种类和数量也有很大区别,资源的差异性,形成了不同类型的城乡生态系统。资源利用的有限性,对城乡生态系统的形成、演替和发展起着重要的制约作用。如森林采伐量不能超过其生长量,草场不能超载放牧,耕地不能耗竭地力,水域不能过度捕捞,排放不得超标等。由于不合理利用资源,单方面追求经济的增长所带来的一系列生态问题,越来越引起人类的关注。人们为了防止和挽救生态失调及其所造成的损失,积极开展水土保持,在保护、改善或重建良好的生态系统中作出了巨大努力。

2.1.3.2 物资

物资是生产和生活上所需要的物质资源。物资是城乡生态系统中已社会化的要素,是自然资源经过劳动加工转化而来的社会物质财富。自然资源是物资转化的源泉,物资是社会经济运动的物质资源,是城乡生态系统形成和发展的重要条件。在把自然资源转化成物质的过程中,只有以丰富的物质为基础,采用先进的生产工具,才能把更多的自然资源转化为物质资源。

2.1.3.3 资金

资金是用货币形式表现的再生产过程中物质资源的价值。再生产过程中的资金循环要依次经过流通过程、生产过程和再流通过程3个阶段。第一阶段和第三阶段,是价值形成的准备和实现的运动过程;第二阶段则是价值形成的物化和增值运动过程。资金作为城乡生态系统的经济子系统要素,主要是指资金参与并起着生态经济和经济系统在生产过程中相互交织和交换物质的作用。

2.1.3.4 科学技术

科学技术是指与城乡生态系统有内在联系的人化、物化形态的科技。包括具有一定身体素质、科学知识、生产经验、劳动技能的人和科技物化了的劳动资源。现代科学技术贯穿于社会生产的全过程,任何一个城乡生态系统的生产和再生产,都是在运用科技手段,通过经济系统的经济能量和经济物质与生态系统中的自然能量和自然物质相交换的过程中实现的。科技要素在城乡生态系统中的任务是认识和掌握生态经济社会规律,有计划、有目的地调节、控制社会经济和自然生态之间的关系,在保证区域持续发展的同时,保持良好的生态环境,以最大限度满足人民日益增长的物质、文化和生态的需求(王礼先,2006)。

2.1.3.5 产业结构

长期而言,我国的产业结构与经济增长之间具有共同的随机变动趋势。因此,通过调整和优化产业结构从而控制经济增长的产业政策在中国是有效的。

中国经济结构的不合理及需要重组是一个老话题。应该肯定,自改革开放以来,中国的经济结构已有所调整。例如，农业在 GDP 中所占比重的下降；外贸结构中初级产品比例的下降；所有制结构中，各种所有制结构的比例有所调整。但随着经济全球化进程的发展，经济结构的调整与重组，已成为十分迫切的问题。

在过去，从产业角度看，农业的作用尽管非常大，但是它的贡献度在降低。经济主要靠第二产业的拉动，其次是服务业。

中国大部分人口在农村，中国的改革是由农村家庭联产承包责任制开始的。无论在过去、现在和将来，农村对中国经济增长有着重大影响，农村经济增长依靠农产品产量的提高和乡镇企业的蓬勃发展等因素。改革开放使大量农村劳动力转移到城镇，大量农村劳动力从低附加产值的农业转入到高附加产值的制造业、建筑业和服务业等行业。今后，必须十分重视农村的改革与发展，以进一步促使经济持续、稳定、高速增长。

针对目前农村情况，加快农村基础设施建设，实现农村电气化，为农村创造良好的消费环境，从而消化现有的过剩生产能力。中国具有一个广大的农村市场，而且市场的潜力很大，远未饱和。为了刺激国内消费需求，农村地区的基础设施项目如修筑乡村公路，架设农村电网，建立广播电视接收、发送装置等。以"新农村运动"为主要内容的农村道路、电网建设不仅能把农村地区大量需求潜力释放出来，并且这类基础设施建设属于高度劳动密集，以使用农村劳动力为主，能够为农村创造许多就业机会。开展这些项目，也有助于提高农村地区的生活水平，并缩小城乡差距。

第二产业在整个经济中比重最大。第二产业主要是工业，包括电力产业、钢铁产业、建材工业、能源工业等。

(1) 电力产业

经过 20 多年电力工业的快速发展，中国电力产业实现了从严重缺电到供需暂时基本平衡的重大转变，保证了国民经济和社会发展的需要，同时为在今后进行电力产业的战略性调整奠定了坚实的基础。中国经济将保持较快发展速度，产业结构战略性调整将进一步加大力度，电力工业发展必须与社会经济发展相适应。放松管制是中国电力体制改革的发展趋势，即充分发挥市场配置资源的作用，引入竞争机制。中国是一个发展中国家，今后仍将以电力发展满足国民经济和社会需求的不断增长和电力产业结构调整为重点，中国电力产业结构调整是为实现中国可持续发展和全国能源资源优化配置，并建立合理的电价机制。市场竞争机制是促使电价降低的有力手段。促进合理的电价形成机制，在发电领域打破垄断。规范有序的电力市场运行机制和有效的监管体制，充分发挥市场配置资源的地位，加强水流与电流领域规划研究，实现全国能源资源优化，建立全国电力市场等。

(2) 钢铁产业

从钢铁行业生产运行情况及国内外总体经济走势看，钢铁行业发展势头良好，钢铁行业仍将是平稳增长的趋势。从制约钢铁发展的因素看，煤炭的铁路运输以及在建项目规模仍然偏大、产能增长过快等问题，对钢铁企业生产经营稳定都将产生不同程度的影响。此外，钢铁生产所需的大量原材料——铁矿石，将继续呈现价格上涨的趋势，生产成本增加的压力没有缓解。当前钢铁行业面临供需矛盾突出的问题，尽管钢铁生产保持增长态势，但增速有所放缓，供需关系延续"双弱"格局；市场供应过剩和需求疲软导致钢材价格持续下行，钢铁企业利润大幅萎缩；五大钢材品种总库存有所下降，但去库速度缓慢。但好的方面包括：在出口、技术创新、海外建厂等方面展现出新的发展机遇和趋势。其中随着制造业的崛起，特别是新能源、高端装备制造等领域的快速发展，钢铁需求结构重心逐步向制造业转移。这为钢铁行业提供了新的发展机遇。居民消费关注的房地产、汽车业增长的势头在减缓，但在消费结构升级中仍是钢材需求较稳定的支持因素。国家将出台一系列政策和措施，强力推进增长方式转变，发展循环经济，大力减少能耗，提高资源效率，积极落实环保措施，推广清洁生产。转变增长方式，走上节能、环保和持续发展之路。中国经济发展正处于新一轮增长周期的上升阶段，采取的宏观调控政策措施是为了避免经济大起大落，并会相应地延长经济景气周期，有助于钢铁工业保持较长时间良好运行态势。

(3) 建材工业

建材工业是国民经济中的重要的原材料行业，它在国民经济发展中占有重要的地位和作用。由于受宏观经济持续快速增长的影响，全社会固定投资的拉动，从20世纪80年代开始，中国建材工业的发展势头较为强烈。中国水泥产量年平均增速高于同期国民经济发展速度。水泥产量从1985年起持续走高。中国的石材工业中大理石板材生产，花岗岩板材产量居高不下。

(4) 能源工业

能源工业是关系国家经济命脉和国防安全的重要战略物资。可靠的能源供应和高效清洁地利用能源是实现社会经济持续发展的必要条件。在20世纪最后的20年里中国的能源消费量随着经济的发展翻了一番。但是依赖大量能源的消耗，虽然推动了经济的快速增长，与此同时却付出了巨大的环境代价。目前，研究能源、环境污染和经济发展的文章很多，其中既有对能源消耗和环境污染进行分析，又有对能源消耗与经济增长之间的关系进行的分析，还有对能源消耗、环境污染和经济发展三者之间关系进行分析的。煤炭、石油、天然气、水电是能源的主要构成因素，因此有专家选取这4种能源和环境污染治理投资对全国的GDP的影响进行过分析。

第三产业相对比较平稳，平均每年的贡献程度大约在30%。今后，传统的第三产业估计还会是保持一个相对平稳的发展趋势，从而更好地适应全面建成的小康社会，将应运而生各种各样新兴的服务业，可能会加速第三产业的发展，因此，服务业在整个国民经济中的贡献程度会继续有所上升。中国经济的结构矛盾之一是中国服务业的比重低于国际标准，服务业增长滞后的一个原因可能是垄断。在20世纪90年代一段时期全民经商的热潮中，几乎所有部门与企业，都兴办了低一级的服务业，宾馆、饭店等几乎遍布中国的县、镇。除政府部门外还有相当一部分的工业企业在经营第三产业，以及难以统计的大量农村劳力进入城市从事家庭服务及各类摊贩买卖活动等等。这些都属于第三产业范畴。至于高一级的第三产业，如教育、法律、保险、金融、咨询、航空等，在中国应有更大的发展余地。但这些领域，目前有很大一部分为政府及其相关部门所垄断。另外，这些领域中也存在人力资源的严重不足，这些行业应预见到进入世贸组织后会遇到竞争的强度与难度。在战略上立足于提高自身竞争力的主动政策，有些行业需要国家保护，而有些行业不宜长期依靠国家保护即国家垄断的政策(谭福顺，2007)。

2.2 城乡生态系统的空间结构

城乡生态系统地域范围较广，由3个结构单元组成：城市子系统、乡村子系统和城乡交错带。这3个子系统有着各自的特征和功能，进行功能分区时，要根据各自的特征，进行资源整合和准确、科学的功能定位，发挥各子系统的资源和功能区位优势，弱化各自的区别，突出各个子系统的联系，实现城乡一体化。

2.2.1 城市子系统

城市可以简单地表示为以人群（居民）为核心，包括其他生物和周围自然环境以及人工环境相互作用的系统。这里的"人群"泛指人口结构、生活条件和身心状态等；"生物"即通常所称的生物群落，包括动物、植物、微生物等；"自然环境"是指原先已经存在的或在原来的基础上由于人类活动而改变了的物理、化学因素，如城市的地质、地貌、大气、水文、土壤等；"人工环境"则包括建筑、道路、管线和其他生产、生活设施等。城市和一般自然生态系统（如森林、草原等）或半自然生态系统（如农田等）的不同，主要表现在以下方面（图2-3）。

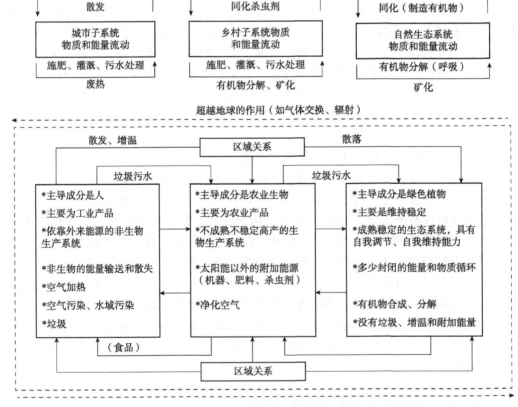

图 2-3 城市子系统、乡村子系统和自然生态系统之间的比较
（宋永昌，2000）

①城市是人工生态系统，人是这个系统的核心和决定因素。这个子系统本身就是人工创造的，它的规模、结构、性质都是人们自己决定的。至于这些决定是否合理，将通过整个子系统的作用效力来衡量，最后再反作用于人。在这个子系统中，"人"既是调节者又是被调节者。

②城市是消费者占优势的子系统。在城市子系统中，消费者生物量大大超过初级生产者生物量。生物量结构呈倒金字塔，同时需要大量的附加能量和物质的输入和输出，相应地需要大规模的运输，对外部资源有极大的依赖性。

③城市是分解功能不充分的子系统。城市子系统较之其他自然生态系统，资源利用效率较低，物质循环基本上是线状的而不是环状的；分解功能不完全，大量的物质、能源常以废物形式输出，造成严重的环境污染。同时城市在生产活动中把许多自然界中深藏地下的甚至本来不存在的（如许多人工化合物）物质引进城市，加重了环境污染。

④城市是自我调节和自我维持能力很薄弱的子系统。当自然生态系统受到外界干扰时可以借助于自我调节和自我维持能力以维持生态平衡；城市子系统受到干扰时，其生态平衡只有通过人的正确参与才能维持。

⑤城市是受社会、经济多种因素制约的子系统。作为这个子系统核心的人，既有作为"生物学上的人"的一个方面，又有作为"社会学上的人"以及"经济学上的人"的另一个方面。从前者出发，人的许多活动是服从生物学规律的。但就后者而言，人的活动和行为准则是社会生产力和生产关系以及与之相联系的上层建筑所决定的。所以城市子系统和城市经济、城市社会是紧密联系的（宋世昌，2000）。

城市子系统在区域中的地位是核心地位，城市在区域中的作用起主导作用。城市聚落的形成受自然和社会经济因素的制约。自然条件通过影响人口的分布影响城市的形成（早期），社会经济条件是影响城市发展的决定因素。城市是区域人口集聚的中心，具备人口迁入的动力因素。城市是区域发展的核心。既是区域商品的生产中心（服务中心），又是区域商品的消费市场（经济增长）。城市与其他区域的经济联系主要表现为既向周围地区销售产品或提供服务，又从周围地区获得生产、生活要素等产品。

2.2.2 乡村子系统

不同于城市、城镇，乡村是从事农业的农民的聚居地。从严格意义上说，乡村环境是与城市环境、城镇环境相对而言的，是以农民聚居地为中心的一定范围内的自然及社会条件的总和。乡村环境是人类生存环境的一个重要组成部分，除了是人类衣食原料生产的保证条件外，它还是最接近城乡居民区的半自然环境条件，是人类生存活动的重要缓冲空间。

乡村聚落对周围地区在经济、政治、文化等方面所起的作用，体现着乡村聚落的性质。不同的乡村聚落其功能一般不相同，有的聚落功能单一，有的具有多种功能。聚落功能可按不同的指标来确定，如人口的职业构成、经济结构（农、林、牧、渔、工、商等各业的产值比例）、土地利用结构及所拥有的土地利用结构等。乡村聚落的功能有农业与非农业两大类。前者包括种植业、牧业、渔业、林果业和狩猎业等；后者包括商业、工业和矿业、文化、旅游及疗养、交通、军事等。乡村聚落的功能随社会经济发展和交通运输等基础设施条件的改善而变化。

乡村子系统主要由自然子系统、以人为主的村落子系统和农业子系统组成。自然子系统是基础，农业子系统是主体，村落子系统则是不可缺少的重要组成部分(陈佑良，2000)。在其他生态学书籍中有关自然生态系统的阐述较为全面，在此我们只介绍村落子系统和农业子系统。

村落子系统的属性与城市相接近，由乡镇及农村非农活动所组成，系统的演变与发展主要受人类社会的经济规律所主宰。在村落子系统中，原有的自然生态系统的结构与功能发生了根本的变化，人类的社会经济活动及人类自身的再生产成为影响生态系统的决定性因素。因此村落子系统具有人工系统的典型特征。

农业子系统则是自然与人类交互作用的结合区，它既受自然规律的制约，又受到经济规律的支配。在农业生态子系统中，生产者和消费者在空间上是分离的，大量能量、养分随产品输出到系统之外，具有明显的开放性。

根据斯坦利对生态系统的定义，完整的生态系统包括生产者、消费者和分解者及无机环境。生物成分的构成见表2-1。从表2-1可以看出，农村子系统与城市子系统在生物成分的构成上没有太多区别，最显著的区别是农村子系统受到的人为干扰少，而城市子系统则纯粹是建造在人工环境上。

表2-1 乡村及城市子系统生物成分组成的比较

系统成分	乡村子系统	城市子系统
生产者	绿色植物(包括人工种植与自然物)	数量有限的植物(纯粹人工种植)
消费者	牲畜等杂食动物、人	人
分解者	大量微生物	数量有限的微生物

注：引自傅睿等，2007。

乡村子系统与城市子系统相比，除两者在生物成分组成有差异之处，乡村子系统还具有以下特点：

①以土地为中心。"土地是农民的命根"，在乡村的所有活动中都是围绕土地进行，人们的生产、生活无不体现出土地的价值。没有土地也就无所谓乡村子系统的产生。

②自然作用力明显。乡村子系统更接近自然，受自然环境的风吹雨打影响更大。人类的农业活动常常要根据不同的季节、不同的时段而改变。

③植被覆盖率高。乡村是以农业生产为基础的社会经济实体，在乡村更多的是以农、林、牧、渔为主导产业，这些与自然生态系统更接近，即使目前乡村种植经济树种，似乎人工性更强了，但从总的植被覆盖率而言仍远高于城市。

④生物多样性复杂。乡村子系统形成初期，与纯自然生态系统的趋同性很高。随着生产力的提高，农民的劳动行为极大地影响了乡村子系统的原始状态，加进了更多的人为因素，但有一点可以确定，乡村子系统的生物多样性比城市子系统要复杂得多。乡村子系统不像纯自然生态系统那样形态结构与营养结构相协调。它是一种复杂的生态—经济结构，依靠自然能(太阳能、生物能)已无法满足系统的正常运转，而必须从城市子系统等输入能量(如从城市子系统形成的农产品市场)，并且系统的产出也以一定的形式(如农产品)向城市输出。特别是随着乡村商品经济的发展，这种输入与输出可以说是乡村子系统维持生存的基本保障。

从食物链关系上可以用两个简单三角形表示它们之间的联系：农村子系统食物链是三角形，城市生态系统是倒金塔形。乡村子系统比较稳定，城市子系统比较脆弱。乡村子系统和城市子系统两者的区别很明显，当然也有着密不可分的联系。从图 2-4 可见，左边的乡村子系统与右边的城市子系统并不是独立循环，它们之间有着千丝万缕的联系，正因为两者之间的相互影响、相互制约，才保障了完整生态系统的正常运行。

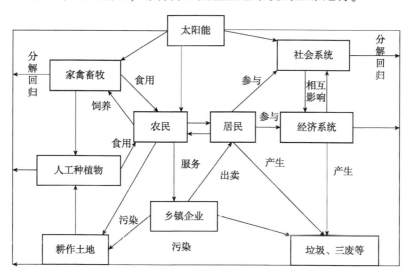

图 2-4　乡村与城市子系统的关系
（傅睿等，2007）

乡村子系统和城市子系统都有各自的特点。研究者的目标是做到乡村子系统与城市子系统的优势互补，以创造一个和谐的生活环境。

①实行"城市反哺乡村"。从长远利益来看，乡村较良好的生态环境对农民、城市居民都有好处。城市可以用一部分资金专门投入乡村子系统的建设，定期派科技小分队下乡宣传，建立乡村环保机制，进行各种形式的城乡合作，达到乡村与城市双赢的最终目的。

②乡村依据当地特色，与城市科研机构联合，实施高效化低污染的农业经济道路。乡村可以按本地资源优势开展"生态农业""生态旅游业"等绿色产业，不仅增加了当地农民的收入，而且也满足了城市居民渴望亲近自然的愿望。

③引导农民建立文明的生活方式。在乡村可以大力推广以沼气为纽带的物质多层次循环利用技术（如生态牧场等）。在城市，开发利用太阳能、水电等可再生、无污染的能源。

通过对比可以看出，乡村子系统与城市子系统有很大的相似之处，也有许多显著的不同，但都是构成城乡生态系统不可缺少的一部分。乡村子系统的好坏直接影响城市子系统，城市子系统的良好运转又很好地作用于乡村子系统，它们是互惠互利的统一整体。只有用联系、发展、全面的观点来研究乡村子系统和城市子系统，才能构建出一个适合我国国情的合理的生态系统（傅睿等，2007）。

2.2.3　城乡交错带

城乡交错带是城市与乡村两大"板块"之间的急变带，各种要素、景观及功能的空间变化梯度大,同时也是城市与乡村相互作用最为活跃的地区,存在频繁的能量与物质对流。例如,北京市大部分的交通运输设施,如长途汽车站、飞机场、停车场、铁路枢纽等,以及 70%以上的交通用地都分布在三环路以外的城乡交错带,保障并承担了北京市与外界的人流、物流等的集散与传输。

2.2.3.1 城乡交错的界面效应

城乡交错带作为城市与乡村要素相互渗透、相互作用的融合地带,存在着大量的城乡交界地带,因而它具有特殊的界面效应。

(1)缓冲效应

城乡交错带区域将城市和乡村隔离为不同的景观单元,是城市化过程对乡村冲击的一个缓冲地带。

(2)梯度效应

城乡交错带的人口密度、生物多样性、经济结构、工农业污染、能耗水耗、交通网络等在空间上存在巨大的差异,生态要素变化存在着从城市端向乡村端的梯度。

(3)廊道效应

城乡交错带作为连接城乡的廊道,具有巨大的物质流、能量流、信息流、人流和资金流。

(4)复合效应

各种生态流重新组合,形成自然和人工结合的城乡交错带景观,并且导致多样性和异质性的改变,景观聚集度增加。

(5)极化效应

商业、大型公共建筑设施等能够形成核心,通过同化、异化、协同等过程改变城乡交错带的景观(马涛等,2004)。

2.2.3.2 城乡交错的特点

城乡交错带中由于城市要素与乡村要素的相互作用、相互影响与交融,具有一些独特的特点。

(1)城市化的"形成层"

城市化的过程实质上就是城市要素不断渗透扩张,而乡村要素逐渐减弱的过程。城乡交错带是城市扩展和乡村发展的前沿,是城市化的前缘带,也是统筹城乡关系的重点地区。城乡交错带是乡村不断向城市转变的中间环节,是城市建成区扩展的前沿阵地,同时也是乡村城市化的"形成层"。城乡交错带具有紧邻市区的优势区位、便利的交通运输、低廉宽敞的土地与良好的环境等条件,是城市扩展的重点地域。其中,靠近城市的区域受城市物质要素直接扩散的影响强烈,耕地、菜地、园地等农业用地直接被住宅、工厂、商业、行政机关、交通运输等非农业用地所代替;而靠近乡村区域则主要是受城市非物质要素的扩散影响,不仅形成了农业人口向非农业人口、农业用地向非农业用地的不断转化,而且随着经济收入与文化水平的提高,各种城市生活方式与价值观念开始不断渗入。

(2)农业现代化的先导

在农业现代化过程中,科技是农业向现代化进化的动力源泉。实现农业现代化的过程，实质就是先进科技不断注入农业的过程，不断完善农业的基础科研、应用科研及推广体系，不断提高科技对增产贡献率的过程。新技术、新材料、新能源的出现，将使农业现状发生巨大的变化，科技将在对传统农业的改造过程中，发挥至关重要的作用。市场则是农业经济运行的载体。面向市场来组织生产，投入—产出—消费的经营循环都要在市场上得以实现，这是乡村经济由传统的、自给自足的自然经济形态走上现代的、商品的市场形态的必由之路。城乡交错带邻近城市，面向农村，因而具有大城市的科技、巨大的市场与工农互补等优势，使其成为农业率先实现现代化的地区，是现代持续农业的先导区。

(3) 城乡关系的协调

城乡交错带地处城市与乡村相结合的部位，是我国城乡关系演变的"窗口"。一方面它是城乡矛盾的最前沿阵地，城乡摩擦最敏感的地带；另一方面它又是我国城乡融合的先行区，城乡一体化的桥梁。一些地区已经出现了相互渗透、协调发展的新局面。由于城市工业的扩散与乡镇企业的发展，已彻底冲破了"乡村农业、城市工业"的传统格局，城乡经济联系从原有纯流通领域的商品买卖关系，扩大到生产领域的内部协作关系，实现了物质、资金、技术、人才、信息等要素在城乡之间的全方位合理流动与优化组合。同时，城乡交错带吸纳了城市要素、扩散了部分功能，成为旧城改造的缓冲区，对缓解市区人口拥挤、用地紧张、交通阻塞等起到了积极作用，促进了城乡经济与社会的共同发展。

(4) 城市"生态屏障"

城乡交错带的农业经济不是单纯为了解决粮食问题，它在提供新鲜、营养、安全、优质和多样化食品的同时，还具有重要的景观作用和生态环境保护功能。城乡交错带中的自然或人工植被，是城市的一个重要"氧库"，源源不断地向城市提供新鲜空气。城市是各种污染源的集中地，高密度的人口与产业产生了大量的废气、废水与废物，严重地污染了城市本身及其周围地区的生态环境。而城乡交错带是城市污染物的"消纳器"，是城市废弃物的再生地，通过区内的绿色植被、污染物治理工程以及生态农业，可较好地控制、治理和解决城市环境污染的艰巨任务，成为城市生态环境的保护屏障，对城市环境具有重要的调控与缓冲能力作用。

(5) 科普教育及休闲"基地"

随着城市化和工业化的迅速发展，人类生存与生活的空间日益钢筋混凝土化，加之生态环境的不断劣化，人们返璞归真、回归大自然的渴望越来越强烈。另外，随着人们经济收入的提高和休闲时间的增多，对物质文化生活的需求向高层次和多元化发展，人们的价值观念、消费观念和美学观念都在发生着变化。旅游已逐渐成为大众的一种新的消费方式。

城乡交错带不仅是绿色有机食品的生产地，也是生态旅游与农业文化的消费地。由于交通的便利、区位的优势，城乡交错带更是提供教育科研基地，宣传绿色文化，推广科普教育以及开展休闲娱乐活动的理想基地。近年来，以乡村自然环境、农业资源、田园景观、农业生产等内容和乡土文化为基础，结合季节性的果、菜、花实地自采现尝，趣味郊游活动以及参与传统项目、观赏特色动植物和自娱等融为一体，为人们提供观光、旅游、休养、增长知识、了解和体验乡村民俗生活的一种农业生态旅游活动不断兴起(陈佑良等，1996)。

2.3 城乡生态系统的动态结构

中国有可能在相对较短的时期内完成工业化过程,使绝大多数地区迈入工业化社会,并进而改变中国目前的城市化过程和城乡空间结构。中国幅员辽阔,各地区经济社会发展水平悬殊,未来发展潜力难以在同一时期内发挥,在未来相当一段时期内仍将存在着较大的发展梯度,在一定时期之内,这种发展梯度还可能呈进一步扩大之势。随着市场经济体制的建立、户籍对人口迁移限制作用力的减弱和大量农村剩余劳动力向城市的涌入,未来中国城市化过程将出现难以避免的快速发展,导致更多设市城市的诞生,使中国城市体系步入到一个新的发展阶段(周符波,2009)。

人口向城镇集中或迁移的过程,不仅包括了人口的迁移,还包含了经济、社会、空间等多方面的转移。首先,城市发展过程既包括城市数量和城市人口数量的不断增多、城市规模的逐步扩大,也包括乡村人口数量的逐渐减少、城市人口占总人口比重的不断提高。其次,在充分保证社会对农业需求的基础上,使农业产值在社会总产值中的比重逐步下降,第二、三产业比重不断上升。另外,城市发展在空间上的表现形态主要有两种类型:一是大片的农田转变为非农业土地利用形态;二是原有的城市土地利用趋于高度化(杨菊珍,2009)。从我国目前情况看,城市总体上还处于粗放型发展,即土地资源集约利用相对滞后。我国城市地下空间未得到足够重视,地下空间零散,不构成系统。城市上部空间也利用不足。因此,以空间垂直利用代替平面利用,开发利用地上、地下空间,提高城市土地的空间利用率,将是城市规模扩张的一项重要内容。

2.4 城乡生态系统的营养结构

城乡生态系统的营养结构也有生产者、消费者、分解者。各组成要素或组成部分,通过物质流、能量流、人口流、劳动力流、智力流、信息流、价值流等,形成复杂的网络结构。城乡生态系统的营养结构主要有4类:食物链、食物网、同资源种团和泛生态链。

2.4.1 食物链

食物链就是城乡生态系统内不同生物之间在营养关系中形成一环套一环的链条式关系。食物链上每一环节,称为营养阶层(营养级)。自然生态系统主要有3种食物链。

①牧食食物链或捕食性食物链。是以活的绿色植物为基础,从食草动物开始的食物链,如小麦—蚜虫—瓢虫—食虫小鸟。

②碎屑食物链或分解链。是以死的动植物残体为基础,从真菌、细菌和某些土壤动物开始的食物链,如动植物残体—蚯蚓—动物—微生物—土壤动物。

③寄生食物链。以活的动植物有机体为基础,从某些专门营寄生生活的动植物开始的食物链,如鸟类—跳蚤—鼠疫细菌。

牧草食物链和碎屑食物链在生态系统中往往是同时存在,相辅相成地起着作用。

但是,在城乡生态系统中,食物链只是将作为消费者的人类和城市动物、城市食品联系在一起，城市的大量组分却被排除在食物链之外。因此食物链在城市生态系统中只是传递了部分的物质、能量和信息，其结构不能代表整个城市生态系统的运行状况，其对城市生态系统的作用也只是部分的。

那么，除了食物链外，还有什么链能将城市生态系统的各个组分有机地联系在一起？能够承担这一功能的是价值链以及由此形成的价值网。食物链是城市生态系统中价值链的一种特殊表现形式。与自然生态系统的食物链相类似，价值链也表现以下特征：

①价值链中每一个环节的变化都可能导致整个城市生态系统发生根本性的改变。在不同的历史时期，由于各种能源的价值变化而导致出现不同的时代，使城市序列发生演替，甚至导致某些城市的消亡。例如，木炭时代，由于以木炭作为能源，以树木为能源基础形成的价值链占据主导地位，那些靠近森林的城市因此而兴起并在木炭时代达到巅峰；而到了以煤为能源的时代，由于煤的价值的提升，出现了以煤为基础发展起来的城市，并在煤时代占据主导地位，而一些在木炭时代达到巅峰的城市由于没有迅速改变价值链的能力，从而走向衰亡。石油时代、核能时代也都有类似的例子。可以预见，在将来的太阳能时代和生物能时代，也必然会有一些不能适应能源价值变化的城市被竞争出局。

②价值链是城市生态系统物质、能量、信息流动的渠道。在城市生态系统中，人类的一切活动无不是围绕着价值来进行的。例如，劳动者通过劳动，为产品附加上劳动价值，并通过各个环节向下一个环节传递；而在各个生产环节中，在获取或传递物质和能量时，无不打上价值的标签；甚至就人口流动而言，也是为了在更好的环境中实现自己的价值。产品、原料或服务在各个环节上的流动，尽管是以物质或能量的形式表现出来，但在本质上却是价值的流动。由此，形成了各种各样的价值流。

③价值积累。价值流的每一个环节，都会通过人类劳动创造出新的价值，这些新价值除了一部分被创造者本人获得并消耗掉外，一部分附加在产品上传递到一个环节中，从而形成价值积累。这种积累，就相当于生态系统中的生物扩大作用。

④价值损耗律。人类生产活动创造的价值不可能完全被传递，在价值流的每一个环节，必然有一部分价值用于该环节的自身消耗，而各个级别的消费环节也不可能全部利用前一级的价值量，总有一部分会在价值流动的过程中损耗。在一个完善成熟的城市生态系统中，只有一部分新创造的价值为下一级获得。这就类似于自然生态系统中的林德曼定律。要想以更少的损耗来增加下一环节的价值积累，根本的途径是：降低该环节的价值损耗（如降低成本、降低能耗、降低物耗）和实现价值流的优化（如废物减量化、废物资源化、技术进步、优良的组织管理和有效的价值调控机制）。

⑤价值递减率。一般而言，价值链的组成越复杂，最终积累的价值也就越大，相应的产品价格也就越高。但是，尽管价值积累量在逐步增大，单位劳动或单位投入所创造的价值却随着环节的增加而减少，即价值积累率并不与价值积累同比例的增长而是有逐渐降低的趋势。这就是价值递减率。价值递减率类似于生态系统中的生态效率递减率，自然生态系统通过自然法则将生态系统的食物链级数控制在一定的范围内。而人类由于对生产规律认识的不足或其他原因，尽管价值链级数已超过有效范围，但毫无觉察，从而造成极大的损耗。从价值的最佳利用角度出发，价值链就不应太长，换而言之，产品的生产环节应尽可能简单化而不应复杂化，以减少价值损耗，提高单位产品的价值贡献。

2.4.2 食物网

在生态系统中，一种生物不可能固定在一条食物链上，而往往同时属于数条食物链。生产者如此，消费者也如此。实际上，生态系统中的食物链很少是单条、孤立地出现（除非食性是专一的），而往往是交叉链索，形成复杂的网络式结构，即食物网。它形象地反映了生态系统内各生物有机体间的营养位置和相互关系。生物正是通过食物网发生直接和间接的关系，保持着生态系统结构和功能的相对稳定性。

2.4.3 同资源种团

20世纪60年代后期提出的同资源种团的概念引起人们的普遍关注。所谓同资源种团就是指由生态特征学特征很相似（以同一方式利用共同资源）的生物所构成的物种集团。这些物种之间有明显的生态位重叠，即它们在群落中所占据的空间、对群落所起的作用、利用群落资源的方式都有很大的相似性。因此，这些生态学相似的物种之间有一定的竞争性，竞争的激烈程度要看群落资源的丰富性、物种之间取食方式的相似程度，以及物种竞争能力的强弱比较。如果资源很丰富，足以维持同资源种团中的物种的食物来源，那么即使这些物种食性有很大的相似性，竞争也不会过于激烈。但如果能为同资源种团物种所利用的资源很缺乏，即使它们的生态位重叠程度不是很大，结果竞争也会很激烈。所以，资源的丰富程度决定了同资源种团物种的竞争激烈程度。物种竞争能力的强弱说明在前两个条件不变的情况下，物种竞争能力越接近，竞争就越激烈。如果竞争双方各方面能力相差很大，一方占绝对的优势，另一方根本不能匹配。在这种情况下，虽然资源很缺乏，取食方式很接近，但物种之间的竞争不一定激烈。也就是说，势均力敌更能导致两败俱伤。例如，热带取食花蜜的许多蜂鸟就可称为一个同资源种团。以此，还可分为食叶、食种子、食虫等同资源种团。同资源种团的生物处于同一功能地位上，是生态功能上的等价种。如果一个种由于某种原因从生物群落中消失，种团内的其他种可以取代其地位，执行相同的功能，从而能使群落结构保持相对稳定。可见，同资源种团的划分有助于研究生态系统营养结构的稳定性。由于研究时间较短，目前有关同资源种团方面的研究资料还不多，但是这个概念或思想是新颖的，它提出了一些值得探讨的理论问题（金岚，2000；文祯中，2004）。

2.4.4 泛生态链

20世纪80年代以来，随着生态工程学的快速发展，食物链和食物网的基本思想被广泛地应用到农业、林业等领域中。随着全球可持续发展战略的实施，食物链和食物网的基本思想也逐渐渗透到了工业、环境、文化、经济、政治等领域。这就是说，生态学的研究对象，不单单是以往的自然生态系统，而主要是在一定的区域或流域范围内，由生态、经济和社会耦合构成的结构更复杂、功能更强大的城乡生态系统。以自然生态系统为研究对象的食物链和食物网的理论，已无法解释和描述城乡生态系统中各组成成分间错综复杂的关系，必须加以扩展，加以创新。

由于城乡生态系统不是单纯的生态系统，而是广泛意义上的生态系统，所以也可称为泛生态系统（pan-ecosystem），其组成要素可称为泛生态元（pan-ecoelement）。在泛生态系统中，各泛生态元之间并不是孤立存在的，而是存在着相互影响、相互关联、相互依存、相互制约的关系。具体来说，这些泛生态元之间的关系可大致分为3类：①人与自然之间的促进、抑制、适应、修复关系；②人对资源的开发、利用、储存、扬弃关系；③人类生产、生活活动中的竞争、共生、隶属、乘补关系。那些具有相互关联、相互制约关系的泛生态元，依据生态学、系统学、经济学以及其他科学原理所构成的链状序列，称为泛生态链(pan-ecochain)。在泛生态系统中，存在着多种多样的泛生态链，而那些相互关联、相互影响、相互制约的泛生态链纵横交错起来，便构成网络结构，这种网络结构，称为泛生态网(pan-ecoweb)。泛生态链(网)，是对食物链(网)理论的拓展和推广。泛生态链(网)，不但较食物链(网)具有更广泛、更一般、更通用的含义，而且比生态链、产业生态链、工业生态链、经济生态链、生态链网等概念也具有更宽泛、更一般、更通用的含义(杨爱民，2005)。

2.5 新生态系统理论的城乡耦合系统

根据新生态系统理论，常杰等(2005)将受到人类活动影响的生态系统根据其物理空间上的位置进行分类，并按照它们之间在能量、物质和信息流之间的交换流动关系，提出一个以城市为核心的城乡耦合系统(urban and rural coupling)。一个发育成熟的城乡耦合系统的空间尺度在 $10^5 \sim 10^6$ m(数百至数千千米范围)，大致可由生态核、生态器与生态质3部分耦合构成。

城乡耦合系统的控制中心是生态核，即城市。农田、人工种植园、能源生产企业、各种制造企业、运输企业、废物处理企业(污水处理厂、垃圾处理厂)等则是各种"生态器"。城乡耦合系统的"生态质"是城市周边的由该城市政治和经济控制的自然生态系统(图2-5)，例如森林和草地。真核细胞中充满了水和蛋白质等组成的胶状物质，细胞中所有的细胞器等均悬浮其中。与之相似，城乡耦合系统中充满了空气、土壤、水和各种生物，各种建筑、设施和机构(生态核和生态器)都分布在生态质中。城乡耦合系统没有明确的包络一周的膜(城市原来有城墙后来多拆除)，但在交通要道口有检查站、收费站等控制点(常杰等，2005)，类似细胞膜上的"进出口"。

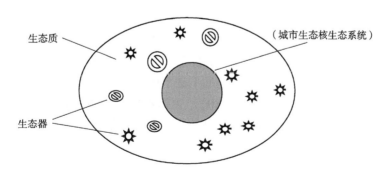

图 2-5 城乡耦合系统示意
(常杰等，2005)

一个发育成熟的城乡耦合系统,制造业和废物处理业大多集中到城市与乡村的结合处,在郊区建立多个工业园区。每一个城市大小不等,体积差异很大,但城乡耦合系统的体积差异要比城市的体积差异小得多(常杰等,2005)。城乡耦合系统的体积依地缘(地理与气候等)、人口、人类社会状况而异,并不是无规律的。尽管有人认为生态系统有双层膜,但没有详细的描述,实际考察起来并不容易从城乡耦合系统的边界找到细胞膜那样的结构。当然真核系统之间肯定是有边界的,在交通要道等处往往有控制机制,限制生物进出(检疫)、物质流动(产品质量检查、控制物品检查)、能量流动、信息流动和人员流动。在有特殊事件时尤其如此(如2003年SARS期间)。从另一个角度说,系统有边界并不意味着一定有明显的膜,例如,原子的边界是电子云外层,膜的结构很不明确。

2.5.1 生态核

城乡耦合系统的生态核,即城市,是物质和信息交换中心,也是城乡耦合系统的调控中心(常杰等,2005)。调控的基础是人类的文字信息。储存在纸张和各种介质中的文因被分段复制成传递因,传递到各处指令各种活动,包括生物产品的生产(包括植物性物质和动物性物质)和结构的构建(建筑、道路、电力和通信线路、输油管线),以及各种功能器的制造(交通工具、制造厂、机器、文化设施、高校和研究机构),并指令生产的产品种类和数量(产品的设计和交易),同时,也要建立分解生态器,及时治理废物使其再资源化。核的形成也是各要素聚集的结果。早期是制造业和商业聚集,后期则是信息业的集中,包括信息生产、信息处理和调控(政府)、信息传递(学校)、信息加工业(IT产业等)。从结构上看,城市是为了交通、交换和调控以及一些制造业而建立起来的,并不是所有的城市都是能成为生态核。工业城市、港口城市、矿山、石油城市等只行使特定的功能,往往没有适当的文化设施,特别是没有大学和研究机构这样的文化生产部门(常杰等,2005)。这些城市中不能说没有文因,但是只有从中心城市复制而来的生产规则。这就是说,功能单一的城市不属于生态核;而是属于生态器。具体来说,评价一个城市达到生态系统核的标准,是否有大型图书馆、高等学校、研究机构这样从事信息储存、转录、复制和写入(创新)的机构,只有这样的完全城市才是生态核。

2.5.2 生态器

在城乡耦合系统中,生产、交换、流通、消费、分解等过程,与原生态系统截然不同。原生态系统里物质和能量运动的基本单位是生物个体,具有在个体—个体间进行的各种自然调节的过程。而城乡耦合系统物质和能量运动的基本单位是生态器,例如,工厂和农场,专业化集中生产出的大规模产品远远不是个体所能够使用的,同时也排放出个体远远不能分解和再利用的废物(常杰等,2010)。生态器已经初步具有并将更加专一、高效,有复杂的能量物质、信息交换和耦合,同时各层次之间也存在着复杂的上下联系。

原生态系统的再循环模式,即以生物个体为基本单位的模式,在工业化情况下已无法自我调节到平衡状态,一些物质才会由原来的资源变成污染。目前出现的生产过剩、粮食不足和环境污染等由于工业化产生的问题都需要在城乡耦合系统层次进行新的调节,即人与自然共同调节,而不是"恢复"原来生态系统层次的"自然调节"。因此,城乡耦合系统除生产生态器的建立外,应同时考虑分解和废物处理生态器的建立(常杰等,2005)。细胞里反应产生的中间产物能够被各种酶处理掉,这和目前城乡耦合系统中的循环经济类似,即生产生态器中最大限度地利用生产原料(少排放废物),并且综合利用所产生的废弃物。从这个方面看,要充分建设废物处理生态器,专一而高效。

由于刚刚形成,目前城乡耦合系统组织化程度还不高,仍在逐渐发育,生态器的结构也在强化。例如,在城市和农村分化初,农业生产是分散的农户和小型农场,即生态器的原型,可以称之为"功能体"。这些分散的功能体进一步归并成集中的农业生产企业,即类似于叶绿体在细胞中的作用。

2.5.3 生态质

城乡耦合系统形成后,将有大量的土地被释放出来,即生态释放。这些土地在工业化以前非集约地用于农作物、畜牧业和林业生产,生产效率不高,但在低人口状况下可以维持一个"田园牧歌"式的平衡。最近一个世纪以来,人口不断增加使人类对食物的需求日益增加,进而增加对可耕作农业土地的需求。土地利用向农业土地的快速转变和气候变化一起成为陆地生物多样性最大的威胁之一(Fischer et al.,2008),这实际上是占用了生态质。人们感到环境状况变差,实际上就是城乡耦合系统赖以生存的质被破坏了。原来低效率的生产方式(大面积、低收获)逐渐向具有高效、小面积专业生产的生态器浓缩。目前中国已经开始的退耕还林,还草工程就是在人因调控下对生产效益低的受过度利用的原生态系统还原为生态质的行动(Liu et al.,2008)。

根据真核细胞中细胞器分散在细胞质中的情形,可以推测未来的农场和养殖场、经营性林场等将相对独立,而田野与山地的大部分地方将空闲出来,承担起"细胞质"的功能,从人类的角度上看,就是提供改善大气环境和水环境等非直接产品的生态系统服务功能。将大部分的土地将空间释放为生态质,只利用其间接效益、很少(或适当)利用其直接生物产品,研究协调各种生态器正常运转的调控手段——循环经济,这样不仅能使自然环境有良好的改善,还能实现城乡耦合系统的可持续发展。

小　结

城乡生态系统这个术语是随着城市化和农村城镇化的进程与发展而提出的,也是随着城乡一体化的发展而出现的。城乡生态系统是城市(镇)与辖区乡村之间的人口、资源、环境、信息和物质等要素通过相互渗透、相互融合、相互依存所形成的功能单位。城乡生态系统的组成要素主要有3部分:环境要素、社会要素和经济要素。结构单元由城市子系统、乡村子系统和城乡交错带3部分组成。这3个结构单元在城乡生态系统中,有着各自的特点。城乡生态系统的结构有空间结构、时间结构和营养结构。根据新生态系统的理论,还有学者提出了城乡耦合系统的概念。

思考题

1. 如何理解城乡生态系统的概念?

2. 如何理解城乡生态系统的组成？
3. 何谓城乡交错带？城乡交错带有何独特功能？
4. 如何理解城乡生态系统的泛生态链？
5. 如何做到农村生态系统与城市生态系统的优势互补，以创造一个和谐的生活环境？
6. 城乡自然子系统中的生产者、消费者和分解者，与自然生态系统有何异同？
7. 简述城市气候的基本特征。
8. 如何理解城乡耦合系统？

推荐阅读书目

1. 金岚，2000. 环境生态学[M]. 北京：高等教育出版社.
2. 孙儒泳，2002. 普通生态学[M]. 2版. 北京：高等教育出版社.
3. 戈峰，2002. 现代生态学[M]. 北京：科学出版社.

第 3 章 城乡生态系统的功能

在上一章我们介绍了城乡生态系统的特征和结构,城乡生态系统的结构决定其功能,如果想要对城乡生态系统进行科学合理的管理,最终实现城乡协同发展,就必须维持城乡生态系统的结构和功能的稳定。城乡生态系统的主要功能包括 6 个方面:物质循环、能量流动、信息传递、价值增值、人力流和物种流。随着现代生态学的发展,人们越来越认识到生态系统的服务功能对于地球上的生物是何等重要,如何评价生态系统的服务功能也越来越引起许多专家和学者的关注。

3.1 城乡生态系统的主要功能

城乡生态系统是城市和乡村两个互补子系统间的人口、物质、技术、信息等要素相互作用而形成的,存在着频繁的城乡间能量、物质、信息和价值的对流与交换。

城乡生态系统的物流可分为两部分,一部分是农业生产产生的物质循环,如城乡生态系统中的农田子系统、森林子系统等中存在的物质循环,这同自然生态系统的物质循环基本一致;另一部分是其他物流,如工业产品等,基本上是线状的,而不是环状的。另外,城乡交错带作为生态过渡带,成为连接城市和乡村子系统的桥梁。城乡交错带是物流的集散地。城市大部分的交通运输设施,如长途汽车站、飞机场、停车场等交通用地都集中分布在城乡交错带,保障并承担了城市与外界的人流、物流等的集散与传输,每天通过城乡生态系统向城市和乡村输入输出大量的物质,如生产原料、农副产品、工业产品、废弃物等。

本节主要介绍城乡生态系统的 3 个主要组成要素,也就是自然、经济、社会子系统之间相互作用和相互联系的功能。

3.1.1 物质循环

城乡生态系统的物质循环是自然子系统的物质循环和经济子系统的物质循环的有机结合与统一,是城乡生态系统中自然物质与经济物质相互渗透、互相转化、不断循环的运动过程。这一运动过程是以农业、能源等生产部门为渠道进行的,农业生产部门利用太阳光能生产出植物和动物产品,除供人们生活消费外,部分产品提供给工业部门作原料,这些物质最终经过生化分解，以简单的物质形态重新释放到生态系统中。

物质循环的实质，是人类通过社会生产与自然界进行物质交换。在交换过程中，改变自然物质的形态，加工成有用的物质产品，满足人们生活和生产的需要。而要实现生态经济社会的再生产的顺利发展，必须把人口、社会、自然等方面的关系理顺，使人口再生产、自然再生产和经济再生产三者彼此协调，才能促进物流畅通，实现良性物质循环。

生产功能是城乡生态系统最基本的功能，是指利用系统内外提供的物质和能量等资源生产出生活生产需求产品的能力，包括生物生产和非生物生产两方面。

3.1.1.1 生物生产

生物通过新陈代谢与周围环境进行物质和能量的交换，并完成其生长、发育和繁殖过程。城乡生态系统生物包括人（城乡居民及外来人口）、植物、动物和微生物。人是主体，随着城市化的发展及城市要素的逐渐增加，绿地逐渐减少，依赖于植物的动物类群也相应减少。由于土壤板结和环境污染，土壤微生物数量减少，而大气中病原微生物数量却有所增多。

城乡生态系统的生物生产分为初级生产和次级生产。初级生产指植物通过光合作用固定能量、生产有机物质的过程。城乡地区的农作物、果树、蔬菜、园林绿化植物、森林、草地等人工或自然植被，在人工调控下，生产出粮食、蔬菜、水果和其他各类绿色植物产品。在自然生态系统中，植物的初级生产是第一位的，其生产的物质是其自身和其他生物生存发展以及系统功能维持的基础；而在城乡生态系统中，从乡村端到城市端，城市要素如建筑、街道、交通线路等逐渐增多，绿地逐渐减小，植物的初级生产的功能作用越来越弱。

由于城乡生态系统生物的主体是人，又是主要消费者，因此城乡生态系统生物的次级生产主要是人对初级生产物质的利用和再生产过程。但随着城市化的发展，绿色植物缺乏，人口增多，城乡生态系统生物的初级生产物质不能满足次级生产的需要，因此必须从系统外部输入相当部分的物质和能量，才能满足城乡居民的需求。

3.1.1.2 非生物生产

非生物生产是人类特有的生产功能，是指其具有创造物质和精神财富、满足城乡居民的物质消费和精神需求的功能。包括物质生产和非物质生产两大类。

(1) 物质生产

物质生产是指满足人们的物质生活所需的各类有形产品及服务。包括企业、工厂生产的工业产品、基础设施产品；服务性产品，即农业生产、金融、医疗、教育等各项活动得以进行所需的各项设施。物质生产产品不仅为城乡居民服务，更主要的是为城乡地区以外的人服务。城乡居民在进行物质生产以满足人类自身需求的同时，也生产出大量的污染物质，对城乡区域及外部区域的环境系统造成巨大压力，从而增加城乡生态系统的不稳定性。

(2) 非物质生产

非物质生产是指满足人们的精神生活所需的各种文化艺术产品及相关的服务。如精神产品生产者，包括作家、诗人、雕塑家、画家、演奏家、歌唱家、剧作家等所生产的精神文化产品如小说、绘画、音乐、戏剧、雕塑等。这些精神产品满足了人类的精神文化需求，陶冶了人们的情操。

当然，能量的大量投入会创造出更多的经济物质，为社会创造更多的财富。但是经济物质消耗巨大，有害物质也会随之大量增加，对生态环境造成污染。因此，发展经济和保护环境，二者不可偏废。

3.1.2 能量流动

生态系统的能量是指做功的能力，包括正在做功的能量和未做功但具有潜在做功能力的能量。生态系统的太阳能、生物能、矿化能和各种潜能称为自然能量，自然能量投入经济系统中，按照人类经济活动的意图，沿着人们的经济行为、技术行为规定的方向传递和交换，成为经济子系统的经济能量。城乡生态系统的能量流动是自然子系统的自然能量流动和经济子系统的能量流动有机结合、相互转化、不断传递流动的过程。城乡生态系统的一切物质循环都伴随着能量流动，物质循环和能量流动相互依存、相互制约、不可分割地同时进行。能量流动与物质循环的渠道是一样的，生态系统中各种生物之间错综复杂的捕食关系，是能量流动的主要渠道。

3.1.3 价值增值

物流、能流的转化、循环过程与产品生产和价值增值过程是基本一致的。生产和再生产过程，是自然生态过程和社会经济过程有机结合的自然和社会相互作用的过程。在这一过程中，人通过自己有目的的劳动，把自然物质、能量变换成经济物质、能量，价值沿着生产链不断形成、增值和转移，并通过交换关系实现。劳动者在劳动过程中消费着物化劳动，在创造出新的使用价值的同时，不但转移了旧价值，而且创造出了一定数量的新价值，价值量随着积累而增加。产品结构越复杂，转化层次越多，则产品价值越大。因此，因地制宜，建立合理的生产结构，选择能发挥资源优势并使之转化为经济优势的多层次循环利用模式，进行立体经营，是发展城乡经济、建立循环高效、经济高产、生态平衡的城乡生态系统的关键。城乡交错带是社会经济活动异常活跃的一个区域，生产、消费、流通等都很活跃，货币、商品、劳务、技术等作为价值的载体，进行着频繁的流通和交换，形成价值流。工业、交通和居民生活所需的能源，需要从外部不断地输入。

3.1.4 信息传递

自然子系统、经济子系统和社会子系统之所以能相互联结成一个有机整体，除了能量和物质的交换外，还存在着信息传递现象。人类的经济活动总是伴随着信息活动，有效地进行经济活动，必须有足够的信息做保证。因为在任何一项经济活动中，信息流起着支配的作用，它调节着人流、物流、能流的数量、方向、速度和目标，没有它就会导致系统的紊乱和破坏。信息传递是管理城乡生态系统的关键，人类控制生态系统，是通过获得信息流进而控制能流和物流来实现的，生态经济的社会管理就是科学地调节物流、能流、价值流和人口流（四流）。为此，必须及时、准确地掌握"四流"发出的信息，采取科学的调控手段，来达到协调生态系统的目的。在城乡生态系统再生产过程中，需要人口、自然、经济3个再生产过程相互适应，协调发展。所以，管理系统，不仅需要大量的经济、社会信息，还需要逐步解开"与自然对话"之谜。从这种意义上说，城乡生态系统管理的本质是信息管理。

信息流也是附于物质中的，报纸、广告、电台和收音机、电视台和电视机、电脑、网络、书刊、信件、电话、照片等都是信息的载体。人的各种流动，如集会、交谈、讲课、表演等，也在交流信息。信息的流量反映了城市的发展水平和现代化程度。

综上所述，城乡生态系统是通过物质循环、能量流动和信息传递把人口、自然、社会联结在一起，构成生态、经济、社会的有机整体。城乡生态系统能流、物流、信息流的转换、传递过程，集中到一点，就是价值流的运动发展过程，而价值流的物质承担者是使用价值流。生产和再生产的目的，就是要创造出更多的使用价值流，以满足人类生存及社会发展需要。因此，物质循环、能量流动、信息传递、价值增值，是城乡生态系统的四大基本功能，四者之间的相互联系和相互作用，推动着城乡生态系统不断运动、变化和发展（沈清基，1998）。

3.1.5 人力流

城乡生态系统自我维持和自我调节能力较薄弱，在受到干扰时其生态平衡往往需要通过人的参与才能维持；受社会经济多种因素制约，作为这个生态系统核心的人，既有生物属性，也有经济属性和社会属性。城乡生态系统的人力流包括人口流、劳力流和智力流3个方面。城乡生态系统的人口组成十分复杂，既包括了城乡常住人口，又包括暂居的外来务工人口，还包括了出差、旅游、探亲等流动人口，不断有人的进出、增加和减少，由此形成了人口流。随着年龄的变化或学业、职业的变化，则形成了特殊的人口流，即劳力流和智力流。

3.1.6 物种流

物种是指一群相似生物个体的集合群。物种是在形态上相同的有机体，是分类学的基本单元；个体成员间可正常交配并通过有性生殖繁育后代，是生物繁殖的基本单元；物种以种群形式存在于自然界，受环境作用而发生变异，又是遗传学的基本单元。

物种流是指物种在空间位置上的变动。这种变动既可以是个体的，也可以是种群、群落等的多种形式。每个生态系统都有的生物区系，即是由不同物种所组成的。

物种流有3层含义：①生物有机体与环境之间的作用即产生时空的变化。②物种种群在生态系统内/间格局和数量的动态，反映了物种关系的状态，如寄生、捕食、共生等。③生物群落中物种组成、配置、营养结构变化，外来种、本地种间的相互作用，生态系统对物种增加和空缺的反应等。

物种流的特点：①有序性。种群个体迁移有季节、时间和先后；有年幼、成熟个体的先后等。②连锁性。种群向外扩散常是成群的。东亚飞蝗（*Locusta migratoria*）在发生基带，先是少数个体起飞，在地面上空盘旋，刺激地面蝗虫起飞，逐渐扩大，然后带动整个蝗群迁飞。据报道，沙漠蝗（*Schistocerca gregaria*）在1889年中一次飞越红海时，蝗群大约有2500亿只。③连续性。种群在系统内运动常是连续不断地、时快时慢地进行。④有规律移动和无规律移动。物种的空间变动可分为有规律的迁移和无规律的生物入侵两大类。有规律的迁移多指动物主动地以自身力量进行扩散和移动的行为，一般多是生物固有的习性表现，有一定的时间、途径和路线。而生物入侵是指生物由原发地侵入到一个新的生态系统的过程，入侵成功与否取决于多方面的因素（戈峰，2005）。

3.2 城乡生态系统的服务功能

城乡生态系统的服务功能体现在生态、经济和社会3个方面。由于人类在社会发展及城市化进程中，已经深刻认识到城乡生态系统的经济及社会服务功能。所以，在这一节，我们重点介绍目前往往容易被人们忽视也很难货币化的城乡生态系统的生态服务功能。

3.2.1 生态系统服务功能的概念

生态系统服务功能的概念是随着生态系统结构、功能及其生态过程深入研究而逐渐提出、并不断发展的，生态系统服务（ecosystem services）的概念最早由 Holder et al.（1974）提出，提出生物多样性的丧失将直接影响着生态系统服务功能。此后，Daily et al.（1997）将生态系统服务功能定义为：生态系统服务功能是指生态系统与生态过程所形成的维持人类生存的自然环境条件及其效用。它是通过生态系统的功能直接或间接得到的产品和服务，这种由自然资本的能流、物流、信息流构成的生态系统服务和非自然资本结合在一起所产生的人类福利。Costanza et al.（1997）给予生态系统服务的定义为：由自然生态系统的生境、物种、生物学状态、性质和生态过程所产生的物质和维持的良好生活环境对人类提供的直接福利。

3.2.2 生态系统服务功能的内涵

生态系统服务功能的内涵包括有机质的合成与生产、生物多样性的产生与维持、调节气候、营养物质贮存与循环、土壤肥力的更新与维持、环境净化与有害有毒物质的降解、植物花粉的传播与种子的扩散、有害生物的控制、减轻自然灾害等许多方面（欧阳志云等，2000）。

(1) 有机质的生产与生态系统产品

生物生产是生态系统服务的最基本功能，生态系统通过初级生产与次级生产，合成与生产了人类生存所必需的有机质及其产品。

(2) 生物多样性的产生与维护

生物多样性，不仅使生态系统服务的提供成为可能，而且是人类开发新的食品、药品和品种的基因库。生物多样性还提供了一种缓冲和保险，可使生态系统受灾后的损失降低或限制在一定的范围内。生物多样性是维持生态系统稳定性的基本条件。由生物多样性产生的人类文化多样性，具有巨大的社会价值，是人类文明中重要的组成部分。

(3) 调节气候

植物每年向大气释放的氧气约 27×10^{21} t。生态系统中的绿色植物通过固定大气中的二氧化碳而减缓地球的温室效应。森林能够防风，植物蒸腾可保持空气的湿度，从而改善局部地区的小气候。森林对有林地区的气温具有良好的调节作用，使昼夜温度不致骤升骤降，夏季减轻干热，秋冬减轻霜冻。绿色植物尤其是高大林木所具有的防风、增湿、调温等改善气候的功能，对农业生产是有利的。

(4) 减缓灾害

生态系统复杂的组成与结构能涵养水分，减缓旱涝灾害。每年地球上总降水量约 $1.19×10^{12}$ t，在降水过程中覆盖于植被树冠与地表的枯枝落叶能减缓地表径流。植物生长有深广多层的根系，这些根系和死亡的植物组织维系和固着土壤，并且吸收和保持一部分水。雨季过后，植被与土壤中保持的水分又缓缓流出，在旱季为下游地区蓄水供水。森林、草原等自然生态系统是天然蓄水库，被称为"水利的屏障"。

(5) 维持土壤功能

生态系统对土壤的保护主要是由植物承担的。高大植物的林冠拦截雨水，削弱雨水对土壤的溅蚀力；地被植物拦截径流和蓄积水分，使水分下渗而减少径流冲刷；植物根系具有机械固土作用，根系分泌的有机物胶结土壤，使其坚固而耐受冲刷。

土壤的生态服务功能至少可归纳为5个方面：①为植物的生长发育提供场所。②为植物保存并提供养分。③土壤在有机质的还原中起着关键作用。许多无机废弃物，如肥皂、农药、油和酸等都能被生态系统中微生物无害化与降解。④由有机质还原形成简单无机物最终作为营养物返回植物，土壤肥力即土壤为植物提供营养物的能力，在很大程度上取决于土壤中的细菌、真菌、藻类和原生动物等各种生物的活性。⑤土壤在氮、碳、硫等大量营养元素的循环中起着关键作用。

(6) 传粉播种

大多数显花植物需要动物传粉才得以繁衍，在全世界已记载的24万种显花植物中，有22万种需要动物传粉。农作物中，大约70%的物种需要动物传粉，发现传粉动物（主要是野生动物）约10万种，包括蜂、蝇、蝶和其他昆虫以及鸟类和蝙蝠等，仅蚂蚁传播的有花植物的种子就达3000种以上。

(7) 控制有害生物

全世界因病虫害每年损失的粮食占总产量的10%~15%，棉花为20%~25%，还有成千上万种杂草直接与农作物争夺水、光和土壤营养。在自然生态系统中，这些有害生物往往受到天敌的控制。

(8) 净化环境

陆地生态系统的生物净化作用包括植物对大气污染的净化作用和土壤植物系统对土壤污染的净化作用。湿地在水循环系统中发挥着重要作用，水生植物中的绝大多数种类对多种污染物具有很强的吸收净化能力。

在生态环境的自净方面，人类还不能通过技术手段来摆脱对生态系统的依赖，如污水处理，即使工艺设备再复杂，最后阶段的处理还是要在生态系统（河流、湖泊、海洋、湿地）中完成。

(9) 感官、心理和精神益处

山间的一掬清泉，林间的几丝轻风令人感到肺腑俱净、脑醒神明。在远离自然的条件下，冷酷无情、心理病态、毒品依赖和缺乏自尊、自信得以滋生和发展。当前，70%的疾病同精神的紧张压抑有关。在自然之中，上述病态的病因和强度大为减少，压抑减轻、心理生理病态和损伤愈合康复得顺利，人的头脑更为灵活，思维更加敏捷，记忆力改善，解决问题的能力增强。

(10) 精神文化的源泉

多种多样的生态系统养育了文化精神生活的多样性。美感是具有适应性的情感功能，常同丰富的资源条件相伴。自然给人类的精神启迪和在人的文化生活中的重要性是无比宝贵的。

3.2.3 生态系统服务功能的价值分类

生态系统服务功能的价值可以分为直接利用价值、间接利用价值、选择价值和存在价值(欧阳志云等，2000)。

(1) 直接利用价值

直接利用价值主要是指生态系统产品所产生的价值，包括食品、医药及其他工农业生产原料，还包括景观娱乐等带来的直接价值。直接使用价值可用产品的市场价格来估计。

(2) 间接利用价值

间接利用价值主要是指无法商品化的生态系统服务功能，如维持生命物质的生物地化循环与水文循环，维持生物物种与遗传多样性，保护土壤肥力，净化环境，维持大气化学的平衡与稳定等支撑与维持地球生命支持系统的功能。间接利用价值的评估常常需要根据生态系统功能的类型来确定，通常有防护费用法、恢复费用法、替代市场法等。

(3) 选择价值

选择价值是人们为了将来能直接利用与间接利用某种生态系统服务功能的支付意愿。例如，人们为将来能利用生态系统的涵养水源、净化大气以及游憩娱乐等功能的支付意愿。人们常把选择价值比喻为保险公司，即人们为自己确保将来能利用某种资源或效益而愿意支付的一笔保险金。选择价值又可分为3类：自己将来利用；子孙后代将来利用，又称遗产价值；别人将来利用，也称替代消费。

(4) 存在价值

存在价值也称内在价值，是人们为确保生态系统服务功能能继续存在的支付意愿。存在价值是生态系统本身具有的价值，是一种与人类利用无关的经济价值。换句话说，即使人类不存在，存在价值仍然有，如生态系统中的物种多样性与涵养水源能力等。存在价值是介于经济价值与生态价值之间的一种过渡性价值，它为经济学家和生态学家提供了共同的价值观。

3.2.4 生态系统服务功能价值的特征

(1) 整体有用性

生态资源的使用价值不是单个或部分要素对人类社会的有用性，而是各组成要素综合成生态系统之后表现的有用性。

(2) 空间固定性

生态系统是在某个特定地域形成的，因而生态资源都具有一定的地域性，其使用价值，也具有地域性，或称空间固定性。

(3) 用途多样性

例如，森林生态系统在提供木材产品的同时，还具有调节气候、保持水土、固定二氧化碳和观赏旅游等多种用途。

(4) 持续有用性

生态资源只要利用适度，其多种使用价值便可以长期存在和永续使用。

(5) 共享性

生态资源使用价值是生产者与非生产者、所有者与非所有者都可共享的使用价值。

(6) 负效益性

人类在生态系统中投入越来越多的劳动，如果投入不当，就会使生态系统恶化或污染，这样生态资源使用价值既可以表现为对人类有益，又可以表现为有害，前者是正效益，后者为负效益。

3.2.5 生态系统服务功能价值的评价方法

根据生态经济学、环境经济学和资源经济学的研究成果，生态系统服务功能的经济价值评估的方法可分为两类：一是替代市场技术，它以"影子价格"和消费者剩余来表达生态服务功能的经济价值。评价方法多种多样，有费用支出法、市场价值法、机会成本法、旅行费用法和享乐价格法。二是模拟市场技术（又称假设市场技术），它以支付意愿和净支付意愿来表达生态服务功能的经济价值，其评价方法只有一种，即条件价值法。本书主要介绍目前常用的条件价值法、费用支出法与市场价值法（欧阳志云等，2000；肖生美等，2012）。

(1) 条件价值法

条件价值法也称调查法和假设评价法，是生态系统服务功能价值评估中应用最广泛的评估方法之一。条件价值法适用于缺乏实际市场和替代市场交换的商品的价值评估，是"公共商品"价值评估的一种特有的重要方法，它能评价各种生态系统服务功能的经济价值，包括直接利用价值、间接利用价值、存在价值和选择价值。

支付意愿可以表示一切商品价值，也是商品价值的唯一合理表达方法。西方经济学认为：价值反映了人们对事物的态度、观念、信仰和偏好，是人的主观思想对客观事物认识的结果；支付意愿是"人们一切行为价值表达的自动指示器"，因此商品的价值可表示为：

$$商品的价值 = 人们对该商品的支付意愿 \quad (3-1)$$

支付意愿又由实际支出和消费者剩余两部分组成。对于商品，由于商品有市场交换和市场价格，其支付意愿的两部分都可以求出。实际支出的本质是商品的价格，消费者剩余可以根据商品的价格资料用公式求出。因此，商品的价值可以根据其市场价格资料来计算。理论和实践都证明，对于有类似替代品的商品，其消费者剩余很小，可以直接以其价格表示商品的价值。

对于公共商品而言，由于公共商品没有市场交换和市场价格。因此，支付意愿的两部分(实际支出和消费者剩余)都不能求出,公共商品的价值也因此无法通过市场交换和市场价格估计。目前,西方经济学发展了假设市场方法,即直接询问人们对某种公共商品的支付意愿,以获得公共商品的价值,这就是条件价值法。

条件价值法属于模拟市场技术方法,它的核心是直接调查咨询人们对生态服务功能的支付意愿,并以支付意愿和净支付意愿来表达生态服务功能的经济价值。在实际研究中,从消费者的角度出发,在一系列的假设问题下,通过调查、问卷、投标等方式来获得消费者的支付意愿和净支付意愿,综合所有消费者的支付意愿和净支付意愿来估计生态系统服务功能的经济价值。

(2) 费用支出法

费用支出法是一种古老又简单的方法,是从消费者的角度来评价生态服务功能的价值,它以人们对某种生态服务功能的支出费用来表示其经济价值。例如,对于自然景观的游憩效益,可以用游憩者支出的费用总和(包括往返交通费、餐饮费用、住宿费、门票费、入场券、设施使用费、摄影费用、购买纪念品和土特产的费用、购买或租借设备费以及停车费和电话费等所有支出的费用)作为森林游憩的经济价值。

(3) 市场价值法

市场价值法与费用支出法类似,但它可适合于没有费用支出的但有市场价格的生态服务功能的价值评估。例如,没有市场交换而在当地直接消耗的生态系统产品,这些自然产品虽没有市场交换,但它们有市场价格,因而可按市场价格来确定它们的经济价值。市场价值法先定量地评价某种生态服务功能的效果,再根据这些效果的市场价格来评估其经济价值。

在实际评价中,通常有两类评价过程:一是理论效果评价法。它可分为3个步骤:首先计算某种生态系统服务功能的定量值,如涵养水源的量、二氧化碳固定量、农作物的增产量;然后研究生态服务功能的"影子价格",如涵养水源的定价可根据水库工程的蓄水成本,固定二氧化碳的定价可以根据二氧化碳的市场价格;最后计算其总经济价值。二是环境损失评价法。这是与环境效果评价法类似的一种生态经济评价方法。例如,评价保护土壤的经济价值时,用生态系统破坏所造成的土壤侵蚀量及土地退化、生产力下降的损失来估计。

①涵养水源价值计算。涵养水源价值包括调节水量和净化水质两方面的价值(王兵等,2020;张心语等,2022):

调节水量价值:

$$U_{调} = 10A(P_水 - E - C) \times C_库 \tag{3-2}$$

式中,$U_{调}$为评估林分年调节水量价值(元/年);A为林分面积(hm^2);$P_水$为实测林外降水量(mm/年);E为实测林分蒸散量(mm/年);C为实测林分地表快速径流量(mm/年);$C_库$为水库建设单位库容投资(元/m^3)。

研究区年均降水量取523 mm,年林地蒸发量取降水量的60%,为313.8 mm。杨树组、松柏组、其他阔叶林组、灌木林组和经济林组的地表快速径流量参考张志旭(2013)对河北森林的相关研究结果,由于目前针对园林树组的研究相对较少,缺乏该树组的相关参数,所以园林树组地表快速径流量取其他林分的平均值。水库库容造价参照《中国水利年鉴》水库库容造价平均价格 6.11 元/m³。

净化水质价值：

$$U_{净} = 10A(P_{水}-E-C) \times K_{水} \quad (3-3)$$

式中，$U_{净}$ 为评估林分净化水质价值(元/年)；$K_{水}$ 为水的净化费用(元/m³)。

水质净化成本取 2018 年保定市居民用水价格 4.83 元/m³。

②固碳释氧价值计算。固碳释氧价值包括固碳、释氧两方面价值(王兵等，2020；张心语等，2022)。

固碳价值：

$$U_{碳} = AC_{碳}(1.63R_{碳}B_{年}+F_{土壤碳}) \quad (3-4)$$

式中，$U_{碳}$ 为评估林分年固碳价值(元/年)；$R_{碳}$ 为二氧化碳中碳的含量，取 27.27%；$B_{年}$ 为实测林分净生产力[t/(hm²·年)]；$F_{土壤碳}$ 为单位面积实测林分土壤的固碳量[t/(hm²·年)]；$C_{碳}$ 为固碳价格(元/t)。

各林分净生产力参考尤海舟等(2017)、罗天祥(1996)和方精云等(1996)对中国森林的相关研究结果。各林分单位面积实测林分土壤固碳量参考尤海舟等(2017)和张志旭(2013)对河北森林的相关研究结果。参考《森林生态系统服务功能评估规范》中的社会公共数据，固碳价格为 1200 元/t。

释氧价值：

$$U_{氧} = 1.19A \times B_{年} \times C_{氧} \quad (3-5)$$

式中，$U_{氧}$ 为评估林分年释氧价值(元/年)；$C_{氧}$ 为氧气价格(元/t)，参考《森林生态系统服务功能评估规范》中的社会公共数据，氧气价格为 1000 元/t。

③保育土壤价值计算。保育土壤价值包括固土及保肥两方面价值(王兵等，2020；张心语等，2022)。

固土价值：

$$U_{固土} = A(X_2-X_1) \times C_{土}/\rho \quad (3-6)$$

式中，$U_{固土}$ 为评估林分年固土价值(元/年)；X_2 为无林地土壤侵蚀模数[t/(hm²·年)]；X_1 为实测林分有林地土壤侵蚀模数[t/(hm²·年)]；$C_{土}$ 为挖取和运输单位体积土方所需费用(元/m³)；ρ 为林地土壤容积质量(g/cm³)。

研究区无林地土壤侵蚀模数为 30 t/(hm²·年)，各林分土壤侵蚀模数参考张志旭等(2013)对河北森林的相关研究(其中园林树组取其他林分参数的平均值)。土壤容积质量取林地土壤平均容积质量 1.49 g/cm³。森林的固土价格以挖取和运输单位体积土方所需费用来计算，替代价格取 12.6 元/m³。

保肥价值：

$$U_{肥} = A(X_2-X_1)(NC_1/R_1+PC_1/R_2+KC_2/R_3+MC_3) \quad (3-7)$$

式中，$U_{肥}$ 为评估林分年保肥价值(元/年)；N、P、K 分别为林分中土壤平均含氮量、含磷量和含钾量(%)；M 为林分中土壤有机质含量(%)；C_1、C_2、C_3 分别为磷酸二铵化肥、氯化钾化肥和有机质价格(元/t)；R_1、R_2、R_3 分别为磷酸二铵化肥含氮量、磷酸二铵化肥含磷量和氯化钾化肥含钾量(%)。

林地土壤含氮量、含磷量、含钾量和有机质含量参考杨佳等(2021)对雄安新区林地土壤性状的研究结果。磷酸二铵化肥价格、氯化钾化肥价格和有机质价格取近年国产化肥的平均价格，分别为3300元/t、2800元/t和800元/t。

小　　结

本章介绍了城乡生态系统物质循环、能量流动、价值增值、信息传递、人口流、智力流和物种流等主要功能，生态系统服务功能的概念、内涵、特征，以及生态系统服务功能价值的3种评估方法，即条件价值法、费用支出法和市场价值法。

思考题

1. 简述城乡生态系统的主要功能。
2. 简述城乡生态系统的服务功能。
3. 简述生态系统服务功能的内涵。
4. 简述保育土壤价值的计算方法。
5. 简述涵养水源价值的计算方法。
6. 简述固碳释氧价值的计算方法。

推荐阅读书目

1. 沈清基，2006. 城市生态与城市环境[M]. 上海：同济大学出版社.
2. 吴强，2018. 森林生态系统服务功能及其补偿研究：以马尾松为例[M]. 北京：中国农业出版社.

第 4 章

城乡生态系统的演变

　　城市和乡村是社会两个密不可分的组成部分。城乡关系是社会生产力发展和社会大分工的产物,自城市产生后,城乡关系便随之产生。城乡关系是广泛存在于城市和乡村之间的相互作用、相互影响、相互制约的普遍联系与互动关系,是一定社会条件下政治关系、经济关系、阶级关系等诸多因素在城市和乡村两者关系的集中反映。城乡生态系统的演变主要反映在城乡关系的演变及其发展趋势。

　　新中国成立后至改革开放前,我国工业化过程实施重工业超前的发展战略,跨过了轻工业为重心的发展阶段,并实行集中的计划体制和城乡分割政策,强化了城乡二元结构,使城乡二元结构成为我国城乡关系的突出特点。20 世纪末,城乡分而治之的制度隐患在经济社会的迅速变革中已经显现,成为中国经济社会继续快速发展的障碍性因素。它强化了"强城市、弱农村"的城乡关系状态,致使城乡差距扩大,农村、农民、农业("三农")问题日益突出。"三农"问题日益严重,农民收入增长缓慢,不仅直接影响农民生活的改善,农业再生产和农村社会的稳定,更重要的是,还会严重影响和制约整个国民经济的发展、社会的进步。党的十八大指出,城乡发展一体化是解决"三农"问题的根本途径。中国特色社会主义进入新时代,我国经济社会发展成效显著,城乡发展一体化持续推进,农产品质量得到提高,农业生产效率也呈现出上升的趋势。但是,新时代城乡二元结构问题还比较突出,是制约城乡一体化发展的障碍因素。实施新型城镇化及乡村振兴战略协同发展,促进城乡融合发展,加快推进城乡一体化进程,最终实现城乡社会现代化。

4.1　我国城乡关系的演变

4.1.1　改革开放前的城乡关系

(1) 新中国成立初期(1949—1957):城乡正常发展阶段

　　新中国成立初期,我国社会整体上还处于传统的农业社会,处在前工业化阶段。1950—1952 年国民经济恢复时期,有较多的农村人口迁入城市,城镇人口比重由 10.64%上升到 12.46%,城镇人口总数由 5765 万人增加到 7163 万人,增加了 1398 万人(胡俊生,1997)。

　　1953—1957 年的第一个五年计划时期,人口迁移也呈现与客观经济规律一致的态势:

农村人口向城市迁移,特别是向新兴工业城市和国家重点建设的地区迁移;一些沿海地区农民为了摆脱人多地少的窘境,沿着传统的迁移路线向东北、西北等土地资源充裕的地区迁移拓荒,寻求就业机会。这一时期,由于国家开始大规模经济建设,从农村招收了大批职工,工业化的启动带动了城市化的发展。据有关史料记载,此时的城镇人口已接近1个亿(9949万人),全国净增城镇人口2786万人,其中由农村直接迁入城市的人口为1500万左右,平均每年300万左右(塞缪尔等,1988)。城镇人口比例由12.46%上升到15.39%。与此同时,国家组织和动员人多地少的内地向边疆地区移民,也组织动员城市疏散人口支援内地、支持边疆、支援农业建设。

因而可以说,1949—1957年,我国城乡之间的人口是双向流动的,据估计,20世纪50年代城乡之间的人口流动比例大约是1:1.8。城乡关系是开放的,这一时期是我国城乡关系、工农关系较为协调的时期,是工业化和城市化同步发展的阶段(冯娟,2003)。

(2)计划经济时期(1958—1978):城乡分割阶段

尽管"一五"时期国民经济的高速增长促进城镇企业招收了大量农村劳动力,但源源不断流入城市的众多农民却无法被完全吸收。于是,从1957年年底政府开始运用行政手段对迁移人口进行干预和制止,从而在真正意义上建立起了城乡壁垒。这一时期,在计划经济体制安排下,我国城市化过程也经历了起伏巨大的过度城市化和两次逆城市化阶段。

1958年开始"大跃进",全国上下大办钢铁,用强力推动工业化发展。这一时期大量从农村招工,仅1958年一年全国职工人数就增加2093万人,到1960年职工人数达5969万人,比1957年增加2868万人。与此相联系,全国城镇人口从1957年的9949万人迅速上升到1960年的13 073万人,城镇人口比重从15.39%猛升到19.75%(刘应杰,1996)。

在这样一种超过实际能力的揠苗助长式的增长下,随着3年严重经济困难的出现,国民经济被迫调整。又出现了城市人口向农村的反向大迁移,1961—1963年全国由城市遣返农村的职工人数达2000万左右,全国城镇人口从13 073万人减少到11 646万人,净减少1427万,致使城镇人口比重由1960年的19.75%下降到16.84%(刘应杰,1996)。

这一时期,在计划经济体制控制下,城乡二元格局凸现并在一系列成文与非成文的体制和政策下被不断强化和巩固。1958年,我国第一部户籍管理法规《中华人民共和国户口登记条例》颁布实施。《中华人民共和国户口登记条例》中对农民进入城镇做出了约束性限制的明确规定:"公民由农村迁往城市,必须持有城市劳动部门的录用证明、学校的录取证明或城市户口登记机关准予迁入的证明,并向常住地户口登记机关申请迁出手续。"对于控制中国城乡间的人口两次逆向流动,城乡分治的户籍制度起了十分重要的作用。与户籍制度相配套的还有统购统销制度、人民公社制度以及城市实行统包统配的劳动就业制度、城镇生活必需品计划供应制度、城市居民系列福利制度等。在城乡分离的条件下要实现交换,就需要建立起一种独特的制度,这就是农产品统购统销制度。1953年,政务院发布《关于实行粮食的计划收购和计划供应的命令》,开始对粮食实行计划收购、计划供应,强化市场管理和中央统一管理,并于1958年完成了这一制度安排(中国科学院国情分析研究小组,1996)。在这一制度下,政府垄断了农产品的全部收购,并通过城市票证制度控制了食品和其他农产品的销售。有了城乡分割,城乡之间的不平等交换,还需要分别来自城市和农村的稳定。1958年开始的人民公社化运动正是这些制度的重要保障,它通过土地的集体所有制、集体的生产和分配，通过"三级所有，队为基础"所控制的各方面资源，实现对农民的集中管理和控制，形成了农民对人民公社的依附性，同时也制止了可能出现的土地兼并和两极分化，防止了流民的产生。城市方面的稳定条件则是城市实行的统包统配的劳动就业制度、城镇生活必需品计划供应制度、城市居民系列福利制度等。它保证了对城市市民的劳动就业安排，并为其提供完备的生活保障，从出生到入学，从就业到退休，包括生老病死、衣食住行，都纳入城市的社会福利和保障体系之中（刘应杰，1996）。

于是，从20世纪60年代开始，城市与农村之间泾渭分明的分界线就产生了，城市与农村在这一系列制度的安排下完全隔离开来。此时，不仅粮棉油的供应与户口性质直接挂钩，就连绝大多数日常生活消费品的供应，直至城市中一切就业机会的分配，都以户口性质为依据。城市企事业单位、国家机关的招工招干数一律由劳动部门和人事部门归口管理，实行严格控制，同时又杜绝个体和私营经济成分在城乡的存在，农村劳动力只有通过升学等狭窄的渠道获得城市就业机会（徐琴，2000）。在人民生活方面，最基本的生活消费品，粮食、食油、生活用煤、猪肉、豆制品、糖、肥皂、棉布等都需要凭票供应，而只有非农业人口才有资格获得这类消费品的购物票。这样从就业和生活两方面，将农村和城市、农村人口和城市人口彻底割裂开来，将这两者之间应有的规律性联系和流动几乎完全切断了，彻底形成了城乡割裂，各自封闭发展的局面（冯娟，2003）。

4.1.2 改革开放后的城乡关系

改革开放时期是以党的十一届三中全会起始至今。这一时期，我国城乡关系的变化是天翻地覆的，其核心是由于市场经济制度的全面引入，计划经济制度逐步退居二线，而带来的农村经济生产力革命性的解放，乡镇企业崛起，国民经济的总体发展获得了坚实的基础和良好的前提。

(1) 改革初期（1979—1985）：**城乡共同发展阶段**

中国经济体制改革首先从农村开始，于是，这期间由于农村改革的优先、顺利推进，使得城乡各方面差距都明显缩小，各项体制、政策的松动使城乡关系由分隔逐渐走向融合。

改革初期的农村改革尤其是家庭联产承包责任制激发了农村经济的活力，大大地提高了农民的生产积极性，推进了农业的迅速发展。1978年底开始的第一步农村改革是实行家庭承包制。在这一体制下，我国农村在人民公社制度下因平均分配原则而长期解决不了的激励问题得到了很好的解决。与此同时，政府也开始对价格进行改革。农产品市场逐渐放开，双轨制替代了原来的单一计划价格体制。这一时期也出现了生产要素市场，劳动力和资本开始在农村内部和城乡之间流动（蔡昉，2000）。

实行家庭经营，是农村生产方式的一次重大变革，是它开始了农村人民公社制度瓦解的过程。1982年12月，我国宪法规定乡镇将作为我国农村最基层的行政区域，这样一来就终于宣告了人民公社制度的终结。农村改革后，长期被人民公社体制压抑的农业生产潜力得到发挥，农民的劳动热情和扩大生产的积极性空前高涨，农村经济高速增长，1984年全国粮食生产全面过剩，当年粮食的总产量突破$4×10^8$ t，为 $4.075×10^8$ t，比1978年净增了$1×10^8$ t（崔晓黎，1997）。在这种情况下，1985年1月，我国正式取消农副产品派购制度，代之以合同定购和市场收购。到此为止，于1953年年底建立起来的农产品统购统销制度在延续了30多年之后，首先从农村这一端被正式取消。

总体来看，改革初期的农村改革尤其是家庭联产承包责任制激发了农村经济的活力，大大地提高了农民的生产积极性，推进了农业的迅速发展。1978—1984年，我国农业总产值按可比价格计算增长55.4%，每年平均增长7.6%（蔡加福，1997），农业增加值年平均增长7.3%，而同期工业总产值增长9.5%，增加值为8.8%。工农业增长关系改变了改革前长期失衡的状况，带来了城乡经济良性循环的新局面（冯娟，2003）。

(2) 改革深化阶段(1986—2002)：城市加速发展，城乡差距扩大

随着改革重心移向城市，从1986年开始，城乡居民收入差距再度扩大，并且加快的速度相当可观。资料显示，城乡居民收入差距从1985年的1.7倍扩大到1994年的2.6倍，比1978年高0.2倍。消费差距从1985年的2.2倍扩大到1994年的3.6倍，比1978年增加0.7倍。储蓄差距从1985年的1.9倍扩大到1994年的3.5倍，比1978年高0.7倍（周叔莲，1996）。

这一时期城乡差距再度扩大的原因：1986年后，农村改革所释放的能量已经发挥得差不多了，传统的农业生产力也已经接近饱和，而此时城市改革的步伐却明显加快。在这一时期，我国政府实施了一系列加快城市改革步伐的计划，城市收入随之加快了提高的速度。这一期间城市改革的主要特点是：国有企业改革继续以放权让利为中心；信贷体制改革伴随着再分配；地区发展政策向沿海地区倾斜。所有这些改革方式都倾向于提高城市的相对收入。

尽管这个时期有很多农村劳动力转移到城市寻找临时的就业机会，然而，各种制度性障碍如户籍制度和相关的就业政策，仍然严重地限制着劳动力流动和人口迁移。城市居民继续享受着住房、教育补贴、医疗保障和养老保障等福利。而来自农村的流动人口则被排斥在这种福利体制之外。这种福利保障的系统性倾斜，阻碍了农村家庭向城市的永久性迁移，成为城乡之间收入差距的一个原因。上述体制变化的净效应是把城乡收入与消费差异从1985年的1.93和1.9分别提高到1993年的2.6和2.7（蔡昉等，2000）。

(3) 城乡统筹发展阶段(2003—2012)

党的十六大后，我国坚持城乡统筹的战略方法，更加重视解决"三农"问题，大力推进城乡改革和建设工作，提出了"五个统筹"的发展要求，把统筹城乡发展排在第一位，要在国家总体实力不断增强的基础上，在深入挖掘农业和农村发展潜力的同时，不断加大对农业发展的支持力度，发挥城市对农村的辐射和带动作用，发挥工业对农业的支持和反哺作用，走城乡互动、工农互促的协调发展道路。

2004—2012年，中央一号文件连续9年聚焦"三农"问题，不断推出强农惠农政策。2004年起，国家开始建立财政对农业生产进行直接补贴的制度和主要农产品价格保护制度。2006年1月1日开始，我国全面取消农业税，在中国延续了千年的农业税成为历史，此项惠民政策不仅给农民减轻了负担，更昭示着我国对改善农村状况，缩小城乡差距，打破城乡二元结构的坚定决心。这一时期城乡商品市场进一步融合发展，城乡要素市场的融合发展逐步加快，我国初步建立了基本公共服务和公益性基础设施建设向农村倾斜的制度，提高了政府对农民提供公共服务的水平，正在向逐步实现城乡基本公共服务均等化的方向迈进。这一时期，我国的城乡关系既有理论上"工业反哺农业，城市支持农村"的思路引导,也有实践层面城镇化和新农村建设协调推进的具体政策部署,在此基础上,明确了在科学发展观指导下,通过"五个统筹"发展实现和谐社会发展目标的最终指向,内容丰富,层次分明。这一时期,我国坚持城乡统筹的战略方法,小城镇户籍改革全面推进,农民收入增长迅速,农村教育、卫生等各项事业不断完善,城乡差距不断缩小,城乡关系大大改善(宗成峰,2019)。

(4)城乡发展一体化阶段(2013年以来)

党的十八大明确指出,城乡发展一体化是解决"三农"问题的根本途径。要加大统筹城乡发展力度,加大强农惠农富农政策,形成以城促农、以城带乡、工农互惠、城乡一体的新型工农城乡关系。2013—2019年,我国连续7年颁布以"三农"为主题的中央一号文件,在推进农业农村优先发展、实施城乡发展一体化政策方面明显加快,城乡发展一体化体制初现端倪,主要表现在以下方面:

①我国城乡商品流通市场一体化建设愈加完善,发展趋于成熟。2012年,《国务院关于印发全国现代农业发展规划(2011—2015年)的通知》指出,积极发展菜篮子产品生产,大力发展农产品加工和流通业。2013年,《国务院办公厅关于印发降低流通费用提高流通效率综合工作方案的通知》明确指出,降低农产品生产流通环节用水电价格和运营费用。2015年,《国务院办公厅关于推进农村一、二、三产业融合发展的指导意见》提出,健全农产品产地营销体系,推广农超、农企等形式的产销对接,鼓励在城市社区设立鲜活农产品直销网点。通过一系列的鼓励政策,进一步促进了城乡商品的双向流通。

②城乡劳动力市场的发展向一体化迈进。党的十八大报告明确提出,加快户籍制度改革,有序推进农业转移人口市民化,标志着城乡流动限制基本取消,不再限制农民工在城镇定居。2014年7月,《国务院关于进一步推进户籍制度改革的意见》印发,提出全面实施居住证制度。党的十九大报告进一步提出,以城市群为主体构建大中小城市和小城镇协调发展的城镇格局,加快农业转移人口市民化。由此,农民工在城镇所获得的服务与管理明显提高,在公共就业方面,农民工培训工作进一步加强,农民工劳动权益的保护也取得了明显进展。

③在公共资源配置上,逐渐建立和健全城乡融合发展体制机制和政策体系,逐渐实现城乡公共服务的均等化,不断破解城乡二元结构,推进城乡发展一体化,实现我国城乡建设政策制度的连贯性,使一体化战略平稳运行,逐步实现城乡公共服务均等化、城乡居民收入均衡化、城乡要素配置合理化。在社会保障方面,2014年在全国建立了统一的城乡居民养老保险制度;同年,提出推进城乡一体化的低保制度。在教育方面,进一步缩小区域、城乡间的教育差距。党的十九大明确提出,要实施乡村振兴战略,推动农业农村优先发展,强调要建立健全城乡融合发展体制机制和政策体系。乡村振兴战略是我国推进城乡融合发展工作的总抓手,实施乡村振兴战略,大力推进城乡公共服务均等化建设,实现农村产业融合,提高农民收入,完善乡村治理,最终目标是实现城乡发展一体化。

④我国围绕推进精准扶贫、深化农村土地改革、推进城乡发展一体化和生态文明建设的结合等作出一系列重要部署。第一,习近平总书记提出"精准扶贫"的新理念来推进扶贫开发工作。从2012年年底新时代脱贫工作启动,到2013年提出精准扶贫理念,到2015年提出扶持对象、项目安排、资金使用、措施到户、因村派人、脱贫成效的"六个精准",

再到 2017 年把精准脱贫作为三大攻坚战之一，我国扶贫工作加速推进。2020 年，我国脱贫攻坚战取得完全胜利，绝对贫困得以消除，区域性整体贫困得到解决，为乡村振兴奠定了坚实的基础(罗志刚，2022)。第二，深化农村土地改革。从 2013 年开始，我国开始推动农村土地所有权、承包权、经营权"三权分置"改革，目标是建立新型经营体系和推进现代农业发展。2015 年，我国在 33 个试点地区分别开展农村土地征收、集体经营性建设用地入市、宅基地制度"三块地"改革试点。2018 年 12 月，《全国人民代表大会常务委员会关于修改〈中华人民共和国农村土地承包法〉的决定》审议通过，使农民的土地权益有了更多的价值与保障。第三，要把城乡发展一体化体制建设与生态文明建设结合起来。习近平总书记强调，把美丽农村建设、农村人居环境建设与农民的幸福感、获得感结合起来；新农村建设一定要走符合农村实际的路子，遵循乡村自身发展规律，充分体现农村特点，注意乡土味道，保留乡村风貌，留得住青山绿水，记得住乡愁。生态文明建设必须走适合国情的建设道路，在城乡一体化发展中要贯彻习近平生态文明思想。习近平总书记指出，城乡一体化发展，完全可以保留村庄原始风貌，慎砍树、不填湖、少拆房，尽可能在原有村庄形态上改善居民生活条件(宗成峰，2019)。

4.1.3　我国的城乡关系思路历史演进经验

回顾新中国成立 70 多年来我国城乡关系思路的历史演进，总结起来得出以下 4 点经验：

①中国共产党始终坚持对城乡发展工作的领导，坚持对城乡发展工作的总揽大局、指挥协调作用，始终把加强和改善对城乡发展工作的领导作为推进城乡工作改革发展的政治保证，注重发挥各级党委对城乡发展工作的核心作用和城乡基层党组织的战斗堡垒作用。

②中国共产党处理城乡关系问题时，始终坚持以人民为中心，把城乡居民增收、城乡居民福祉的提高作为核心价值立场；尊重城乡民众的主体地位，尊重城乡民众的意愿、选择和首创精神；坚持从实际出发，允许和鼓励民众大胆探索，尊重民众的创造，并从城乡民众的实践创造中及时总结规律性的东西，不断地使之上升为指导城乡工作的政策、法律法规，这是指导城乡工作的一条基本原则，是我国城乡改革不断推进和顺利进行的重要保证。

③中国共产党在处理城乡关系中注重理论与实践的结合，注重城乡关系理论创新和顶层设计，不断解放和发展生产力，坚持城市、农村改革和实践创新，作为城乡发展的动力，同时还较好地处理了理论和实践的互动的关系。

④中国共产党城乡关系思路的演进经历了从以城市为中心、城市领导乡村，到城乡、工农之间的互动和城乡相互支援，再到城乡统筹发展，再到当前的城乡发展一体化，历史演进的整体趋势是从以城市为中心、城乡分割、城乡分治，向城乡发展一体化体制转变。

新中国成立 70 多年来，我国的城乡关系得到很大程度的改善且不断向良性发展，这种演变朝着更加符合人民日益增长的美好生活需要的方向前进，符合广大人民群众的期望。

4.2　新时代城乡二元结构问题

城乡二元结构是城乡关系的核心问题。与其他国家城乡二元结构的性质不同，我国城乡二元结构的形成不仅有内生性因素，还有政策的作用，具有政府主导的强制性制度变迁特征。我国城乡二元结构是在特定的历史条件下，根据重工业"赶超"发展战略做出的制度安排。改革开放以来，我国城乡二元结构在强化与削弱中不断调整，城乡二元结构持续弱化，但尚未破除。我国是世界上人口最多的发展中国家，在很长时期内仍存在城乡二元结构特征。进入中国特色社会主义新时代，许多领域的城乡二元结构问题仍比较突出，城乡二元结构是制约城乡发展一体化的主要障碍（张雅光，2021）。

4.2.1 传统二元结构的观念障碍

我国是在计划经济体制下进行城市化和工业化建设的，虽然改革开放至今已有40多年，但在城市和乡村、工业和农业的关系上还存在着计划经济思维，传统的二元结构观念严重影响着城乡一体化发展。

(1) 唯 GDP 观念严重

发展是解决我国所有问题的关键。党的十一届三中全会以来，我国坚持以经济建设为中心，大力发展生产力，我国经济以世界上少有的速度快速发展，创造了世所罕见的发展奇迹，实现了从站起来到富起来的伟大飞跃，正在向强起来的目标迈进。然而，在经济发展的过程中，一些地方、一些领域还存在着经济发展高于一切、重城轻乡、重工轻农的倾向，唯 GDP 观念严重，片面追求经济增长速度，忽视城市与农村、工业与农业、生产与生态和经济与社会之间的协调发展，出现了资源过度开发和生态环境破坏严重等问题，导致了城市与农村、工业与农业、经济与社会、生产与生态发展失衡。因此，习近平总书记反复强调，不要简单以国内生产总值增长率论英雄，要全面认识持续健康发展和生产总值增长的关系。

(2) 先发展后协调观念严重

刘易斯的二元经济模型认为，工业化和城镇化过程中会出现工农失衡和城乡失衡问题，这是一国发展中的历史性和阶段性问题。工农关系和城乡关系会随着工业化和城镇化的演进逐渐走向协调和均衡。受刘易斯观点的影响，我国一些地方自然产生了城市和工业部门优先发展的观念，在经济社会发展实践中，以城市和工业发展为主，采取城市偏向和工业优先的政策，忽视农村和农业发展，进一步加剧了工农关系和城乡关系。因此，加快推进城乡一体化发展，必须转变传统的二元结构观念。

4.2.2 城乡二元结构的体制性障碍

城乡二元结构是发展中国家的重要特征。改革开放以来，我国城乡二元结构在强化与削弱中不断调整，并持续弱化，但在经济社会生活的很多领域仍不同程度地存在。与其他国家的城乡二元结构不同，我国的城乡二元结构之间嵌入了二元体制机制，具体表现在户籍管理、土地管理和社会保障等多个方面，严重制约我国现代化的发展进程，成为束缚城乡一体化发展的主要障碍。

推进城乡一体化发展，促进城乡融合，必然涉及二元结构体制下的各方既得利益，因而面临着城乡二元结构的体制性障碍。构建新型的工农城乡发展关系，加快形成城乡经济社会发展一体化新格局，需要政府加大财政转移支付力度，增加对农业农村的财政投入，改善农业农村基础设施，保护和发展农业生产力。政府增加对农业农村投资，可能对工业和城市的投资产生一定影响，在一定程度上影响工业和城市发展。促进城乡交流互动，要推进城乡户籍、就业、教育等领域的改革，构建城乡统一的劳动力市场，完善城乡居民公平竞争的就业制度，解决进城务工农民在就业、社会保障、养老、子女上学等方面遇到的重重困难。公平正义的体制机制是发展的基础和保障，城乡二元结构在户籍管理、社会保障、教育就业等方面形成的体制机制障碍，严重影响城乡一体化发展。

同时，在计划经济时期支撑二元结构的有关法律法规、条例和政策，尽管经过修改和完善，作用空间受到了很大压缩，但至今还在发生作用，影响城乡一体化发展。推动城乡一体化发展，加快促进城乡融合，需要对现行的相关法律法规、条例等根据经济社会发展需要进行清理和完善，为城乡一体化发展营造良好的法治环境和政策环境。

目前，我国政府机构设置还带有二元结构特征。按城乡设置机构，按城乡标准划分制定城乡政府机构职能，实施管理。近年来，我国对有些城乡分设机构进行了合并，统一设置机构，但仍然沿用二元结构体制下的机构职能和管理运行方式，实行城乡两种社会管理、两种医疗保障办法和标准，并没有实现真正合并，城乡界限依然比较清晰，城市和农村各管各自的事情，使城乡一体化发展的政策措施难以落实。

4.2.3 旧二元体制演化为新二元体制

农村经济体制改革使农村土地资源潜力得到了有效释放，农业生产连年丰收，农民的生活得到了极大改善，给城乡二元体制带来了很大冲击。20世纪80年代中期，我国将统购统销改为向农民合同订购，于是旧的二元体制演化为新的二元体制。新二元体制的构成要件包括计划和市场相结合的资源配置方式、户籍政策和双轨制。

(1) 新二元体制的基础是计划与市场相结合的资源配置方式

正确认识、处理计划与市场的关系，是我国经济体制改革的核心问题。作为经济手段，计划和市场对经济活动的调节各有自己的优势和长处。因此，发展社会主义市场经济，既要发挥市场在资源配置中的决定性作用，也要注重发挥政府的调控作用。新的二元体制就是通过计划和市场两种资源配置方式，以农村支持城市获取收益最大化为目标，获取农业经济剩余。计划和市场都是资源配置方式，其配置过程是以户籍身份为标识把生产要素配置于不同的系统，将城市劳动力大多配置到垄断行业和事业单位，农村劳动力配置到建筑业、服务业等劳动环境较差的行业，即使被配置到垄断行业，也只是劳务派遣，难以享受与城市劳动力同等的薪酬福利待遇。

(2) 新二元体制的核心是户籍政策

随着改革开放的深化，大量农村劳动力涌入城市寻找工作，而城镇又有大量人员待业，党和政府通过调整户籍政策和改革劳动力市场，限制农村剩余劳动力进入城镇就业，对于农村人口、劳动力迁进城镇，应当按照政策从严掌握(中共中央文献研究室，1982)。党和政府支持乡镇企业发展，引导农村剩余劳动力"离土不离乡"，实现就地转移和就业。加快小城镇建设，促进农村劳动力向小城镇转移，逐步改革户籍制度，对符合一定条件的农民，均可以根据本人意愿转为城镇户口(中共中央文献研究室，2001)。进入21世纪以来，为了促进农民工融入城市，国家开始解除农业转移人口向城市转移的制度约束，加快农业转移人口市民化步伐。这在一定程度上解决了农民的身份问题，但在城市落户、子女入学等方面仍有诸多障碍，从而影响城乡一体化发展。

(3) 双轨制是计划与市场相结合的传导机制

双轨制是中国渐进式改革的产物。改革开放初期，工业和城市获取农业和农村剩余的形式，由工农业产品价格"剪刀差"转向了双轨制。城乡土地价格和公共服务均采用双轨制。计划和市场两个轨道是传导机制的基础，利用计划和市场两种资源配置方式获取"差价"。双轨制产生"差价"的功能向更宽领域延伸。但在改革后期，人们并不关注计划向市场的"并轨"，而是更加追求双轨制产生的"差价"，从而给特殊利益集团设租寻租活动提供了机会，同时为国家寻找"红利"提供了便利，因而使城乡收入差距进一步扩大(韩喜平等，2014)。

4.2.4　二元体制使二元结构存续期延长

我国城乡二元结构之间嵌入了二元体制，二元体制又延长了二元结构的存续期。党的十八大以来，我国坚持农业农村优先发展，努力消除城乡二元结构，推动人才、土地、资本等要素在城乡之间双向流动，推进城乡经济社会一体化发展，让城乡居民共享现代文明。但是，由于农民身份转化滞后于农民就业转移，致使尚未破解的城乡二元结构向城市延伸，形成了新二元结构(顾海英，2011)。国家政策允许农业转移人口到城市就业，但是，外来常住人口与城市户籍人员不能享有同等的医疗、养老等公共服务待遇。同时，随着城市化、工业化水平的提高，城市的就业机会更多，工资待遇较高，为了寻找更好的生存空间和更多的就业机会，具有较高文化程度的青年农民从乡村走出来，到城市就业。从农村通过高考走出来的大学生，毕业后大多不愿返回乡村就业，这种单向化的社会流动，进一步加剧了农村人才短缺，成为乡村振兴的瓶颈，制约着城乡一体化发展。

4.3　新时代城乡关系发展的趋势

推进乡村振兴和新型城镇化协同发展，是建设社会主义现代化国家、实现区域协调发展的重大战略举措。改革开放以来，中国城乡居民生活发生了翻天覆地的变化。一方面，中国经历了世界上有史以来规模最大、速度最快的城镇化进程。2019年中国城镇常住人口84 843万人，常住人口城镇化率首次超过60%。另一方面，中国农业农村发展也取得了历史性成就，发生了历史性变革，居民生活水平稳步提升，城乡差距进一步缩小。但在充分肯定成绩的同时，也要清醒地看到城乡发展不平衡、农村发展不充分的问题依然突出。这些问题在新型城镇化方面突出表现为城镇化质量不高、农业转移人口市民化滞后，例如，2019年中国户籍人口城镇化率比常住人口城镇化率低16.22%。在乡村方面，农村底子薄、发展不平衡、生产力滞后的局面尚未根本改变，农业农村现代化始终是现代化建设的短板和薄弱环节。对此，党的十九届五中全会提出：优先发展农业农村，全面推进乡村振兴；优化国土空间布局，推进区域协调发展和新型城镇化。"优先"和"优化"不仅是对未来中国乡村发展的重大决策部署，也为未来中国区域协调发展指明了方向。在新时代背景下，如何推进乡村振兴和新型城镇化两大战略协同发展，实现城乡共荣共赢发展局面，是当前和今后一个时期需要解决的重大问题(刘依杭，2021)。

4.3.1 新型城镇化

4.3.1.1 乡村城镇化的含义

乡村城镇化是人类社会发展的必然趋势,是世界各国发展的自然过程。它是指乡村人口和生产要素不断向原有和新兴城镇转移和聚集以及城镇不断发展和完善的现象和过程。由于人口向城镇集中或迁移的过程,不仅包括了人口的迁移,还包含了经济、社会、空间等多方面的转移(图4-1)。乡村城镇化有以下几方面的含义(冯尚春,2004)。

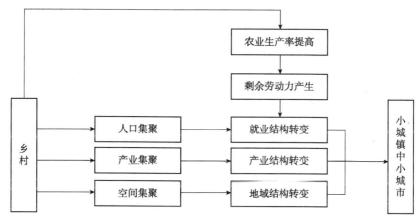

图4-1 乡村城镇化过程

(冯尚春,2004)

①乡村城镇化是乡村人口向城镇集中的过程。其中既包括城镇数量和城镇人口数量的不断增多、城镇规模的逐步扩大,也包括乡村人口数量的逐渐减少、城镇人口占总人口比重的不断提高。

②乡村城镇化是乡村产业结构变动与重组的过程。其基本标志是:在充分保证社会对农业需求的基础上,使农业产值在社会总产值中的比重逐步下降,第二、三产业比重不断上升。这就必然要求把传统农业改造成为现代农业。乡村城镇化不是不要农业,恰恰是以农业现代化为重要条件的,没有农业的现代化,乡村城镇化是不可能实现的。

③乡村城镇化是乡村人口素质不断提高,乡村居民的生产和生活方式日益走向现代化的过程。这是乡村城镇化的实质表现。乡村城镇化是城镇数量和城镇人口数量等外在的数字比例上升,更是人口素质和生活方式等内在质量的根本性提高。否则,就不可能有真正意义上的乡村城镇化。

④乡村城镇化是城乡生产要素双向流动的过程。乡村城镇化既有乡村劳动力、资金、资源向城镇的流动和集聚,又有城镇先进的生产技术、信息和人才向乡村的渗透和扩散。乡村城镇化,一方面是乡村村落—集镇—建制镇和县城—中小城市—大城市从低到高的有规律的进化和升级,另一方面又是城镇对乡村从高到低的辐射和影响,从而带动整个乡村地区的生产方式和生活方式逐步向城镇靠拢。

⑤乡村景观城镇化。农业规模扩大和非农人口的大幅度增长,推动了小城镇的建设,必然导致建筑物的外观多样化和档次提高,使其城镇性景观渐渐浓重。

4.3.1.2 乡村城镇化的重要意义

(1) 城镇化有利于城乡土地的优化配置

我国的基本国策是珍惜、合理利用土地和切实保护耕地。然而，近些年，由于粗放型的城镇化模式以及部分地方政府盲目的"造城运动"，使得建设用地规模不断扩大，土地红利日益萎缩，土地资源越发紧缺，地价、房价不断攀升。据统计，2012—2017年，全国建设用地年均增加 $53.59 \times 10^4 \, hm^2$。城镇土地开发强度不断提升，资源约束越来越趋紧。另外，农村却有大量土地处于闲置状态，尤其是宅基地住房容积率过低，利用效率不高，造成了极大的浪费。据统计，目前，我国 $0.133 \times 10^8 \, hm^2$ 农村宅基地中的10%~20%是闲置的，部分地区闲置率甚至高达30%。同时，随着农村人口的大量流出，土地抛荒、丢荒的现象越来越普遍。但由于严格的土地分区管制，限制了土地的整合、集约、高效利用。因此，必须打破城乡二元结构，特别是要打破这些资源和要素的隔离。新型城镇化的发展，一方面有利于农村富余劳动力从土地的束缚中解放出来，集约高效利用土地，实现传统农业向现代农业转型，大幅度提高农民收入；另一方面，有利于优化配置土地资源，有利于解决当前各大中城市土地资源紧缺、地价房价难以遏制、农民工"市民化"的成本过高等问题。

(2) 城镇化有利于城乡人口的互动交流

城镇化发展需要大量的人力资源，而农村富余劳动力恰好可以解决这一人力瓶颈。过去，我国农村劳动力的主要流向是国内主要大中城市和东南沿海城市。根据广东省公安厅(2012)的统计数据显示，广东现有流动人口2871.4万，占全国流动人口的13%，居各省份之首；而珠三角更是集聚了广东省96.2%的流动人口，其中86.2%的流动人口集中在深圳、广州、东莞、佛山；深圳市实有人口超过1500万，而户籍人口只有270万。大量农村富余劳动力集聚于少数几个城市，不仅给城市带来了交通日趋拥挤、人口不断膨胀、环境污染日益严重等问题，也造成了农业边缘化、农村空心化和人口老龄化等所谓的新"三农"问题。

实施城镇化战略，有利于解决大中城市人口膨胀带来的一系列问题，实现农业转移人口就地转移，节约社会成本。据潘家华等(2013)计算，中国东、中、西部地区的城镇农民工市民化的平均成本分别为17.6万元、10.4万元、10.6万元，全国平均约为13万元。同时，农业转移人口就地转移也避免了长途跋涉、背井离乡，以及由此带来的"候鸟式"迁移、农村留守人口等问题。另一方面，城镇化还能够对农村、农业、农民的发展产生辐射带动作用。据初步测算，随着我国城镇化的推进，每年可以为农村提供1亿多个就业岗位，为农村增加7000亿元以上的非农业收入。

(3) 城镇化有利于提高农民收入

农民收入增加主要有两个来源：一是留守农村农民农业收入的增加；二是外出打工农民非农产业收入的增加。自1985年以来，农民收入始终处于缓慢增长和徘徊阶段，增产不增收成为常态。其主要原因有三，即农业生产自身的特点、我国人多地少的基本国情以及城乡二元体制的长期顺延性。目前，中国人均耕地面积只有 $0.092 \, hm^2$，仅为世界平均水平的40%，致使农业经营缺乏规模效应。同时，农业生产还受到各种自然风险尤其是市场风险的影响。目前,市场上种子、化肥、农药价格上涨,部分农田基础设施年久失修,人工成本、耕种成本的上升,农民农业收益缩减。尽管国家减免了农业税,并配合了多项惠农政策,但农业投入和产出基本持平,农民生产积极性不高。城镇化的推进一方面有利于整合农村土地资源,发展适度规模经营,提高土地的产出效率和农业劳动生产率,增加农民收益;另一方面有利于促进城镇第二、三产业的发展,吸附农村富余劳动力,提升非农产业收入。

(4) 城镇化有利于加快农业现代化步伐

城镇化是农业现代化的加速器。首先,城镇化有利于转移农村富余劳动力,减少农业人口,改善农产品供求关系,提高农产品的价格,促进农业的良性发展。其次,城镇化有利于农业部门调整不合理产业结构,增加农业投入,提高生产流通的组织化程度和农业的经济效益,完善农村市场和农业服务等社会化体系,使农业生产多样化,提高农业收益。再次,城镇化有利于拓展农产品前后产业链,增加农产品附加值,为农业产业化向深层次的发展提供载体,扩大农产品市场空间。最后,城镇化有利于整合土地等农业生产资源,加速生产要素流转,推广先进生产管理技术开发应用,提高农业生产效率,增强农业竞争力。

(5) 城镇化有利于农村经济进步

城镇化就是要促进经济发展中各种要素的空间聚集与重新分布的过程,其回波效应使得生产要素向城市集中,其扩散效应则有利于辐射带动农村经济的发展,从而打破城乡之间资源要素流通的障碍,实现城乡经济社会资源的合理流动,达到城乡经济效益的最优化,促进农村经济发展,推进城乡一体化。城镇化过程通过产业的集聚、基础设施的完善、产品和劳务的辐射,再加上相应的优惠政策,有助于第二、三产业向县城或县域内城镇集中。一方面实现农民就地转移就业,提高农民收入;另一方面,加速农业现代化的进程,扩大内需,将过去农村潜在、隐性的消费激发出来,推动农村经济增长和就业结构变化。此外,城镇化的发展也有利于提高农民素质,转变农民传统的思维和生活方式,激发他们的生产积极和创造性,同时,降低市民化的成本,减轻大中城市承载的过重负担。最重要的是,可以让农民"洗脚进城",分享城镇化和现代化的成果(王守智,2014)。

4.3.1.3 传统城镇化面临的主要问题

(1) 城镇化水平不高、质量较差

城镇化质量不高突出表现在"城中村"、工矿棚户区和小城镇破败等方面。其中,各城市中大量存在的"城中村"现象反映了我国城市发展模式粗放、可持续性差,在城市规划的刚性上、城市规划的执行力度上以及城市建设管理上都存在很多问题。工矿棚户区则是计划经济时期"先生产,后生活"的产物,在改革开放的年代,由于种种原因,这些地区发展晚了一拍半拍,致使问题遗留下来。至于小城镇破败问题,主要与发展阶段有关,城镇化早期一般都注重大中城市的发展,对小城镇发展重视不够,我国虽然很早就提出了"小城镇,大战略"的思路,并且也重点突出了小城镇的设置工作,但毕竟经济实力和发展阶段未到,因此许多小城镇基础设施差,城镇功能弱,城镇建设质量不高。

(2) 城镇规模结构不合理,城镇对外辐射能力还比较弱

大、中、小城市结构不合理,与国际普遍规律相比,我国大中城市特别是大型城市集中的人口比例明显偏低。城镇群发展刚刚起步，城镇之间联系交往程度还不高，城镇聚集程度还较低，人口总规模还比较小，人口吸纳能力还不强。目前，我国城镇一般都还处于人口和产业的集聚阶段，对外辐射能力还比较差，郊区化和分散化的趋势虽然也存在如产业和人口转移等，但还不十分明显。

(3) 城镇宏观区域布局和城镇内部空间布局存在不少问题

在城镇的宏观区域布局上主要问题是城市数量太少、乡村太多、建制镇规模太小。城市内部功能分区混乱，城市核心区、中间区、边缘区、郊区和郊县的关系不清，致使城市盲目外扩，摊大饼，这也是"城中村"现象出现的重要原因之一。

(4) 城乡差距调控不力

城乡差距扩大，关系不顺，城乡"二元结构"依然突出。基本公共服务和社会保障没有普遍地、均等地惠及城乡人口，城乡没有形成良性互动的格局，城镇化推进未能有效地、稳定地减少依赖土地的农业人口。城镇化过程中，在征地、拆迁、旧城改造等方面存在有法不依、执法不严、工作方法简单粗暴等问题，造成了一些社会矛盾，影响了社会稳定。

(5) 城乡生态环境建设问题

城市向农村转嫁环境污染，农村向城市提供有害食品等问题时有发生。"城中村"则往往成为城市环境卫生的死角和隐患，不仅影响市容，而且更严重的是可能会对整个城市卫生带来很大的威胁，可能成为城市流行病的发源地。

4.3.1.4 新型城镇化与传统城镇化

中国的城镇化道路起步较晚，直到国家的"八五"计划（1990—1995）才首次提出城镇化概念，城乡关系也经历了从城乡分割到城乡统筹的转变。国家"十五"计划（2000—2005）提出实施城镇化战略，以促进城乡共同进步。中国城镇化初期效果并不理想，很多地方为了城镇化而城镇化，进而暴露出很多问题，偏离了城镇化的初衷，也因为如此，新型城镇化的发展战略才得以确立。

新型城镇化是在原有城镇化概念的基础上，消除原有城镇化中的矛盾和问题，注重人的城镇化，主要内容包括：坚持以人为本，提升城乡人民的生活水平，转变经济发展方式，优化产业布局，提升城镇化质量，城乡统筹发展等（刘国斌等，2016）。针对中国社会存在的城乡典型二元结构，国内学者提出城乡一体化这一概念。城乡一体化的目标是消除二元结构，建立一元结构。在城镇化的实质探讨中已包含了城乡一体化的思想。中国的城乡一体化进程同样建立在以人为核心的理念下，其根本目标是城乡居民福利水平的一体化，缩小甚至消除城乡在收入水平和享受公共服务方面的差距。城镇化的建设如果脱离了城乡一体化这一目标，将会出现城乡孤立发展、大规模城市病暴发、社会公平被打破进而影响稳定等严重后果。城镇化建设和新农村建设是当前中国全面深化改革进程中的重大问题，能否在新的国际形势和宏观背景下利用好新型城镇化和城乡一体化进程释放出的巨大潜力，处理好城乡统筹协调发展的问题将是未来中国经济和社会能否持续发展的关键所在（刘国斌等，2016）。

4.3.1.5 新型城镇化主要特征

新型城镇化显然是与以往的城镇化有所区别的城镇化。它首先表现在价值取向与以往不同。新型城镇化的基本原则就是以人为本。同时也考虑中国城镇化的空间分布和经济发展的不平衡状况。新型城镇化具有以下四大特征。

(1)"四化同步"的城镇化

党的十八大报告明确提出，坚持走中国特色新型工业化、信息化、城镇化、农业现代化道路，促成信息化与工业化、工业化和城镇化、城镇化和农业现代化之间的融合、互动和协调关系，推进工业化、信息化、城镇化、农业现代化同步发展。在"四化同步"发展中，以工业化为动力，以信息化为核心，以城镇化为载体，以农业现代化为基础。

新型工业化与传统工业化不同，首先是保障企业服务，强化资金、土地、用电等要素的协调保障，保证企业的正常平稳运行。政府以财政金融等手段加大对实体经济的支持力度。跟踪监测企业生产经营的数据和产品运行态势。其次是以项目方式推动重点行业的招商，包括新农药、粮油产品、装备制造、新材料等行业。加快沿海港区和高新区的建设，促进物流等服务型行业的发展。最后是努力推动企业产品的转型与优化升级。

基于工业化已经发展到信息时代的特征，信息化虽然是工业化的产物，但是它已经在一定程度上独立于工业化了。而且在一定意义上成为工业化的先导，特别是以光纤通信、多媒体等基础，为新型工业化开辟了新的道路。以信息化推动城镇化，从而改善城镇结构、提升城镇功能、拓展就业结构和提高城镇居民素质的作用。信息化对推动农业现代化的发展也起着至关重要的作用，它能够有效地促进农村经济发展和提高农民收入水平，是衡量农业进步的一个标志。

城镇化实际上包含着大中城市和小城镇的工业化水准，城镇是现代工业的重要载体。在一定意义上说，城镇化就是将一系列工业因素聚集到城镇并日益整合的过程。特别是对各类人力资源具有很大的蓄水池作用。工业化的布局与城镇化的布局具有惊人的一致性。只有城镇才能为现代工业的发展提供更好的平台，因此，城镇化的布局影响着工业布局，城镇的规模和潜力也直接影响着工业发展的规模和速度。信息化的发展也大都以现代化城镇为基础性载体和活动空间。同样，城镇化也是农业现代化的重要载体，没有城镇对农村人口的吸纳，就没有大规模、集约化的现代农业。

农业现代化在"四化"中起到基础性的保障作用。只有在农业现代化基础上才会有土地的规模经营，实现农村土地经营权的有序流转，才能保障中国的粮食安全。也才能从根本上提高农民的文化素质和农业技能，培养有技术、懂管理的新型农民。

其实，"四化同步"表明"四化"是一个整体系统，反映的是"四化"的互动过程。工业化承造供给，城镇化拉动需求，在此基础上促动农业现代化的发展，反过来，农业现代化为工业化、城镇化提供基础性支撑和保障，信息化是其他"三化"的重要组成部分。促进"四化"互动，在互动中实现同步。哪一个领域的现代化出现问题，都会带来全局性的影响，中国的现代化只能在低水平上徘徊。

(2)布局优化的城镇化

新型城镇化的核心仍然是农民进城问题，但是全国并非一刀切，而是有计划、有步骤、多层次共同展开的过程。其中既有农民进城后的市民化问题，也有已经进城农民工的棚户区改造和城中村问题，还包括西北地区农民的就地城镇化问题。因此，新型城镇化呈现出一种多元化过程。这种特征是和中国城镇化的空间分布密切相关的。因为中国目前的城镇主要分布在胡焕庸线以东，大体上同中国人口资源及其自然资源的分布相一致。东南沿海发达地区，城镇星罗棋布，有些省份（如江苏南部）已经差不多没有乡而只有镇了，乡镇化水平是很高的。而西北地区由于经济发展水平低，人口也相对稀少，因此纯农村的地方就多。因此，必须因地制宜地对待。

中国是一个幅员广大的国度，地区差异大，因而任何政策都不可能采取一刀切的方式，城镇化政策也不例外。改革开放后，中国的发展是按照点轴理论架构，呈现的是一种"T"字形开发战略。基本形成了沿海——大连延伸到东北地区、沿江——上海延伸到安徽、湖北、四川地区、沿京九线发展轴而展开的两纵一横架构。城镇化基本上和这个框架一致。经济发达的江苏、浙江、广东、福建等东南沿海地区已经基本上实现了城镇化，而西北地区因为区位特点、城镇密度低、环境约束突出、缺乏内源发展动力等原因，致使城镇化水平很低。这种工业化、城镇化水平的差异，意味着必然要采取多元化的城镇化政策，才能使新型城镇化政策得以贯彻落实。

(3) 生态文明的城镇化

当代中国的新型城镇化一定是以习近平生态文明思想为价值引领的一种现代化进程。与新型城镇化密切相关的工业化并非传统的高能耗、高污染、资源浪费、人力集中的工业化，而是高技术含量、低碳的工业化。新型城镇化过程绝不应该是将那些传统工业搬到小城镇的过程。中国的新型城镇化必须推动生态化环保型低碳城镇建设，坚持循环发展、低碳发展，走中国特色的绿色城镇化道路。

(4) 传承文化的城镇化

文化是一个城镇的建设和发展的灵魂，是提升文化软实力的催化剂，是城镇独特的富有魅力的品牌和地理标识。在城镇化建设中要汲取教训，保留、培育、挖掘城市文化。如果说大中城市的同质化很难在短期内获得改观，那么在中国的新型城镇化建设过程中，一定要把握住地方特色、文化特色。西方国家相对而言都比较注重传统及其文化的保护，在一定程度上说他们最具特色的就是小镇，不论是德国、英国还是美国的小镇，都是各具特色的。有些名牌大学就坐落在一个小镇上。它们可能保持着几百年甚至上千年相沿已久的传统。美国的"草根民主"应该就是起源于"镇"的，它是公民生活的最基础单元，每个小镇都有自己独特的历史传统和文化。

新型城镇化明确提出要城镇承载传统和文化，这无疑是一种明智的选择。中国新型城镇化进程中，特别强调要传承文化，发展有历史记忆、地域特色、民族特点的美丽城镇。避免"去历史，去文化"现象，防止少数地方为追求经济效益最大化，过度商业运作进行超负荷利用和破坏性开发，采取拆毁重建、全面改造等开发方式，避免大片历史街区、历史建筑、历史人文景观、历史名人故居等城市传统文化资源载体遭到破坏，避免商业化的痕迹，保留原来的社会结构、文化遗存、城市风貌以及地方风情的真实性、完整性。

新型城镇化是一种有着明确的人本原则关怀和内含着顶层设计思路的城镇化。它覆盖了城市与乡村、工业与农业、信息产业与城镇化、公民权利与政府责任等各领域和部门，由一个边缘的领域成为新政的核心内容。

4.3.2 乡村振兴战略

乡村振兴是党的十九大针对我国城乡发展不平衡不充分问题提出的重大战略。党的十九届五中全会进一步作出全面实施乡村振兴战略、全面推进乡村振兴的战略部署，2021年，中央一号文件提出要把全面推进乡村振兴作为实现中华民族伟大复兴的一项重大任务。

4.3.2.1 乡村振兴战略的概念

乡村振兴战略是在国民经济发展到一定水平，对农业、农村发展提出新的高标准、高要求的国家级发展战略。乡村振兴主要包括振兴乡村产业、振兴乡村人才、振兴乡村文化、振兴乡村生态、振兴乡村基层组织5个方面，旨在坚持农业农村优先发展，按照产业兴旺、生态宜居、乡风文明、治理有效、生活富裕的总要求，建立健全城乡融合发展体制机制和政策体系，统筹推进农村经济建设、政治建设、文化建设、社会建设、生态文明建设和党的建设，加快推进乡村治理体系和治理能力现代化，加快推进农业农村现代化，走中国特色社会主义乡村振兴道路，让农业成为有奔头的产业，让农民成为有吸引力的职业，让农村成为安居乐业的美丽家园。

乡村振兴战略是一个需要长时间坚持的国家级战略，我国将这个长期的过程分成3个阶段性实践：第一个阶段的目标是2020年形成乡村振兴的制度框架和政策体系；第二个阶段的目标是2035年基本实现农业农村现代化；第三个阶段是2050年全面实现农业强、农村美、农民富的乡村全面振兴。乡村振兴战略的实施使农业农村得到了新的发展，对解决我国的"三农"问题有着重要意义，逐渐建成农业发展有奔头，农民收入有保障，农村生活有情趣的多元化、有活力的乡村。

4.3.2.2 乡村振兴战略提出的依据

农业是国民经济的基础，历年来，党和国家一直将"三农"问题看作国家发展的重中之重，它与群众的生活幸福度息息相关。为进一步解决我国"三农"问题，党中央提出了乡村振兴战略，这对我国的发展具有重大历史意义和重要战略地位(吴思，2020)。

(1) 理论依据

中国共产党科学地研判出新时代我国社会主要矛盾发生变化，这是提出乡村振兴战略的最主要理论依据。当今时代，我国社会主要矛盾已然发生转变，振兴乡村是推动中国经济社会持续发展所必须完成的任务。

党的十九大提出了我国进入新时代以后的主要矛盾，即人民日益增长的美好生活需要和不平衡不充分的发展之间的矛盾。这是全国各地普遍存在的矛盾，而且矛盾在经济发展不太好的区域尤为明显，所以，帮助经济不发达的乡村更全面更稳定地发展就成为解决当前矛盾的关键，而乡村振兴战略恰恰是为了解决该主要矛盾和矛盾的主要方面而提出的。

我国社会的主要矛盾中提到的美好生活需要不仅涉及物质需求，还涉及精神需求。美好不只是生活中食有肉、居有屋，还有人们对自我价值和社会价值等的追求。制约我国发展的最主要因素已经由落后的社会生产转化为不平衡不充分的发展。这种不平衡最明显的表现就是城乡发展的不协调、不平衡。在新中国成立初期，为了发展工业，当时的国家政策是倾向于将资源向城市流转的，当时工业、城市的发展极大地促进了经济的发展，但是现在牺牲农村发展换取城市发展的政策已经无法满足现阶段的发展需求。现阶段的不平衡发展不符合我们全面建成小康社会的目标，乡村振兴战略应运而生。

(2) 历史依据

改革开放为我国的现代化建设和城市经济发展打开了新篇章，国家开始愈发重视农村、农业的发展，给予了很多资源倾斜和政策扶持，农业和农村的发展也成效显著。首先体现在农产品产量可观，粮食产量连年递增，棉油肉蛋等农产品产量稳居第一；其次体现在农民收入增长，可支配收入连年递增。但在农村、农业发展态势良好的基础上，也得认清农村发展仍然滞后于城市发展，而且与城市发展差距明显。

农村发展滞后导致劳动力向城市流动，使得农村土地资源闲置，经济发展缓慢，农村的高文化水平、高素质人口流失严重，进一步制约了农村发展。城乡发展的不均衡严重影响我国经济社会的全面发展，解决"三农"问题，就需要全局性的、系统性的解决方案。

中国共产党在服务人民、造福人民的实践中，一直探索着解决"三农"问题的路径，从新中国成立初期的土改，到改革开放的家庭联产承包责任制，从党的十八大的惠农、富农、强农政策，到党的十九大的乡村振兴战略。农村和农业发展是实现广大人民群众对美好生活的追求愿望，推动五位一体的现代化建设，农业的基础地位不能动摇的根本路径。

(3) 现实依据

乡村振兴战略的提出，是中国共产党建党一百周年时实现精准脱贫和全面建成小康社会的现实需要。中国共产党一直为带领广大劳动人民脱贫致富而不懈努力着，迄今已经取得了辉煌的成就，首先，鼓励农村农业的发展，稳定粮食产出，解决了十几亿国民的温饱问题，其次，党的十八大提出的精准扶贫的战略，降低了贫困发生率，提高了贫困地区农村居民人均可支配收入。

乡村发展仍然是乡村振兴的关键。要全面推进乡村振兴，必须从根本上解决农村农业发展滞后、农民收入偏低的问题。只有把乡村的发展提升到国家级的战略高度，保障乡村发展速度和发展水平，才能保证我们第一个百年奋斗目标的实现。

4.3.2.3 乡村振兴战略的内涵

党的十九大报告关于"乡村振兴战略"的内容十分丰富，大体可以概括为二十字总要求，即产业兴旺、生态宜居、乡风文明、治理有效和生活富裕（徐俊忠，2017）。

(1) 产业兴旺

这是乡村振兴的关键和基础。较之以往新农村建设的生产发展要求，产业兴旺是一种更加多元化的业态要求。生产一般是指提供产品的活动。我们曾经把农村的生产主要局限于农业生产，又把农业生产主要局限于种植业，甚至简单化为粮、棉、油料等的种植。党的十八大以来，强调农村发展应该走种养加销全产业链，一、二、三产业融合发展的道路。这意味着农村不应该仅仅停留于提供农产品尤其是初级农产品的状态，它完全可以面向市场安排生产，通过对产品不同程度的加工和开发延伸产业的价值链，提高产品的附加值。有条件的地方还可以实行产供销一条龙，建立物流配送网络，还可以因地制宜地发展体现乡村特色的市场化新产业。这种思路，并非生产发展所能概括的，而是产业兴旺的大思路。基于这种新思路，乡村有可能作为产业发展的广阔天地，因而党的十九大报告提出支持和鼓励农民就业创业的新提法，弱化了以城带乡逻辑下形成的向城镇转移农民就业的主张，为乡村振兴开启了一种新的前景。

当然，我国是人口大国，农村在引进多种产业的同时，还应该承担起确保粮食生产和粮食安全的国家使命。党的十九大报告特别强调通过推进现代农业发展，确保粮食安全，把中国人的饭碗牢牢端在自己手中的重要性。推进现代农业发展，报告一方面提出通过深化农村土地制度改革，完善承包地"三权"分置制度，解决土地碎片化对于农业现代化的障碍；另一方面提出要构建现代农业产业体系、生产体系、经营体系，完善农业支持保护体系，发展多种形式适度规模经营，培育新型农业经营主体，健全农业社会化服务体系等。这都是立足于当前我国农业生产实际而做出的制度性安排。党的二十大进一步提出要全方位夯实粮食安全根基，牢牢守住18亿亩耕地红线，逐步把永久基本农田全部建成高标准农田，深入实施种业振兴行动，强化农业科技和装备支撑，健全种粮农民收益保障机制和主产区利益补偿机制。树立大食物观，发展设施农业，构建多元化食物供给体系。发展乡村特色产业，拓宽农民增收致富渠道。

(2) 生态宜居

这是乡村独特价值之关键所在。在开展新农村建设时，曾经有过村容整洁的要求。但是受制于以城带乡、城乡一体化的思维局限，村容整洁在许多地方变成向城镇看齐，乡村失去了应有的风貌而与城镇趋于同质化。乡村振兴战略基于乡村是有别于城镇的独特文化单元的理念，强调生态宜居。生态首先是指自然生态，包括山水林田湖草沙系统；同时也有其人文与历史的意义，一方水土养一方人，就是这种意义上的生态表达。因此，乡村振兴的重要任务就是要在宜居的价值导向下努力养护乡村自然意义上的生态和人文历史意义上的生态，告别乡村建设千村一面和城乡同质化，使乡村呈现出各美其美，美美与共的风貌。

(3) 乡风文明

乡风是乡民文明状况的直接表现。乡风文明就是要加强乡村优秀文化的涵养和培育，弘扬传统文化中的优秀文化因素，消除历史遗留下来的陈规陋习，依法取缔危害乡里的犯罪行为，大力倡导健康文明的乡村生活方式，厚植滋养乡村优秀文化的基础，搭建培育乡风文明的教育平台。时下，需要在推进产业兴旺的过程中，努力建构起有利于培植民众合作互助精神的经济基础。

(4) 治理有效

关于新农村建设，我们曾经提出管理民主的要求，这主要是侧重于管理手段的合理性。而治理有效，则既包含多元共治的手段性要求，更有着对治理效果的强调。十九大报告提出的健全自治、法治、德治相结合的乡村治理体系，可以说是一种更加适应乡村政治生态和社会实际的复合型治理体系。为确保治理有效目标的达成，报告还特别强调"培养造就一支懂农业、爱农村、爱农民的'三农'工作队伍"。历史与现实都告诉我们，没有这样一支队伍，再好的治理体系也不可能达成治理有效的目标。

(5) 生活富裕

在乡村振兴的过程中，必须把握好物质生活与精神生活品质同步提升的张力，使乡村振兴成为乡村物质文明、精神文明的涵养过程，进而推动乡村的政治文明、社会文明和生态文明的同步提升。这才是生活富裕的应有内涵。

总之，以二十字总要求勾画出来的乡村振兴战略的基本内容，立足于把乡村当作相对独立于城市的文化单元和发展单元的崭新认识，体现了新的治理和发展理念，力图构建一种不同于以城带乡思路的新型城乡关系，即城乡融合。这种融合不是乡村与城市的同质化，而是体现产业、文化、生态等多样性统一的要求，是美美与共的有机体。

4.3.2.4 实施乡村振兴战略的路径

2018年3月8日，习近平总书记参加十三届全国人大一次会议山东代表团审议时发表重要讲话，就实施乡村振兴战略提出了"五个振兴"，即乡村产业振兴、人才振兴、文化振兴、生态振兴、组织振兴。五个方面构成一个整体，是实施乡村振兴战略的路径和主攻方向。具体说来，产业振兴就是发展农业农村的各项产业，包括做大做强农业产业，满足人民日益增长的美好生活对农业农村的需要和农业农村发展不平衡不充分之间的矛盾，不仅农产品以及延伸的功能性产品要越来越丰富，对质量和安全也提出了更高的要求，要强化质量兴农，走绿色发展之路；农产品加工业的发展水平还较低，与发达国家还有较大的差距，要制定有效政策推进农产品加工业发展，并使农民在发展的过程中获得相应的利益；加快一、二、三产业融合发展的步伐，推进农业的二产化、三产化，提高农业产业的整体盈利水平；统筹兼顾培育新型农业经营主体和扶持小农户，采取有针对性的措施，促进小农户和现代农业发展有机衔接。人才振兴就是要培养造就一支懂农业、爱农村、爱农民的"三农"工作队伍，开发乡村人力资本，畅通智力、技术、管理下乡通道，造就更多乡土人才；要全面建立职业农民制度，完善配套政策体系，大力培育新型职业农民；创新人才培养模式，扶持培养一批农业职业经理人、经纪人、乡村工匠、文化能人、非遗传承人等；发挥科技人才支撑作用，建立有效激励机制，吸引支持企业家、党政干部、专家学者、医生教师、规划师、建筑师、律师、技能人才等投身乡村建设。文化振兴就是要加强农村思想道德建设，传承发展提升农村优秀传统文化，加强农村公共文化建设，广泛开展移风易俗行动。生态振兴就是要建设一个生态宜居的魅丽乡村，实现百姓富和生态美的统一。要统筹乡村山水林田湖草系统治理；加强农业面源污染等农村突出环境问题的综合治理，开展农业绿色发展行动；正确处理开发与保护的关系，将乡村生态优势转化为发展生态经济的优势，提供更多更好的绿色生态产品和服务，促进生态和经济良性循环。组织振兴就是要充分发挥农村党支部的核心作用和战斗堡垒作用，通过发展农民专业合作社等合作经济组织团结农民、服务农民，鼓励兴办农村老人协会、婚丧嫁娶协会等民间组织引导广大农民移风易俗、爱家爱村爱国，实现经济发展和社会和谐的高度统一。

乡村振兴的落脚点在乡村，村"两委"是实施这一战略的关键。要推动乡村组织振兴，打造千千万万个坚强的农村基层党组织，培养千千万万名优秀的农村基层党组织书记，深化村民自治实践，发展农民合作经济组织，建立健全党委领导、政府负责、社会协同、公众参与、法治保障的现代乡村社会治理体制，确保乡村社会充满活力、安定有序。改革开放40多年的实践证明，一个坚强有力、服务意识强的村"两委"班子是乡村能否振兴的重要因素。例如，江苏省张家港市永联村在1978年时还是当地面积最小、人口最少、经济发展最落后的一个村，在村党支部书记吴栋材的带领下，到了20世纪90年代后期已经成为远近闻名的经济发达村。2017年，该村利税总额达到70亿元，并走一、二、三产业融合发展的路子，乡村旅游的游客量近100万，旅游收入超1亿元。2017年，村民人均收入达45 800元。河南省漯河市源汇区干河陈村在20世纪90年代还是一个近郊穷村，经过10多年的发展，村办集体企业开源集团，已经成为集房地产业、旅游业、商业三大产业、12家公司为一体的集团公司，2015年净资产近20亿元，实现年营业收入10.7亿元。关于永联村、干河陈村的发展，当然有很多因素，但带头人精明强干、"两委"班子团结是最重要的因素(孔祥智等，2018)。

4.3.3 乡村振兴和新型城镇化协同发展

4.3.3.1 乡村振兴和新型城镇化协同发展的制约因素

推进城乡协同发展，本质上是构筑城乡共生关系。当前，城乡协同发展的新动能不断积聚、条件更加充分。但在全面建成小康社会、实现区域协调发展的大背景下，城乡协同发展在现代化水平、资源要素流动、规划建设、公共服务均等化、治理能力等方面还存在一定的差距(刘依杭，2021)。

(1) 从经济协同发展看，农业现代化水平不高

城乡之间发展不平衡不充分是制约中国经济均衡发展的重要因素，其主要表现在城乡现代化发展水平上。在农业产业结构方面，农村产业在类型、规模等方面不全面不平衡。一些地区的产业类型较为单一，仍以传统种植业、养殖业为主导，其他产业基础薄弱，与城市间产业联系的广度和深度不强，城乡资源要素流动和区域分工协作不畅。在农业基础能力方面，2019年中国高标准农田仅占耕地面积的35.59%，农作物耕种收综合机械化率虽超过70%，但与发达国家水平相比还相差甚远。在农业生产经营方面，受传统经营模式和土地流转等因素制约，全国近70%的耕地仍处于传统的粗放经营状态，高效设施农业比重和农业适度规模经营比重不高，农业科技进步贡献率仅为59.20%。在对河南省农业农村现代化调研中也发现，许多地方高标准农田建设滞后、建设等级低，农田水利设施排涝能力差，导致农业生产成本增加，对农业抗灾减灾能力带来了不利影响。在农业生产服务体系方面，存在农村物流基础设施薄弱、运营效率低等问题；棉花、蔬菜、水果、畜禽等主要农副产品涉保能力不足，农产品运输腐坏率较高，市场服务体系滞后，严重制约了现代农业的发展。

(2) 从要素协同发展看，城乡要素双向流动不足

一方面，由于要素价格扭曲和市场分割现象仍然存在，要素在城乡之间的流动受到诸多限制，城乡在科技、人才、资金及土地等要素配置方面严重不均，农村现代化进程远远滞后于城市。在劳动力流动方面，由于城市强大的虹吸效应，导致城乡关系发展失衡，严重制约了农村经济和社会的发展。另一方面，城市资金、技术、人才等要素流入农村还面临一些障碍，返乡创业支持政策对社会保障的关注比较欠缺，影响了返乡创业群体参与乡村振兴的积极性，制约了城市资源要素向农村的流入。在资本流通方面，农村资金大量流向城市，城乡金融发展差异十分明显，农村金融市场总体发展水平相对滞后，金融服务主体单一，金融活动仍以传统的存贷业务为主。随着农村人口的大规模外流，"钱随人走"现象日趋增多，导致现有金融产品和服务与农业产业链、价值链匹配度不高，社会资本进入农业农村领域缺乏积极性。在土地流转方面，农村集体资产闲置、使用率不高等现象普遍存在，农村产权流转交易市场体系不健全，交易平台设立不统一、运行不规范、监管不到位等问题尚未解决，农村宅基地和集体经营性建设用地未能得到有效盘活。

(3) 从空间协同发展看，城乡建设双向对接不畅

目前，城乡空间规划还存在布局散乱、利用粗放、规划不合理的情况，缺乏科学精准的规划设计，在城乡建设过程中存在"两张皮"现象。具体表现为：

①城乡规划缺乏统筹设计。"各自为政、圈地服务"现象较为普遍，缺乏有效的资源整合。一些地方规划设计忽视了城市下位层面的微观控制，只注重城镇及周边地区的规划发展，对乡村建设缺乏全面深刻准确地把握，规划的前瞻性和预见性不强，导致城乡土地利用规划在实践中处于不相协调的状态，城乡总体规划脱节，城乡建设杂乱无章。

②城镇化发展后劲不足。由于人口流动总体上空间流向不均衡且集中度高等特征长期无法改变，人口城镇化滞后于土地城镇化发展，出现城乡内部发展失衡、城乡区域发展失衡和城乡规模体系失衡现象。2019年中国常住人口城镇化率为60.60%，但户籍人口城镇化率仅为44.38%，两者之间存在16.22个百分点的差距，且差距有所扩大(表4-1)。

③农村生态环境污染问题急需综合整治。在农村人居环境整治中，大部分农村地区存在环境卫生基础设施建设投入不足、技术空间适应性相对较差等突出问题。农村生活垃圾无害化处理不到位，生活污水处理率普遍偏低，厕所改造不彻底且推进缓慢。

表4-1 2015—2019年中国常住人口与户籍人口城镇化率

年份	常住人口城镇化率(%)	户籍人口城镇化率(%)	常住人口与户籍人口比率差(%)
2015	56.10	39.00	16.20
2016	57.40	41.20	16.20
2017	58.52	42.35	16.17
2018	59.58	43.37	16.21
2019	60.60	44.38	16.22

(4) 从社会协同发展看，城乡服务保障机制不均衡

中国城乡之间的差距不仅体现在收入水平上，还体现在教育、医疗及社会保障等方面。

①农村民生保障不到位。在卫生资源配置方面，农村医疗卫生人才匮乏，农业人口与卫生人员的比例不匹配，医院床位数严重偏低；在城乡居民医保和养老方面，新农合可报销的范围比例普遍低于城镇居民医保。

②城乡义务教育资源分配不均衡。城乡基础教育存在二元化问题，由于农村办学条件简陋且教师薪资待遇较低，很难吸引优秀的人才下乡支教，最终导致农村教育资源缺乏，教师人数不足，农村学生很难享受到优质教育。

③城乡公共文化资源配置失衡。农村公共文化设施建设落后，公共文化建设人员数量偏少，许多公共服务设施十分落后，公共文化开展主要以本地村民自发组织为主，公共文化内容匮乏，活动形式单一，不能满足农民的实际需求。

④城乡治理机制不健全。随着农民进城人数的不断增加，城郊及县城周边村庄人口急

剧增长，由于城市综合承载能力有限，城镇化进程中社区管理滞后问题凸显，且原有的村级管理体制并未得到有效改善，严重制约了城乡融合发展水平的提升。

（5）从生态协同发展看，城乡生态环境问题突出

生态环境是关系民生的重大社会问题，与广大人民群众的切身利益息息相关。但从当前发展情况来看，城乡生态环境问题仍然十分突出，主要表现在以下几个方面：

①城乡环境污染不容乐观。受自然环境、产业结构布局和交通状况等因素影响，环境质量持续改善压力增大。城乡饮用水水源地水质状况不容乐观，部分地区供水能力不足、供水水质不达标问题突出。

②城镇环境治理能力不足。部分城区排水管网存在雨污合流及雨污混接现象，城市污水处理设施和技术比较落后，"污水漫城"时有发生。

③农业农村面源污染治理面临许多困难。农村生活垃圾清运不及时、处理不规范，大部分地区垃圾收集处理设施缺乏，未能实现垃圾集中收运和无害化处理。传统农户家畜家禽仍以分散养殖为主，大量养殖废弃物没有得到有效处理和利用，成为农村环境治理的一大难题。

4.3.3.2 推进乡村振兴和新型城镇化协同发展的对策措施

推进乡村振兴和新型城镇化协同发展，要在新时代背景下充分发挥政府与市场的双重作用，通过建立健全有利于城乡间比较优势发挥的制度环境和城乡融合发展体制机制，打造城乡双向互惠的合作模式，以此形成面向现代化强国的协同发展新格局（刘依杭，2021）。

（1）发挥政府与市场双重作用，激发城乡发展动力

推进乡村振兴和新型城镇化协同发展，不仅要充分发挥好市场机制作用，还需要政府的主动服务、积极作为。尤其在区域协调发展战略实施的大背景下，应坚持市场主导与政府引导相结合。充分发挥市场在区域协调发展新机制建设中的主导作用，更好发挥政府在区域协调发展方面的引导作用，实现要素在城乡间双向自由流动。一方面，政府要聚焦重点任务，着力破除户籍、土地、资本、公共服务等方面的体制机制弊端，要守住土地公有制性质不改变、耕地红线不突破、农民利益不受损三条底线。通过放手发动群众，调动方方面面的积极性，引导社会力量广泛参与到乡村振兴和新型城镇化协同发展中来。另一方面，要顺应市场、遵循经济发展规律，尊重市场机制和市场主体力量的作用。在政府引导基础上，着力建立规划对接、要素对流、优势互补、互利共赢的城乡协同发展机制，营造良好的市场环境，推进生态环境、资金、人才、基础设施建设等综合性建设项目，实现城乡要素平等交换和公共资源均衡配置，激发城乡协同发展的主体活力和内生发展动力。

（2）建立城乡比较优势，促进城乡功能互补

乡村振兴和新型城镇化协同发展要切实发挥好城乡比较优势，推动形成高质量发展的区域布局，促进城乡间要素互补、功能互促。①要深化改革，把农业农村发展的巨大潜力和强大动能充分释放出来，调动各类市场主体积极性，培育壮大新型农业经营主体和新型职业农民，鼓励、支持和引导更多在外创业能人返乡创业，发展乡村产业，助力乡村振兴。②要结合城市自身环境和资源条件优势，推动高新技术产业发展，将城市科技成果和人才资源优势切实转化投入到乡村振兴战略，推动农业农村经济发展模式创新，更好地激发农民内生动力。③要积极开发农业多种功能综合利用,通过延伸产业链、提升价值链、拓宽增收链、完善利益链,促进农村第一、第二、第三产业融合发展;依托乡村自然资源、人文禀赋、乡土风情及产业特色,发展形式多样、特色鲜明的乡村产业,吸引城市资金、人才、技术和信息等资源要素向农村流动。④要把乡村旅游与现代化农业有机结合起来,以"农业产业园区+农业特色小镇""农业示范园区+田园综合体"为载体,强化都市现代农业产业支撑,打造一批特色鲜明、功能多样、业态丰富的休闲农业园区,有效拓展农业增值增效深度和功能价值开发广度。

(3)健全城乡融合发展体制机制,推动城乡共建共享

实现工业与农业、城市与乡村协同发展,离不开完善的城乡融合发展体制机制和政策体系。①要破除城乡二元结构藩篱,让广大农民平等参与现代化进程、共同分享现代化成果,形成以工促农、以城带乡、工农互促、城乡一体的新型工农城乡关系。②积极推进城市产业链条向农村延伸,加强工业对农业的反哺,构建城乡完整、契合的产业链体系,有效解决城市人口、就业及生产压力,同时也使农村充分享受到城市发展的红利,成为乡村产业兴旺、产业振兴的基础。③提升城市经济创新力和竞争力,降低城市产业流失和发展成本,形成产业集聚效应,辐射带动周边农业农村发展,促进农民收入水平提升。④建立健全农村发展的长效内生机制,在城市反哺农村基础上,提高农业劳动者运用先进科学技术和经营理念改造传统农业的能力,促使农村人力资源更好地向人力资本方向转化,引领农业农村高质量发展。

(4)打造城乡双向互惠合作模式,实现城乡互利共赢

城乡双向互惠发展模式从主体来看,主要体现在城乡居民之间、政府与非政府组织之间建立合作关系。目前农村地区除要体现独特的区位优势外,还需要稀缺的资源和充足的人才,以及各类完善的供应链和广阔的市场发展空间,这些优势是推进乡村振兴和新型城镇化协同发展的关键。①创新城乡空间的集聚规律和组织模式,通过发挥县域经济在城乡协同发展中的支撑作用,促进城乡要素、资源、产业等方面的深度融合,不断提高城乡基本公共服务均等化水平。②积极探索城乡统筹发展新模式,进一步完善城乡基础设施建设,提升城镇综合承载能力,实现产业链、创新链、价值链、人才链、金融链"六链"融合,推进城乡创新要素集聚、开放功能提升、营商环境优化的发展格局。③突出县域项目带动、产业支撑、统筹城乡的重点,提升县域经济发展水平,充分发挥县域承接城市优质高端要素资源与乡村本土资源融合裂变的效应,让人才、土地、资金、技术等关键要素资源集聚优化,形成动力更强、结构更优、质量更高的城乡融合发展格局。

4.3.4 城乡一体化及社会现代化

城市与乡村是两个具有特定内涵的区域,在经济、社会、政治、文化、生活方式等很多方面完全不同,但又相互依存、相互影响,既有协调发展的内在要求,也有摩擦和对立。城乡之间从分离、对立到开放、协调,再到城乡融合、一体化,是势所必然,实现城乡的一体化发展必须有现代化的治理体系。城乡一体化实现了经济上的城市工业化和农业产业化,政治上的城乡居民共享现代文明的权利,文化上的城乡文化资源平等地被尊重,社会上的城乡基础设施和公共服务的发展。因此,城乡一体化有助于推进社会主义现代化的建设,是通向现代化的必由之路(钱志新,2013;宿钟文,2016)。有关城乡一体化的内涵、特征、驱动力、运作机制、障碍因素、应把握的问题、政策措施等内容将在本书第9章论述。而城市现代化、农业农村现代化及中国式现代化等内容将在本书第10章论述。

小　结

本章介绍了我国改革前后城乡关系的演变过程,新时代我国城乡二元结构的主要问题;叙述了乡村城镇化的科学含义、必要性,城镇化存在的问题,新型城镇化内涵及特征;乡村振兴战略的概念、提出依据、内涵及实施路径;指出了乡村振兴和新型城镇化协同发展的制约因素,提出了乡村振兴和新型城镇化协同发展的对策措施。

思考题

1. 简述我国城乡关系的演变阶段。
2. 新时代城乡二元结构存在哪些问题?
3. 什么是乡村城镇化?简述其内涵及意义。
4. 什么是新型城镇化?它有哪些特征?
5. 简述乡村振兴战略的概念与内涵。
6. 如何实现乡村振兴和新型城镇化协同发展?

推荐阅读书目

1. 温铁军,2005."三农"问题与世纪反思[M].北京:生活·读书·新知三联书店.
2. 吴殿廷,杨春志,钱宏胜,2014.中国新型城镇化战略及其推进策略[M].南京:东南大学出版社.
3. 何德才,张红,路明明,2022.新时代乡村振兴战略政策与实践[M].北京:中国农业科学技术出版社.

第 5 章

城乡演化中的问题

随着经济的发展，城市化发展水平的加快以及城市、城镇的扩张，尽管工业化和城市化的发展为农村人口提供了数量可观的就业机会，促进了农民收入的提高，但是一些高能耗企业向乡村转移以及乡镇企业的快速发展，使许多地区受到严重的工业污染；农业生产中化肥、除草剂、杀虫剂的大量使用，虽然提高了农业生产效率，但也使农田土壤有害元素含量超标，土壤污染严重，加之农产品加工过程污染等原因，造成食品安全问题，危及城乡居民的身体健康。

另外，不合理开采矿产资源、能源，过度利用生物资源等生态破坏问题也普遍存在，导致生态系统退化、土壤侵蚀加剧、生物多样性减少、荒漠化等，这在一定程度上制约了城乡经济的可持续发展。与此同时，由于城乡发展不协同，导致城乡收入差距扩大、基本公共服务资源分配不均等问题较为突出。

5.1 城乡生态破坏问题

城乡生态破坏问题主要表现为由对资源利用不当或过度索取而导致的环境恶化，在农村地区该问题更加突出，如生态系统退化、生物多样性减少、水土流失、土地荒漠化等。

现就城乡出现的主要生态破坏问题叙述如下。

5.1.1 城乡生态系统退化

城乡发展过程中，对生态环境资源进行不适当的、过度的开发，引起了生态系统的退化与破坏，使其难以达到良性循环。正常的生态系统是生物群落与自然环境在平衡位点上作一定范围的波动，从而达到一种动态平衡状态。而退化生态系统是一类"病态"的生态系统，是在一定的时间、空间背景下，在自然因素、人为因素或二者共同干扰下，导致生态要素和生态系统整体发生的不利于生物和人类生存的量变和质变，生态系统的结构和功能发生与其原有的平衡状态或进化方向相反的位移，位移的结果打破了原有生态系统的平衡状态，使系统的结构和功能发生变化和障碍，生物多样性下降，稳定性和抗逆能力减弱，系统生产力下降，这类生态系统也称为受害或受损生态系统(王伯荪等，1997)。

农村、城郊及城市功能辐射区作为一个人工的生态系统——城乡生态系统，在城镇化和城市化过程中,对自然资源、生态环境不断施加压力,不仅出现了区域景观的破碎化,还伴随出现了许多退化生态系统类型。

5.1.1.1 城乡退化生态系统的类型及现状

城乡在发展过程中,无规划地采挖矿产资源、乱砍滥伐、土地的过度利用等现象时有发生,出现各种各样的退化生态系统,如得不到及时的治理,会进一步导致城乡居民的生存环境恶化。根据退化过程及生态学特征,退化生态系统可分为不同的类型。实际上,研究城乡生态系统的退化类型,应把人自身纳入生态系统加以考虑,研究人类—自然复合生态系统的结构、功能、演变及其发展、环境恶化、工农业活动、城市化、经济贫困、商业、旅游、文化落后、社会动荡、战争等,因为这些都是城市—乡村复合生态系统退化的重要诊断特征。在此,结合彭少麟(2000)、盛连喜等(2002)划分的退化生态系统类型,将城乡常见退化生态系统归纳为以下 7 种类型。

(1) 建筑废弃地

在城市或城镇因各种原因建筑物被废弃,而缺乏有效的措施(如资金不到位)没有进行拆除复绿,通常是极端的环境条件,如较为潮湿、较为干旱、盐渍化程度较深、缺乏有机质甚至无有机质或基质移动性强等。

(2) 森林采伐迹地

森林采伐迹地是人为干扰形成的生态系统退化类型,其退化状态随采伐强度和频度而异。据联合国粮食及农业组织(FAO)的调查,1980—1990 年,全球森林每年在以 $1100 \times 10^4 \sim 1500 \times 10^4 \ hm^2$ 的速率消失。联合国、欧洲有关机构通过联合调查研究后预测,1990—2025 年,全球森林每年将以 $1600 \times 10^4 \sim 2000 \times 10^4 \ hm^2$ 的速度消失。与最后一季冰川期结束后相比,原始森林覆盖面积减少的百分比:亚太地区 88%,欧洲 62%,非洲 45%,拉丁美洲 41%,北美 39%。目前世界原始森林已有 2/3 消失。

(3) 农村弃耕地

弃耕地(discard cultivated)是人类原始农耕方式造成的一种退化类型,这种退化类型是相对于自然生态状态而言的,从生态系统演替意义上讲,这类退化生态系统具有双重性。一方面,它的可恢复性强,如不再干扰,会按照群落演替规律逐步恢复到顶极群落;另一方面,在农业生产水平发展到一定程度后,弃耕地的增多是积极的,它为区域整体生态环境的改善提供了基本条件。

(4) 沙漠化及荒漠化

沙漠化是目前全球性的环境问题。所谓沙漠化,则是指在干旱、半干旱地区和一些半湿润地区,生态环境遭到破坏,造成土地生产力衰退或丧失而形成荒漠或类似荒漠的过程。按照现在的发展速度,未来 20 年内全世界将有 1/3 的耕地会因沙漠化和荒漠化而消失。目前,全球荒漠化土地面积达 $3600 \times 10^4 \ km^2$,占陆地面积的 1/4,并以每年 $15 \times 10^4 \ km^2$ 的速度扩展。100 多个国家和地区的 12 亿多人已受到荒漠化的威胁,$36 \times 10^8 \ hm^2$ 土地受到荒漠化的影响,每年造成直接经济损失高达 420 多亿美元。

我国已成为世界荒漠化面积最大、分布最广、受害最严重的国家之一。截至 1996 年年底,我国荒漠化土地面积 $2.62 \times 10^6 km^2$(中国执行联合国防治荒漠化公约委员会,1996),

占国土总面积近1/3。近年来,依托重点工程带动、各项优惠政策扶持以及防沙治沙技术的应用,我国防沙治沙工作取得了重要进展。据第六次全国荒漠化和沙化调查结果显示,截至2019年,全国荒漠化土地面积257.37×10^4 km^2,占国土面积的26.81%;沙化土地面积168.78×10^4 km^2,占国土面积的17.58%;具有明显沙化趋势的土地面积27.92×10^4 km^2,占国土面积的2.91%。与2014年相比,5年间全国荒漠化土地面积净减少378.80×10^4 hm^2,年均减少75.76×10^4 hm^2。沙化土地面积净减少333.52×10^4 hm^2,年均减少66.70×10^4 hm^2(耿国彪,2016;昝国盛等,2023)。

(5) 未复绿的采矿废弃地

采矿废弃地(mine derelict)是指因采矿活动被破坏、不经治理而无法使用的土地。遥感调查监测显示,全国采矿累计损毁土地逾300×10^4 hm^2。截至2015年,已修复治理86×10^4 hm^2,我国仍有214×10^4 hm^{2}矿区损毁土地,其中塌陷严重的塌陷区面积56×10^4 hm^2,采矿场损毁122×10^4 hm^2,固体废弃物堆放损毁36×10^4 hm^2(孙霄,2019)。大面积的矿山废弃地不仅毁坏了大片森林、草地和农田,将生产性用地变成非生产性用地。而且,废弃地还造成区域的水土流失,也是巨大的污染源。因此,废弃地的整治在退化生态系统的恢复与重建中具有重要的位置。

(6) 封场后尚未复垦的垃圾堆放场

垃圾堆放场(garbage dump)或堆埋场,主要是家庭、城市、工业等垃圾或遗弃废物堆积的地方,对生态环境的影响不仅是对耕地的占用,更为严重的是对生活环境的污染,包括对大气、地下水等的污染。

(7) 污染的水域

主要是来自未经处理的生活污水、工业污水及农业退水直接排放到自然水域中所造成的人为干扰。其结果是使水源的质量下降,水域的功能降低,包括对水中生物生长、发育和繁殖的危害,甚至使水域丧失饮用水的功能。

5.1.1.2 城乡退化生态系统的特征

城乡生态系统的退化绝大多数是在人为干扰下发生的,故从生态学角度分析,退化生态系统的特征主要有以下表现形式。

(1) 系统内物种组成发生变化

与原有的自然组成相比,退化生态系统中的生物物种在组成方面发生明显的变化。这种变化程度又因不同地区的环境条件、不同的生物类型、不同的物种、不同种类的繁殖更新方式、不同的破坏或干扰类型及强度而有差别。在整个生物群落的演替过程中,这种变化贯穿始终。有的退化生态系统的植被类型,在轻度破坏中,由于增加了环境的空间异质性,物种有可能增加。但受到强干扰的生态系统,往往在受损的初期物种数量减少,使原有的物种消失。如森林被砍伐后,原有的森林植物受到严重的破坏,失去了一些物种,代之而来的是某些动物物种也随之消失,这种连锁反应在退化生态系统中比比皆是。河流、湖泊受污染后,对污染不耐受的物种减少或消失,而对污染耐受的物种成为优势种。

(2) 群落结构发生变化

生物群落是一个运动着的体系,处于不断的运动变化之中,并且这种运动变化是有规律的，有时候甚至具有一定的顺序性的，即从一个群落，经过一系列的演变阶段，而进入到另一个群落。受到外界因子的强大干扰下，原有植物群落的结构会发生重大的变化，使群落的演替发生改变。在相同的干扰下，不同的群落对干扰的反应不同。草原对干扰的抵抗能力差，但恢复能力较强；相反，森林的抵抗能力强，恢复能力弱。如在森林生态系统中，受皆伐、火烧等干扰的影响，使森林的演替重新回到次生演替阶段。这种次生林地的群落与原来的结构相比发生很大的变化。再如草原退化后，群落结构简化、草群变稀，可食性牧草减少，有毒草和杂草增加。

(3) 生态系统生产力的变化

生态系统就是在一定空间中共同栖居着的所有生物（即生物群落）与其环境之间由于不断地进行物质循环和能量流转过程而形成的统一整体。根据结构与功能统一的原则，受损生态系统物种组成和结构的变化，必然导致能流和物流的改变。受植物群落结构变化的影响，通常生态系统的生产力表现出明显的下降。植被遭到破坏后，使系统内的初级生产力降低，进而影响次级生产力。

(4) 土壤和小环境的变化

土壤是一个开放系统，植被的变化可以直接影响土壤的性质。所以植被受到干扰和破坏的生态系统会出现土壤退化，较严重的现象有土壤侵蚀、地力衰退、土壤荒漠化、土壤盐渍化、泥石流等，这些现象基本上都与植被的消退有关。土壤的这种损失对日后生态系统的恢复甚至区域整体环境的影响是极其深刻的。退化系统的大面积出现，还可能影响小气候，甚至区域性气候。如草原退化后，会出现大量的沙化和风暴。例如，20世纪30年代的美国、20世纪50年代的苏联、20世纪50年代的我国都曾发生过在破坏草原后出现了"黑色"风暴。

(5) 生物之间生态关系的变化

在稳定的群落中，生物种间的关系是处于一种稳定的、动态平衡的关系。物种的种类、数量都相对较为固定。在生态系统受到破坏后，使原有的固定关系被打破，生态系统内部物种之间的关系发生变动。例如，珊瑚礁遭到破坏后，当地一些鱼类的保护地消失，降低了环境空间的异质性，使其更容易遭到捕食，导致该地的生物多样性降低。退化的草场，常出现大量的杂草，与优良牧草的生长形成竞争。此外，退化生态系统因地上植被的改变，还影响着微生物区系的生命活动，进而又将对生态系统中的能量和物质流动产生影响。

5.1.2 城乡生物多样性减少

截至2021年年底，我国新型城镇化发展工作取得新成效，常住人口城镇化率达64.72%（刘丽靓，2022）。但在快速城镇化发展中也出现了不少问题，其中城市盲目扩展、房地产过热、城市用地十分紧张、超强度开发、建筑密度过大、旧城的核心人口密度不降反升，加上农村人口大量涌向城市，加重了城市水体、土壤与大气的负荷，城乡"三废"的协同效应使城乡生态环境日趋恶化，致使生物多样性丧失严重。

城乡生态环境是特定地域内的人口、资源、环境包括生物的、物理的、社会的、经济的、政治的、文化的通过各种相生相克的关系建立起来的人类聚居地或社会、经济、自然的复合体(胡玉洁等，2004)。伴随着城市化进程及人类活动的强烈影响，城乡生物区系(包括微生物、植物、动物)发生了巨大的变化，其主要特点有：

(1) 乡土植物种类数量减少，人工散布的植物种类数量增加

因城市建设及农耕的影响，乡土植物种类减少，而人工散布的植物种类数量有所增加，包括人类有意或无意引入后来逸出野生化了的植物(即归化植物)。虽然人们竭力保持原有的物种，并有意识地进行绿化和园林建设，增加一些人工景观，但总体来看，城乡生物多样性是难与自然生态系统比拟的。原因在于经济的发展，尤其是人类盲目地开发建设，使自然生物种类减少，而"伴人"生物种类相应增加，破坏了城市的生物区系组成。一般认为，城市化程度越高，植物归化率越大。人工散布植物种类比例呈由乡村向城市逐渐增多的趋势(表5-1)。至于城乡动物和微生物区系的变化在不同地区差异较大，且对其调查是一项十分复杂的综合性工作，目前资料尚少。

表 5-1 波兰城乡人工散布植物区系组成

环境	乡土植物(%)	人工散布植物(%)
森林中的居民点	70~80	20~30
乡村	70	30
小镇	60~65	35~40
中等城市	50~60	40~50
城市	30~50	50~70

注：宋永昌等，2000。

(2) 城市植物种类、户养动物种类较乡村多些

由于城市人造景观多样性高，生境复杂多样，故城市植物种类较多，同时城市人工户养或引种使某些生物种类及其遗传品系有所增加。

(3) 城市鸟类数量减少，一些鸟类绝迹，而鼠类适应性强

由于城乡建设土地利用类型的转变，树林、灌丛、河漫滩、湖泊、沼泽、湿地、农田等绿地面积减少，自然景观多样性下降，鸟类栖息地逐渐消失，导致鸟类种类和种群组成发生变化，形成了由少数优势种构成较为简单的群落的现象。这些优势种只是依附于人工建筑营巢的鸟类，如家燕、楼燕、麻雀等(孔繁德等，1995)。日本东京鸟类调查发现，繁殖鸟种类从1951年的16种减少到1971年的8种(中野尊正等，1986)；20世纪60年代初，甘肃兰州市有鸟类185种，80年代减少到114种(陈鉴潮，1984)。而鼠类因其很强的适应能力，在城市栖息于各类建筑物及仓库等场所。

(4) 城市园林绿化植物物种减少、品种单一

城市园林绿地建设过分强调绿地景观功能，导致景观的趋同性和重复性，物种少且品种单一，影响生物多样性(吕东梅，2005)。

(5) 城市水体受干扰严重，生物多样性减少

城市河流、湖泊、沟渠、沼泽地、自然湿地面临高强度的开发建设，江河断流、洪涝、污染、湖泊萎缩、地下水位下降，城市生态系统和部分地区生态环境开始恶化，城区生物多样性迅速减少。

(6) 部分入侵物种对当地生物多样性影响严重

自然扩散或人为有意无意携带而来的部分入侵物种、外来物种已经对本地区的生态环境、生产生活造成严重影响，如水葫芦、水白菜、紫茎泽兰等，使当地的生物多样性下降。

(7) 天然植被岌岌可危

因城市建设，地带性植被保留非常有限，大面积的土地转变为非林用地，天然湿地被大面积围垦为耕地，面积不断缩小、破坏严重。许多野生动物已陷于濒危状态，古树名木破坏严重。

5.1.3 水土流失

广义的水土流失是指在水力、重力、风力等外营力作用下，水土资源和土地生产力的破坏和损失，包括土地表层侵蚀和水土流失，也称水土损失。狭义的水土流失特指水力侵蚀现象。

(1) 水土流失的成因

水土流失的形成有人为因素和自然因素两方面。其中人为因素是引起水土流失的主导因素，自然因素是水土流失的潜在因素。从目前情况看，水力侵蚀和风力侵蚀是我国水土流失最主要的两种形式。

① 自然因素。影响水蚀的自然因素主要包括地形、气候、土壤(地面组成物质)、植被等。试验研究结果表明(李运学等，2002)，只有在上述因素同时处于不利状态(如坡陡、暴雨、土松、岩石风化、地面又无植物被覆)的情况下，水土流失才会产生；如果有任何一种因素处于有利状态，水土流失就不会产生或者十分轻微。

② 人为因素。主要是指引起地表土壤加速破坏和移动的人类社会不合理的生产建设活动及其他人为活动如战乱等。产生水土流失的生产建设活动主要有以下几方面：陡坡开荒、毁林毁草、过度采伐、过度放牧，以及开矿、修路等生产建设破坏地表植被后不及时恢复，随意倾倒废土弃石等。

导致水土流失的自然因素与人为因素常常互相交织共同产生作用。

(2) 水土流失的类型

根据产生水土流失的"动力"，水土流失可分为水力侵蚀、重力侵蚀和风力侵蚀3种类型。水力侵蚀分布最广泛，在山区、丘陵区和一切有坡度的地面，暴雨时都会产生水力侵蚀。它的特点是以地面的水为动力冲走土壤。重力侵蚀主要分布在山区、丘陵区的沟壑和陡坡上，在陡坡和沟壑的两岸沟壁，其中一部分下部被水流掏空，由于土壤及其成土母质自身的重力作用，不能继续保留在原来的位置，分散地或成片地塌落。风力侵蚀主要分布在我国西北、华北和东北的沙漠、沙地和丘陵盖沙地区，其次是东南沿海沙地，再次是河南、安徽、江苏等地的黄泛区(历史上由于黄河决口改道带出泥沙形成)。它的特点是由于风力扬起沙粒，离开原来的位置，随风飘浮到另外的地方降落。

在不同的地区水土流失的主要原因及产生的生态影响也不相同。在湿润或半湿润地区，水土流失是由于植被破坏严重导致的。如果干旱地区的植被遭到破坏，会导致沙尘暴或者土地荒漠化，而不是水土流失。在山地丘陵区，坡耕地比重较大，林坡地结构不协调,是水土流失的主要原因(李广文,2006)。在山区,坡地坡面稳定性差,若植被遭破坏,土壤裸露,提供了大量的碎屑物质,则强降水条件下,易发生滑坡、泥石流等灾害。黄土高原区水土流失的严重程度主要取决于地形、降水、土壤(地面物质组成)、植被等自然因素和砍伐、农耕、开矿等人为因素。

(3)水土流失危害

水土流失对当地和河流下游的生态环境、生产、生活和经济发展都造成极大的危害。水土流失破坏地面完整,降低土壤肥力,造成土地硬石化、沙化,影响农业生产,威胁城镇安全,加剧干旱等自然灾害的发生、发展,导致群众生活贫困、生产条件恶化,阻碍经济、社会的可持续发展。主要表现在以下方面(李运学等,2002):

①沙化面积不断扩大,沙尘暴频发。历史上,由于毁林开荒,超载过牧,地表植被遭到破坏,水土流失严重,加剧了土地沙漠化的发展。有关资料表明:我国在20世纪50~60年代,沙化土地每年扩展1560 km^2;70~80年代沙化土地每年扩展2100 km^2;进入90年代,沙化土地每年扩展2460 km^2。

②土壤流失,耕地面积减少。水土流失严重地区,每年流失表土1 cm以上,土壤流失的速度比土壤形成的速度快120~400倍。年复一年的水土流失,使有限的土地资源遭受严重的破坏,地形破碎,土层变薄,地表物质石化、沙化,特别在土石山区,由于土层殆尽,基岩裸露,已不适合人类生存。

③生态环境恶化,自然灾害加剧。水土流失严重地区,沟壑纵横、生态失调,由此带来了严重的自然灾害问题。如旱涝灾害、滑坡、泥石流甚至岩崩等灾害频繁发生。

④自然环境脆弱,草原"三化"严重。目前,因水土流失造成退化、沙化、碱化草地约100×10^4 km^2,占我国草原总面积(392×10^4 km^2)的25.5%。我国的草原多处在干旱少雨的北部和西部地区,自然生态环境脆弱,草场生产力低下。草原退化的另一现象是草原植被结构趋向简单,豆科、禾本科等优良牧草数量锐减,适口性差、营养成分低,甚至有害有毒的草类大量滋生,严重制约了畜牧业的发展,给牧业生产和牧民生活造成重大的损失。

⑤危及乡村,加剧贫困。水土流失不仅危害农村,还危及城镇及工矿企业安全。水土流失的另一后果,是使乡村居民的生活长期处于贫困的境地,甚至陷于越穷越垦、越垦越穷的恶性循环。过去全国6000万贫困人口,70%以上都生活在水土流失严重的山区、丘陵区和风沙区。

5.1.4 土地退化

土地退化是指土地生产力的衰减或丧失。其表现形式有土壤侵蚀、土地沙化、土壤次生盐渍化和次生潜育化、土地污染等。土地退化是自然原因和人为原因共同作用的结果,前者是土地退化的基础和潜化因子,后者是土地退化的诱发因子。土地退化的影响范围,不仅涉及耕地,而且也涉及林土、牧场等所有具有一定生产能力的土地。在城乡建设过程中,土地退化问题突出表现为土壤污染和土地贫瘠化。

(1)土壤污染

因处理不当,乡镇工业"三废"直接或间接进入土壤,或农业上过量施用化肥、农药、杀虫剂等化学品,或医院、肉类加工、生物制品等环节产生的带病菌废水废渣进入土壤均会导致土壤污染。工业固体废物，特别是有害固体废物，经过风化、雨雪淋溶、地表径流的侵蚀，产生高温和毒水或其他反应，能杀灭土壤中的微生物，使土壤丧失腐解能力，导致草木不生。

北方地区广泛采用地膜覆盖技术，聚乙烯、聚氯乙烯薄膜有20%～30%残留在土壤中。此外，随着塑料工业的发展，日常生活用品中有许多是塑料制品，如塑料袋、一次性餐具、饮料瓶、饮水杯等，这些废弃物到处乱扔不仅影响市容，而且由于聚乙烯、聚丙烯、聚氯乙烯等塑料，混入土壤中几十年得不到降解，破坏了土壤结构及作物从土壤中吸收水分和营养成分的途径，进而影响农业生产。目前，我们把由塑料造成的污染称为"白色污染"。为了防止白色污染继续蔓延，国家已禁止使用超薄塑料袋。同时还积极推广使用能迅速降解的淀粉塑料、水溶塑料、光解塑料等。

(2) 土地贫瘠化

土地贫瘠化是土壤本身各种属性或生态环境因子不能相互协调相互促进的结果，是脆弱的生态环境的重要表现。此处所讲的土地贫瘠化是指因不合理的种植制度、不协调的耕作管理、施肥不当、森林植被破坏等人为因素造成土壤养分循环与平衡的严重紊乱，最终引起土壤养分的贫瘠化。

随着化学工业的发展，化肥施用量急剧增加，对调节作物营养，提高作物产量起着积极作用。但在施肥结构上却出现"两重两轻"的现象，即重化肥轻有机肥，重氮肥轻磷钾肥。如福州一些地区稻田使用氮、磷、钾化肥的比例为7～10：1：1.5～2（朱鹤健，1994），而据各地肥料试验结果，水稻最佳施肥比例，$N：P_2O_5：K_2O$ 为 1：0.3～0.5：0.5～0.75，长期以来福建化肥的施用比例与作物的需肥比例存在着较大的差距，势必导致土壤养分失调。传统的农家肥为主的施肥结构，已改变成以化肥为主的施肥结构（钱乐祥等，1999）。施肥不当，导致土壤养分失调。

造成养分失调的另一因素是许多地区没有完整的排灌系统和合理的水分管理措施，串灌、漫灌和田间渍水现象尚未得到彻底解决，肥分串流不止，造成肥力衰退。

此外，地表植被遭到破坏，土壤侵蚀加重，养分大量损失，土壤水热状况恶化，凋落物分解加快，也会使土壤肥力退化。

防治土地退化，是自然资源保护的重要内容之一。防治土地退化的主要措施包括制止乱垦、滥伐和过牧，合理开发利用土地，合理施肥和灌溉，对退化土地进行综合治理等。

5.1.5 生态破坏问题产生的原因

导致破坏问题的主要原因是干扰，干扰可来自两个方面，即自然干扰和人为干扰。自然干扰主要包括一些天文因素变异而引起的全球环境变化（如冰期、间冰期的气候冷暖波动），以及地球自身的地质地貌过程（如火山爆发、地震、滑坡、泥石流等自然灾害）和区域气候变异（如大气环境、洋流及水分模式的改变等）；人为干扰主要包括人类社会中所发生的一系列的社会、经济、文化活动或过程（如工农业活动、城市化、商业、旅游、战争等）（赵桂久等，1993）。乡村的城镇化和城市及其辐射区的自身建设过程中出现的各类生态破坏问题，是两种因素的综合作用的结果，但主要原因是人为干扰。

人为干扰对生态系统的影响，表现在生态系统动态的各个方面，Daily（1995）对造成生态系统退化的人类活动进行了排序：过度开发(含直接破坏和环境污染等)占35%，毁林占30%，农业活动占28%，过度收获薪材约占7%，生物工业不到1%。

某些干扰(如人口过度增长、人口流动等)对生态系统或环境不仅会形成静态压力，而且会产生动态压力。例如，人类对植物获取资源过程的干扰(如过度灌溉影响植物的水分循环，超量施肥影响植物的物质循环)要比对生产者或消费者的直接干扰(如砍伐或猎取)产生的负效应要大。一般来讲，在生态系统组成成分尚未完全破坏前排除干扰，生态系统的退化会停止并开始恢复(如少量砍伐后森林的恢复)，但在生态系统的功能过程被破坏后排除干扰，生态系统的退化很难停止，甚至可能会加剧(如炼山后的林地恢复)。

5.2 城乡环境污染问题

环境污染是指人类活动使环境要素或其状态发生变化，环境质量恶化，扰乱和破坏了生态系统的稳定性及人类的正常生活条件的现象。随着城市环境建设的展开，不少污染企业被城市"挤"出来，而广大农村成为这些企业排污的"后花园"。乡镇企业布局高度分散，产业组织规模小，企业个体素质差，高能耗重污染行业所占比重大等原因，造成乡镇工业污染较为严重。同时，在农业生产过程中，化肥、农药等面源污染问题也较为严重。现就城乡发展过程中较为突出的环境污染问题加以介绍。

5.2.1 乡镇企(工)业"三废"污染

乡镇企(工)业是包含着不同水平的社会主义集体所有制多种经济和个体经济，是多形式、多层次、多门类、多渠道的乡镇以下(含乡镇)合作企业和个体企业的统称。自1984年国务院提出"发展乡镇企业是振兴我国农村经济的必由之路"后，乡镇企业发展迅猛。诚然乡镇企业在解决农村剩余劳动力就业、促进地方经济发展起到很大的作用，但不容忽视的是，乡镇企业的高速发展尤其是农业型和工业型的企业所带来的环境污染问题较为严重。乡镇企业污染存在的问题表现在以下3个方面(张华，2008；胜杰，2015)：

(1)水污染

调查资料显示，大部分地区乡镇企业在发展的同时，污染物排放量也大幅增加。其中水污染尤为严重。许多乡镇小企业尤其是技术水平低的造纸厂、建材厂、印染厂、冶炼厂等大量需要水的企业污染水资源更厉害。食品厂和农副食品加工厂有的产生的废水中含有有机污染物，这样会引起水体变化或恶臭等，对环境危害更大。原因是乡镇企业环保意识差，环保知识欠缺，并且大多缺乏防治污染的措施和设施，其废水未经处理或简单处理后就直接排入河道或沟渠，造成河流污染，其结果可想而知。

(2)大气污染

乡镇企业大气污染主要包括二氧化硫和氮氧化物，据统计资料分析，全国乡镇工业废气排放量463.3×10^4 t，占全国工业排放总量的42.8%。乡镇企业废气中二氧化硫和烟尘的排放量在同类指标中占的比重较大。原因是乡镇企业在生产过程中废气净化设施简陋甚至没有，处理率极低。尤其用煤大户的乡镇企业，如砖瓦厂、琉璃厂、造纸厂、化工厂等的废气处理率低，有效设施少，这些是导致乡村大气污染的主要原因。乡镇企业在发展经济时,也破坏了生态平衡,影响着农村居民的身体健康。

(3) 固体废弃物污染

全国乡镇工业固体废物产生量 1.5×10^8 t,占当年工业固体废物产生总量的 35.1%;全国乡镇工业固体废物排放量 0.2×10^8 t,占全国工业固体废物排放总量的 69.3%。乡镇企业产生的固体废弃物主要来自建筑业、采掘业、加工业等,由于乡镇企业的生产方式落后,设备简单,产生的固体废弃物也较多,随意堆放于道路、田地、低坝、河流等,这样既占用了田地,又污染了土壤,有的还慢慢渗透逐渐影响地下水,这样不仅影响农业生产,还危害人们的身体健康。

5.2.2 农业面源污染

面源污染又称为非点源污染,其中农业面源污染表现最突出。农业面源污染是指在农业生产活动中,氮和磷等营养元素、农药以及其他有机或无机污染物质等从非特定的地点,在降水冲刷作用下,通过径流过程而汇入水体并引起水体富营养化或其他形式的污染。其污染的主要表现形式为:以氮、磷等富营养形式污染水体,主要来自农用化肥、畜禽鱼粪尿和生活污水;以有机磷、有机氯、重金属等毒害形式污染水体,主要来自农药、除草剂和部分肥料(朱有为,2004)。

(1) 农业面源污染主要来源

农业面源污染主要有化肥污染、农药污染、农作物秸秆污染、畜禽养殖污染等几个方面的来源(朱建奎,2014;何为媛等,2020)。

①化肥污染。农田氮、磷等营养物质的损失是目前面源污染日益严重的原因之一。随着人口的不断增长,社会对粮食和蔬菜等农产品的需求量不断增加。在耕地面积持续减少的背景下,为保障供应,国家实施以增产为核心的农业发展战略,农业生产投入的物资特别是化学肥料迅速增多,尤以氮肥和磷肥为甚。化学肥料对水环境的主要影响为:残存在农田中的氮、磷在暴雨冲刷、农田排水等影响下进入地表水,引起地表水体中氮、磷元素浓度上升,造成水体富营养化。化学肥料对土壤环境的影响为:造成土壤酸化;磷肥重金属含量较高,长期施用可能引起一些有害元素在土壤中积累;长期施肥不当引起土壤腐殖质异常变化,某些其他营养元素失调等。

②农药污染。化学农药进入环境后,会发生一系列的扩散、挥发、吸附、迁移、转化、富集、降解等行为,而剩余的农药残留在环境中,造成污染。某些农药化学性质极其稳定,不易在环境中分解,能长期滞留在环境中,对大气、水、土壤构成污染威胁。化学农药对水体的污染主要是:施用时散于田里的农药,随降雨或灌溉水的冲洗,流入河流、湖泊等水体;随处丢弃的农药药瓶等包装物随降水冲刷后会产生径流污染,随意清洗施药工具也会造成水环境污染;喷雾和喷粉使用的部分农药弥散于大气中,随气流迁移到其他地区,部分随尘埃和降水进入水体;此外,农药还会对地下水造成一定程度污染。化学农药对土壤的污染主要是:使用农药过程中化学农药直接施于土壤中;对作物喷洒药剂也有 40%~60% 药剂落于土壤中。农药进入土壤后,虽然部分被降解转化,但仍有大部分残留于土壤中,造成土壤污染。

③农作物秸秆污染。农作物收获后产生大量秸秆,大量焚烧秸秆产生的二氧化碳、二氧化硫、一氧化二氮等污染大气环境,危及人体健康,影响附近的机场、公路、铁路的正

常交通运输,同时也是造成火灾的重大因素之一。

④畜禽养殖污染。20世纪60年代以来,我国畜禽养殖业始终保持高速发展的势头,存栏量每10年增加1~2倍,由农民家庭饲养逐步走向集约化、工厂化养殖。我国90%以上的畜禽养殖场没有污水处理系统,畜禽排泄的大量粪便得不到合理利用和及时治理。不仅浪费有用的有机肥料,还污染空气(恶臭)、水体,传播病原体。一个千头肉牛场日产粪尿20 t,千只蛋鸡场日产粪尿2 t,万头猪场日产粪尿约20 t。目前,我国畜禽养殖每年产生的粪污量超过$40×10^8$ t,每年畜禽养殖产生排放物的化学需氧量超过$1200×10^4$ t(李宝春,2023)。

⑤生活垃圾污染严重。我国农村每天产生超过$100×10^4$ t生活垃圾。绝大部分农村没有固体废弃物处理设施,生活垃圾随意堆放在路旁、田边地头、水塘沟渠,严重污染农村环境。

⑥水土流失。过大的人口压力,2021年水土流失动态监测数据显示,全国水土流失面积为$267.42×10^4$ km^2。其中,水力侵蚀面积为$110.58×10^4$ km^2,风力侵蚀面积为$156.84×10^4$ km^2。每年土壤流失量达$50×10^8$ t,其中75%来自农田及林地。流失的地表土不仅带走了大量的养分,还造成河道淤塞,导致蓄洪能力下降。

(2)农业面源污染的特点

农业面源污染物在降雨或灌溉过程中,借助农田地表径流或农田排水和地下渗漏等途径大量地进入水体,或因畜禽养殖业的任意排污直接造成水体污染,其特点表现如下(崔键,2006)。

①分散性和隐蔽性。与点源污染的集中性相反,面源污染具有分散性的特征。随流域内土地利用状况、地形地貌、水文特征、气候、天气等的不同而具有空间异质性和时间上的不均匀性;排放的分散性导致其地理边界和空间位置的不易识别。

②随机性和不确定性。大多数农业面源污染涉及随机变量和随机影响。例如,农作物的生产会受到自然条件的影响如天气等,而降水量、温度、湿度等的变化会直接影响化学制品(农药、化肥等)对水体的污染,所以同等污染量、同样的持续时间在不同的地区可能出现不同的污染结果。

③广泛性和不易监测性。由于面源污染涉及多个污染者,在给定的区域内它们的排放是相互交叉的,加之不同的地理、气象、水文条件对污染物的迁移转化影响很大,因此很难具体监测到单个污染者的排放量,严格地讲,面源污染并非不能具体识别和监测,而是信息和管理成本过高。近年来,运用遥感(RS)、地理信息系统(GIS)可以对非点源污染进行模型化描述和模拟,为其监控、预测和检验提供有力的数据支持。

5.2.3 交通污染

交通对环境的污染主要表现在汽车尾气排放和噪声两个方面。汽车尾气大约有100多种有害物质,其中发动机汽缸的废气排放约占65%,主要有一氧化碳、碳氢化合物、氮氧化物、二氧化碳和苯并芘、烟尘及铅等污染物质。

(1)机动车尾气污染

有关研究结果表明,各类机动车辆尾气污染已占我国城市大气污染物的70%以上,其中排放的一氧化碳对空气污染的分担率约为80%,氮氧化物约为40%;单车污染排放水平是日本的 15~25 倍，美国的 2~10 倍，成为影响城市居民生活质量的一个重要污染源。

(2) 机动车噪声污染

城市交通的快速发展严重地污染着城市的声学环境，尤其是交通干道两侧更为严重。据调查，有些大城市的交通高峰地带噪声甚至超过 80 dB。而一般情况下，为保持环境的安静，室外街道上的日夜噪声应低于 55 dB，室内应低于 45 dB。2022 年，全国地级及以上城市道路交通昼间等效声级平均值为 66.2 dB，城市道路交通昼间噪声强度为一级的城市占 77.8%；二级的城市占 19.8%；三级的城市占 2.1%；四级的城市占 0.3%；无五级的城市。全国地级及以上城市区域夜间等效声级平均值为 54.0 dB，城市区域声环境总体水平为一级的城市占 5.0%；二级的城市占 66.3%；三级的城市占 27.2%；四级的城市占 1.2%；五级的城市占 0.3%（表 5-2）。

表 5-2　2022 年全国各类城市声环境功能区达标率　　　　　　　　　　　　%

年份	一级		二级		三级		四级		五级	
	昼	夜	昼	夜	昼	夜	昼	夜	昼	夜
2022	77.8	5.0	19.8	66.3	2.1	27.2	0.3	1.2	0	0.3

注：昼间平均等效声级≤50.0 dB 为好（一级），50.1~55.0 dB 为较好（二级），55.1~60.0 dB 为一般（三级），60.1~65.0 dB 为较差（四级），>65.0 dB 为差（五级）。夜间平均等效声级≤68.0 dB 为好（一级），68.1~70.0 dB 为较好（二级），70.1~72.0 dB 为一般（三级），72.1~74.0 dB 为较差（四级），>74.0 dB 为差（五级）。

机动车对城市环境的污染已严重影响到人民的身体健康和某些行业的正常发展：空气的污染和日照的减少，导致呼吸疾病等系列病变，甚至导致飞机因能见度降低而不能正常起飞和着陆等。我国已采取措施停止生产化油器汽车代之以生产符合国际汽车尾气排放标准的电喷车，并于 2001 年 5 月起限制在大城市买卖化油器汽车，要求在 2002 年年底把大城市所有正在使用的化油器汽车改为三元催化器的电喷车。另外，在部分大城市市中心内，除电车外，所有公交大客车燃料已使用压缩天然气来最大程度地减少环境污染，但这还不是根本的解决办法。从世界各国的经验看，只有大力发展运输能力大、速度快、没有噪声污染的城市快速轨道交通系统，才是解决大城市交通问题的关键，也是从根本上解决大城市交通拥挤和机动车污染问题的最好办法。

环境污染对城乡经济的影响是很大的，世界银行曾对此做出过估算，认为由于污染造成的健康成本和生产力的损失大约相当于国内生产总值的 1%~5%。

环境污染使得城市的关注点从传统公共健康问题（如水源性疾病、营养不良、医疗服务缺乏等）转向现代的健康危机，包括工业和交通造成的空气污染、震动、精神压力导致的疾病等。

5.2.4　环境污染问题产生的原因

环境污染问题与前述生态破坏问题两者往往并行产生、发展，生态破坏问题主要由不合理的干扰活动导致，而环境污染问题除此之外，更与人们的环境意识、组织管理、相关制度等密切相关（张华，2008；胜杰，2015），主要有以下原因：

(1) 缺乏环境意识

一些乡镇企业对乡镇工业经济与环境要协调发展认识不足，片面追求产值、产量与经济效益，忽视生态环境效益和社会效益，缺乏环境保护的意识，对环境污染给人类带来的危害认识不够、重视不够，使乡镇企业在生产过程中造成环境污染。乡镇企业处于农村地区，农民受教育程度低，对环境污染的认识也是短暂的、模糊的，再加上环境保护宣传得不到位，更是不把环境保护当一回事。

(2) 乡镇企业布局分散，规模小，技术落后

乡镇企业布局高度分散，致使产业组织规模小，带来企业个体素质差、设备陈旧、资金不足、生产技术落后、工艺不配套、经营粗放、总体技术水平低，这是造成乡镇工业资源浪费和污染严重的又一重要原因。同时由于资金不足，投资成本高，造成乡镇工业起点低、规模小、点多面广、行业复杂，高能耗重污染行业所占比重大，污染类型多样，污染防治的难度较大等特点。

(3) 环境管理机构不健全，政府监管不到位

由于环保工作涉及地方政府多个部门，而且地方政府相关部门农业农村、水利、环保、城管、生态环境等在机构设置、人员配置、办公经费、人员素质、监管水平等方面的现状与乡镇企业污染防治的工作任务有着诸多的不适应，交叉多、分头多、人员少、经费缺，致使监督管理不能得到有效保障。

(4) 缺乏环境管理的法规制度，治理投资倾向城市

我国环境保护的法律制度相对落后与弱化，主要体现在如下几个方面：重行政主导、轻公众参与；注重立法数量、执法与司法能力偏低；不同部门和不同层次的环境立法没有统一规划；地方环境立法没有特色，操作性又差；重视实体规范、忽略操作程序。不少法律法规已不适应市场经济的发展，这些影响着农村及乡镇地区环境的保护。

城乡地区在获取资源、利益与承担环保责任上严重不协调。长期以来，中国污染防治投资几乎全部投到工业和城市。城市环境污染向农村扩散，而农村从财政渠道却几乎得不到污染治理和环境管理能力的建设资金，也难以申请到用于专项治理的排污费。由于农村土地等资源产权关系不明晰，致使农村的环境资源具有一定的公共属性，造成几乎没有有效的经济手段。

总之，城乡分割、二元经济结构是导致城乡生态环境问题的深层次原因，必须建立城乡统筹协调的环境保护新机制，创新城乡一体化环保工作与投入机制，贯彻"城市支持农村，工业反哺农业"的方针，资金来源不分工业与农业、投向不分农村与城镇，纳入全盘统筹安排，切实加大对农村环保的投入。

5.3 城乡食品安全问题

5.3.1 食品安全的概念

根据《中华人民共和国食品卫生法》的规定，食品是指各种供人食用或者饮用的成品和原料，以及按照传统既是食品又是药品的物品，但是不包括以治疗为目的的物品。因此，食品既包括食品原料，也包括由原料加工后的成品。人们通常将食物原料称为食料(foodstuff)，将加工后的食物称为食品(food-product)。

一般认为，食品安全包括两个方面含义：一是食品的充足供应，解除贫困、饥饿问题，实现人民温饱；二是食品的卫生与营养，摄入食物无毒无害，无食源性疾病污染物，提供人体所需的基本营养物质。广义的食品安全包括粮食安全。根据联合国粮农组织的定义，粮食安全是指在任何时候都能够得到健康和积极生活所需要的食物，实现粮食安全的基本条件是：粮食无污染、供应稳定、价格能为人们接受、保证穷人获得资源的机会以生产粮食或获得粮食。

美国学者曾建议把食品安全区分为绝对安全性与相对安全性两种不同的概念。绝对安全性是指确保不能因食用某种食品而危及健康或造成伤害的一种承诺，也就是食品应绝对没有风险。不过，由于在客观上人类的任何一种饮食消费甚至其他行为总是存在某些风险，绝对安全性或零风险是很难达到的，这是当代环境威胁加剧条件下普通消费者追求的目标。相对安全性是指一种食物或成分在合理食用和正常食量的情况下不会导致对健康损害的实际确定性。任何食物的成分，尽管是对人体有益的或其毒性极低，若食用数量过多或食用条件不当，都有可能引起毒害或损害健康。

5.3.2 食品安全存在的问题

5.3.2.1 食品污染

(1) 食品污染及食品污染物

食品污染是指一些有毒、有害物质进入正常食品的过程，食品从原料的种植、培育到收获、饲养、捕捞、屠宰、加工、运输、销售到使用的整个过程中的每一个环节，都有可能被有害有毒物质污染食品，从而使食品的营养价值和卫生质量降低，或对人体不同程度的危害，进入食品中对人体有害的物质就被称为食品污染物。

(2) 食品污染的分类

食品污染按外来污染物的性质可分为生物性污染、化学性污染和放射性污染三大类。生物性和化学性污染是食品的主要污染形式（李紫薇等，2004）。

① 生物性污染。包括细菌与细菌毒素污染、霉菌与霉菌毒素污染、寄生虫及虫卵污染、昆虫污染、病毒污染。

a. 细菌与细菌毒素污染。食品中的细菌有致病菌、条件致病菌和非致病菌 3 种。致病菌能引起人食物中毒和传染病；条件致病菌的致病作用与机体的抵抗能力有关，当机体的抵抗力较弱时，其表现特征与致病菌类似，当机体的抵抗力较强时，其表现特征与非致病菌类似；非致病菌虽不直接致病，但引起食物腐败变质，降低食品营养价值。在食品的细菌污染中，以非致病菌为多见。

b. 霉菌与霉菌毒素污染。霉菌种类很多，广泛分布在自然界，可在粮谷、油料种子、花生以及其他各类食品上生长。霉菌大多数对人体无害，但某些霉菌的产毒菌株污染食品后，在适宜条件下，产生毒性代谢产物，即霉菌毒素。霉菌毒素可直接污染食品，也可污染饲料进而转入动物体。霉菌和霉菌毒素对人体健康造成的危害很大，就以污染及危害最大的黄曲霉毒素为例，1974 年，印度 200 个村曾爆发黄曲霉毒素中毒性肝炎，397 人发病，死亡 106 人。我国某地区也曾发生因食用霉变玉米而引起人中毒和猪死亡的事件。动物实验证明，长期摄入低浓度的或短期摄入高浓度的黄曲霉毒素，均可诱发胃癌、肾癌、泪腺癌及小肠癌等癌症。

c. 寄生虫及虫卵污染。污染食品的寄生虫常见的有蛔虫、肝吸虫、肺吸虫等及其虫卵，污染源主要是病人、病畜和水生物。污染物一般是通过病人或病畜的粪便污染水源或土壤然后再使家畜、鱼类和蔬菜受到感染或污染。这些寄于动物体内或黏附于植物性食品上的虫卵，人吃了没有煮熟的动物食品，如肉、禽、鱼等，或没有洗的植物性食品，如蔬菜、水生植物等，就易感染寄生虫。

d. 昆虫污染。粮食或各种食品在适于害虫生长的条件下贮存，易滋生甲虫、螨虫和蛾类等害虫。动物性食品和某些发酵食品可受到蝇、蛆的污染。由于害虫的繁殖会造成食物的损坏，营养价值下降，同时某些昆虫可携带细菌或病毒，也会使人致病。

e. 病毒污染。病毒污染食品虽然不是主要的生物性污染，由于具有传染性易在人群中爆发。

②化学性污染。包括工业"三废"污染、农药残留污染、食品添加剂污染，以及食品容器、包装材料、工具和设备污染。

a. 工业"三废"污染。工业生产排放的未经处理的废水、废气、废渣任意排入水体、农田和大气中。有害物质汞、镉、砷、铅以及有机毒物在大气、土壤与水体中聚集，使动植物受到污染。水生生物通过食物链与生物浓集作用，使水中微量有害物质经过逐级浓缩，有的可浓缩上百万倍，最终造成食品严重污染。20世纪50年代发生在日本的水俣病、骨痛病就是工业废水中的汞、镉污染食品的典型事例。许多事实证明如果"三废"不能得到治理，食品污染给人类带来的危害将会越来越严重。

b. 农药残留污染。目前对食品造成污染的农药主要有DDT、六六六等。这些农药化学性质稳定，生物富集作用强，衍生物多。虽然在20世纪80年代初期我国已经禁止使用这一类农药，但由于过去长期广泛使用，使土壤和水体都受到污染，并使许多动植物体内有农药残留，间接地污染了食品。据统计，农药通过大气和饮水进入人体的仅占10%，90%通过食物而进入人体，可以引起人体急、慢性中毒。

c. 食品添加剂污染。绝大多数食品添加剂是不具有任何营养价值的，某些食品添加剂如合成食用色素、防腐剂、发色剂、抗氧化剂等具有低毒性或毒性不明，不能多用或不能长期食用。有些食品添加剂本身纯度不高，混有少量有害物质，长期或经常食用这类食品添加剂就会对人体健康带来严重的危害。例如，1955年日本万余名婴儿食用添加砷磷酸盐的奶粉造成"森永奶粉中毒事件"，死亡131人，而中毒人数达12 159人，其中2000多名儿童受害。随着科学技术的发展，特别是化学工业的进步，人工合成的化学品在食品的生产、加工中的使用越来越多，并大肆滥用。人们已充分意识到给人类健康带来的威胁，世界各国先后成立了有关添加剂的不同组织，负责对食品添加剂进行安全评价。

d. 食品容器、包装材料、工具和设备污染。食品在生产、运输等过程中，接触各种容器、工具、包装材料等。在接触过程中，容器、包装材料中的某些成分可能混入或溶解到食品中，造成食品污染，损害身体健康。如陶瓷、瓷器表面涂覆的陶釉，其主要成分是各种金属盐类，如铅盐、镉盐等，同食品长期接触容易溶于食品中，使食用者中毒。

③放射性污染。主要来源于天然的放射性污染和人为放射性污染。

天然放射性物质在自然界中分布很广，它存在于矿石、土壤、天然水、大气及动植物的所有组织中,特别是鱼(贝)类等水产品对某些放射性核素有很强的富集作用,使得食品中放射核素的含量明显超过周围环境。某些鱼类能富集金属同位素,如^{137}Cs和^{90}Sr等。后者半衰期较长,多富集于骨组织中,而且不易排出,对机体的造血器官有一定的影响。某些海产动物,如软体动物能富集^{90}Sr,牡蛎能富集大量^{65}Zn,某些鱼类能富集^{55}Fe。

食品中放射性物质除来自天然物质外,还有人为放射性污染,在各种使用放射性物质的活动(如核电站、科学实验)中,沉降灰、放射性废物的排放和意外事故中放射性核素的泄漏都能产生放射性物质。这些物质污染水及土壤后,再污染农作物、水产品、饲料等,经过生物圈进入食品,威胁人类健康。例如,1986年发生的切尔诺贝利核电站爆炸事故,生活在核电站周围的居民在以后的几年患癌症的比例成倍增长,生长在该地区的家畜先天性畸形急剧增多。

5.3.2.2 转基因食品安全问题

(1) 转基因食品的概念

转基因食品,也称遗传修饰,就是用改变动植物原有某些基因的结构或引入感兴趣的基因所产生的食品,因而有人也称之为基因改造食品。

转基因食品并不是近年来出现的新鲜东西。人们早已知道这样一个事实,即在一般自然条件下,动植物细胞内有一部分基因可以通过突变或重组而改变自己。由于基因结构的改变,生物就会出现表型变异或遗传变异。此外,几个世纪以来,科学家们采用一些不同的培育或杂交育种方法来改变动植物品种,并在新形成的生物形态、生理或新形成的生态差异物种中,淘汰不好的物种,选择优良的物种,使其保存下来为人类服务。

(2) 转基因食品种类

转基因食品按照不同的分类依据有其不同的分类方法。按转基因食品的原料来源可分为转基因植物源食品、转基因动物源食品和转基因微生物源食品。如按转基因的功能则可以分成以下几种类型:

①增产型。农作物增产与其生长分化、肥料、抗逆、抗虫害等因素密切相关,故可转移或修饰相关的基因达到增产效果。

②控熟型。通过转移或修饰与控制成熟期有关的基因可以使转基因生物成熟期延迟或提前,以适应市场需求。最典型的例子是推迟成熟的转基因番茄,成熟速率慢,不易腐烂,好贮存。

③高营养型。许多粮食作物缺少人体必需的氨基酸,为了改变这种状况,可以从改造种子贮藏蛋白质基因入手,使其表达的蛋白质具有合理的氨基酸组成。现已培育成熟的有转基因玉米、土豆和菜豆等。

④保健型。通过转移病原体抗原基因或毒素基因至粮食作物或果树中,人们吃了这些粮食和水果,相当于在补充营养的同时服用了疫苗,起到预防疾病的作用。有的转基因食物可防止动脉粥样硬化和骨质疏松。一些防病因子也可由转基因牛羊奶得到。

⑤新品种型。通过不同品种间的基因重组可形成新品种,由其获得的转基因食品可能在品质、口味和色香方面具有新的特点。

⑥加工型。由转基因产物作原料加工制成,花样最为繁多。

(3) 转基因食品对人类健康可能产生的影响

①食品营养品质改变。外源基因可能对食品的营养价值产生无法预期的改变，其中有些营养成分降低而另一些营养成分增加。此外，有关食用植物和动物中营养成分改变对营养的相互作用、营养基因的相互作用、营养的生物利用率、营养的潜能和营养代谢等方面的作用，目前还在进一步研究中。

②抗生素抗性。在基因转移和食品安全性的讨论中，最关切的问题是在遗传工程中引入的基因是否有可能转移到胃肠道的微生物当中，并成功地结合和表达，从而影响到人或动物的安全。基因工程中，经常在靶生物中使用带抗生素抗性的标记基因。有人担心，把抗生素抗性引入广泛消费的作物中，可能对环境以及消费作物的人和动物产生不能预料的后果。

③潜在毒性。遗传修饰在打开一种目的基因的同时，也可能会无意中提高天然植物毒素。某些天然毒素基因，例如马铃薯的茄碱、木薯和利马豆的氰化物、豆科的蛋白酶抑制剂等，有可能被打开而增加这些毒素的含量，给消费者造成伤害。

④转基因食品的致敏性。食品过敏是一个全世界关注的公共卫生问题，约2%的成年人和6%~8%的儿童患有食物过敏症。几乎所有的食物致敏原都是蛋白质，但在食物的多种蛋白质中只有少数几种致敏原。转基因植物由于基因重组使宿主植物产生新的蛋白质，这些蛋白质有可能对人体产生包括致敏性在内的毒效应。1996年Pioneer Hi-Bred国际公司为提高动物饲料的蛋白质含量，将巴西坚果的基因引入大豆，结果使一些对巴西坚果过敏的消费者产生过敏反应。

5.3.2.3 功能性食品

(1) 功能性食品的概念

功能性食品是应用物理的、生物化学或生物工程等方法对普通食品加以设计，制造成为具有改善人体免疫机能、调节身体状况、预防疾病、抑制衰老、恢复健康等多种功能，而且是可日常摄取的一类食品。20世纪80年代中后期，日本科学家率先开展功能性食品的系统研究，近年来，功能性食品的种类日益增多，已成为未来食品工业发展的主要产品之一。

(2) 功能性食品的分类

功能性食品按食用对象不同一般可分为两类。一类是日常保健食品，是根据不同的健康消费群(如婴幼儿、青少年和老年人等)的生理特点与营养需求而制造的。目的是促进生长发育或维持活力与精力，强调其成分能充分增强身体防御功能和调节生理规律的食品。另一类是特种功能性食品，根据某些特殊消费人群(如肥胖症、糖尿病患者)的特殊身体状况，强调在预防疾病和促进康复方面的调节功能，以解决所面临的健康或医疗问题。

(3) 功能性食品的安全性问题

对功能性食品的安全性评价需要从两方面考虑：功能性食品的直接毒理和微生物安全性效应；不适当地摄入某种功能性成分，可能会对食用者安全产生不利的影响。例如，ω-3脂肪酸对人体有益；但如果将之分离出来，再添加到某些食品中，造成过量摄入，就会影响人体凝血功能，而产生副作用。另外，基于转基因技术的功能性食品会导致食品含有致过敏物。因此，需要对功能性食品进行毒理安全性评价。

5.3.3 食品安全的危害

(1) 食品安全是重大的公共卫生问题

食品安全是指为预防食品污染和食源性疾病的发生，保证食品的质量所采取的措施和条件。随着社会的发展，食品安全问题越来越突出，已成为目前重大的公共卫生问题。随着农业和食品加工业的一体化与国际贸易进一步发展，全球食品流通加快，为已知和未知的食源性疾病的流行提供了环境。例如，2001年欧洲约1500个农场2周内从同一供货商处购买了被二噁英污染的饲料，以进食该饲料的动物为原料加工的食品几周内即广布世界各地，该事件对公众健康产生的影响可能需数年调查才能清楚。感染疯牛病的牛肉制品和骨粉对全世界的影响也是近年来一个典型例子。另外，日趋加速的城市化导致食品的运输、贮存及制作的需求增加；财富的积累、生活方式的城市化以及某些设施的缺乏使人们在家就餐的机会越来越少。在发达国家，用于家庭外制作的食品的花费超过食品预算的50%。在餐饮店消费食品，有些店卫生状况差，无法提供卫生食品，也是食源性疾病发病增加的因素之一。

(2) 食品安全对人类的健康影响

食品安全对人类健康的影响主要是因为食品受微生物、化学和寄生虫等污染、食品天然存在的毒素以及滥用食品添加剂和农用化学品等造成的食源性疾病。据世界卫生组织统计，2000年全球仍有210万人死于腹泻病，多因食用了受污染的食品和水。在有些国家，每年有高达30%的人患有食源性疾病。美国每年有760万人患有食源性疾病，其中32.5万例住院，5000例死亡。英国每年有236万病例，700例死亡。亚太地区目前每年70万例死于食源性疾病。

(3) 食品安全问题对经济的影响

食品安全不但对人类健康带来危害，也影响经济发展。主要表现在：由于食品安全影响健康，从而对劳动力带来不利的影响。由于经济发展、食品贸易及流通的全球化，新技术、新研究成果应用和推广，任何一个食品安全问题都容易造成国际化。如果食品受到污染，就关系到一个国家经济的正常发展，关系到社会的稳定和政府的威望，势必影响其食品的出口。尤其是我国已加入了世界贸易组织，SPS(Agreement on the Application of Sanitary and Phytosanitary Measures)协议和TBT(Agreement on Technical Barriers to Trade)协定对我国的食品安全要求越来越高。生产企业食品安全出现问题，还会受到不合格产品的召回、消费者健康问题赔偿、企业声誉受损等经济影响。

5.3.4 我国食品安全问题不容忽视

(1) 微生物污染的食源性疾病问题十分突出

我国每年向卫生部上报的数千人食物中毒事件中，大部分是由于致病微生物引起的。如20世纪80年代在上海因食用毛蚶引起食源性甲型肝炎的大爆发，累计30万人；2001年在江苏、安徽等地爆发的肠出血性大肠杆菌食物中毒，造成177人死亡，中毒人数超过2万人；1999年在宁夏发生的沙门氏菌污染肉品引起的食物中毒，发病人数上千人。我国生物性食物中毒事件中，常见的重要致病菌和食物为：沙门氏菌（禽、畜肉）、副溶血性弧菌(水产品)、蜡样芽孢杆菌和金黄色葡萄球菌(剩饭)、肉毒杆菌(发酵制品、肉制品)、李斯特单核细胞增生菌(乳制品)、椰酵假单细胞菌(银耳)和肉制品大肠杆菌等。根据世界贸易组织估计,发达国家食源性疾病的漏报率在90%以上,而发展中国家则在95%以上。

(2) 源头污染是造成我国食物污染的直接原因

我国是世界上化肥、农药施用量最大的国家。氮肥(纯氮)年使用量逾 $2500×10^4$ t,农药超过 $130×10^4$ t,化肥和农药的单位面积用量分别为世界平均水平的3倍和2倍。使用的农药仍以杀虫剂为主,占总用量的68%,其中有机磷杀虫剂占整个杀虫剂用量的70%以上;杀菌剂和除草剂占总用量的18.7%和12.5%。用于"催熟"水果等的植物生长调节剂可能具有雌激素样活性,通过食物链进入人体后,会造成女性性早熟,男性性特征不明显等身体发育不正常现象。不少复配农药以商业名称流通,农民有时误用,这些都会造成农药残留超标事件。目前我国有集约化大中型奶牛、猪、鸡养殖场6000多家,日排出粪尿及冲洗污水逾 $80×10^4$ t,年排放近 $3×10^8$ t,而粪便污水净化处理率不足20%,由此造成的包括动物疫病和人畜共患性疾病等生物性危害日益突出。

(3) 我国"菜篮子"存在的化学安全性问题

我国"菜篮子"的化学安全性问题以农药和兽药残留、环境污染物和真菌毒素等的污染较为突出。2000年年底对我国14个经济较发达省会城市的2110个样品进行检测,蔬菜中农药、重金属和亚硝酸盐均超标,其中尤以有机磷农药残留最为突出,有的甚至使用国家明令禁止生产和使用的甲胺磷、双氟磷、氟乙酰胺、毒鼠强和克伦特罗(瘦肉精)等。据估计,人类肿瘤的85%~90%为环境因素所致。通过食物链的富集,人类从食品中摄取了种类繁多且浓度高的有毒、有害物质。美国毒物控制法登记的化学物质大约有66 000种,且每年有300种到700种新化合物引入经济用途,而这些化学品的安全性评价与在动植物体内残留规律及其对人体健康的危害尚有待人们深入研究。

(4) 新技术、新工艺、新资源的安全性问题

随着食品加工技术的不断发展,使用一系列的新工艺和新技术,也会带来一系列新的食品安全问题。如转基因食品安全性的不确定性、辐照食品副解产物的安全性问题、食品工业用菌的安全性(在生产加工中的产毒污染问题)也是一个备受关注的问题。中国是世界上物种最为丰富的国家之一,丰富的物种对食品野生资源开发提供了基础。我国是世界上昆虫物种最为丰富的国家,可以进一步挖掘昆虫食品资源的潜力。新资源和新资源食品的安全性也存在着不确定性。保健食品的安全性得到广泛关注,至2001年年底,卫生部已经批准4000多种保健食品产品,其中不少原料成分并未经过系统的毒理学评价,如芦荟甙、银杏酸、葛根素、甘草酸、姜黄素等。作为保健食品长期和广泛食用,其安全性是值得关注的。此外,藻类作为保健食品原料被广泛应用,但由于环境污染而造成了淡水湖泊中藻类的微囊藻毒素污染。因此,食品主要原料的安全性已成为十分重要的食品安全问题。

5.3.5 食品安全问题产生的原因

食品安全问题即食源性危害,是一个全球性问题。食源性危害分为生物、化学和物理性危害，导致危害发生的主要原因可归纳为7个方面(余从田，2012)。

(1) 食品原料种(养)殖过程的污染或不当

如生猪养殖环节使用瘦肉精，水产养殖与运输环节使用孔雀石绿，抗生素类、抗球虫药、激素药类和驱虫药类兽药残留，不规范施用农兽药带来的药物残留，水源污染导致藻类毒素(贝类毒素)污染水产品，各种有毒有害化学物通过食物链进入人体并蓄积，都属于这类原因。

(2) 环境污染

二噁英是目前世界上已知毒性最强的化合物，它并非天然存在，而是工业活动(来自化学品杂质、城市垃圾(尤其是塑料袋)焚烧、纸张漂白及汽车尾气排放)人为造成的，二噁英通过污染环境，进入食物链，进而污染食品。另外，很容易溶解在脂肪类物质中，沿着食物链(更多的是沿着水生生物的食物链)逐级浓缩的汞、铅、镉等重金属以及有机氯杀虫剂等其他污染物，可以在体内蓄积，进而对人体健康产生危害。

(3) 加工过程污染或加工不当

如在自然食品中含量很少、对健康危害极大的反式脂肪酸(又称氢化植物油、植物起酥油、人造黄油等)，常被用于烘烤食品(饼干、面包等)、沙拉酱，以及炸薯条、炸鸡块、洋葱圈等食品中。橄榄渣油制造过程中容易产生一种名为"阿尔法本索比雷诺"的毒性副产品(一种碳氢化合物)，如果人体长期食用将有致癌可能。

(4) 食品储存、运输中污染

如黄曲霉主要污染粮油食品、动植物食品等，其中以花生和玉米污染最严重，如储存不当，则出现黄曲霉毒素的概率很高，特别是湿热地区的食品和饲料。

(5) 食品包装材料中有害物质的迁移

除了包装材料本身不合格、添加剂的使用违反标准要求以外，包装材料中印刷油墨、塑料中的有机挥发物及重金属残留等问题也应当引起重视。美国规定了包装材料转移到食品内的低限，如果转移量超过饮食中的 0.5 μg/kg 或大于日常摄取量的 1%，需要食品添加剂申请。

5.4 城乡社会差距问题

由于城乡二元结构及城市偏向的体制机制等原因，导致城乡社会差距较大，制约了社会和谐稳定的发展大局，成为我国迫切需要解决的一个现实问题。近年来，国家实行了城乡融合发展的一系列体制机制，城乡社会差距有明显的缩小，但仍存在一些问题。

5.4.1 城乡收入差距变化特征

城乡收入差距不断缩小，但收入绝对差距依旧较大。表5-3呈现了2011—2020年以来我国城乡收入及差距变化趋势。城镇居民家庭人均可支配收入从2011年的21 809.8元增至2020年43 833.8元，增加2.0倍；农村居民家庭人均纯收入从2011年的6977.3元增至2020年的17 131.5元，增加2.5倍。同步来看，城乡收入比虽不断下降，从3.13降至2.56，但城乡收入差距绝对值则持续增加，从 2011 年的 14 832.5 元增至 2020 年的 26 702.3 元，突显了我国城乡收入差距依然高起的严峻现实。

表 5-3　2011—2020 年城乡收入及差距变化趋势

年份	城镇居民家庭人均可支配收入（元）	农村居民家庭均纯收入（可支配收入）（元）	城乡收入差距绝对值（元）	城乡收入比
2011	21 809.8	6977.3	14 832.5	3.13
2012	24 564.7	7916.6	16 648.1	3.10
2013	26 955.1	8895.9	18 059.2	3.03
2014	28 843.9	10 488.9	18 355.0	2.75
2015	31 194.8	11 421.7	19 773.1	2.73
2016	33 616.2	12 363.4	21 252.8	2.72
2017	36 396.2	13 432.4	22 963.8	2.71
2018	39 250.8	14 617.0	24 633.8	2.69
2019	42 358.8	16 020.7	26 338.1	2.64
2020	43 833.8	17 131.5	26 702.3	2.56

注：2013 年与 2014 年统计口径有变化，2013 年之后由农村居民家庭人均纯收入变为人均可支配收入指标；引自孙博文，2023。

5.4.2　城乡收入结构演变特征

财产性收入差距不断扩大，转移性收入差距快速下降。表 5-4 呈现了城乡不同收入来源的情况。

①工资及经营性收入差距相对稳定。城乡工资性收入比有缩小趋势，从 2011 年的 5.2 降至 2020 年的 3.8，原因在于，城乡工资性收入均有较大程度增长，但农村增速更快。城乡经营性收入比有所增加、2013 年之后稳定在 0.8 左右。

②城乡财产性收入差距迅速扩大。比较突出的特征是，城乡财产性收入比快速提升、差距不断扩大，从 2011 年的 2.8 倍增至 2020 年的 11 倍左右，城市财产性收入迅速增加，农村财产性收入是突出短板，是城乡财产性收入差距迅速扩大的直接原因。2013 年以后，根据新的统计口径，城乡居民财产性收入差距明显增大。从绝对值看，2013 年城镇居民人均财产净收入比农村居民高 2356.8 元，2014 年高 2590 元，2015 年高 2790.4 元。从相对值看，2013 年，城镇居民人均财产净收入是农村居民的 13.1 倍，2014 年是 12.7 倍，2015 年是 12.1 倍。进入 21 世纪以来，虽然政府逐步加大收入分配政策调节力度，尤其是加大对低收入人群的转移支付，较高的财产收入差距成为城乡收入扩大的重要来源（李实，2021）。

③城乡转移性收入差距快速下降。另外，城乡转移性收入比快速下降，从2011年的10.1降至2020年的2.2，全面打赢脱贫攻坚战背景下，财政资金向农村倾斜、扶贫专项转移支付增加是重要驱动因素(孙博文，2023)。

表5-4 城乡收入差距结构特征

年份	2011	2012	2013	2014	2015	2016	2017	2018	2019	2020
工资性收入比	5.2	5.0	4.7	4.3	4.2	4.1	4.0	4.0	3.9	3.8
经营性收入比	0.7	0.7	0.7	0.8	0.8	0.8	0.8	0.8	0.8	0.8
财产性收入比	2.8	2.8	2.8	12.7	12.1	12.0	11.9	11.8	11.6	11.0
转移性收入比	10.1	9.3	8.9	2.6	2.6	2.5	2.5	2.4	2.3	2.2

注：引自孙博文，2023。

5.4.3 城乡消费与结构变化特征

(1) 城乡消费差距不断缩小，但绝对差距依旧较大

表5-5呈现了城乡人均消费支出差距与农村消费结构特征，发现城市与农村消费支出均快速增加，与人均可支配收入增长同步推进，但城市增长绝对值要显著高于农村，农村消费能力偏低。城市人均消费支出从2011年的15 160.9元增至2020年的21 555.6元，增加6394.7元、增长1.4倍；农村人均消费支出从2011年5221.1元增至2020年的13 713.4元，增加7907.3元、增长2.5倍。城乡人均消费支出比由2011年的2.9逐渐降至2020年的1.6，电子商务发展及网络购物的普及对缩小城乡消费空间差异起到了关键作用，但由于收入能力的不同、城乡消费差距水平依旧较大，2020年城乡人均消费支出差值达7842.2元。

(2) 农村恩格尔系数下降明显，消费结构优化升级

进一步分析农村消费支出结构发现，下降最为明显的是食品类，从2011年的40.4%降至2020年32.7%，衣着类消费支出也呈稳定下降趋势、但降幅不大；与之相对应的是，农村居民消费中居住、交通通信、文教娱乐和医疗保健等消费支出占比不断上升，消费结构不断升级(孙博文，2023)。

表5-5 城乡人均消费支出差距与农村消费结构

年份	2011	2012	2013	2014	2015	2016	2017	2018	2019	2020
城市人均消费支出(元)	15 160.9	16 674.3	18 022.6	16 690.6	17 887	19 284.1	20 329.4	21 287.1	22 798	21 555.6
农村人均消费支出(元)	5221.1	5908	6625.5	8382.6	9222.6	10 129.8	10 954.5	12 124.3	13 327.7	13 713.4
城乡人均消费支出比	2.9	2.8	2.7	2.0	1.9	1.9	1.9	1.8	1.7	1.6
城乡人均消费支出差值(元)	9939.8	10 766.3	11 397.1	8308.0	8664.4	9154.3	9374.9	9162.8	9470.3	7842.2

(续)

	年份	2011	2012	2013	2014	2015	2016	2017	2018	2019	2020
农村消费支出结构(%)	食品(恩格尔系数)	40.4	39.3	37.7	33.6	33.0	32.2	31.2	30.1	30.0	32.7
	衣着	6.5	6.7	6.6	6.1	6.0	5.7	5.6	5.3	5.4	5.2
	居住	18.4	18.4	18.6	21.0	20.9	21.2	21.5	21.9	21.5	21.6
	家庭设备及用品	5.9	5.8	5.8	6.0	5.9	5.9	5.8	5.9	5.7	5.6
	交通、通信	10.5	11.0	12.0	12.1	12.6	13.4	13.8	13.9	13.8	13.4
	文教娱乐	7.6	7.5	7.3	10.3	10.5	10.6	10.7	10.7	11.1	9.5
	医疗保健	8.4	8.7	9.3	9.0	9.2	9.2	9.7	10.2	10.7	10.3
	其他	2.3	2.5	2.6	1.9	1.9	1.8	1.8	1.8	1.8	1.6

注：引自孙博文，2023。

5.4.4 城乡基本公共服务差距

(1) 城乡教育资源配置均衡发展，农村优质教育资源依旧欠缺

高质量师资资源配置城乡义务教育以及教育硬件设施基本实现均衡发展，但师资学历与教育质量有待提升。截至2020年，全国96.8%的县级单位实现义务教育基本均衡发展，85.8%的进城务工人员随迁子女在公办学校就读或者享受政府购买学位的服务。城市优先发展战略加剧了城乡教育资源配置不均衡问题，在教育经费、学校数量、教育设施、教学师资、教学环境与质量等教育资源配置上的较大差距，形成城乡教育质量与受教育机会的不均衡。随着城乡教育统筹的深入推进，城乡教育资源配置日趋均衡。

(2) 城乡办学投入不断扩大，硬件条件差距明显缩小

随着国家对乡村教学硬件设施投入的不断加大，乡村办学条件得到明显改善。表5-6中，分析2019年城乡办学条件发现，城乡办学硬件条件差距较小，乡村小学与初中的校舍、教室、实验室、图书馆、宿舍生均面积甚至略高于城区与镇区，其他硬件投入如图书、计算机、教学仪器设备、实验设备等也与城区差别不大。乡村学校体育馆面积明显低于城市(孙博文，2023)。

表5-6 城乡在校学生数及办学条件(2019年)

类别	在校人数(万人)	校舍建筑面积(m²/人)	教室(m²/人)	实验室(m²/人)	图书室(m²/人)	体育馆(m²/人)	学生宿舍(m²/人)	图书(册/人)	计算机数(台/人)	网络多媒体教室(间/人)	固定资产总值(万元/人)	教学仪器设备资产(万元/人)	实验设备资产(万元/人)
城区初中	1806.82	12.55	3.71	0.85	0.37	0.51	1.39	34.09	0.20	0.03	2.23	0.31	0.07

(续)

类别	在校人数（万人）	校舍建筑面积（m²/人）	教室（m²/人）	实验室（m²/人）	图书室（m²/人）	体育馆（m²/人）	学生宿舍（m²/人）	图书（册/人）	计算机数（台/人）	网络多媒体教室（间/人）	固定资产总值（万元/人）	教学仪器设备资产（万元/人）	实验设备资产（万元/人）
城区普通高中	1177.73	25.68	5.54	1.65	0.88	1.17	6.01	45.78	0.29	0.04	4.81	0.57	0.16
城区小学	3964.14	6.23	2.66	0.20	0.18	0.23	0.12	22.51	0.13	0.02	1.14	0.19	0.03
乡村初中	650.42	18.45	4.78	1.13	0.42	0.14	3.87	43.34	0.21	0.03	2.39	0.28	0.09
乡村普通高中	82.89	34.72	6.54	1.77	0.89	1.11	9.76	44.79	0.27	0.04	6.04	0.55	0.15
乡村小学	2557.51	11.25	4.64	0.42	0.37	0.04	0.77	27.26	0.16	0.03	1.42	0.17	0.04
镇区初中	2369.89	9.99	2.19	0.61	0.32	0.24	2.76	17.49	0.09	0.01	1.59	0.15	0.05
镇区普通高中	401.14	83.00	22.08	4.99	1.97	1.07	17.60	209.26	0.99	0.16	11.71	1.32	0.40
镇区小学	4039.59	6.96	2.99	0.23	0.19	0.09	0.47	22.35	0.12	0.02	1.03	0.14	0.03

注：引自孙博文，2023。

(3) 城乡师生数量比基本统一，城乡师资质量差别较大

表 5-7 中，分析 2019 年城乡师资水平与师资结构可知，城乡师生比基本统一、差别较小，但城乡教师学历差别较大，乡村学校教师学历水平总体偏低，乡村小学、初中教师学历明显低于城镇。乡村小学专任教师学历本科及以上占比 49.65%，显著低于镇区及城区的 58.89%、73.63%，乡村初中专任教师学历本科及以上占比 81.58%，显著低于镇区及城区的 94.78%、93.08%，乡村高中专任教师学历本科及以上占比 98.21%，与镇区及城区差别不大，造成这种现象的一个可能的原因是近些年我国农村普通高中数量迅速减少，原因在于，农村地区"撤点并校"政策实施后，我国高中主要分布在城镇。

表 5-7 城乡师资水平与师资结构

类别	专任教师数（人）	人均师资（人）	研究生占比（%）	本科占比（%）	专科占比（%）	高中占比（%）	高中以下占比（%）
乡村小学	1 825 757	0.07	0.37	49.28	45.14	5.15	0.07
乡村初中	558 280	0.09	1.26	80.32	18.22	0.20	0.00
乡村高中	63 655	0.08	9.78	88.43	1.77	0.02	0.00
镇区小学	2 290 899	0.06	0.58	58.89	38.02	2.49	0.01
镇区初中	1 812 525	0.08	1.50	83.28	15.08	0.13	0.01
镇区高中	840 901	0.06	6.91	91.22	1.84	0.03	0.00
城区小学	2 152 428	0.05	3.02	73.63	22.46	0.88	0.01
城区初中	1 376 624	0.08	7.07	86.01	6.85	0.07	0.00
城区高中	954 686	0.08	13.90	85.19	0.90	0.01	0.00

注：引自孙博文，2023。

(4) 城乡医疗卫生服务差距不断缩小，医疗资源绝对差距依旧较高

医疗卫生费用支出的城市倾斜加剧了医疗资源集中的问题。表 5-8 呈现了城乡医疗卫生机构床位数，2011—2020 年，城市每千人口医疗卫生机构床位从 6.24 张增至 8.81 张，而农村仅从 2.8 张增至 4.95 张，2020 年每千农村人口乡镇卫生院床位数也仅为 1.5。分析表 5-9 城乡千人卫生技术人员数据发现，城乡卫生技术人员、执业（助理）医师、注册护士数量比有所下降，但依旧较大，2020 年城市卫生技术人员、执业（助理）医师、注册护士数量分别是农村的 2.21 倍、2.06 倍及 2.57 倍等。

表 5-8 城乡医疗卫生机构床位数　　　　　　　　张

年份	医疗卫生机构床位数		每千人口医疗卫生机构床位		每千农村人口乡镇卫生院床位数
	城市	农村	城市	农村	
2011	2 475 222	2 684 667	6.24	2.80	1.16
2012	2 733 403	2 991 372	6.88	3.11	1.24
2013	2 948 465	3 233 426	7.36	3.35	1.3
2014	3 169 880	3 431 334	7.84	3.54	1.34
2015	3 418 194	3 597 020	8.27	3.71	1.24
2016	3 654 956	3 755 497	8.41	3.91	1.27
2017	3 922 024	4 018 228	8.75	4.19	1.35
2018	4 141 427	4 262 661	8.7	4.56	1.43
2019	4 351 540	4 455 416	8.78	4.81	1.48
2020	4 502 529	4 598 171	8.81	4.95	1.5

注：引自孙博文，2023。

表 5-9 城乡千人卫生技术人员　　　　　　　　　　　人

年份	卫生技术人员		执业(助理)医师		注册护士	
	城市	农村	城市	农村	城市	农村
2011	7.90	3.19	3.00	1.33	3.29	0.98
2012	8.54	3.41	3.19	1.40	3.65	1.09
2013	9.18	3.64	3.39	1.48	4.00	1.22
2014	9.70	3.77	3.54	1.51	4.30	1.31
2015	10.21	3.90	3.72	1.55	4.58	1.39
2016	10.42	4.08	3.79	1.61	4.75	1.50
2017	10.87	4.28	3.97	1.68	5.01	1.62
2018	10.91	4.63	4.01	1.82	5.08	1.80
2019	11.10	4.96	4.10	1.96	5.22	1.99
2020	11.46	5.18	4.25	2.06	5.40	2.10

注：引自孙博文，2023。

(5) 城乡社会保障差距不断缩小，但乡村还存在突出短板

当前，中国已建立基本覆盖城市人口的社会保障制度。"十三五"期间，统一城乡居民医保制度全面建立，"新农合"与城镇居民医保制度并轨运行，统筹城乡的居民基本养老保险制度逐步健全。2019 年年底，我国建成世界上规模最大的社会保障体系，参加基本医疗保险人数 13.6 亿人、基本实现全覆盖，基本养老保险参保人数达到 9.99 亿人、超过 90%；公租房保障能力不断增强，城镇低保、低收入住房困难家庭基本实现应保尽保；帮助和支持 2568 万贫困人口、3500 多万边缘贫困群体住上安全住房，农村贫困群众住房安全得到历史性解决；养老服务能力加快提升，全国养老机构和设施总数达到 31.9 万个，养老服务床位数达到 823.8 万张。在城市基本建立了覆盖养老保险、医疗保险、工伤保险、失业保险、生育保险等全部保险项目的社会保险制度；针对老弱病残幼孕等社会弱势群体，建立起了改善生活质量的住房公积金、经济适用房、廉价租住房等社会福利制度；针对丧失劳动能力、无法保持基本生活水平的人群，建立起了最低生活保障、灾害救助、社会互助、流浪乞讨人员救助等社会救助制度；针对为国家国防、科研、抢险等做出贡献的人员及家属，建立起了完善的社会优抚制度。

相比而言，近些年农村社会保障项目不断完善，新型农村社会养老保险、新型农村合作医疗等基本社会保险制度不断完善，"五保户"、低保户、特困户基本生活救助等社会救助制度以及有关社会优抚制度等基本建立，但失业保险、工伤保险、生育保险、住房保障等社会保险以及社会福利项目覆盖面总体较窄，与城市还存在一定差距。值得警惕的是，社保基金出现收不抵支情况，可能不利于城乡社会保障项目供给。据《中国社会保障发展指数报告 2021》数据，2020 年全年基本养老保险、失业保险、工伤保险三项社会保险基金收入合计 50 666 亿元，比 2019 年减少 8463 亿元，减少 14.3%；基金支出合计 57 580 亿元，比 2019 年增加 3087 亿元，增长 5.7%，我国养老、失业、工伤保险基金近五年来首次出现收不抵支的情况。

(6)城乡交通互联互通水平不断提升，乡村社会性基础设施建设相对滞后

分析表 5-10 城乡基础设施建设差异可知，城乡基础设施建设力度加大，交通与社会基础设施供给差距逐渐缩小。2020 年城市与县城供水普及率基本实现全覆盖，农村供水普及率从 2014 年的 62.50%提升至 2020 年的 83.37%，且超过 1/3 的农村家庭用上了燃气。随着全面脱贫攻坚战的深入推进，农村交通基础设施投资力度加大，人均道路面积从 2014 年的 24 m² 增至 2020 年的 33 m²，乡村硬化道路从 2014 年的 9.5 km/万人增至 2020 年的 24 km/万人。

乡村人居环境不断改善，农村污水处理率从 2014 年的 10%增至 2020 年的 30%，对生活污水进行处理的行政村比例、对生活垃圾进行处理的行政村比例分别从 2008 年的 3.4%、11.7%增至 2020 年的 10%和 48.2%，与城市基本实现生活污水及生活垃圾处理全覆盖相比，还有较大的改善空间。此外，2018 年农村人居环境整治三年行动开展以来，各地区农村厕所革命取得积极进展，截至 2020 年年底，全国农村卫生厕所普及率达到 68%以上，每年提高大约 5%，累计改造农村户厕 4000 多万户。但与城市相比，集中供水、燃气普及、污水处理等生活性基础设施建设相对落后、存在较大差距，亟待补齐基础设施建设短板（孙博文，2023）。

表 5-10 城乡基础设施建设

地区	年份	供水普及率（%）	燃气普及率（%）	人均道路面积（m²）	污水处理率（%）	园林绿化			每万人拥有公厕（座）
						人均公园绿地面积（m²）	建成区绿化覆盖率（%）	建成区绿地率（%）	
城市	2014	97.64	94.57	15.34	90.18	13.08	40.22	36.29	2.79
	2020	98.99	97.87	18.04	97.53	14.78	42.06	38.24	3.07
县城	2014	88.89	73.24	15.39	82.12	9.91	29.8	25.88	2.76
	2020	96.66	89.07	18.92	95.05	13.44	37.58	33.55	3.51
村庄	2014	62.50	—	24	10	—	—	—	—
	2020	83.37	35.08	33	30	—	—	—	—

注：引自孙博文，2023。

5.4.5 城乡差距问题的关键驱动因素

(1)要素循环面临制度障碍，加剧初次分配差距扩大

城乡要素循环面临着诸多体制机制障碍，导致流动渠道不畅通，扩大了初次分配差距。

①劳动力流动面临制度障碍。农民工还无法享受与市民等同的基本公共服务，农民工就业歧视问题依然存在。城市专业技术人才流向农村、返乡创业的激励机制也有待健全。

②建设用地市场有待统一。农村集体经营性建设用地存在产权不清、与国有建设用地不同权、入市增值收益分配制度不完善等问题。允许入市的农村经营性建设用地范围较

窄，仅占全国集体建设用地总量的 1/5 左右。

③资本流动渠道不畅通。乡村金融服务体系不完善，对政策性金融依赖程度高。工商资本下乡存在制度障碍，部分地区为防止工商资本下乡引发土地"非粮化"和"非农化"，设置了一系列准入制度、规模限制、备案管理等过高、过多门槛(孔祥智等，2020)。

④技术下乡转化机制不健全。涉农技术与科研成果转化的激励机制、利益分享机制不健全，涉农企业技术入股机制还在探索阶段，农技人员支持农业发展回报不足。农业高校、科研院所和乡村企业缺乏涉农技术长效合作机制。

(2)基本公共服务供给失衡，公共服务标准尚不统一

城乡基本公共服务均衡性和可及性有待增强。

①城乡基本公共服务供给不均衡。城乡基础教育、医疗卫生、社会保障、基础设施建设等资源配置存在较大差距(李实等，2022)。城乡统一的优质均衡基本公共教育服务体系不健全，高学历师资力量还较为薄弱、农村教育质量有待提升，乡村教师激励机制不健全、对高学历教师缺乏吸引力。城乡医疗卫生资源配置失衡，城乡万人医疗卫生机构床位数以及千人医疗卫生技术人员数量差距较大。农村在失业保险、工伤保险、生育保险、住房保障等社会保险以及社会福利项目覆盖面总体较窄。农村供水、供暖、垃圾处理、污水处理以及文化体育等社会性基础设施建设相对滞后。

②农业转移人口市民化质量有待提升。城市中农业转移人口也难以享受到与城市居民同等的子女教育、医疗卫生、保障住房、社会服务等基本公共服务。

③基本公共服务标准体系不健全。城乡基本公共服务标准不统一，城市基本公共服务供给能力与供给标准都明显高于乡村。

(3)农村居民消费动力偏弱，消费潜力有待挖掘释放

农民消费动力不足与收入偏低及社保制度不健全直接相关，自然地理条件制约以及新冠肺炎疫情冲击也遏制了消费潜力释放。

①农民收入偏低，消费能力较弱。以食物、衣着和医疗等生存性消费为主，对享受型、耐用品的消费能力尤其不足，消费结构有待进一步优化。

②社会保障制度不健全。农村医保、社保、社会救助等保障水平较低，增加了农民的储蓄动机，弱化了农民的长期消费动力。

③偏远地区农村交通基础设施建设相对滞后。物流配送体系不健全，降低了商品流通效率，对部分商品消费产生影响。

④疫情冲击对消费产生持续负面影响。餐饮、旅游、生活服务行业首当其冲(张友国等，2021)，城市疫情防控导致大量农民工失业返乡，导致其收入锐减，损害了农民长期消费能力。

(4)现代农业要素投入不足，农业发展面临突出短板

我国农业基础总体上还较为薄弱，农业现代化发展面临诸多突出短板。

①现代农业要素投入不足。农业机械化程度偏低，农机装备研发应用能力不足，对农机智能装备研发以及购买支持力度有待提升。人才与资金约束问题突出，科技下乡支持与社会服务机制不健全。科技创新可能成为建设农业强国的主要约束，农业良种化、机械化和信息化等技术与国际农业强国还存在较大差距(魏后凯等，2022)。

②现代农业经营体系不健全。以家庭农场和农民合作社为代表的新型农业经营主体偏少，新型经营主体贷款难、贷款贵等融资约束问题突出。农业产业化龙头企业较少，对三产融合带动力不足。另外，新型农业经营主体与小农户之间利益分配机制也不完善，加大了农村内部的收入差距。

③农产品附加值偏低、品牌化不足。各地区农产品同质化严重，特色化、品牌化、绿色化的优质农产品供给不足，精深加工企业少、农产品附加值偏低。由于缺乏专门的管理人才，农产品品牌营销能力不足。

④农村"三产"融合不足。农村一、二、三产业融合的新业态较少，偏重于一、二产业或者一、三产业融合发展，产业链条不完整、功能相对单一。农民处于产业链融合发展的价值链低端环节，而且缺乏利益协调机制，进一步加剧了利益分配失衡。

(5) 农民收入结构显著失衡，缺乏稳定持续增收渠道

农民综合性收入增长面临诸多制约因素。

①工资性收入增长约束方面。就业歧视和不合理规定依然存在，导致其难以进入正规部门工作，"同工不同酬"现象比比皆是。生活成本增加降低实际工资收入，农民工虽然在城市就业，却难以享受城镇职工基本公共服务，增加了其在城市找工作、租房、子女教育、看病等方面的成本支出，降低了农民工的实际工资收入。新冠肺炎疫情使得大量农民工失业返乡，造成工资性收入锐减。

②经营性收入增长约束方面。乡村特色农业发展不足，产品同质化严重、附加值较低，务农收入缺乏长效增长机制。新型农业经营主体规模偏小、市场议价能力较低、覆盖面较窄，对农民收入带动有限。农业产业链条短以及三产融合不足问题，导致农业长期在价值链低端环节锁定。

③财产性收入增长约束方面。面临着农村资源变资产、资金变股金、农民变股东的机制不畅通，农村金融发展滞后、农地流转机制不健全、集体产权市场交易机制不完善等问题。

④转移性收入增长约束方面。农业补贴标准偏低，补贴范围有待扩大。对农业生态补偿重视不足，面临着农业农村补偿主体不明确、补偿资金渠道单一、补偿标准不统一的问题。

(6) "两山"转化机制不健全，生态优势经济转化不足

农村地区往往具有一定的生态优势，探索将农村地区生态优势转化为经济优势的路径，是提高农村居民收入、实现共同富裕的重要举措。但生态产品价值实现的"两山"转换机制不健全，有待加强完善。

①生态产品价值核算制度有待完善。生态产品价值核算面临着核算方法不统一、核算指标体系差异大、供需关系因素考虑不足、市场认可度不高的问题，核算结果缺乏市场认可度。

②生态产品市场化交易机制不健全。自然资源资产面临的产权不清、产权主体权责利不统一、生态产权交易平台建设滞后等问题，不利于生态权益市场化交易和生态产业化发展。市场化程度较高的生态农林畜牧产品、生态文旅、生态民宿产业，面临着基础设施配套建设不足、人才支撑乏力、经营机制不健全、供需对接难等问题。

③数字技术应用有待加强。农村数字基础设施建设落后、数字技术应用意识薄弱,不利于生态产品的推广、品牌塑造和产品溢价(孙博文,2022)。

小 结

随着城镇化进程的推进和新农村的建设,我国城乡建设取得了丰硕的成果。但在城乡建设过程中也出现了一些生态、环境以及社会差距问题,如城郊生态脆弱带的产生、各类退化生态系统的出现、能源资源过度开采利用、工农业废弃物污染、食品安全等,这些问题协调处理不当的话,极易引发一些社会、经济问题。本章着重阐述目前城乡建设过程中突出的生态、环境、食品安全及社会差距问题,叙述其现状、表现,并剖析其产生的深层次原因。

思 考 题

1. 结合退化生态系统的概念,试述所在的城市(城镇、乡村)有哪些常见的退化生态系统类型,现状如何?
2. 城乡建设过程中存在哪些环境污染问题?有何措施可以缓减?
3. 城乡经济发展的同时,在食品安全方面有哪些不容忽视的问题?从政策立法角度有何建议?
4. 城乡社会差距问题表现在哪些方面?主要是由哪些因素导致的?

推荐阅读书目

1. 杨士弘,2003. 城市生态环境学[M]. 2版. 北京:科学出版社.
2. 贾云,2009. 城市生态与环境保护[M]. 北京:中国石化出版社.
3. 李建龙,2006. 现代城市生态与环境学[M]. 北京:高等教育出版社.

第 6 章

城乡生态功能区划

城乡生态功能区划是根据城镇及其所辖的乡村的生态环境要素、生态环境敏感性与生态服务功能空间分异规律，将区域划分成不同生态功能区的过程。以往在进行生态功能区划时，存在功能区划薄弱、与环境质量有关的基础设施建设滞后及缺乏文化内涵和独特性等问题。根据城乡协同发展与一体化的思想，对城乡生态系统进行生态脆弱性和适宜性评价，将城镇及其周围乡村分为商业居住区、生态工业园区、生态农业区、自然保护区、风景旅游区五大类型的生态功能区，并对各大类型的生态功能区的特点、分区设计等进行介绍。目的是为制定城乡生态环境保护与建设规划，维护城乡生态安全和促进社会、经济和生态环境协调可持续发展提供科学依据。

6.1 生态功能区划概述

6.1.1 生态功能区划含义

（1）生态功能区

生态功能区是生态系统服务功能的载体，是由自然生态系统、社会经济系统构成，分层次、分功能，具有复杂结构、复杂生态过程的生态综合体。具有重要生态服务功能的区域，在保持流域、区域生态平衡，减轻自然灾害，确保国家和地区生态环境安全方面起到至关重要的作用。

（2）生态功能区划

生态功能区划是从整体空间观点出发，根据特定区域生态系统的结构特征及其空间分布规律，结合自然生态系统和社会经济发展的实际条件，按照一定的准则和指标体系把该区域的环境空间划分为若干不同功能地域单元的一项综合性技术过程。其目的是为制定区域生态环境保护与建设规划、维护区域生态安全以及资源合理利用与工农业生产布局、保育区域生态环境提供科学依据，并为环境管理和决策部门提供管理信息与手段。

6.1.2 生态功能区划总目标

（1）摸清情况、梳理问题

摸清不同尺度、不同类型的生态系统结构、过程及其空间分布；梳理各生态区域面临的生态压力和生态环境问题,从生态系统和形成生态格局的生态过程角度,分析生态环境问题的性质和产生机制,并给出评价,以掌握我国生态环境和生态安全的基础和动态。特别针对水资源安全、水土保持和生物多样性保护等重大生态安全问题进行调查与评价。

(2) 生态功能定位

一个区域的生态系统同时具有多种生态功能。通过生态功能分析和评价,整合区域经济、社会和生态3方面的因素,确定相应尺度上生态系统的主导生态功能,是生态功能区划的根本内容。所谓主导生态功能,是指在维护流域、区域生态安全和生态平衡,促进社会、经济持续健康发展方面发挥主导作用的生态功能。主导生态功能的确定既要充分考虑生态系统的自组织演化特征,又要考虑区域社会、经济、文化的发展需求,要将国家生态安全目标、区域经济发展目标和当地居民的生活需要结合起来。

(3) 因地制宜,分类管理

生态系统及其主导功能的空间分布,为进行合理的资源开发和利用提供了基本框架,有利于确定各功能区的经济发展方向和产业结构调整规划,提出限制性产业、鼓励性产业和禁止性产业发展目录。并可依据区划编制生态保护规划,做到因地制宜和分类管理,取得生态环境效益和社会经济效益的双赢(燕乃玲等,2003)。

6.1.3 城乡生态功能区划的方法

生态敏感性分析和适宜性评价是区域生态功能区划的核心内容,因此,所谓的区划方法也主要是指用来进行敏感性分析及适宜性评价的方法。常用的主要有以下几种:地图重叠法、因子加权评分法、生态因子组合法、专家咨询法和数量统计方法等(国家环境保护总局,2002)。

(1) 地图重叠法

传统的生态功能分区方法主要是指手工图形叠置的方法,即将不同的环境要素描绘于透明纸上,然后将它们叠置在一起,得出一个定性的轮廓,选择其中重叠最多的线条作为环境功能区划的最初界限,然后再通过一些定量方法计算出较精确的边界,对最初的边界加以修正。

由于计算机技术的发展,图形叠置的任务可以通过计算机来完成。目前通常利用地理信息系统(GIS)进行空间分析和叠加,即在GIS的支持下,将各种不同专题地图的内容进行叠加,显示在结果图件上,叠加结果生成新的数据平面,该数据是综合了各种参加叠加的专题地图的相关内容后而生成的新的分区界面图,该平面的图形数据不仅记录了重新划分的区域,而且该平面的属性数据库中也包括了原来全部参加复合的数据平面的属性数据库中的所有数据项。

地图重叠法又称为麦克哈格(McHarg)法,其基本步骤可归纳为:①确定规划目标及规划中所涉及的因子;②调查每个因子在区域中的状况及分布(即建立生态目录),并根据其目标(即某种特定的用地)的适宜性进行分级,然后用不同的深浅颜色将各个因子的适宜性分级分别绘在不同的单要素地图中;③将两张及两张以上的单要素图进行叠加得到复合图;④分析复合图,并由此制定出土地利用的规划方案。

地图重叠法是一种形象直观的方法,可以将社会环境、自然环境等不同量纲的因素进行综合分析。地图重叠法在城市土地利用生态适宜度分析方法的发展上具有重要的历史意义，并且在此之后发展的许多新方法是以此方法为蓝图的。地图重叠法有两个缺点：①它实质上是一种等权相加的方法；②当分析因子增加后，用不同深浅颜色表示适宜等级并进行重叠的方法显得相当繁琐，并且很难辨别综合图上不同深浅颜色之间的细微差别。

(2) 因子加权评分法

因子加权评分法的基本原理与地图重叠法的原理相似。首先，将小城镇地区分成若干小区域进行网络化；其次，选定用地的影响因子，并按这些因子分别评定各个小区域网格对这种用地适宜度等级或评分，在确定各个因子相对重要性（权重）的基础上，对各个网格或小区进行加权求和，得到各个小区域网格对某种用地的总评分。一般以分数越高表示越适宜。

加权求和的方法克服了地图重叠法中等权相加的缺点，以及地图重叠法中繁琐的制图过程，同时避免了对阴影辨别的技术困难。加权求和法的另一重要优点是便于用计算机处理，这也是近年来该方法被广泛运用的原因。

(3) 生态因子组合法

地图重叠法和加权求和法都要求各个因子是相互独立的。而实际情况并非总是如此，如地面坡度大于30%时，不管排水条件如何，都不适宜于高速公路的修建。但如果按加权求和或地图重叠法来做，当坡度大于30%时，而排水条件极好时，可能会得出中等适宜的结论。为了克服这一缺陷，城镇土地利用的生态规划专家提出了一种新的方法，称为生态因子组合法。这种方法认为，对于某特殊的土地利用来说，相互联系的各个因子的不同组合决定了对这种特定土地利用的适宜性。

生态因子组合法可以分为层次组合法和非层次组合法。层次组合法首先用一组组合因子去判断土地的适宜度等级，然后，将这组因子看作一个单独的新因子与其他因子进行组合判断土地的适宜度，这种按一定层次组合的方法便是层次组合法。非层次组合法是将所有的因子一起组合判断土地的适宜度等级，它适用于判断因子较少的情况，而当因子过多时，采用层次组合法要方便得多。但不管采取哪种方法，首先需要专家建立一套较完整的组合因子和判断准则，这是运用生态因子组合法关键的一步，也是极为困难的一步。

(4) 专家咨询法

即特尔斐法，是在专家预测法的基础上发展起来的。基本方法是将要预测的问题以信函方式寄给专家，将回函的意见综合整理，再匿名反馈给专家征求意见，如此反复多次，最后得出预测结果。

在实际工作中，可按以下方法进行操作：①准备各类工作底图，包括人口分区图、土地利用图、资源消耗分布图、环境质量评价图等；②确定专家，一般以管理、科研和规划部门专家为主，并请专家进行初步划分；③将初步结果进行图形叠加，确认基本相同的部分，对差异部分进行讨论；④进行新一轮划分直至结果一致。

(5) 数理统计方法

一般包括聚类分析、判别分析法、模糊聚类法等。这些方法通常是根据对象的一些数量特征来判别其类型归属的一种统计方法，对于事物类型的划分和区界的判定十分有效。常用的方法包括灰色系统模型法、回归分析法等。

①灰色系统模型法。将所收集的随机数据看作是在一定范围内变化的灰色量，通过对原始数据的处理，将原始数据变为生产数据，从生产数据得到规律性较强的生成函数，然后便可通过这一函数进行预测。该方法的关键是如何建立灰色模型。一般的方法是，将随机数据经生产后变为有序的生成数据，然后建立微分方程，寻找数据的规律，即建立灰色模型，最后便可以通过将运算结果还原而得到预测值。其基础是数据生成，通常采用累加生成。

记 $x(0)$ 为原始数列：

$$x(0) = \{x(0)_{(t)}, \ t=1, 2, \cdots, n\} \tag{6-1}$$

生成数列为 $x(1)$：

$$\begin{aligned}x(1) &= \{x(1)_{(t)}, \ t=1, 2, \cdots, n\} \\ &= \{x(1)_{(1)}, x(1)_{(2)}, \cdots, x(1)_{(n)}\}\end{aligned} \tag{6-2}$$

$x(0)$ 与 $x(1)$ 满足下列关系：

$$x(1)_{(t)} = \sum x(0)_{(t)} \tag{6-3}$$

通过几次累加后，生成的数据有下列关系：

$$x(n)_{(t)} = x(n)_{(t-1)} + x(n-1)_{(t)} \tag{6-4}$$

然后在数据生成的基础上建立微分方程，以微分方程的解作为灰色模型，经检验合格后，便可用于分区。

②回归分析法。主要用于研究不同变量之间的相关关系，它不仅是一种应用范围极广的分析方法，同时也是建立数学模型的重要基础。一般以多元线性回归为主。多元线性回归的基本模型为：

$$y = b_0 + b_1 x_1 + b_2 x_2 + \cdots + b_m x_m + e_t \tag{6-5}$$

式中，y 为因变量值；x 为自变量值；m 为自变量个数；b_0，b_1，$\cdots$，b_m 为回归系数；e_t 为随机误差。

回归系数 b_m 的确定一般通过最小乘法获得，实际运算中多以矩阵求解，最后进行假设检验，合格后便可用于计算。

6.2 城乡生态功能区划

6.2.1 城乡生态功能区划现状

(1) 原有功能区划薄弱

城镇发展规律一般是"工业立，商业兴，交通运输带城镇"。然而，人们往往注意城镇化对经济发展的作用，却忽略了它对环境的作用。对城镇进行科学合理的功能区划，是调整乡镇工业的结构和布局，进行生产，保护环境的一个前提。尽管它非常重要，但在实际中，存在诸多问题。

①在小城镇建设中存在着重数量、轻质量现象。我国小城镇的数量在大幅增长，已由1978 年的 2854 个增加到 1997 年的 18 000 多个，但不乏许多小城镇是在"摊大饼"中自然发展起来的，缺乏总体规划和长远发展计划。还有一些小城镇是在所谓"开发"基础上自然

形成的,对其工业发展、引进项目采取称为"先设笼子后引鸟"的措施。"规划"之时尚不知会来什么鸟、来多少鸟,如何做出可行的区划?一些发达地区的小城镇大办工业小区、商贸区,任其发展,结果是城市功能难以完善,各种基础设施和公用设施难以兴建。由于缺乏规划,造成城镇功能不健全,沿海一些城镇已经不得不回过头补课,广大中部地区却仍在重复东部的老路。

②马路城镇严重。广东、江苏出现带状城镇,城镇沿马路、沿新的交通干线延伸,基础设施欠缺,造成环境污染非常严重。

(2) 与环境质量有关的基础设施建设滞后

在城市基础设施建设中,与环境质量有关的基础设施的建设滞后。调查表明,我国小城镇基础设施往往是住宅及商业、服务业率先启动和发展,在各项基础设施建设中处于领先水平,文化、教育事业也发展很快,医疗卫生事业、社会福利事业也有了较快发展。但是,技术性基础设施,如道路、自来水、生活用燃气、电话等虽然已经具有一定规模,但总体来说发展滞后,特别是对废水和垃圾的处理能力弱、处理率低。据原国家体改委的调查资料,小城镇废水处理率仅27%,垃圾处理能力为47%;在非城关的小城镇,垃圾处理和废水处理标准大大低于城市和城关镇的水平,如果按照国际通用标准,其废水和垃圾处理率接近于零。小城镇的基础设施落后,具体表现为:给水设施大都直接饮用地下水,水质难以保证;排水设施极其简陋,只有简单的排水明沟或间沟,有的甚至没有排水设施,生活污水不经处理随地排放,工业污水处理率极低,很难保证达标排放,使水体受到污染;环卫设施也比较短缺,生活垃圾不经任何处理随意堆放,对环境的影响极大;供热设施落后,大部分小城镇尚未采用集中统一的供热方式,冬季取暖采用一家一户的土暖气,能源以燃煤为主,加剧了环境污染。

(3) 缺乏文化内涵和独特性

城镇建设应是全方位的建设,不仅仅是经济,还包括社会、文化、环境等方面的建设。过去,我们比较重视规划指标的设计与完成,而忽视小城镇整体风格的设计规划。有的地方在规划时仍存在着小农经济思想意识,存在着模仿、跟风、照抄的现象,使不少小城镇缺乏独特的设计风格,建成了清一色和一般高的"火柴盒式楼房",造成镇镇一张脸,村村一个样,使小城镇建设无风格、产业无优势、城镇无形象,失去了小城镇应有的灵气和文化内涵。而文化内涵的体现不是一朝一夕之事,它往往要经过多年的积累和沉淀,是小城镇散发出的一种独特气质和内在体现。我国数以千计的小城镇一幅"现代化"形象,原有的气息和风貌早已荡然无存。有些小城镇有着悠久的历史与文化,独特的社会生活方式与人文景观,在小城镇建设中要开发建设与保护利用并重,注重文化的沿袭与环境建设(李煜晖,2002)。

6.2.2 城乡生态功能区划的目的和依据

6.2.2.1 城乡生态功能区划的目的

生态功能区划是指运用生态学的理论、方法,基于资源、环境特征的空间分异规律及区位优势,寻求资源现状与经济发展的匹配关系,确定与自然和谐、与资源潜力相适应的资源开发方式与社会经济发展途径,合理划分生态服务功能区域,以方便管理者对生态系统维护，促进生态系统可持续发展。通过对规划区域的分区划片，揭示出不同功能环境在形成、演变、本底、容量、承载力、敏感性和建设、保护等方面的异同之处，为因地制宜进行不同区域的资源开发、经济建设和环境保护的优化设计、制定环境规划目标和强化环境管理提供科学依据。

生态功能区划的目的主要体现在以下两个方面：①在深入分析和认识区域生态系统的结构、过程及其空间分异的基础上，进一步明确生态环境特点、功能及开发利用方式上具有相对一致性的空间地域，为因地制宜制定生态环境规划和区域发展决策提供依据；②研究不同环境单元的环境特点、结构与人们经济社会活动间的规律，从生态环境保护要求出发，提出不同环境单元的社会经济发展方向和生态保护要求。事实上，这里的生态功能分区是城镇区域经济、社会与环境的综合性功能分区，对于引导城镇化发展方向非常重要，特别是对未建成区或新开发区、新兴城市等来说，环境功能区划对其未来环境状态具有决定性的影响(国家环境保护总局，2002)。

6.2.2.2 城乡生态功能区划的依据

为保障区划的成果与工作区现状及未来自然环境状况和社会经济条件相吻合，并充分利用已有的工作成果，区划应依据以下3方面进行。

(1) 自然环境的客观属性

生态功能区划的对象是由地貌、气候、水文、土壤以及动植物群落等构成的，是占据地表一定空间范围的自然综合体，这个自然综合体的各项自然属性即进行生态功能区划的首要依据。这些属性特征主要通过以下环境要素特征得到反映。

①气候条件。指工作区的气候特点及区内分异。
②地貌类型。指工作区的地貌特征及空间分异。
③土壤类型。指工作区的土壤属性特征及空间分布。
④水文特征。指工作区的流域分布和水文特征。
⑤动植物资源。指工作区的动植物资源特征及空间分布规律。

(2) 社会经济特征及发展需求

区划的制定不仅要依据工作区自然环境的客观属性，还应充分重视当地社会经济状况及其发展需求。如果说前者体现了区划的科学性，则后者体现了其合理性。这里的社会经济特征及需求主要包括如下几方面：

①交通区位。指工作区所处的地理区位及其在背景区域中的战略地位。
②土地利用。指工作区现状土地资源利用的结构及空间分异。
③经济发展水平。指工作区现状经济发展水平及地区差异。
④人口结构。指工作区人口、劳动力组成与地区差异。
⑤产业特征。指工作区产业结构、空间分布及调整走向等特征。

(3) 相关规划或区划

各地方已有的相关区划或规划都是在多年调查和统计的第一手资料基础上获得的，比较符合当地社会经济发展需求和自然环境的客观需求，应作为新的生态功能区划的基本依据。

①已有的相关区划。主要包括《行政区划》《综合自然资源区划》《综合农业区划》《植被区划》《土壤区划》《地貌区划》《气候区划》和《水资源和水环境区划》等。

②已有的相关规划。主要包括《城镇总体发展规划》《城镇土地利用规划》《自然保护区建设规划》《交通道路规划》和《绿地系统规划》等。

③其他资料。还应参考其他已有的国家及地方有关调查资料、规划、标准和技术规范等，如《环境空气质量标准》《地表水环境质量标准》《城市区域环境噪声标准》《城市区域环境噪声适用区划分技术规范》及区域地质调查资料等。

上述规划或区划成果有些相互包含，如《城镇总体发展规划》包含《交通道路规划》《绿地系统规划》，《综合自然资源区划》包含《地貌区划》《气候区划》等。另外，有些地区并不一定具备上述所有相关成果资料，可依具体情况选择确定(国家环境保护总局，2002)。

6.2.3 城乡生态功能区划的原则

为促进城镇可持续发展，同时也为保证区划和规划的可操作性和公众接受性，生态功能区划应遵循以下几项基本原则(国家环境保护总局，2002)。

(1) 保证小城镇经济发展和环境保护的协调性

地方经济的发展是实现生态保护目标的根本保证，为此，功能分区应在注重自然生态功能保护的同时，充分体现地方社会经济发展的需求。区划要考虑小城镇的长远规划及其潜在功能的开发，同时注意它的环境承载能力，尽量提高生态环境功能级别，使其环境质量不断得到改善。在区划中，要给城镇发展、经济建设留有足够的土地和空间，并保证充分利用交通条件、物质条件等。另外，在区划中应合理利用资源和环境容量，避免由于工业布局不合理使污染源分布不均，致使有限的环境容量一方面在某地区处于超负荷状态；另一方面在其他地区又得不到合理利用而造成环境危害。

(2) 有利于满足居民的生产和生活需求

在区划所有要考虑的因素中，居民的生产和生活需求是第一位的，必须尽可能满足。因此，在生态功能区划中既要避免各类经济活动对居民区造成的不良影响，以及工业、生活污染对居民身体健康的威胁，同时也要保证工业区、商业区与居住区的适当联系以及居民娱乐、休闲等生活需求。

(3) 遵循区域与类型划分相结合的原则

生态功能区划中，只简单地将规划区进行片状划分并确定其功能，而不考虑功能区的类型，就会忽视区内不同地域空间所具有的不同环境特点、经济特征，在开发时容易千篇一律，而不能因地制宜。然而，只考虑类型，而不将各功能区合理组合成为完整的区域，则易形成繁琐零碎的状态，而且往往会把不同地域同一经济活动单位全部划开，而无法体现出其内部的相互联系，这势必与日益发展的经济要求不相适应。把区域与类型结合起来，既照顾到不同地段的差异性，又兼顾各地段之间的联接性和相对一致性，表现在环境区划类型图上是既有完整的环境区域，又有相对独立的环境类型存在。因此，在比较复杂的地区，要从社会经济活动出发，把区域与类型结合起来，是一项必要的原则。

(4) 坚持科学性与灵活性相结合的原则

在生态功能区划中，仅靠主观经验判断做出的结果是没有科学价值和规划意义的，必须以科学的态度严格按照区划方法来进行，并且不同性质的区划问题采用相应的解决方法和手段。这样的生态功能区划结果才有可能为生态功能分区及其环境目标的确定等后续工作提供可靠的依据，从而更好地开展经济建设和环境保护工作。

但区划中也会遇到这样的问题：运用科学方法划分的功能区给今后该区域的经济发展、行政管理或环境管理造成较大或诸多不便，如功能区与行政区的不重合等。因此，在环境功能区划中坚持科学严谨而又不失灵活性的原则是很重要的。

(5) 保持各分区的基本连片和与行政单元的一致性

各分区在基本满足生态环境特点、功能及开发利用方式上具有相对一致性的条件下，保持相对集中的空间连片，既有利于分区整体功能的发挥，也便于城镇体系进一步宏观建设和产业布局的规划、调整与管理。另外，还要考虑到行政区域对环境区划的影响，尽量减少与行政区域的冲突或出入，因区划的地理、社会、经济等方面信息主要来源于行政分区为单位的统计资料。同时，为了方便区划成果的应用，区划界限应尽量与乡村（或村级）行政区界一致。

(6) 区划指标选择应强调可操作性

区划的指标应具有简明、准确、通俗的特性，应寻求在同类型地区具有可比意义并具有普遍代表性的指标。同时应尽量采用国家统计部门规定的数据，以利于今后加强信息交流和扩大应用领域。

(7) 立足实际，适度超前

建立各具特色的小城镇经济园区。小城镇建设工作的出发点和落脚点应放在促进经济发展上，牢固树立小城镇建设是为了发展经济，抓经济是为了促进建设的观念。要根据各地的人口、资源、交通、通讯、经济结构以及市场前景等方面的具体情况，立足实际，适度超前，以小城镇的适度发展，推动区域经济跨越式发展。要充分发挥各自优势，培育特色产业和优势产业，走一镇一品的路子，并建立特色经济产业园区、高科技农业园区、农业观光旅游区。在编制小城镇规划时，要合理规划各类经济园区，保证必要的用地，通过村镇的聚集合并，开辟各类园区，将有限的资金、技术和人才聚集在一起。鼓励合资、外资企业到镇工业区兴办企业，大力推进企业的规模经营，走上档次、上水平、组建企业集团的道路(郑金芳，2004)。

6.2.4 城乡生态功能区划的一般程序及内容

6.2.4.1 城乡生态功能区划的基本要求

不同城镇在地理位置、经济地位、行政功能、城乡差异方面等情况有所不同，对城镇进行生态功能区划时，应突出城镇特点，不可盲目照搬城市生态功能区划的例子。但是，需要借鉴在城市生态功能区划中适合城镇的部分方法和思路，在工作中不断修正、完善，逐步形成城镇独特的区划工作方法体系。除了遵循前述基本原则外，还应注意满足以下基本要求。

①生态功能区划要依据该城镇的环境特征，服从城镇总体规划，满足城镇功能需求，并充分考虑土地利用现状、城镇发展、旧城改造的需要来进行。

②城镇与乡村在生产生活上都保持非常紧密的联系，表现出显著的一体化特征。这就要求生态功能区划要充分重视这种城乡间的联系，避免人为将其割裂开来。

③在城镇地区有许多乡镇企业，这些企业虽然规模较小，生产成本也相对较低，但分布相对零散，部分工艺相对落后，污染物排放量大且难以管理，相应地要求在生态功能区划中应根据工业企业的分布，尤其是未来企业的发展趋势，以及区域自然环境的客观属性要求，给予适当考虑。

④在城市所辐射的乡镇，因长期以种植业为主，且具有较好的自然环境本底，并因此拥有大、中城市很难具备的山水风光与田园气息。这就要求在城镇生态功能区划中重视对这些景观资源的利用和保护(国家环境保护总局，2002)。

6.2.4.2 城乡生态功能区划的一般程序

生态功能区划的空间层次及工作程序是：首先要进行区域的自然环境和社会环境现状调查，选取并确定能反映区域自然环境及社会经济特征的指标体系，进而利用这些指标，分析、评价区域自然环境及社会经济的主要特点及存在问题。在此基础上，进行生态功能区的划分，并指出各分区的生态环境功能要求和发展方向。生态功能区划的一般程序如图6-1所示。

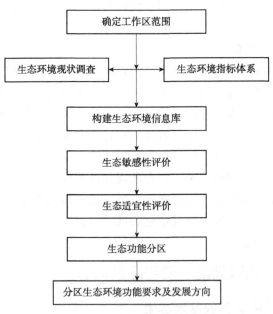

图 6-1　生态功能区划的一般程序
(国家环境保护总局，2002)

6.2.4.3 城乡生态功能区划的步骤及内容

(1) 生态环境状况调查

生态环境状况调查主要包括以下几方面的内容：

①气候因素和地形特征因素。如地形地貌、坡向坡度、海拔、经纬度等。

②自然资源状况。如水资源、土壤资源、动植物资源、珍稀濒危动植物等。

③生态功能状况。如区域自然植被的净生产力、生物量和单位面积物种数量、生物组分的空间分布及其在区域空间的移动状况、土壤的理化组成和生产能力(包括土壤内有效水分的数量和运行规律)、生物组分尤其是绿色植被的异质性状况及调控环境质量的能力、拟建项目区域周围自然组分的结构和功能状况及其对项目拟建区的支撑能力等。

④社会结构情况。如人口密度、人均资源拥有量、人口年龄构成、人口发展状况、生活水平的历史和现状、科技和文化水平的历史和现状、生产方式等。

⑤经济结构与经济增长方式。如产业构成的历史、现状及发展,自然资源的利用方式和强度等。

调查或收集资料的结果除了以数据库的形式存储外,还可用以下图件的方式表示:地形图、土地利用现状图、植被图、土壤侵蚀图、动植物资源分布图、自然灾害程度和分布图、生境质量现状图等。

另外需要注意的是,服务于生态功能区划的生态环境调查不同于服务于生态环境保护及建设规划的生态环境调查,前者不仅关注自然生态环境的属性特征,还要关注社会经济环境的时空分异;前者更注重宏观层次的空间一致性和差异性,后者较为关注微观层次的自然属性。为避免重复工作,二者应尽可能同步进行。

(2) 生态环境指标体系

确定指标体系的步骤:根据区划的目的和要求来分析系统的层次结构、组成部分及其因子的内在联系,按照区划原则采取定性判别和定量分析(如主成分分析、聚类分析等)相结合的方法进行因子筛选,得出因子即为区划指标。表6-1给出的指标体系可供参考(各地可根据本地的生态环境特点及存在问题进行删减或另行确定)。

表6-1 城乡生态环境区划指标体系实例

项目	因素	指标	替代性指标
自然条件	1. 气候	水热条件	≥10 ℃年积温(℃) 年均降水量(mm)
	2. 地貌	山地面积率(%)	坡度≥25°面积率 地貌类型
	3. 土壤	土壤养分含量(N、P、K)	耕作土有机质含量
	4. 植被	森林覆盖率(%);物种资源量	绿化率
	5. 水文	水域比例(%)	河网密度
生态压力	6. 人口	人口密度(人/hm^2)	人均耕地
	7. 土地利用	土地垦殖指数	旱涝保收耕地率 农药施用量
	8. 能源	农村生活能源供需率(%)	
	9. 产业	产业结构与布局	工业比例与结构

(续)

项目	因素	指标	替代性指标
环境质量	10. 水文	径流系数	水资源容量
	11. 生物	生物量(t/hm^2)	林地生长量 自然保护区面积比例
	12. 土地	土壤侵蚀模数(t/hm^2)	水土流失面积
	13. 水环境质量	水自净饱和度	
	14. 大气环境质量	大气二氧化硫含量(mg/m^3)	

注：引自国家环境保护总局，2002。

(3) 生态系统敏感性与适宜性评价

生态系统敏感性评价是从生态系统自身的抵抗力和恢复力的角度来研究生态系统的抗干扰能力，即脆弱性评价。影响一个地区生态敏感性的因素很多，一般主要依据地形地貌、土壤属性、水势条件(降水量和气温的空间分布及其季节变化频率)、生物多样性(植被覆盖率、人均绿地面积、生物多样性指数)等反映自然生态属性的因素和指标进行分析、评价。最后，根据敏感性程度对工作区进行分区，如划分为最敏感区、敏感区、弱敏感区和非敏感区等。

生态适宜性评价主要是评价生态环境因素制约下的产业类型、土地利用的适宜程度，重点考虑城市建设用地的适宜性。适宜性评价一般是在敏感性评价的基础上，结合人为活动的强度和对生态环境造成的压力以及城镇发展需求进行的综合性分析过程。可采用生态因子组合法、因子加权评分法等进行分析。

6.3 城乡生态功能分区

依据生态脆弱性和适宜性评价，参照国家环境保护总局有关小城镇生态功能分区，将城镇及其周围乡村分为商业居住区、生态工业园区、生态农业区、自然保护区、风景旅游区五大类型的生态功能区。这些功能区类型划分只是一些大类，而且不同的城镇也可能不同，需要根据实际情况进行增减，并在大类下进一步划分亚类。各功能区及其进一步划分的区域类型与特征等如下所述。

6.3.1 商业居住区

商业居住区指包括商业、居住在内的所有城镇建设用地区域，它们对自然的生态过程往往具有负面影响。

6.3.1.1 商业区

现代城镇商业区是各种商业活动集中的地方，以商品零售为主体并提供相配套的餐饮、旅宿、文化及娱乐服务，也可有金融、贸易及管理等行业。商业区内一般有大量的商业和服务业的用房，如百货大楼、购物中心、专卖商店、银行、保险公司、证券交易所、商业办公楼、旅馆、酒楼、剧院、歌舞厅等。

商业区一般分布在城镇中心和分区中心的地段，靠近城镇干道的地方，须有良好的交通连接，使居民可以方便地到达。商业建筑有两种分布形式：一种是沿街发展；另一种是占用整个街坊开发。现代城镇商业区的规划设计，多采用两种形式的组合，成街成坊的发展。以下就中心商业区与城市主干道空间关系及其步行系统的布局做一介绍(王健，2004)。

(1) 中心商业区与城市主干道的空间关系

中心商业区的区位分布趋近城市交通可达性重心，与城市主干道在空间上有密切关系。纵观我国城市中心商业区与城市主干道的空间关系(图6-2)，不外乎以下4种情况：

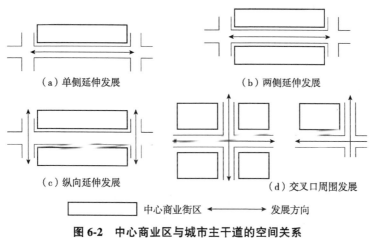

图 6-2 中心商业区与城市主干道的空间关系
(王健，2004)

①中心商业区沿城市主干道两侧延伸。无论在国外还是在国内，沿城市主干道两侧集中大量的商服业设施而形成热闹的中心商业区，都是极为普遍的一种情况，尤其是规模不大的城市中。

②中心商业区沿城市主干道一侧平行延伸。在城市主干道超过一定宽度或道路上交通过于繁忙的情况下，商服业设施沿道路两侧分布显然会给消费者带来很多不便，这时商服业较为集中或与市民主要出行方向一致的一侧往往顾客盈门，发展较快，另一侧则相对衰落，久而久之就可能形成沿城市主干道一侧平行发展的中心商业区。

③中心商业区在城市主干道一侧纵深发展。棋盘式的城市道路格局在我国十分普遍，主干道与相邻的平行道路之间通常都有若干条起到沟通作用的生活性支路，这些支路往往成为商服业设施聚集发展的依托，从而形成向街坊纵深发展的中心商业区。

④中心商业区位于城市主干道交叉口的四周或一侧。规模稍大的城市都会形成两条甚至多条主干道的交叉口，这些路口成为城市交通最繁忙、人流量最大的地段，商服业设施也大多聚集于此，逐渐形成热闹的中心商业区。这种类型从根本上来说是由前3种类型衍生出来的。

实际上，一个城市的中心商业区与主干道在空间上的关系往往是上述几种基本类型的综合。

(2) 中心商业区步行系统的布局

中心商业区步行系统的布局应依据街区内部现状道路系统的格局、城市主干道与街区

的空间关系以及街区内重要商业、服务业设施的分布特征,一般来说具有以下3种基本形式:

①鱼骨式。即以一条核心商业街为主轴,以若干条次要商业街为支脉的步行系统,主要出入口在核心商业街两端。鱼骨式步行系统适用于城市主干道以及街区内重要的"沿路两层皮"式的中心商业区的步行化建设。

②内环式。步行系统的主轴呈"U"字形或"口"字形,步行线路是循环式的。这种步行系统比较适合于沿城市主干道一侧或主干道交叉口一侧发展的中心商业区的步行化建设。

③内核式。步行系统有多条主轴,在交点上形成步行系统的空间和功能内核,这种形式的步行系统比较适合于"摊大饼"式发展的、内部交通流向复杂的中心商业区的步行化建设。

不难看出,以上3种步行系统布局在实际设计中,鱼骨式步行空间使步行交通流较为简单,内环式与内核式步行空间则使步行交通流流线较为复杂,前一种会减少步行活动的乐趣,后两种则增加步行者认路的困难。

6.3.1.2 居住区

(1)居住区的用地组成

居住区的用地根据不同的功能要求,一般可分为以下4类:

①住宅用地。指居住建筑基底占有的用地及其前后附近必要留出的一些空地,其中包括通向居住建筑入口的小路、宅旁绿地和杂务院等。

②公共服务设施用地。指居住区各类公共建筑和公用设施建筑物基底占有的用地及其周围的专用地,包括专用地中的道路、场地和绿地等。

③道路用地。指居住区范围内的不属于上两项内道路的路面以及小广场、泊车场、回车场等。

④公共绿地。居住区公园、小游园、运动场、林荫道、小块绿地、成年人休息和儿童活动场地等。

除此以外,还可有与居住区居民密切相关的居住区工业用地,指工厂建筑基底及其专用场地,其中包括专用地中的道路、场地及绿地等,由于各地情况不相同,故一般不参加居住区用地的平衡。

(2)居住用地的选择

居住用地的选择关系到城镇的功能布局,居民的生活质量与环境质量,建设经济与开发效益等多个方面。一般要考虑以下几方面要求:

①选择自然环境优良的地区,有着适于建筑的地形与工程地质条件,避免易受洪水、地震灾害、滑坡、沼泽、风口等不良条件的地区。在丘陵地区,宜选择向阳、通风的坡面。在可能情况下,尽量接近水面和风景优美的环境。

②居住用地的选择应与城市总体布局结构及其就业区与商业中心等功能地域协调,以减少居住—工作、居住—消费的出行距离与时间。

③居住用地的选择要注重用地自身及用地周边的环境污染影响。在接近工业区时,要选择在常年主导风向的上风向,并按相关法规规定间隔有必要的防护距离,为营造卫生、安宁的居住生活空间环境提供保证。

④居住用地选择应有适宜的规模与用地形状，便于合理地组织居住生活和经济有效地配置公共服务设施等。合宜的用地形状将有利于居住区的空间组织和建设工程。

⑤在城市外围选择居住用地，要考虑与现有城区的功能结构关系。利用旧城区公共设施、就业设施，有利于密切新区与旧区的关系，节省居住建设的初期投资。

⑥居住区用地选择要结合房产市场的需求趋向，考虑建设的可行性与效益。

⑦居住用地选择要注意留有余地。在居住用地与产业用地配合安排时，要考虑相互发展的趋向与需要，如产业有一定发展潜力与可能时，居住用地应有相应的发展安排与空间准备。

(3) 居住区规划设计的基本原则

居住区规划设计主要是为居民经济合理地创造一个满足日常物质和文化生活需要的舒适方便、卫生、安宁和优美的环境。因此，必须坚持"以人为本"的原则，注重和树立人与自然和谐及可持续发展的观念。由于社会多元化的需求和人们经济收入的差异，以及文化程度、职业等的不同，人们对住房与环境的选择也有所不同，特别是当随着住房制度的改革，人们可以更自由地选择自己的居住环境时，对住房与环境的要求将更高。在居住区内，除了布置住宅外，还须布置居民日常生活所需的各类公共服务设施、绿地和活动场地、道路广场、市政工程等，居住区内也可考虑设置少数无污染、无骚扰性的工业。因此，居住区的规划设计如何适应与满足各种不同层次居民的需求是一个十分现实而又迫切的问题。

(4) 居住区规划设计的基本要求

①使用要求。为居民创造一个生活方便的居住环境，这是居住区规划设计最基本的要求。居民的使用要求是多方面的，例如，为适应住户家庭不同的人口组成和气候特点，选择合适的住宅类型；为了满足居民生活的多种需要，必须合理确定公共服务设施的项目、规模及其分布方式，合理地组织居民室外活动、休息场地、绿地和居住区的内外交通等。

②卫生要求。为居民创造一个卫生、安静的居住环境。要求居住区有良好的日照、通风等条件，以及防止噪声的干扰和空气的污染等。防止来自有害工业的污染，从居住区本身来说，主要通过正确选择居住区用地。而在居住区内部可能引起空气污染的有：锅炉房的烟囱、炉灶的煤烟、垃圾及车辆交通引起的噪声和灰尘等。为防止和减少这些污染源对居住区的污染，除了在规划设计上采取一些必要的措施外，最基本的解决办法是改善采暖方式和改革燃料的品种。在冬季采暖地区，有条件的应尽可能采用集中采暖的方式。

③安全要求。为居民创造一个安全的居住环境。居住区规划除保证在正常情况下，生活能有条不紊地进行外，同时也要能够适应那些可能引起灾害发生的特殊和非常情况，如火灾、地震、敌人空袭等。因此必须对各种可能产生的灾害进行分析，并按照有关规定，对建筑的防火设备、防震构造、安全间距、安全疏散通道与场地、人防的地下构筑物等做必要的安排，使居住区规划能有利于防止灾害的发生或减少其危害程度。

④经济要求。居住区的规划与建设应与国民经济发展的水平、居民的生活水平相适应。即确定住宅的标准、公共建筑的规模等均需考虑当时当地的建设投资及居民的经济状况。降低居住区建筑的造价和节约城镇用地是居住区规划设计的一个重要任务。居住区规

划的经济合理性主要通过对居住区的各项技术经济指标和综合造价等方面的分析来表达。为了满足居民区规划和建设的经济要求，除了用一定的指标数据进行控制外，还必须善于运用各种规划布局手法，为居住区修建的经济性创造条件。

⑤美观要求。要为居民创造一个优美的居住环境。居住区是城镇中建设量最多的项目，因此它的规划与建设对城镇的面貌起着很大的影响。在一些老城市，旧居住区的改建已成为改变城市面貌的一个重要方面。一个优美的居住环境的形成不仅取决于住宅和公共服务设施的设计，更重要的取决于建筑群体的组合，建筑群体与环境的结合。现代居住区的规划与建设，由于建筑工业化的发展，已完全改变了从前那种把住宅孤立地作为单个的建筑来进行设计和建设的传统观念，而是把居住区作为一个有机的整体进行规划设计。城市的居住区应反映出生动活泼、欣欣向荣的面貌，具有明朗、大方、整洁、优美的居住环境，既要有地方特色，又要体现时代精神。

6.3.2 生态工业园区

6.3.2.1 生态工业园的概念及类型

生态工业园区是依据清洁生产要求、循环经济理念和工业生态学原理而设计建立的一种新型工业园区。它通过物流或能流传递等方式，把不同工厂或企业连接起来，形成共享资源和互换副产品的产业共生组合，使一家工厂的废弃物或副产品成为另一家工厂的原料或能源，模拟自然系统，在产业系统中建立"生产者—消费者—分解者"的循环途径，寻求物质闭环循环、能量多级利用和废物产生最小化。

根据我国实际情况，从具体操作层面将生态工业园区分为两种类型：①具有行业特点的生态工业园区，如广西贵港国家生态工业（糖业）示范园区；②具有区域特点的国家生态工业示范园区，如对现有经济技术开发区和高新技术开发区改造的生态工业园区。

6.3.2.2 生态工业园区的特征

与传统工业园区相比，生态工业园区具有以下特征：

①具有明确的主题。紧密围绕当地的自然条件、行业优势和区位优势，围绕某一主题进行生态工业园区中生态产业链的设计和运行。

②通过回用、再生和循环对材料进行可持续利用；通过不同产业或企业间存在的物质、能量关联和互动关系，形成各产业或企业间的工业生态链或生态网络。

③通过工业生态链进行各单元间的副产物和废物交换、能量和废水的梯级利用以及基础设施的共享，实现资源利用的最大化和废物排放的最小化。

④生态工业园区可实现区域性清洁化生产，促进区域性的经济规模化发展。

⑤通过现代化管理手段、政策手段以及新技术（如信息共享、节水、能源利用、再循环和再使用、环境监测和可持续交通技术）的采用，保证园区的稳定和持续发展。

⑥通过园区环境基础设施的建设、运行，使企业、园区和整个社区的环境状况得到持续改进。

⑦生态工业园区不单纯着眼于经济发展，而是着眼于工业生态关系的链接，把环境保护融于经济活动过程中，实现环境与经济的统一协调发展（程金香，2004）。

6.3.2.3 建立原则及实例

生态工业园区是所有工业生产模式中最复杂的、层次最高的一种仿自然生态系统的工业生产模式，它建立时既不能完全按照自然生态系统的形式照搬，又不能主观地凭空想象其"共生链"，必须结合实际，符合多种原则(王艳丽，2003)。

①建立生态工业园区的前提条件也是基本原则，即当地至少有一家大型企业(或工业部门)来利用该出口产品转化成有用形式之后的主要废物，只有满足这个原则才有可能形成"工业生态链"。

②要以提高区域系统的总体功能和综合效益为目标，有时局部利益应当服从总体的利益，所以应有一种可靠的组织结构和运行机制，以确保参与企业之间技术经济层面上的长期密切合作。

③在保持质量和安全的同时努力降低单位生产中原材料的使用，应注重资源的合理利用，采用物质和能量的多层次分级利用，使系统的物质能量转化率保持较高水平。

④减少对不可再生能源的依赖性，注重有机能源的投入，保持系统物质、能量输入输出的动态平衡。

⑤以废物预防为基本设计原则，并确保园区的设计、基本结构、建筑和工业工程符合这个原则，为此应优先采用生态技术。

⑥在自然系统吸收环境影响的能力范围内，使工业、商业、原材料、产品和服务多样化，以不断提高系统的抗逆性和稳定性。

⑦必须预先建立生态工业园区信息系统，以便进行资源共享、信息查询和获得网上帮助，包括园区工业网络设计、物质流集成设计、清洁生产技术、环境管理手段等。

这里以广西贵港国家生态工业(制糖)示范园区说明生态工业园建设的意义。

广西贵港国家生态工业(制糖)示范园区以贵糖(集团)股份有限公司为核心，包括蔗田系统、制糖系统、酒精系统、造纸系统、热电联产系统、环境综合处理系统等6个系统。主要包括3条生态链：甘蔗—制糖—蔗渣造纸生态链；制糖—糖蜜制乙醇—乙醇废液制复合肥生态链；制糖(有机糖)—低聚果糖生态链，如图6-3所示。

据统计，贵糖(集团)股份有限公司仅在"九五"期间"三废"综合利用产值就达13.35亿元，占公司工业总产值的53%，创利润7000多万元(王艳丽，2003)。

6.3.3 生态农业区

6.3.3.1 生态农业区

生态农业区是运用生态系统中的生物共生和物质循环再生原理，采用系统工程方法，吸收现代科学成就，因地制宜，合理组织农、林、副、渔生产，以实现生态效益、经济效益和社会效益协调发展的农业生产区域。可进一步分为农业耕作区和经济林区，前者主要包括各类农业生产用地，如粮、油、蔬菜等农作物，花卉、香料、瓜果、药材等经济作物种植区，后者主要包括各种以林业生产为主要目的，且保持较好植被覆盖的地区，如以供应木材或以林副产品生产为主的有林地、天然或人工牧草地等。在生态农业区中，可根据当地实际情况开展旅游，发展观光农业。下面就生态农业特点、经典模式及观光农业的概念、特点及功能分区等进行阐述。

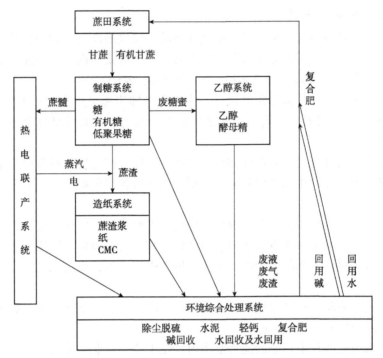

图 6-3　贵港国家生态工业（制糖）示范园区案例

（王艳丽，2003）

6.3.3.2　生态农业特征

(1) 整体协调发展

生态农业重视系统整体功能，把农业生态系统和生产经济系统内部各要素，按生态和经济规律的要求进行协调，要求农、林、牧、副、渔各产业组成综合经营体系；并要求各要素和子系统之间协调发展，包括生物与环境之间，生物物种之间，区域内的森林、农田、水域和草地等之间以及经济、技术与生物之间相互有机地配合，使整个农业经济体系得到协调发展。

(2) 提高综合功能

农业生态系统结构、组成的多样性，能提高空间和光能利用率，并有利于物质和能量的多层次利用，增加生物生产量。物种的多样性可发挥天敌对有害生物的控制作用，可降低生产成本，提高产品质量。能提高整个系统的抗逆力，抵御不良条件的侵袭，并能增强生态系统的自我调节能力，以维持整个体系的稳定。产品的多样化，有利于提高经济效益。

(3) 改善生态环境

生态农业通过对农村的"自然—社会—经济"复合生态系统结构的改造和调整，并采取有效的措施，使水、光、热、气候与土壤等资源以及生产过程中的各种副产品和废弃物得以多层次、多途径的合理利用，减少化肥和农药的用量，逐步恢复和提高土壤的肥力，水土得以保持，污染得到控制。因此，生态农业既合理地利用了自然资源，增加了物质财富和经济效益，并且逐步提高了农村生态环境的质量。

6.3.3.3 生态农业经典模式

生态农业模式有明显的地域性，模式形成与当地的农业自然资源、经济技术水平及面临的生态环境问题等密切相关。下面主要介绍3种比较经典的生态农业模式。

(1) 江南低湿地区的桑基鱼塘系统模式

桑基鱼塘是我国珠江三角洲和太湖流域地区生态农业模式的典范，其将农、林、牧、渔有机结合起来，互惠互利，构成一种水陆结合、动植物共存的人工复合生态系统。该系统对提高农业资源转化利用效率和系统生产力，效果十分显著，实现了生态效益和经济效益的统一。在桑基鱼塘基础上发展出许多类似的模式，如"果基鱼塘"和"田基鱼塘"等，在江南地下水位较高、地势较低的地区已普遍运用。桑基鱼塘的基本做法是：在低湿地上开挖鱼塘，把挖出的泥土垫高塘边形成基，在基上可种植桑树，在塘中积水养鱼，并种植一些浮游植物等。同时，可在塘边上建造猪舍，沼气池等。这样一种桑基鱼塘系统可以使系统的初级产品得到反复多层次利用，效果很好。如基上种植的桑树可以养蚕，发展蚕桑业，蚕沙和粪肥是鱼的好饲料；塘中上层的草鱼可以吃青草、桑叶、蔗叶等，草鱼排出的粪便可促进水中浮游生物大量繁殖生长，其中浮游植物、藻类等又是中层鲢鱼的良好饵料，而且浮游植物自身可以进行光合作用放出氧气供鱼呼吸，浮游动物是下层鳙鱼和鲤鱼等的饵料，而鱼利用后的残余物与粪便沉积于塘底形成塘泥，挖出塘泥可以作为桑、蔗等作物的优质有机肥料。桑基鱼塘在生态学上把第一性生产和第二性生产结合起来，提高了经济效益，一般适宜的基塘比例为 4.5:5.5，塘中鱼类结构比例为鲩 26%、鲢 12%、鳙 18%、鲫及其他鱼 44%，基面应高于水面 0.5~1.0 m 为宜(图 6-4)。

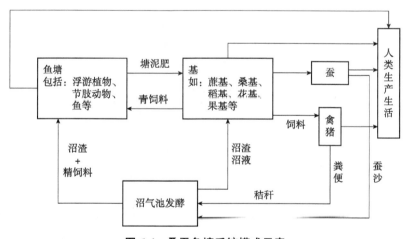

图 6-4　桑蚕鱼塘系统模式示意
(陈阜，2002)

(2) 北方农区庭院生态系统模式

在庭院内将种植业、养殖业及沼气能源结合起来，获得较佳的生态效益和经济效益，是北方地区庭院生态模式的典型，有相当的普遍性。最基本的模式是"种菜-养猪-沼气池"，即利用猪粪便及其他有机废弃物进行沼气发酵，沼气作为能源，沼液沼渣作为有机肥料供给蔬菜种植及农田施用。在这种模式基础上可以有许多改进，如蔬菜用塑料大棚或温室种植，养猪也在大棚或温室内，并且增加养鸡，利用鸡粪喂猪等。

这种庭院生态系统模式以农户为单元，以沼气为纽带，集种植、养殖、能源为一体，有很强的生命力，是一种物质良性循环的生产模式，也是一种农村能源开发的模式，这种模式的实施比较简单易行，投资成本可高可低，规模可大可小，可视农户具体情况而定。按照辽宁省农村能源办公室制定的农村生态模式户标准，沼气池、厕所、猪舍和日光温室"四结合"，猪舍在沼气池上面，与温室以墙间隔，猪舍内一角设厕所。这样，以太阳能为动力，以沼气池为纽带，以温室立体种养为手段，通过种、养、能源的有机结合，形成生态良性循环，并在推广实践中取得显著经济效益(图6-5)。

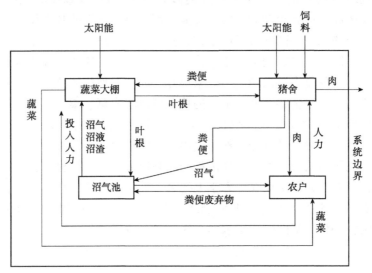

图6-5 庭院生态系统结构示意

(陈阜，2002)

(3)种、养、加、能源一体化的产业化模式

马亚农场位于菲律宾首都马尼拉附近，是一个综合性农工联合企业，包括一个饲养场、渔场的综合农场及一个肉食加工厂和一个罐头厂。整个农场占地 36 hm²，以种植稻谷为主，还有部分灌木林，饲养猪 2.5 万头，牛 70 头和 1 万只鸭，并有几个水塘养鱼。马亚农场种、养、加、能源一体化生产，形成一种生态良性循环，有很好的生态效益和经济效益，可以说是一个较为典型的生态农业模式。

马亚农场把稻田所生产的谷物送到面粉加工厂，用麸皮、秸秆等饲喂猪、牛，肉类送到食品加工厂和罐头厂，血、皮等送到饲料加工厂和脂肪提炼厂。猪粪、牛粪等进入沼气池。10个沼气池日产沼气 2000 m³ 以上，一部分用于发电，一部分直接作为燃料，基本上可以满足农场所需能源。沼气池的残渣污泥先送到沉淀池分开作为燃料，固体污泥由污泥厂处理，可以从中提取出动物饲料、肥料及维生素 B_{12} 的原料；液体送到氧化塘，清洗畜舍的脏水也送到氧化塘，由于其营养丰富，可生产大量水藻用来养鱼，氧化塘水面的浮渣可作为鸭子的部分饲料；塘泥又是农田的好肥料。这样一个良性循环，使农场的有机废物几乎全部得到充分综合利用，而生产出的动植物产品及加工产品又获得良好的经济效益(图6-6)。

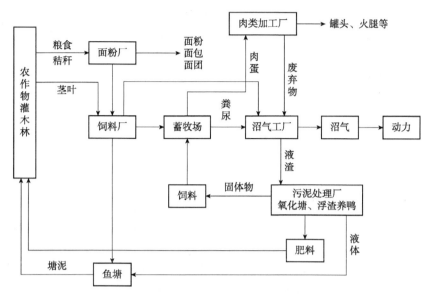

图 6-6 马亚农场种、养、加、能源一体化模式
(陈阜,2002)

6.3.3.4 观光农业及其特征

观光农业(或称休闲农业或旅游农业)是以农业活动为基础,农业和旅游业相结合的一种新型的交叉型产业。是以农业生产为依托,与现代旅游业相结合的一种高效农业。观光农业的基本属性是:以充分开发具有观光、旅游价值的农业资源和农业产品为前提,把农业生产、科技应用、艺术加工和游客参加农事活动等融为一体,供游客领略在其他风景名胜地欣赏不到的大自然浓厚意趣和现代化的新兴农业艺术的一种农业旅游活动。它是一种新型的"农业+旅游业"性质的农业生产经营形态,既可发展农业生产、维护生态环境和扩大乡村游乐功能,又可达到提高农业效益与繁荣农村经济的目的(郭焕成,2000)。

由于观光农业具有农业和旅游业的双重属性,所以它具有以下特征。

(1)农游合一性

观光农业是旅游业和农业两种产业的交叉产业,它分别具有两种产业的特性,又使两种产业有机地结合起来。观光农业具有常规性的农业生产功能,如生产粮、菜、木、果、药、花、肉、蛋、奶、鱼等农副产品,具有自身的产品价值;同时还具有为游客服务的旅游观光功能,包括提供观赏服务、品尝服务、购物服务、务农服务、娱乐服务、疗养服务、度假服务等,具有旅游业的基本属性。观光游客少时,农业仍在按照自身的规律,不间断地创造农业产品;观光游客多时,农业又可获得比自身的价值倍增的额外收入。在这里,旅游业收入成为农业收入的附加值,农业收入成为旅游收入的组成部分。总之,农业和旅游业两种产业的结合,使农业可以摆脱单一的生产效益所造成的"广种薄收"的局面,给旅游业找到了一条内涵外延的渠道,为农业实现高效化开辟了一条新途径,从而形成"农游合一"的叠加效应和综合经济效益(卢云亭等,2001)。从这个意义上讲,观光农业是一种投资风险小、收益大的朝阳产业。

(2) 内容的广博性

观光农业资源品种多样，形形色色，包含广博、丰富的内容。农业景观和农村空间中凡能给游客以奇、异、趣、土、尝、购等吸引力，并拥有观赏、参与、科考、休闲、健身、求知等旅游功能的农业都称为观光农业(卢云亭等，2001)。农村独特的田园风光、农场的机械化作业、各季节的农事活动、农业的高新技术、名优特新品种、民俗文化和风土人情等都可作为观光资源加以开发。同时，由于制约农业生产的自然条件具有显著的地域差异性，使各地形成了不同的农业生产方式和传统习俗，这更大大丰富了观光农业的内容。

(3) 参与性

参与性是观光农业的一个重要特征。所谓参与性就是让游客参与农业生产过程(如亲自参加种植、饲养、捕钓、采摘等活动)，让游客融入各种活动中去，通过模仿、习作、体验使游客有成就感、满足感、自豪感，让游人在农业生产实践中学习农业生产技术，在农业生产习作中体验农业生产的乐趣、增长农业知识。根据参与活动融入的内容与方式的不同，通常把参与性划分为无偿务农型参与、有偿务农型参与、品尝型参与、农业夏令营参与、娱乐型参与、健身型参与6种类型。

(4) 市场定势性

观光农业以农业为载体，为旅游者提供观赏、品尝、娱乐、购物、体验劳动等服务，其主要客源市场是不了解农业，不熟悉农村，向往自然的城市居民。观光农业经营者必须认清这种市场定位特点，认真研究城市旅游客源市场及其对观光农业功能的要求，满足旅游者的需求，有针对性地、按照季节特点开设观光农业项目，有计划地开拓市场，扩大游客来源。

(5) 季节性

农业生产活动的各个阶段对光、温、水、土等条件有不同的要求，受自然气候条件和农事季节的影响较大，因此，观光农业具有明显的季节性和周期性。尽管观光农业不可避免地要受到季节的影响，但与传统农业不同的是，观光农业可以利用季节的差异来发展不同的观光项目，换句话说，随季节的变化观光农业内容也会有所不同，游客在不同农业季节里能够从事不同的活动，充分体验农家风情，如：春季参与种植活动，花期赏花，秋季摘取劳动果实，冬季狩猎。同时，我们能够利用农业先进的生产技术，调节作物的生长期，使适宜旅游观光的时间延长，减轻季节对观光农业的影响。

(6) 文化性

观光农业资源具有丰富的民俗、文学、历史、经济、科学、精神等文化内涵。民俗文化指各种民间传说、典故等，文学文化指散文、游记、诗赋等，这些内容是策划、配置观光农业游览项目的资料库(卢云亭等，2001)。我们要善于挖掘和利用这些具有趣意的文化知识，规划形式多样的观光农业项目，为观光农业注入更多的文化内涵，这是增强观光农业吸引力的关键(关宇，2004)。

6.3.3.5 观光农业类型

按结构观光农业可分为以下6类：

(1) 观光种植业

观光种植业是指具有观光功能的现代化种植。利用现代农业技术，开发具有较高观赏价值的作物品种园地，或利用现代化农业栽培手段，向游客展示农业最新成果。如引进优质蔬菜、绿色食品、高产瓜果、观赏花卉，组建多姿多趣的农业观光园、自摘水果园、农俗园、农果品尝中心等。

(2) 观光林业

观光林业是指具有观光功能的人工林场、天然林地、林果园、绿色造型公园等。开发利用人工森林与自然森林所具有的多种旅游功能和观光价值，为游客观光、野营、探险、避暑、科考、森林浴等提供空间场所。

(3) 观光牧业

观光牧业指具有观光性的牧场、养殖场、狩猎场、森林动物园等，为游人提供观光和参与牧业生活的风趣和乐趣。如草原观光、草原放牧、马场比赛、猎场狩猎等各项活动。

(4) 观光渔业

观光渔业是指利用滩涂、湖面、水库、池塘等水体，开展具有观光、参与功能的旅游项目，如参观捕鱼、驾驶渔船、水中垂钓、品尝水鲜、参与捕捞活动等，还可以让游人学习养殖技术。

(5) 观光副业

与农业相关的具有地方特色的工艺品及其加工制作过程，都可作为观光副业项目进行开发。如利用竹子、麦秸、玉米叶等编造的多种美术工艺品；我国南方利用椰子壳制作的兼有实用和纪念用途的茶具，云南利用棕榈纺织的小人、脸谱及玩具等，可以让游人观看艺人的精湛艺术造诣或组织游人参加编织活动。

(6) 观光生态农业

建立农林牧渔土地综合利用的生态模式，强化生产过程的生态性、趣味性、艺术性，生产丰富多彩的绿色保洁食品，为游人提供观赏和研究良好生产环境的场所，形成林果粮间作、农林牧结合、桑基鱼塘等农业生态景观，如珠江三角洲形成的桑、鱼、蔗互相结合的生态农业景观典范(刘慧平，1995)。

6.3.3.6 观光农业园区的功能分区

功能分区是观光农业园区结构在地域空间上的反映，它根据结构组织的需求，将观光农业园区用地按不同性质和功能进行空间区划，这种区划一般来说是比较全面的且是多层次的，是突出主体、协调各分区的重要手段。

各种类型观光农业其设计创意及表现形式各有不同，但功能分区原则大体相似，即遵循农业的3种内在功能联系。

①提供乡村景观。利用自然或人工营造的乡村环境空间，向游人提供逗留的场所。其尺度分为3种：大尺度——田园风景观光；中尺度——农业公园；小尺度——乡村休闲度假地。

②提供体验交流场所。通过具有参与性的乡村生活形式及特有的娱乐活动，实现城乡居民的交流。具体可表现为乡村传统庆典和文娱活动，农业实习旅游和乡村会员制俱乐部等。

③提供农产品交易的场所。向游客提供当地农副产品。主要形式有产品销售和乡村食宿服务。目前具有代表性的典型分区方案见表6-2。

表6-2 观光农业园区功能分区方案

场所分区	所占规划面积	构成系统	功能导向
观光区	50%~60%	观光型农田带、瓜果园、特菜园；珍稀动物饲养场；花卉苗圃	使游客身临其境感受真切的田园风光和盎然的自然生机
示范区	15%~25%	农业科技示范、生态农业示范、科普示范	以浓缩的典型，传授系统的农业知识，增加效益
休闲区	10%~15%	乡村民居、乡村活动场所、垂钓娱乐	营造游客能深入其中的乡村生活空间，使其参与体验并实现精神文化交流
产品区	5%~10%	可采摘的直销果园、乡村工艺作坊、乡村集市	让游客充分体验劳动过程，并以亲切的交易方式回报乡村经济

注：引自李瑾，2002。

6.3.4 自然保护区

6.3.4.1 自然保护区的概念和类型

自然保护区是人类保护大自然的一种特殊手段和重要措施，是自然保护中的最高形式和重要内容，它对于保护人类的自然财富，促进精神文明和物质文明建设，保障人类持久的幸福等具有特殊的意义。2015年，《自然保护区名词术语》对我国自然保护区所作的完整定义是：自然保护区指对有代表性或有重要保护价值的自然生态系统，珍稀濒危野生动植物物种的天然集中分布区，有特殊意义的自然遗迹等保护对象所在的陆地、内陆湿地或者海域，依法划出一定范围予以特殊保护和管理的区域。

1993年，《自然保护区类型与级别划分原则》（GB/T 14529—1993）根据自然保护区的主要保护对象，将自然保护区分为3个类别9个类型。

(1) 自然生态系统类

自然生态系统类自然保护区，是指以具有一定代表性、典型性和完整性的生物群落和非生物环境共同组成的生态系统作为主要保护对象的一类自然保护区，下分5个类型。

①森林生态系统类型。是指以森林植被及其生境所形成的自然生态系统作为主要保护对象的自然保护区。

②草原与草甸生态系统类型。是指以草原植被及其生境所形成的自然生态系统为主要保护对象的自然保护区。

③荒漠生态系统类型。是指以荒漠生物和非生物环境共同形成的自然生态系统作为主要保护对象的自然保护区。

④内陆湿地和水域生态系统类型。是指以水生和陆栖生物及其生境共同形成的湿地和水域生态系统作为主要保护对象的自然保护区。

⑤海洋和海岸生态系统类型。是指以海洋、海岸生物与其生境共同形成的海洋和海岸

生态系统作为主要保护对象的自然保护区。

(2) 野生生物类

野生生物类自然保护区，是指以野生生物物种，尤其是珍稀濒危物种种群及其自然生境为主要保护对象的一类自然保护区，下分两个类型。

①野生动物类型。是指以野生动物物种，特别是珍稀濒危动物和重要经济动物种群及其自然生境作为主要保护对象的自然保护区。

②野生植物类型。是指以野生植物物种，特别是珍稀濒危植物和重要经济植物种群及其自然生境作为主要保护对象的自然保护区。

(3) 自然遗迹类

自然遗迹类自然保护区，是指以特殊意义的地质遗迹和古生物遗迹等作为主要保护对象的一类自然保护区，下分两个类型。

①地质遗迹类型。是指以特殊地质构造、地质剖面、奇特地质景观、珍稀矿物、奇泉、瀑布、地质灾害遗迹等作为主要保护对象的自然保护区。

②古生物遗迹类型。是指以古人类、古生物化石产地和活动遗迹作为主要保护对象的自然保护区。

6.3.4.2 自然保护区的建立条件

典型的自然地理区域、有代表性的自然生态系统区域以及已经遭受破坏但经保护能够恢复的同类自然生态系统区域；珍稀、濒危野生动植物物种的天然集中分布区域；具有特殊保护价值的海域、海岸、岛屿、湿地、内陆水域、森林、草原和荒漠；具有重大科学文化价值的地质构造、著名溶洞、化石分布区、冰川、火山、温泉等自然遗迹；经国务院或者省、自治区、直辖市人民政府批准，需要予以特殊保护的其他自然区域等，均可建立自然保护区。

6.3.4.3 自然保护区的作用

(1) 自然界的天然"本底"

自然保护区有效地保护了自然环境和自然资源，保护了自然界的本来面目，由于人类的活动，自然界中不受人类影响和干扰的区域越来越少，自然界的天然"本底"显得愈发宝贵和重要，人类亟待通过建立自然保护区来保存自然界中的生态系统、珍稀濒危野生生物、自然历史遗迹。如我国在各种森林生态系统、草原生态系统、荒漠生态系统、海洋生态系统、陆地水生生态系统、湿地生态系统建立了一些相应的自然保护区，保护了这些自然保护区的天然"本底"。

(2) 天然的物种基因库

国内外大量事实表明，保护物种的最佳方法是就地保护。物种的多样性十分丰富，目前许多物种人类还没有鉴定记录，还没有发现。因此建立自然保护区就可以将这些物种先保存下来，等待今后科技发展到更高水平时，再认识它们、研究它们、利用它们。建立自然保护区可以保护物种的多样性和遗传基因的多样性，因而自然保护区是天然的物种基因库。

(3) 科学研究的天然"实验室"

自然保护区是天然的、长期的、稳定的、完整的自然地域，有利于生态科学、生物科学、环境科学、地球科学进行长期的、系统的、连续的观测与研究。如自然保护区保护了各种类型的自然生态系统，为生态科学提供了一系列不同类型的自然生态系统的科学考察基地。自然保护区的建立使得连续地、系统地监测与研究各种不同类型的生态结构的组成、结构和动能的变化成为可能。为此世界各国在不少的自然保护区建立了生态监测研究机构，我国在许多自然保护区中也成功地开展了生态监测和生态研究，取得很多科研成果。这些成果使我们更加深刻、准确地认识了自然，也为保护生态系统提供了依据。

(4) 天然的自然"博物馆"

自然保护区保护了大批宝贵的自然历史遗产，保留了地球演化和生物进化所留下来的大量信息，可供有关专业的教师引导学生进行野外实习，是一座天然的自然"博物馆"。我国云南省地处几大自然区域的交汇处，自然生态环境复杂多样，生物多样性极为丰富，是我国有名的生物王国。因此，我国许多高等学校生物学专业的学生都到云南去进行科学实习，在这里，云南有几十个自然保护区可以作为天然课堂。我国其他一些自然保护区，如鼎湖山自然保护区、武夷山自然保护区等，也是生物多样性丰富多彩，吸收了许多高校师生前去进行生态学和生物学的野外实习。

(5) 生态旅游的"天堂"

旅游业目前已成为世界上最大的产业。我国的旅游业发展也很快，据统计目前已成为我国第二大产业。近年来，生态旅游异军突起，发展迅猛，而自然保护区是开展生态旅游的最佳场所。当然，有些自然保护区，特别是保护珍稀濒危动物的自然保护区应禁止旅游，例如，我国四川卧龙大熊猫自然保护区等禁止开展旅游活动。但是，大多数自然保护区，在保护自然的前提下，在划定的功能区中的实验区，可以开展旅游。自然保护区保护了自然界的原貌，因此具有很高的旅游价值，另外，在自然保护区中开展生态旅游，还可以促使游客在享受自然的同时，认识自然，提高科学文化水平，这就使自然保护区更加具有魅力。有的自然保护区的特殊保护对象，本身就具有吸引游客的特征，例如，黑龙江省扎龙丹顶鹤自然保护区，保护了大量丹顶鹤和其他一些鸟类，其鸣叫、跳跃，吸引人们竞相观看。

(6) 维持生态环境的稳定性

自然保护区的功能往往是多方面的，综合性的，一般来讲，自然保护区可以改善环境、保护资源、涵养水源、保持水土、净化空气、调节气候、保护生物的多样化。所有这些功能都有助于维持生态环境的稳定性。水源涵养林自然保护区就是一种维持生态环境稳定性的类型，在大江大河的源头地区，建立水源涵养林自然保护区极为重要。我国长江，黄河等大江大河上游，水源涵养林的作用关系重大，非同小可。因此，国家准备在大江、大河上游建立一批水源涵养林类型的自然保护区，以保护整个流域的经济、技术、社会可持续发展，促进各部门、各产业之间的协调发展。

(7) 自然资源的"宝库"

自然保护区保护各种自然资源，以使我们的后代子孙也可以永续利用，从这个意义上讲，自然保护区是各种珍贵资源的"宝库"。

(8) 开展环境外交的重要阵地

我国已有长白山、鼎湖山、卧龙、武夷山、锡林郭勒、博格达峰、神农架、盐城、西双版纳、天目山、茂兰、九寨沟、丰林和南鹿列岛等被联合国科教文组织列入"世界生物圈保护区网络"，扎龙、向海、鄱阳湖、东洞庭湖、东寨港和青海湖等自然保护区被列入《国际重要湿地名录》。这些保护区都是开展环境外交的重要场所，其他一些自然保护区也开展了国际合作与交流。

6.3.4.4 自然保护区内部的功能分区

保护区的内部功能分区区划是生物多样性保护区的一个全新的观点。自然保护区一般划分为核心区、缓冲区和实验区，必要时可划建季节性核心区、生物廊道和外围保护地带。

(1) 核心区

是自然保护区内保存完好的自然生态系统、珍稀濒危野生动植物和自然遗迹的集中分布区域。其主要任务是保护基因和物种多样性，并可以进行生态系统基本规律的研究。

(2) 季节性核心区

根据野生动物的迁徙或洄游规律确定的核心区，在野生动物集中分布的时段按核心区管理，在其他时段按实验区管理。

(3) 缓冲区

位于核心区外围，用于减缓外界对核心区干扰的区域。缓冲区的空间位置与宽度应足以消除外界干扰因素对核心区的干扰。

(4) 实验区

自然保护区内自然保护与资源可持续利用有效结合的区域，可开展传统生产、科学实验、宣传教育、生态旅游、管理服务和自然恢复。

(5) 生物廊道

连接隔离的生境斑块并适宜生物生存、扩散与基因交流等活动的生态走廊。生物廊道参照缓冲区管理。

(6) 外围保护地带

在自然保护区外划定的、主要对自然保护区的建设与管理起增强、协调、补充作用的保护地带。外围保护地带参照缓冲区或实验区管理。

6.3.4.5 各功能区划分依据

(1) 核心区

划为核心区的区域包括：典型自然生态系统、珍稀濒危物种、农作物野生近缘种或自然遗迹等主要保护对象集中分布的区域；典型地带性植被和完整的垂直植被带分布的区域，主要保护植物的原生地；主要保护动物的繁殖区，关键的水源地、取食地和食盐地等区域。

核心区的要求包括：自然保护区内可以有一个或几个核心区；自然生态系统类自然保护区的核心区面积应能维持生态系统的完整性和稳定性；野生生物类自然保护区的核心区面积应根据主要保护对象的生物生态学特性和生境要求确定，至少一片核心区的面积应满足其最小可存活种群的生存空间需要；核心区面积占自然保护区总面积的比例一般不低于30%。

(2) 缓冲区

缓冲区的空间位置和范围应根据外界干扰源的类型和强度确定。缓冲区的宽度应足以消除外界主要干扰因素对核心区的影响。

可不划定缓冲区的情况包括：核心区边界有悬崖、峭壁、河流等较好自然隔离；核心区外围是另一个自然保护区的核心区或缓冲区；核心区外围是森林公园的生态保育区；核心区外围是湿地公园的湿地保育区；核心区外围是地质公园的特级保护区；核心区外围是风景名胜区的生态保护区；核心区外围是天然林保护工程的禁伐区；核心区外围是一级国家级公益林；核心区外围是海洋特别保护区的重点保护区；核心区边界存在永久性人工隔离带。

(3) 实验区

在划定核心区、缓冲区和生物廊道后，自然保护区的其他区域划为实验区。根据自然保护区有效管理和当地社区发展需求，应把下列区域划为实验区：自然保护区原住居民的基本生产、生活所占用的区域；具有较好的科学研究条件，便于开展科学实验的区域；具有比较丰富的生物多样性和良好的生态环境，适宜开展生态环境教育和生态文化宣传等活动的区域；拥有较好自然旅游资源，便于开展生态旅游活动的区域；具有较好的区位条件，能满足自然保护区管护人员办公、管理及生活等方面需要的区域。实验区面积占自然保护区总面积的比例不应高于50%。

(4) 季节性核心区

主要保护对象以迁徙性或洄游性野生动物为主的自然保护区，可以在核心区以外保护对象相对集中分布的区域划定季节性核心区，一般包括下列区域：自然保护区内迁徙鸟类的繁殖、取食的关键区域；自然保护区内迁徙或迁移兽类、爬行类、两栖类的关键繁殖区域；自然保护区内洄游性水生动物的关键繁殖区域。

(5) 生物廊道

根据主要保护对象的种类、数量、分布、迁徙或洄游规律，以及生境适宜性和阻隔因子等情况，可以划定生物廊道，并明确其空间位置、数量、长度和宽度。陆生野生动物的生物廊道划定按照《陆生野生动物廊道设计技术规程》(LY/T 2016—2012)的要求。淡水鱼类的生物廊道划定按照《水利水电工程鱼道设计导则》(SL 609—2013)的要求。

(6) 外围保护地带

下列情况可划定外围保护地带：自然保护区面积较小，难以维持自然生态系统的稳定性以及野生动植物生境的安全性；自然保护区缓冲区宽度不足以消除外界干扰因素对主要保护对象的影响；自然保护区外围有主要保护对象的分布。

6.3.4.6 自然保护区内生态旅游区的规划与建设原则

生态旅游是以吸收自然和文化知识为取向，尽量减少对生态环境的不利影响，确保旅游资源的可持续利用，将生态环境保护与公众教育同促进地方经济社会发展有机结合的旅游活动(邓超颖等，2012；王翮等，2015)。该概念包含了3个方面的含义：在旅游中学习生态学的有关知识，建立生态保护的观念，参与生态保护的行动。

在保护区开展旅游之前，必须制定管理规划。根据游客的数量以及能够为游客提供娱乐机会的范围，确定这一场所的承受能力。生态旅游必须以各个保护区的承受能力为前提，以避免生态功能的破坏。具体应按照以下原则。

(1) 根据生态学原理开发旅游资源

在进行旅游资源的开发、规划、建设和利用时，自然保护应贯穿其中。根据服务目的安排旅游用地，在保护区与其他土地之间综合规划和建设旅游设施，设立严格的保护区与旅游区之间的界限。

(2) 控制游客量，维持生态功能

即使旅游区的环境质量与游客数量之间存在一个"最佳值"，也必须按照生态限度的范围控制游客量。因为游客的进入会带来许多污染，如噪声、灰尘、垃圾及汽车尾气等。因此在旅游旺季，应制定计划措施，确定各景点的合理游客容量和游览路线，以控制各个景点的游览者数量。

(3) 合理分配旅游收入

这可使旅游的收入有利于保护区的建设与保护区当地居民生活水平的提高，将生态旅游与保护区的建设、保护区工作人员的生活状况的改善与自然保护区的自主发展结合起来。要求生态旅游的经营者向游客收取保护区利用的专项费用，要求生态旅游经营者从年收入中为保护区的利用缴纳一定比例的税金，目的是对保护区提供的设施建设、医疗服务、道路维护、导游解说等予以补偿(贺庆棠，1999)。

6.3.5 风景旅游区

6.3.5.1 风景旅游区概念及分类

风景旅游区是指城镇建成区附近及自然保护区周边区域内，具有一定生态敏感性、不适宜进行建设开发和农业生产，但人为干扰强度相对较低，且可提供旅游服务功能价值的特色景观区域。可依据可开发强度分为特色风景区、文物古迹保留区、休闲度假区等。

以旅游资源性质和主要旅游功能为标准，可以将旅游区分为6类。

(1) 观光型旅游区

以观光游览为主要内容的旅游区。其旅游产品数量和类别丰富多彩，既可以是自然景观也可以是人造景观。如我国的黄山、武夷山、九寨沟、武汉的东湖风景区等。

(2) 度假—疗养休憩型旅游区

以健身消遣为主要功能的旅游区，主要以气候、矿泉、温泉、地磁异常等条件为基础。如我国的太阳岛、北戴河、庐山、三亚等地就是以消夏避暑和冬季避寒功能为特点的旅游区；我国东北的五大连池、陕西临潼的骊山华清池、南京汤山温泉、湖北咸宁温泉、湖北房县温泉等，是以矿泉、温泉资源为基础发展起来的旅游区；湖北鄂州莲花山旅游区是以地磁异常为基础条件发展的旅游区。

(3) 科学考察型旅游区

这种类型的旅游区的旅游资源必须具有科学考察、研究价值。如湖北省石首市天鹅洲麋鹿、白鳍豚湿地生态园，以及湖北神农架自然保护区、山东山旺古生物化石保护区、南京地质标准剖面、湖北大冶古矿冶遗址、中国纪山荆楚文化旅游区等。

(4) 运动健身型旅游区

以美好的自然风光为背景，以开展体育健身活动为主要功能的旅游区。如以山岳为主要场所开展登山运动和滑雪运动；以水体为基础开展的游泳、泛舟、赛艇活动；以动物为对象的狩猎场及在草原上开展的马术活动等。

(5) 探险型旅游区

多以未开发的自然风光地带为基地，其活动内容功能和功能具有体育和科普考察的特点。如湖北神农架自然保护区中的一些尚未开发地区的探险及沙漠地带的探险、探奇等。

(6) 宗教型旅游区

宗教型旅游区无论在我国还是在世界上都是非常重要的，也是分布较多的旅游区。世界各国都有自己的宗教，我国特有的宗教主要是道教，也就形成一些道教旅游区，如我国道教圣地武当山。

6.3.5.2 旅游区设计的环境理念

由于各种原因，许多自然风景旅游区的开发采取了盲目的、掠夺式的粗放型开发模式，造成了旅游资源的破坏和生态环境的衰退，影响了旅游区的持续发展。因此，在规划设计时就应强化环境理念，利用相关理论，强调保护和恢复景观生态过程的连续性和完整性。

(1) 原生性保护理念

在全球性的生态化思潮的影响下，旅游规划作为一种技术产品，也应该具备生态化特征，强调对原生环境和本土意境的保护，承担起保护生态及文化多样性的重任。具体来说，即在规划设计中，运用系统论和景观生态学的相关原理对旅游环境诸方面的生态平衡和协调发展予以保护，遵循的原则是最大的利用程度和最小的可能造成的环境退化。在此，规划师要做好两项工作。

①做好旅游景观功能分区及旅游景观生态规划。为了避免旅游活动对保护对象造成破坏，对旅游景观进行功能分区，通过游客分流，使旅游资源得以合理配置和优化利用。在我国，一般将其划分为核心区、缓冲区、密集区、服务社区4部分。核心区是严格受保护的区域，严禁各种资源开发活动，只为科学研究和保护工作人员的科研和保护所用，禁止一般游客进入。缓冲区是少数游客游览的对象，只允许步行或独木舟一类的简单交通工具进入，区内限制修建永久性建筑。密集区是游客集中活动的区域，要以控制污染性工业和美化工程为目标，并对各种旅游污染严格控制和清理。服务社区是游客休息的集中场所，各类交通工具可以通达，但应位于保护区边缘或外部毗邻区。这种分区可以保护景观尺度上的自然栖息地和生物多样性，并不危害敏感的栖息地和生物。同时还要从景观结构和功能上对生态旅游区进行景观生态规划。主要包括对旅游产品市场的需求及特征分析，生态旅游区自然、社会要素等基础资料和相关资料的调查搜集，景观分类和对景观结构功能及动态的诊断，然后通过不同类型的结构规划，构建不同的功能单元，从整体协调和优化利用出发，确定景观单元及组合方式，选择合理的利用方式。

②设计合理的生态旅游管理容量，并采取一定的手段保证其实施。生态旅游管理容量是生态旅游持续发展的保证，是对游客数量进行控制的依据。但目前对生态旅游管理容量

的概念、计算方法等未取得一致的看法。在实际应用中,根据风景区的性质因地制宜地调整每个景观单元的生态容量值,使其接近最合理容量。然后可根据计算出的结果对风景区进行适当的开发和规划,确保风景区环境的良性循环。同时要设法维持旅游区道路的通畅,以便及时疏散人群,降低对环境的压力。并做好旅游指导工作,使游客的不规律的活动变为比较易于控制的行动,以缓和旅游人群对旅游热点区的冲击。

(2) 特色保护理念

特色就是生命,已成为风景旅游开发者的共识。有特色才有吸引力,才有竞争力。唯我独有、唯我所长是旅游开发成功之道。5000年的历史造就了中国文化璀璨、综合资源荟萃。同时,由于地球自然演化过程各地的差异性,使得每一处风景旅游资源都往往具有景观上的独特性和不可替代性。所谓特色保护,就是在对该景区的自然和文化景观内涵进行深度挖掘的基础上,对旅游自然和文化环境的诸要素的内涵与特色的保护,避免在规划和开发过程中,景区自然和文化特色的丧失。

对自然风景旅游区的自然景观进行规划设计时,首先,必须保护景源或景点景观结构的完整性;其次,在对该类景点的构景创造时,必须注意与自然环境的协调和整体上达到较高艺术水平,防止发生破坏性建设。对一些自然景观极富特色的景点,除少量必要的人工防护设施外,尽量保持其自然原貌。如对海滨沙滩的开发,要注意:禁止挖沙取土;海岸工程(码头、防波堤等)的构筑,必须充分考虑海流运动,特别要防止由于海岸工程,改变海流运动,破坏泥沙补给,造成海岸侵蚀或淤积;禁止向沙滩排放污水,堆积污物,保护海湾河水。

对自然风景旅游区的人文景观,如古寺庙、古塔、石碑、民居村落、绘画雕塑等在规划设计时应首先予以保护,避免其损坏、变形、倒塌;其次,在周围景观的开发上,延续其文化内涵,加强文化要素,力求整体协调,突出地方风格。我国的一些古代石窟,特别是其中的古雕佛像、摩崖造像和壁画等人类文化艺术的珍品,现在有的由于山体、崖层的断裂坍塌而损坏,有的因流水渗漏和风化而走形,失去了艺术价值。许多名山上的摩崖石刻、岩画,由于流水、冰劈、风化等地质作用,许多已字迹模糊,残缺不全。还有一些古代著名的文化书院也因多年失修而破旧不堪。这些都是珍贵的历史文化遗存和艺术珍宝,具有极高的观赏价值,保护好它们,能够给旅游者带来难得的文化艺术享受。

对自然风景旅游区内的地方文化特色,如纯朴歌谣、陈年水酒、独特服饰、建筑与民俗风情等,要尽量挖掘,突出它们的原汁原味,力求体现当地的独特气息。对文化特色的深度挖掘,将会策划出人无我有,人有我特的旅游产品,满足人们体验性旅游的需求。同时,策划民歌节、山水节、民俗风情节等旅游项目,也能使游客领略到浓浓的民族文化韵味,带动民族文化的继承与弘扬。

(3) 美学保护理念

从美学的角度来看,在地球表面,土地格局、岩体、动植物之间存在着明显的和谐关系,形成了完整的统一体。大自然造就的景观特征的完整性越是统一、彻底、明显、强烈,对观察者的感官冲击就越大。而且,景观地段不同要素的和谐程度不仅是获得审美快感的量度,也是美的量度。因此对自然景观和历史文化景观在设计时,要运用整体论的观点,保护和加强内在的景观质量,剔除不应该保留的要素,甚至是引进要素以加强自然特征,尽量地保持景区的原始性、完整性、统一性、和谐性。

道路规划是景区规划设计的重点,同时也是对景区的非机器空间尺度的影响最大的元素。从景观生态学的角度讲,道路只是作为景观的廊道存在的,道路的引入增加了景观的破碎化,从而破坏了景观的稳定性,另外旅游线路布局不合理、停车场选址不当、索道的随意建设均会大大降低景观的质量,造成景观的僵硬化、不协调。因此对道路进行规划设计时,不能教条的看待规范而不顾及景区景源的完整和美观,片面追求道路等级标准或封闭的环状网络,而应根据道路具体的使用情况,遵循以下基本原则:在方便游人的情况下,尽可能多地保留自然的空间和元素;设计上体现本土化和自然化;合理利用地形,因地制宜的选择路线,注意当地景观与环境相协调。对建筑的规划设计,要清楚地认识到,风景区是以自然景观为主的。自然美是风景区美的核心和基础,是主体乐章,建筑只是配乐,始终处于从属地位。因此在选址上,宜藏不宜露,宜隐不宜显,避免阻挡景观视线;在空间分布上,宜成群,不宜成片、成行排列,应依山就势、借物立意、点景引人、高低错落有致,避免布局规正化;在体量上,宜小而不宜大、宜少而不宜多;在色彩上,与自然景观色调相协调,突出动态美,强调意境。另外,对于一些游客经常接触的建筑环境,如水面、河岸、旅游区建筑、环境建筑和小品等,都要考虑到景区的大环境、地形地貌和景区的文化底蕴,创造一个合适的组合,使每个要素都融合在景观之中,不要反差强烈。除此之外,自然界的树木花草、烟岚云霞、日月光华等,形成丰富多样的色彩美,给人类以强烈的美感享受,所以,不妨在规划设计中大胆运用一些色彩,使景区鲜活起来。例如,在植被上采用色彩丰富的植物来进行美化环境,做到三季有花,四季常青。

(4)人性化理念

现代规划与设计理念处处从人的需求出发,更确切地说是从细致入微的地方为人类的需求着想,人本主义已经成为一种潮流。以人为本也应该成为旅游规划者的座右铭。这里尤其要强调的是,在旅游设施的设计上要体现以人为本的思想。首先,针对不同细分市场推出具有细微差别的多选择、可替代的方案。例如,现代设计中强调的细分市场就包括为女性而设计、为男性而设计、为单身者而设计、为残疾人而设计等不同视角。为了使残疾人同健康人一样享受阳光、绿地和新鲜的空气,可专门为残疾人设计,或者在一般的规划设计中考虑到为残疾人提供特殊方便的旅游设施。其次,要让游客在与这些设施的接触中体验到舒适和快乐。设计上要从更细微的角度出发,例如,旅游导告牌的设计明显,使游客容易寻找;旅游设施的说明要简洁易懂、一目了然,减少游客的误解;小品设计应符合人的生理特征,减少游客疲劳和生理负荷。只有在设计上满足了人的生理和心理需要,规划设计出符合人类舒适、高效、安全的旅游环境,游客才能在吃、住、行、游、娱、购中体验到旅游所带来的愉悦、快乐的感觉,真正的做到以人为本和人文主义关怀(张娜等,2005)。

6.3.5.3 游人中心的布局与选址

旅游人数逐年快速上升对风景旅游区的基础设施和服务设施提出了更大的需求,游人中心的兴建就成了旅游业亟待解决的现实问题,下面就游人中心的布局与选址作一介绍。

(1)规划布局

游人中心的规划布局,根据风景区规模的大小,可以单独设置给游客提供服务,也可以进行分级布置。游人中心的分级布置,可以分成3级设置,但要对应风景区的规划结构层次，一般可以设置在风景区、景区、景群3级，或相对应的旅游城镇和旅游村。如果因用地、区位或其他原因，规划把旅游城、旅游镇、旅游村与县级市、建制镇、行政村合并设置，游人中心也可配置在上述居民社会管理系统的城、镇、村中，其总量和级配关系应符合风景区规划的要求。

在进行游人中心规划布局时，可以借鉴若干典型模式，宜采用的布局形式有：集中型（块状）、星座型（散点）等形态。集中型布局形式指游人中心单独设置在风景区的一处地方，这样有利于有效利用土地，但这种布局形式对土地的占用较大，适合于用地条件宽松，地势平缓的风景区。星座型布局形式指根据风景区规划的要求，结合风景区的地形，将游人中心分级设置于风景区的重要节点，这种布局形式适合于用地紧张，景观丰富的山地风景区。游人中心应依据风景区的性质、结构布局和具体条件进行综合部署，形成合理、完善而又有自身特点的整体布局，并应遵循下列原则：正确处理各级游人中心的配置与风景区规划结构层次的关系；解决各级游人中心的特征、作用、空间关系的有机结合问题；调控布局形态对风景区有序发展的影响，为各级游人中心能共同发挥作用创造满意条件；构思新颖，体现地方和自身特色；游人中心的规模、功能、面积要与其规划级别匹配。

(2) 具体选址

游人中心的选址，要受风景区游人容量布局的影响，容量布局可以使游人数量相对分散或相对集中，使游人合理地、适当地分布在风景区内，一般游人容量相对集中的地点主要在风景区的入口处，风景区内部交通换乘处和重要的节点处；游人中心的选址，应具备相应的水、电、能源环保、抗灾等基础工程条件，靠近交通便捷的地段，依托现有服务设施及城镇设施；避开有自然灾害和不利建设的地段同时还要分析所选位置的生态环境，应因地制宜，充分顺应和利用原有地形，尽量减少对原有地物与环境的损伤或改造。

游人中心是风景区的信息中心、展示中心、服务中心，游人中心的这种功能特点表明它的主要目的是为所有游客提供服务，这就需要一定面积的游人集散广场，利于旅游高峰期游客出入及车辆的停放。因此，用地的地势要相对平坦、开阔，有足够的空间容纳高峰时的大量游客和车辆。但是，这在景观密集而用地紧缺的山地风景区，有时难以做到，因而将被迫缩小或降低游人中心的用地标准，甚至取消设置，而用相邻基地的代偿作为补救；或者也可以采用分散的星座型布局形态，集小为大加以解决(张华宾，2004)。

小　结

本章在介绍了生态功能区划含义、总目标、方法基础上，阐述了城乡生态功能区划的现状、目的、依据、原则及一般程序和内容。依据生态脆弱性和适宜性评价，将城镇及其周围乡村分为商业居住区、生态工业园区、生态农业区、自然保护区和风景旅游区5大类型的生态功能区，并在大类下进一步划分亚类，对各分区的特点、分区设计等进行了介绍。

思考题

1. 什么是生态功能区划？如何进行城乡生态功能区划？

2. 什么是观光农业？它有哪些特征？
3. 简述观光农业园区的功能分区。
4. 什么是自然保护区？简述自然保护区的作用及内部功能分区。
5. 什么是生态工业园区？它有哪些特征？
6. 居住用地的选择应考虑哪些方面？
7. 什么是风景旅游区？如何进行旅游区的设计？

推荐阅读书目

1. 燕乃玲，2007. 生态功能区划与生态系统管理：理论与实证[M]. 上海：上海社会科学院出版社.
2. 王让会，2012. 生态规划导论[M]. 北京：气象出版社.
3. 王光军，项文化，2015. 城乡生态规划学[M]. 北京：中国林业出版社.

第 7 章

城乡生态环境协同整治

环境污染和生态破坏是城乡发展过程中面临的主要环境问题，制约着城乡的社会经济发展。因此，城乡环境的整治是实现城乡可持续发展的关键。环境的整治涉及诸多要素和部门，因而必须从系统的角度，协同各部门及城乡环境各要素，对城乡环境进行综合整治。本章主要介绍了城乡协同整治的策略，并重点阐述了城乡环境污染及生态破坏的协同整治对策与措施。

7.1 协同整治的策略

城乡协同生态学研究的对象是城乡生态系统，城乡生态系统作为一个整体，各个要素之间相互联系，相互制约，在进行城乡生态系统环境的整治时，必须注意要素之间的协同，进行综合整治。环境综合整治的目的和途径仍然是通过人的行为实施的，因此，环境法制、环境管理、环境教育都要跟上，而实施这些政策涉及相当多的部门，因此，各部门之间必须协同起来，使技术措施落到实处，实现城乡生态环境的整体改善。

(1) 健全法制体系，加大执法力度，强化法制建设

环境保护是一项公益性事业，政府在其中起着主要的导向作用。因此，依靠政府，强化法制，是保证生态环境协同整治成效的关键。

中国的环境保护事业起步较晚，虽然近年来国家非常重视，通过不断努力，环境保护的法律法规体系不断完善，但是仍然有很大的缺陷，有些方面没有立法；有些方面的立法不够细化，执法困难；有些地方执法队伍力量不足，力度不够。因此，进一步健全法律法规体系，满足不断发展的社会的需要，是目前的一项重要任务。有法可依，有法必依，加大执法力度，使环境保护事业落到实处，也是当务之急。

(2) 协调各管理部门之间的关系，提高协同整治部门的能力

环境问题的管理与执法，涉及相当多的部门，如环境保护部门、市政管理部门、交通部门、农林水利部门、执法部门等。因此，要强化各部门之间的协作，提高各部门的业务能力，强化管理，维护与巩固生态环境协同整治的成果，将环境治理技术与政策落到实处。

(3) 加大环境整治的投入

对于环境问题,我们要从远处着眼,以可持续的观点进行开发和建设,不能以破坏环境为代价来发展经济。要找到环境与经济之间的平衡点,要舍得投入,加大环境协同整治的力度。落实工程建设责任制,健全标准体系,突出工程质量,严格资金管理,加强成果管护,确保环境整治工程稳步推进,收到实效。

(4) 推行清洁生产

联合国环境规划署与环境规划中心定义:清洁生产是指将综合预防的环境策略持续地应用于生产过程和产品中,以便减少对人类和环境的风险。对生产过程而言,清洁生产包括节约原材料和能源,淘汰有毒原材料并在全部排放物和废物离开生产过程以前减少它的数量和毒性。对产品而言,清洁生产策略旨在减少产品在整个生产周期过程(包括从原料提炼到产品的最终处置)中对人类和环境的影响。清洁生产不包括末端治理技术,如空气污染控制、废水处理、固体废弃物焚烧或填埋等。清洁生产通过应用专门技术,改进工艺技术和改变管理态度来实现。

《中国21世纪议程》中清洁生产是指既可满足人们的需要又可合理使用自然资源和能源并保护环境的实用生产方法和措施,其实质是一种物料和能量消耗最少的人类生产活动的规划和管理,将废物减量化、资源化和无害化,或消灭于生产过程之中。同时对人体和环境无害的绿色产品的生产将随着可持续发展进程的深入而日益成为今后产品生产的主导方向。

清洁生产谋求达到:通过资源的综合利用、短缺资源的代用、二次资源的利用及节能、降耗、节水,合理利用自然资源,减缓资源的耗竭;减少废物和污染物的生成和排放,促进工业产品的生产,消费过程与环境相容,降低整个工业活动对人类和环境所带来的风险。清洁生产目标的实现将体现工业生产的经济效益、社会效益和环境效益的统一,保证国民经济的持续发展。

清洁生产的内容包括:

①清洁的能源。采用各种方法对常规的能源如煤采取清洁利用的方法,如城市煤气化供气、对沼气等再生能源的利用、新能源以及各种节能技术的开发利用。

②清洁的生产过程。尽量少用和不用有毒有害的原料;采用无毒、无害的中间产品;选用少废、无废工艺和高效设备;尽量减少生产过程中的各种危险性因素,如高温、高压、低温、低压、易燃、易爆、高噪声、强振动等;采用可靠和简单的生产操作和控制方法;对物料进行内部循环利用;完善生产管理,不断提高科学管理水平。

③清洁的产品。产品设计应考虑节约原材料和能源,少用昂贵和稀缺的原料;产品在使用过程中以及使用后不含危害人体健康和破坏生态环境的因素;产品的包装合理;产品使用后易于回收、重复使用和再生;使用寿命和使用功能合理。

企业清洁生产审核是对企业现在和计划进行的工业生产预防污染的分析和评估,是企业实行清洁生产的重要前提,也是企业实施清洁生产的关键和核心。

通过清洁生产审核,达到:核对有关单元操作、原材料、产品、用水、能源和废物的资料;确定废物的来源、数量以及类型,确定废物削减的目标,制定经济有效的削减废物产生的对策;提高企业对由削减废物获得效益的认识和知识;判定企业效率低的瓶颈部位和管理不善的环节;提高企业的经济效益和产品质量。

(5) 加强环境治理技术的研究与应用

环境治理技术指末端治理技术，包括环境污染的控制和生态破坏的恢复。环境污染控制包括水污染控制、大气污染控制、噪声污染控制、固体废物处理处置及资源化利用等。生态破坏的恢复包括退化生态系统的恢复、生物多样性的保护、水土流失的治理、土地退化的治理等。

目前，对于各方面的研究都受到不同程度的重视，一些常规处理技术也比较成熟。但随着人们对于环境污染与生态破坏认识的加深和人们对环境质量要求的提高，对环境治理技术的要求也不断提高。因此，对于新技术的要求也不断提高。另外，由于政策、管理或经济因素，一些新技术只能停留在实验室阶段。因此，国家应该采取一定的措施，促进新技术从科学研究到实际应用的转化。

(6) 加强生态环境问题监测和预警系统建设

研究开发先进的监测分析方法和设备，积极应用高新技术，提高监测能力，加强环境污染物的监测（如有毒的微量、痕量物质监测等）和生态破坏水平的监测（如水土流失、土地退化的监测等），指导环境治理技术的应用，提高环境治理的成效。

(7) 加强环境教育

加强环境教育，首先应该强化法制教育，使人民大众熟悉有关环境的法律法规，提高人们的法制观念，使人们意识到保护环境有法可依，破坏环境将为之承担法律责任。但法律可以控制人的行为，却不能控制人的思想。做好环境保护工作，不仅需要加强环境法制建设，通过强化管理来规范人们的行为，而且还需要加强专业知识和科普知识教育以增强人们的环境意识，使环境保护成为人们的自觉行动。

环境教育可通过学历教育、基础教育、公众教育、成人教育等多种途径完成。中国环境教育目前存在着缺少规范化管理、投入不足、师资和教材缺乏、环境教育发展不平衡等问题。作为科教兴国战略的重要组成部分，中国的环境教育要立足于国情，以环保实践的需求为导向，确立环境教育为环境管理服务的指导思想，重新调整各种环境教育的发展方向和对策，如优先发展基础教育、加强公众教育、强化成人教育、调整和优化专业教育等。

公众参与和政府重视是环境保护走向成功的两个重要方面，其中，公众是环境保护运动的原动力和主体。全球几十年的环境管理实践，特别是西方发达国家的环境管理实践证明，只有政府的重视，没有广泛的公众参与，环境保护是不能成功的。

环境教育与公众参与密不可分，实现公众的广泛参与，增强公众的环境意识是前提，而环境教育是基础。所以，环境教育的根本目的就是增强公众的环境意识，进而促进社会公众对环境保护的广泛参与，加强对政府和环境执法部门的社会监督。

公众参与环境保护的途径是多种多样的。因其具体环境和条件的限制，有的可以进入决策层次，在制定环境政策、法规、规划和管理办法方面参与环境保护工作，如人大代表和政协委员。有的可以进入管理层次，在实施具体的环境政策、法规、规章过程中参与环境保护工作，如政府聘用的环境监督员。但大多数的公众参与只是停留在提出问题层面，包括对环境政策、法规执行情况的意见调查和反馈；对地方政府环境保护工作成效的意见反馈；对环境问题处理的意见调查与反馈；对区域环境质量状况的关注与调查等。

7.2 环境污染协同整治

7.2.1 水污染协同整治

如前所述,引起水污染的原因有很多,但总的来说可分为两类:自然因素和人为因素。当前对水体危害较大的是人为污染,即人类排放的各类废水,如工业废水、生活污水等。就一定意义上说,只要严格控制好排放废水的水质,水环境的污染就能得到基本的治理。

污水处理是指采用各种方法将污水中所含有的污染物质分离出来,或将其转化为无害和稳定的物质从而使污水得以净化的技术。

7.2.1.1 污水处理技术

现代的污水处理技术,按其作用原理可分为物理法、化学法、物理化学法和生物处理法四大类。

(1) 物理法

通过物理作用,以分离、回收污水中不溶解的呈悬浮状的污染物质(包括油膜和油珠),在处理过程中不改变其化学性质。物理法操作简单、经济。常采用的有重力分离法、离心分离法、过滤法及蒸发、结晶法等。

①重力分离(即沉淀)法。利用污水中呈悬浮状的污染物和水密度不同的原理,借重力沉降(或上浮)作用,使水中悬浮物分离出来。沉淀(或上浮)处理设备有沉沙池、沉淀池和隔油池等。在污水处理与利用方法中,沉淀与上浮法常常作为其他处理方法前的预处理。例如,用生物处理法处理污水时,一般需事先经过预沉池去除大部分悬浮物质以减少生化处理构筑物的处理负荷,而经生物处理后的水仍要经过二次沉淀池的处理,进行泥水分离保证处理后的水质。

②过滤法。利用过滤介质截留污水中的悬浮物。过滤介质有钢条、筛网、砂布、塑料、微孔管等,常用的过滤设备有格栅、栅网、微滤机、砂滤机、真空滤机、压滤机等(后两种滤机多用于污泥脱水)。

③气浮(浮选)法。将空气通入污水中,并以微小气泡形式从水中析出成为载体,污水中相对密度接近于水的微小颗粒状的污染物质(如乳化油)黏附在气泡上,并随气泡上升至水面,从而使污水中的污染物质得以从污水中分离出来。根据空气打入方式不同,气浮处理方法有加压溶气气浮法、叶轮气浮法和射流气浮法等。为了提高气浮效果,有时需向污水中加入混凝剂。

④离心分离法。含有悬浮污染物质的污水在高速旋转时,由于悬浮颗粒(如乳化油)和污水受到的离心力大小不同而被分离的方法。常用的离心设备按离心力产生的方式可分为两种:由水流本身旋转产生离心力的为旋流分离器;由设备旋转同时也带动液体旋转产生离心力的为离心分离机。

(2) 化学法

向污水中投加某种化学物质,利用化学反应来分离、回收污水中的某些污染物质,或使其转化为无害的物质。常用的方法有化学沉淀法、混凝法、中和法、氧化还原(包括电解)法等。

①化学沉淀法。是指通过向污水中投加某种化学物质,使它与污水中的溶解性物质发生互换反应,生成难溶于水的沉淀物,以降低污水中溶解的有害物质的方法。这种处理法常用于含重金属、氧化物等工业生产污水的处理。按使用沉淀剂的不同,化学沉淀法可分为石灰法(又称氢氧化物沉淀法)、硫化物法和钡盐法。

②混凝法。是指通过向水中投加混凝剂,可使污水中的胶体颗粒失去稳定性,凝聚成大颗粒而下沉。通过混凝法可去除污水中细分散固体颗粒、乳状油及胶体物质等。该法可用于降低污水的浊度和色度,去除多种高分子物质、有机物、某种重金属毒物(汞、镉、铅)和放射性物质等,也可以去除能导致富营养化的物质(如磷等可溶性无机物),此外还能够改善污泥的脱水性能。因此混凝法在工业污水处理中使用得非常广泛,既可作为独立处理工艺,又可与其他处理法配合使用,作为预处理、中间处理或最终处理。目前常采用的混凝剂有硫酸铝、碱式氯化铝、铁盐(主要指硫酸亚铁、二氯化铁及硫酸铁)等。当单独使用混凝剂不能达到应有的净水效果时,为加强混凝过程、节约混凝剂用量,常可同时投加助凝剂。

③中和法。用于处理酸性废水和碱性废水。向酸性废水中投加碱性物质如石灰、氢氧化钠、石灰石等,使废水变为中性。对碱性废水可通入含有 CO_2 的烟道气进行中和,也可用其他的酸性物质进行中和。

④氧化还原法。利用液氯、臭氧、高锰酸钾等强氧化剂或利用电解时的阳极反应,将废水中的有害物质氧化分解为无害物质;利用还原剂或电解时的阴极反应将废水中的有害物还原为无害物质,以上方法统称为氧化还原法。氧化还原方法在污水处理中的应用实例有:空气氧化法处理含硫污水;碱性氯化法处理含氰污水;臭氧氧化法在进行污水的除臭、脱色、杀菌及除酚、氰、铁、锰,降低污水的 BOD 与 COD 等方面均有显著效果。还原法目前主要用于含铬废水的处理。

(3) 物理化学法

利用萃取、吸附、离子交换、膜分离技术、气提等操作过程,处理或回收利用工业废水的方法可称为物理化学法。工业废水在应用物理化学法进行处理或回收利用之前,一般均需先经过预处理,尽量去除废水中的悬浮物、油类、有害气体等杂质或调整废水的 pH 值,以便提高回收效率及减少损耗。常用的物理化学法有以下几种。

①萃取(液—液)法。将不溶于水的溶剂投入污水之中,使污水中的溶质溶于溶剂中,然后利用溶剂与水的密度差将溶剂分离出来,再利用溶剂与溶质的沸点差将溶质蒸馏回收,再生后的溶剂可循环使用。常采用的萃取设备有脉冲筛板塔、离心萃取机等。

②吸附法。利用多孔性的固体物质,使污水中的一种或多种物质吸附在固体表面而去除的方法。常用的吸附剂有活性炭等。此法可用于吸附污水中的酚、汞、氰等有毒物质,且还有除色、脱臭等作用。吸附法目前多用于污水的深度处理。吸附操作可分为静态吸附和动态吸附两种。静态吸附是在污水不流动的条件下进行的操作。动态吸附则是在污水流动条件下进行的吸附操作。污水处理中多采用动态吸附操作,常用的吸附设备有固定床、移动床和流动床 3 种方式。

③离子交换法。是利用离子交换剂的离子交换作用来置换污水中的离子化物质从而将其从水中除去的方法。在污水处理中使用的离子交换剂有无机离子交换剂和有机离子交换剂两大类。采用离子交换法处理污水时必须考虑树脂的选择性。树脂对各种离子的交换能力是不同的。交换能力主要取决于各种离子对该种树脂亲和力(又称选择性)。目前离子交换法广泛用于去除污水中的杂质,例如,去除(回收)污水中的铜、镍、镉、锌、汞、金、银、铂、磷酸、有机物和放射性物质等。

④膜分离技术。被称为21世纪的水处理技术,是近40年来发展最迅速、应用最广泛的水处理技术之一。其基本原理是当溶液与膜接触时,在压力、电场或温差作用下,某些物质可以透过分离膜,而另外一些物质被选择性的拦截,从而使溶液中的不同组分被分离。这种分离是分子级的分离。目前用于水处理的常见膜分离技术有电渗析、反渗透、超滤、微滤、渗析等。

a. 电渗析法。是在离子交换技术基础上发展起来的一项膜分离新技术。它与普通离子交换法不同,省去了用再生剂再生树脂的过程,因此具有设备简单、操作方便等优点。电渗析是在外加直流电场作用下,利用阴、阳离子交换膜对水中离子的选择透过性,使一部分溶液中的离子迁移到另一部分溶液中去,以达到浓缩、纯化、合成、分离的目的。另用于海水、苦咸水除盐,制取去离子水等。

b. 反渗透法。利用一种特殊的半渗透膜,在一定的压力下,将水分子压过去,而溶解于水中的污染物质则被膜所截留,污水被浓缩,而被压透过膜的水就是处理过的水。目前该处理方法已用于海水淡化、含重金属的废水处理及污水的深度处理等方面。制作半透膜的材料有醋酸纤维素、磺化聚苯醚等有机高分子物质,操作压力一般为 $30\sim50~kg/cm^2$。为降低操作压力以节省设备和运转费用,目前对于膜的材料和性能正在深入试验研究。反渗透处理工艺流程由3部分组成:预处理、膜分离及后处理。

c. 超滤法。也是利用特殊半渗透膜的一种膜分离技术。该法以压力为推动力,使水溶液中大分子物质与水分离,膜表面孔隙大小是主要控制因素,主要用于电泳涂漆废液等工业废水的处理。

d. 微滤法。是以筛孔原理为主的薄膜过滤,其以净压力差为推动力,利用膜的"筛分"作用进行分离。迄今微滤膜的重要作用是从液体或气体中把大于 $0.1~\mu m$ 的微粒分离出来。

e. 渗析。是最早被发现和研究的一种膜分离过程,它是一种自然发生的物理现象。渗析过程的推动力是浓度梯度。一般来讲,渗析法可以去除 $1~\mu m$ 以上的颗粒。

(4) 生物处理法

生物处理法利用微生物新陈代谢功能,使污水中呈溶解和胶体状态的有机污染物被降解并转化为无害的物质,使污水得以净化。生物处理法工艺可以根据微生物种类和供氧情况分为两大类,即好氧生物处理和厌氧生物处理。活性污泥法和生物膜法是比较常用的好氧生物处理方法。

①好氧生物处理法。在有氧的条件下,借助于好氧微生物(主要是好氧菌)的作用来进行的。

a. 活性污泥法。这是当前使用最广泛的一种生物处理法。该法是将空气连续鼓入曝气池的污水中，经过一段时间，水中即形成繁殖有巨量好氧微生物的絮凝体——活性污泥，它能够吸附水中的有机物，生活在活性污泥上的微生物以有机物为食料，获得能量并不断生长繁殖。从曝气池流出的含有大量活性污泥的污水，进入沉淀池经沉淀分离后，澄清的水被排放，沉淀分离出的污泥作为种泥，部分地回流进入曝气池，剩余的（增殖）部分从沉淀池排放。活性污泥法有多种池型及运行方式，常用的有普通活性污泥法、完全混合式表面曝气法、吸附再生法等。废水在曝气池内一般停留 4~6 h，能去除废水中的有机物 90% 左右。

b. 生物膜法。使污水连续流经固体填料（碎石、煤渣或塑料填料），在填料上大量繁殖生长微生物形成污泥状的生物膜。生物膜上的微生物能够起到与活性污泥同样的净化作用，吸附和降解水中的有机污染物，从填料上脱落下来的衰老生物膜随处理后的污水流入沉淀池，经沉淀泥水分离，污水得以净化而排放。生物膜法多采用的处理构筑物有生物滤池、生物转盘、生物接触氧化池及生物流化床等。除此之外，土地处理系统（污水灌溉）、氧化塘等皆属于生物处理法中的自然生物处理范畴。

②厌氧生物处理法。在无氧的条件下，利用厌氧微生物的作用分解污水中的有机物，达到净化水的目的。它已有百年悠久历史，但由于它与好氧法相比存在着处理时间长、对低浓度有机污水处理效率低等缺点，使其发展缓慢，过去厌氧法常用于处理污泥及高浓度有机废水。近 30 多年来，出现世界性能源紧张，促使污水处理向节能和实现能源化方向发展，从而促进了厌氧生物处理的发展，一大批高效新型厌氧生物反应器相继出现，包括厌氧生物滤池、升流式厌氧污泥床、厌氧流化床等。它们的共同特点是反应器中生物固体浓度很高，污泥龄很长，因此处理能力大大提高，从而使厌氧生物处理法所具有的优点（能耗小并可回收能源，剩余污泥量少，生成的污泥稳定、易处理，对高浓度有机污水处理效率高等）得到充分的体现。厌氧生物处理法经过多年的发展，现已成为污水处理的主要方法之一。目前，厌氧生物处理法不但可用于处理高浓度和中等浓度的有机污水，还可以用于低浓度有机污水的处理。

(5) 污水处理流程

污水中的污染物质是多种多样的，不能预期只用一种方法就能够把污水中所有的污染物质去除殆尽，一种污水往往需要通过几种方法组成的处理系统，才能达到处理要求的程度。

按污水的处理程度划分，污水处理可分为一级、二级和三级（深度）处理。

一级处理主要是去除污水中呈悬浮状的固体污染物质，物理处理法中的大部分都用作一级处理。经一级处理后的污水，有机污染物只能去除 30% 左右，仍不宜排放，还必须进行二级处理，因此针对二级处理来说，一级处理又属于预处理。二级处理的主要任务是大幅度地去除污水中呈胶体和溶解状态的有机污染物，常采用生物法，去除率可达 90% 以上，处理后水中的有机污染物含量可降至 20~30 mg/L，一般污水均能达到排放标准。但经二级处理后的污水中仍残存有微生物不能降解的有机污染物和氮、磷等无机盐类。深度处理往往是以污水回收、再次利用为目的而在二级处理工艺后增设的处理工艺或系统，其目的是进一步去除废水中的悬浮物质、无机盐类及其他污染物质。污水复用的范围很广，从工业上的复用到充作饮用水，对复用水水质的要求也不尽相同，一般根据水的复用用途而组合三级处理工艺，常用的有生物脱氮法、混凝沉淀法、活性炭过滤、离子交换及反渗透和电渗析等。

污水处理流程的组合,一般遵循先易后难、先简后繁的规律,即首先去除大块垃圾及漂浮物质,再依次去除悬浮固体、胶体物质及溶解性物质,即首先使用物理法,再使用化学法和生物法。对于某种污水,采取由哪几种处理方法组成的处理系统,要根据污水的水质、水量,回收其中有用物质的可能性和经济性,排放水体的具体规定,并通过调查、研究和经济比较后决定,必要时还应当进行一定的科学试验。调查研究和科学试验是确定处理流程的重要途径。

(6) 污泥处理、利用与处置

污泥是污水处理的副产品,也是必然产物。在城市污水和工业废水处理过程中,产生很多沉淀物与漂浮物。有的是从污水中直接分离出来的,如沉砂池中的沉渣,初沉池中沉淀物,隔油池和浮选池中的渣等;有的是在处理过程中产生的,如化学沉淀污泥与生物化学法产生的活性污泥或生物膜。一座二级污水处理厂产生的污泥量占处理污水量的 0.3%~5% (以含水率 97% 计)。如进行深度处理,污泥量还可增加 0.5~1.0 倍。污泥的成分非常复杂,不仅含有很多有害物质,如病原微生物、寄生虫卵及重金属离子等,也可能含有可利用的物质如氮、磷、钾等。这些污泥若不进行妥善处理,就会造成二次污染。所以污泥在排入环境前必须进行处理,使有毒物质得到及时处理,有用物质得到充分利用。一般污泥处理的费用约占全污水处理厂运行费用的 20%~50%。所以对污泥的处理必须予以充分的重视。污泥处置的一般方法与流程如图 7-1 所示。

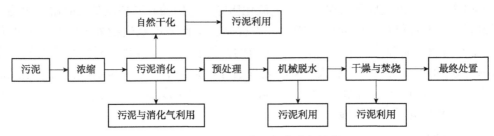

图 7-1 污泥处理的一般方法与流程

①污泥的脱水与干化。从二次沉淀池排出的剩余污泥含水率高达 99%~99.5%,污泥体积大,在堆放及输送方面都不方便,所以污泥的脱水、干化当前污泥处理方法中较为主要的方法。二次沉淀池排出的剩余污泥一般先在浓缩池中静止沉降,使泥水分离。污泥在浓缩池内静止停留 12~24 h,且使含水率从 99% 降至 97%,体积缩小为原污泥体积的 1/3。污泥进行自然干化(或称晒泥)是借助于渗透、蒸发与人工撇除等过程而脱水的。一般污泥含水率可降至 75% 左右,使污泥体积缩小许多倍。污泥机械脱水是以过滤介质(一种多孔性物质)两面的压力差作为推动力,污泥中的水分被强制通过过滤介质(称滤液),固体颗粒被截留在介质上(称滤饼),从而达到脱水的目的。常采用的脱水机械有真空过滤脱水(真空转鼓、真空吸滤)、压滤脱水机(板框压滤机、滚压带式过滤机)、离心脱水机等,一般采用机械法脱水,污泥的含水率可降至 70%~80%。

②污泥消化。

a. 污泥的厌氧消化。将污泥置于密闭的消化池中,利用厌氧微生物的作用,使有机物分解稳定，这种有机物厌氧分解的过程称为发酵。由于发酵的最终产物是沼气，污泥消化池又称沼气池。当沼气池温度为 30~35 ℃时，正常情况下 1 m³ 污泥可产生沼气 10~15 m³，其中甲烷含量大约为 50%。沼气可用作燃料和作为制造四氯化碳(CCl_4)等化工原料。

b. 污泥好氧消化。利用好氧和兼氧菌，在污泥处理系统中曝气供氧，微生物分解生物可降解的有机物(污泥)及细胞原生质，并从中获得能量。近年来，实践发现污泥厌氧消化工艺的运行管理要求高，处理构筑物要求密闭、容积大、数量多且复杂，所以认为污泥厌氧消化法适用于大型污水处理厂污泥量大、回收沼气量多的情况。污泥好氧消化法设备简单、运行管理比较方便，但运行能耗及费用较大些，它适用于小型污水处理厂污泥量不大、回收沼气量少的场合。当污泥受到工业废水影响，进行厌氧消化有困难时，也可采用好氧消化法。

③污泥的最终处置。脱水后的污泥如需进一步降低其含水率时，可进行干燥处理或加以焚烧。经过干燥处理，污泥含水率可降至 20%左右。主要含有机物的污泥经过脱水及消化处理后，可用作农田肥料。当污泥中含有有毒物质不宜用作肥料时，应做彻底的无害化处理，用于填地或充作筑路材料。

7.2.1.2 水污染协同整治措施

水污染协同整治应采用系统分析的方法，应用多种手段，以防为主，防治结合，全面控制水污染。水污染协同整治的主要措施有：

(1) 合理利用水环境的容量

根据污染物在水体中的迁移、转化规律，综合计算和评价水体自净能力。结合调整工业布局和下水管网的建设，调整污染负荷的分布，在保证水体目标功能的前提下，利用水环境容量消除水污染。

(2) 推行清洁生产工艺，发展节水型工业，提倡和加强废水回用和污水资源化

推行清洁生产工艺能减少污染、降低成本、节约能源，它不仅是防止水污染的最佳途径，而且是工业可持续发展所必须遵循的道路。

(3) 积极研发适于农村生活污水处理的技术体系

随着社会发展及科技进步，城市生活污水处理技术日趋成熟，而农村地区受人口密度、污水量、污水管网等基础设施完善程度、污水处理设施运行维护管理及资金等因素的影响，不能照搬城市污水处理技术，针对不同地区农村生活污水的污染特征，合理制定农村污水处理规程及标准，系统集成配套的污水处理技术体系，因地制宜地开展农村生活污水治理工作。

(4) 加强农村生活污水收集与处理设施的建设

加强农村地区污水收集管网和污水处理厂的建设，提高污水处理率，减少污水的排放量，是防治水体污染的关键措施。

(5) 加强和完善管理手段和措施

水污染防治还必须加强和完善各项管理措施，包括水环境立法管理、水资源管理和水环境规划管理，设立专门机构，实施监督、执法的权力，是防止水污染、保护水资源必不可少的条件。

7.2.2 大气污染协同整治

7.2.2.1 大气污染控制技术

根据大气污染物的存在状态,其治理技术可概括为两大类:颗粒污染物治理技术和气态污染物治理技术。

(1) 颗粒污染物治理技术

颗粒污染物治理技术常称除尘技术,它是指利用除尘设备将颗粒物分离出来并加以捕集、回收的过程。除尘设备通常称为除尘器,主要有以下4类:

① 机械式除尘器。是利用重力、惯性力、离心力等质量力的作用将颗粒物从气流中分离出来以达到净化目的的除尘装置。机械式除尘器包括重力沉降室、惯性除尘器和旋风除尘器,其中旋风除尘应用最为广泛。这类除尘设备构造简单、投资少、动力消耗低,除尘效率一般为40%~90%,在排尘量比较大或除尘要求比较严格的地方,这类设备可用作预处理,以减轻后续除尘的负荷。

② 湿式除尘器。湿式除尘也称洗涤除尘。湿式除尘器利用液体(一般为水)形成液网、液膜或液滴,与尘粒发生惯性碰撞、扩散效应、黏附、扩散漂移与热漂移、凝聚等作用,使废气中的尘粒被捕集,从而从气体中分离出来。湿式除尘器的优点:由于洗涤液对多种气态污染物具有吸收作用,因此,在除尘的同时还可去除某些气态污染物;除尘效率较高,与达到同样效率的其他除尘设备相比,投资较低;可以处理高温废气及黏性尘粒和液滴。但湿式除尘器存在能耗较大、废液和泥浆需要处理、金属设备易被腐蚀、在寒冷地区使用有可能发生冻结等问题。湿式除尘设备式样很多,根据不同的除尘要求,可以选择不同类型的除尘器。目前国内常用的有喷淋塔、文丘里洗涤器、冲击式除尘器和水膜除尘器等。净化的气体从湿式除尘器排出时,一般都带有水滴。为了去除这部分水滴,在湿式除尘器后都附有脱水装置。

③ 过滤式除尘器。是利用多孔过滤介质分离捕集气体中固体或液体粒子的净化装置。因其一次性投资比电除尘器少,而运行费用又比湿式除尘器低,因而被人们所重视。目前应用的过滤式除尘器可分为内部过滤和外部过滤式两种基本类型。外部过滤用纤维织物、滤纸等作为滤料,粉尘在滤料表面被截留,如袋式除尘器。它的性能不受尘源的粉尘浓度、粒度和空气量度变化的影响,对于粒径为 $0.5~\mu m$ 的尘粒捕集效率可高达98%~99%。袋式除尘器不适于处理含油、含水及黏结性粉尘,同时也不适合于处理高温气体,一般情况下被处理气体温度应低于100℃。在处理高温气体时需先对烟气进行冷却处理。内部过滤以一定厚度的多孔滤料作为过滤介质,尘粒在滤层内部被捕集,如颗粒层除尘器。这种除尘器的最大特点是耐高温(可耐400℃)、耐腐蚀,滤材可以长期使用,除尘效率比较高,适用于冲天炉和一般工业炉窑。

④ 电除尘器。使浮游在气体中的粉尘颗粒荷电,在电场的驱动下作定向运动,从气体中被分离出来。驱使粉尘作定向运动的力是静电力——库仑力,这是电除尘器(常称静电除尘器)与其他除尘器的本质区别。因此,它具有独特的性能与特点。它几乎可以捕集一切细微粉尘及雾状液滴,其捕集粒径范围在 $0.01~100~\mu m$。粉尘粒径大于 $0.1~\mu m$ 时,除尘效率可高达99%以上;由于电除尘器是利用库仑力捕集粉尘的,所以风机仅仅担负运送

烟气的任务，因而电除尘器的气流阻力很小，为 200~500 Pa，即风机的动力损耗很少；尽管本身需要很高的运行电压，但是通过的电流却非常小，因此电除尘器所消耗的电功率亦很少，净化 1000 m³ 烟气耗电 0.2~0.4 kW·h。此外，电除尘器适用范围广，从低温、低压至高温、高压，在很宽的范围内均能适用，尤其能耐高温，最高可达 500℃。电除尘器的主要缺点是设备庞大，占地面积大，造价偏高，钢材消耗量较大；除尘效率受粉尘比电阻的影响很大（最适宜捕集比电阻为 1×10^4~5×10^{11} $\Omega\cdot cm$ 的粉尘粒子）；需要高压变电及整流设备。目前电除尘器在冶金、化工、水泥、建材、火电、纺织等工业部门得到广泛应用。

除尘技术的方法和设备种类很多，各具不同的性能和特点，在治理颗粒污染物时要选择一种合适的除尘方法和设备，除需考虑当地大气环境质量、尘的环境容许标准、排放标准、设备的除尘效率及有关经济技术指标外，还必须了解尘的特性，如它的粒径、粒度分布、形状、密度、比电阻、亲水性、黏性、可燃性、凝集特性以及含尘气体的化学成分、温度、压力、湿度、黏度等。

(2) 气态污染物治理技术

气态污染物的治理主要有以下几种方法。

①吸收法。是利用气体混合物中不同组分在吸收剂中的溶解度不同，或者与吸收剂发生选择性化学反应，从而将有害组分从气流中分离的方法。吸收法用于治理气态污染物，技术上比较成熟，操作经验比较丰富，适用性强，各种气态污染物（如 SO_2、H_2S、HF、NO_x 等）一般都可选择适宜的吸收剂和设备进行处理，并可回收有用产品。因此，该法在气态污染物治理方面得到广泛应用。

②吸附法。气体混合物与适当的多孔性固体接触，利用固体表面存在的未平衡的分子引力或化学键力把混合物中某一组分或某些组分吸留在固体表面上，这种分离气体混合物的过程称为气体吸附。作为工业上的一种分离过程，吸附已广泛应用于化工、冶金、石油、食品、轻工及高纯气体制备等工业部门。由于吸附法具有分离效率高、能回收有效组分，设备简单，操作方便，易于实现自动控制等优点，已成为治理环境污染物的主要方法之一。在大气污染控制中，吸附法可用于中低浓度废气的净化。例如，用吸附法回收或净化废气中的有机污染物，治理低浓度二氧化硫（烟气）以及废气中的氮氧化物等。

③催化法。是利用催化剂的催化作用，将废气中的气体有害物质转变为无害物质或转化为易于去除物质的废气治理技术。催化法与吸收法、吸附法不同，应用催化法治理污染物的过程中，无须将污染物与主气流分离，可直接将有害物转变为无害物，这不仅可避免产生二次污染，而且可以简化操作过程。此外，由于所处理的气态污染物的初始浓度很低，反应的热效应不大，一般可以不考虑催化床层的传热问题，从而大大简化了催化反应器的结构。由于上述优点，促进了催化法净化气态污染物的推广和应用。目前此法已成为一项重要的大气污染治理技术。例如利用催化法使废气中的碳氢化合物转化为二氧化碳和水，氮氧化物转化成氮，二氧化硫转化成三氧化硫后加以回收利用，有机废气和臭气催化燃烧以及汽车尾气的催化净化等。该法的缺点是催化剂价格较高，废气预热需要一定的能量。

④燃烧法。是通过热氧化作用将废气中的可燃有害成分转化为无害物质的方法。例

如，含烃废气在燃烧中被氧化成无害的二氧化碳和水。此外燃烧法还可以消烟、除臭。燃烧法已广泛用于石油化工、有机化工、食品工业、涂料和油漆的生产、金属漆包线的生产、纸浆和造纸、动物饲养场、城市废物的干燥和焚烧处理等主要含有机污染物的废气治理。该法工艺简单、操作方便，可回收含烃废气的热能。但处理可燃组分含量低的废气时，需预热耗能，应注意热能回收。

⑤冷凝法。是利用物质在不同温度下具有不同饱和蒸汽压这一性质，采用降低系统温度或提高系统压力，使处于蒸汽状态的污染物冷凝并从废气中分离出来的过程。该法特别适用于处理污染物体积分数在 $10\,000\times10^{-6}$ 以上的有机废气。冷凝法在理论上可以达到很高的净化程度，但对有害物质的控制要求严格，可能费用很高。所以冷凝法不适宜处理低浓度的废气，常作为吸附、燃烧等净化高浓度废气的预处理，以便减轻这些方法的负荷。

⑥生物法。废气的生物法处理是利用微生物的生命活动过程把废气中的气态污染物转化成少害甚至无害物质的方法。自然界中存在各种各样的微生物，因而几乎所有无机和有机的污染物都能被微生物转化。生物处理不需要再生过程和其他高级处理，与其他净化法相比，其处理设备简单、费用低，并可以达到无害化目的。因此生物处理技术被广泛地应用于废气治理工程中，特别是有机废气的净化，如屠宰厂、肉类加工厂、金属铸造厂、固体废物堆肥化工厂的臭气处理等。该法的局限性在于不能回收污染物质，只适用于污染物浓度很低的情况。

⑦膜分离法。混合气体在压力梯度作用下，透过特定薄膜时，不同气体具有不同的透过速度，从而使气体混合物中的不同组分达到分离的效果。因此只要研究不同结构的膜，就可分离不同的气态污染物。根据膜构成物质的不同，分离膜有固体膜和液体膜两种。液膜技术可以分离废气中的 SO_2、NO_x、H_2S 及 CO_2 等，目前在一些工业部门实际应用的主要是固体膜。膜分离法的优点是过程简单，控制方便，操作弹性大，并能在常温下工作，能耗低(因不耗相变能)。该法已用于石油化工，合成氨气中回收氢，天然气净化，空气中氧的富集以及二氧化碳的去除与回收等。可以预料，膜分离法将广泛用于气态污染物的净化及回收利用。

7.2.2.2　大气污染协同整治措施

大气污染协同整治措施的内容非常丰富。由于各地区大气污染的特征以及大气污染协同整治的方向不尽相同，因此，措施的确定具有很大的区域性，很难找到适合一切情况的通用措施。这里介绍一些一般措施。

(1)合理利用大气环境容量

结合调整工业布局，合理开发大气环境容量；科学利用大气自净规律，选择有利于污染物扩散的排放方式；种植绿色植物等。

(2)降低污染物排放量

改革能源结构，发展清洁能源。对原煤进行洗选、筛分、成型及添加脱硫剂等预处理，并改革工艺设备，改善燃烧过程；推行煤气化；开发利用太阳能、风能、地热能、水能、生物能、核能等可再生能源。集中供热，降低污染物排放量。发展大气污染物治理技术。控制交通尾气的排放。可通过对燃料的改革(如采用液化天然气、氢气、甲醇等)，改进汽车内燃机结构，推行差别行驶权，加强立法，制定地方性法规，发展无害和高效的公共交通等技术和管理措施减少尾气的排放。

7.2.3 噪声及其他物理污染协同整治

7.2.3.1 噪声污染控制技术

噪声污染的构成有声源、声音传播途径和接收者 3 要素，控制噪声污染可从这 3 方面着手：首先是减小和消灭声源，其次是在噪声传播途径中减弱其强度，最后是采取个人防护措施。

(1) 声源控制措施

①降低噪声的功率。要彻底消除噪声只有对噪声源进行控制。要从声源上根治噪声是比较困难的，而且受到各种条件和环境的限制。但是，对噪声源进行一些技术改造是切实可行的，比如，应用一些内摩擦较大、高阻尼合金、高强度塑料等新材料生产机器零部件；改进机械设备的结构，例如，把风机叶片由直片式改成后弯形等来降噪；改革工艺和操作方法，例如，用低噪声的焊接代替高噪声的铆接、用无声的液压代替有梭织布机；提高零部件加工精度，使机件间摩擦尽量减少，从而使噪声降低；提高装配质量，减少偏心振动以及提高机壳的刚度等，都能使机器设备的噪声减小。降低机器设备的噪声，对提高机器的运行效率、降低能量消耗、延长使用寿命都有好处。

②固定振源以减小振动。噪声是由振动产生的，减小机器的振动，就可以减少噪声的产生。

(2) 传声途径控制措施

①使声源远离接收者。

②调整声音传播方向。声源本身具有指向性，利用声源的指向性，使噪声指向空旷无人区或者对安静度要求不高的区域。而医院、学校、居民住宅区等需要安静的地区应避开声源的方向，减少噪声的干扰。

③进行城市防噪规划(绿化等)。采用植树、植草坪等绿化手段也可减少噪声的干扰。

④采用吸声、隔声、消声、阻尼、隔振等技术。吸声主要是利用吸声材料或吸声结构来吸收声能，主要在室内空间使用，如厂房、剧场等。在室内空间的噪声比同一声源在空旷的露天要高，这是因为室内的壁面会使声源发出的声音来回反射。吸声材料能有效地降低这种反射。吸声材料大多是用多孔的材料做成，当声波通过它时，压缩孔中的空气，使得孔中的空气与孔壁产生摩擦，由于摩擦损失而使声能变为热能。隔声就是用屏蔽物将声音挡住，隔离开来。但是由于声波是弹性波，作用在屏蔽场上，会激发起屏蔽物的振荡，使声音从一边传到另一边，所以，总会有一定的声波通过屏蔽物透射到另一边。人们用入射波的声能与透射波的声能之比的对数值，来比较屏蔽隔声的效果。消声是利用消声器来降低噪声在空气中的传播的方法。通常用在气流噪声控制方面如风机声、通风管噪声、排气噪声等。消声器主要有阻性消声器、抗性消声器、阻抗复合式消声器、小孔消声器和多孔扩散消声器等。阻性消声器是在管壁内贴上吸声材料的衬里，使声波在管中传播时被逐渐吸收。抗性消声器是利用声波的反射或干涉来达到消声的目的。小孔和多孔扩散消声器是把原来的大排气口变为许多毫米级的小孔来排气，每个小孔的排气噪声的频率都很高，大部分声能在超声频率范围变成人听不到的声音。阻尼是用某些胶状材料刷到机器的板面上，消耗板面振动能量，用于机器减振消声。阻尼材料之所以能降低噪声，是因为它减弱

了在金属板中传播的弯曲波,当金属板发生弯曲振动时,其振动能量迅速传给紧贴在金属板上的阻尼材料,引起阻尼材料内部的摩擦,使相当部分的金属板振动能被消耗而变成热能散掉,从而降低了金属板的噪声辐射。涂在金属板上的阻尼材料,其厚度应当为金属板的两倍以上,或为金属板质量的20%,阻尼材料一般为沥青、软橡胶以及一些其他高分子涂料。隔振是在机器下面垫以弹性材料(如钢丝弹簧、橡胶、软木等),防止机器的振动沿着基础、地面、墙壁传到别的地方。

(3)接收者的防护措施

对个人的防护主要采取限制工作时间和戴防护装置的方法。常用的个人防护装置有耳塞、防声棉(蜡浸棉花)、耳罩、帽盔等。它们主要是利用隔声原理来阻挡噪声传入耳膜的。

①耳塞。是插入外耳道的护耳器,按其制作方法和使用材料可分成预模式耳塞、泡沫塑料耳塞和人耳模耳塞3类。预模式耳塞用软塑料或软橡胶作为材质,用模具制造,具有一定的几何形状;泡沫塑料耳塞由特殊泡沫塑料制成,配戴前用手捏细,放入耳道中可自行膨胀,将耳道充满;人耳模耳塞把在常温下能固化的硅橡胶之类的物质注入外耳道,凝固后成型。良好的耳塞应具有隔声性能好、佩戴方便舒适、无毒、不影响通话、经济耐用等特点,又以隔声性和舒适性最为重要。

②防声棉。是用直径 $1\sim 3~\mu m$ 的超细玻璃棉经过化学方法软化处理后制成的。使用时撕下一小块用手卷成锥状,塞入耳内即可。防声棉的隔声比普通棉花效果好,且隔声值随着噪声频率的增加而提高,它对隔绝高频噪声更为有效。在强烈的高频噪声车间使用这种防声棉,对语言联系不但无妨碍,而且对语言清晰度有所提高。

③耳罩和防声头盔。耳罩就是将耳廓封闭起来的护耳装置,类似于音响设备中的耳机,好的耳罩可隔声 30 dB。还有一种音乐耳罩,既隔绝了外部强噪声对人的刺激,又能听到美妙的音乐。防声头盔将整个头部罩起,与摩托车的头盔相似,头盔的优点是隔声量大,不但能隔绝噪声,也可以减弱骨传导对内耳的损伤。其缺点是体积大,不方便,尤其在夏天或者高温车间会感到闷热。

(4)控制措施的选择

根据噪声控制费用、噪声容许标准、劳动生产效率3个因素综合确定。

7.2.3.2 噪声污染协同整治措施

(1)严格行政管理

依靠政府有关部门颁布法令或规定来控制噪声。如限制高噪声车辆(重型卡车或拖拉机)的行驶区域;在学校、医院及办公机关等附近禁止车辆鸣笛;限制飞机起飞或降落的路线,使之远离居民区;颁布噪声限制标准,要求工厂或高噪声车间采取减噪措施;对在强噪声车间工作,已发现听力下降或患有噪声疾病的工人适当调换工作;对各类机器、设备,包括飞机或机动车辆等定出噪声指标。

(2)合理规划布局

合理各种不同功能区的布局。其基本原则是让居民区、学校、办公机关、疗养院和医院这些要求低噪声地区,尽力免除交通噪声、工业噪声和商业区噪声的干扰。为此,上述地区应与街道隔开一定距离，中间布置林带以隔声、滤声和吸声；避免过境街道穿市而过，因此应在城市修建外环公路以减少市区的车辆。此外，长途汽车站要紧靠火车站，以避免下火车的旅客往返于市内；工厂和噪声大的企业应搬离市区；居民区、学校、机关、医院等也应远离商业区。

(3) 发展噪声控制技术

噪声控制技术见 7.2.3.1。

7.2.3.3 其他物理污染控制技术

(1) 光污染防治技术

光污染指过量的光辐射对人类生活和生产环境造成不良影响的现象，包括可见光、红外线和紫外线造成的污染。防治光污染主要有下列几个方面：加强城市规划和管理，改善工厂照明条件等，以减少光污染的来源；对有红外线和紫外线污染的场所采取必要的安全防护措施；采用个人防护措施，主要是戴防护眼镜和防护面罩。光污染的防护镜有反射型防护镜、吸收型防护镜、反射—吸收型防护镜、爆炸型防护镜、光化学反应型防护镜、光电型防护镜、变色微晶玻璃型防护镜等类型。

光污染虽未被列入环境防治范畴，但它的危害显而易见，并在日益加重和蔓延。因此，人们在生活中应注意防止各种光污染对健康的危害，避免过长时间接触污染。

(2) 热污染防治技术

热污染指现代工业生产和生活中排放的废热所造成的环境污染。热污染可以污染大气和水体。火力发电厂、核电站和钢铁厂的冷却系统排出的热水，以及石油、化工、造纸等工厂排出的生产性废水中均含有大量废热。这些废热排入地面水体之后，能使水温升高。热污染首当其冲的受害者是水生生物。由于水温升高使水中溶解氧减少，水体处于缺氧状态，同时又使水生生物代谢率增高而需要更多的氧，造成一些水生生物在热效力作用下发育受阻或死亡，从而影响生态平衡。此外，水温上升给一些致病微生物造成一个人工温床，使它们得以滋生、泛滥，引起疾病流行，危害人类健康。因为造成热污染最根本的原因是能源未能被最有效、最合理地利用，所以防治热污染应尽快制订环境热污染的控制标准，加强管理，严抓源头，采取行之有效的措施。

(3) 电磁污染防治技术

电磁污染是指天然的或人为的各种电磁波的干扰及有害的电磁辐射。电磁污染的主要防治方法有屏蔽辐射源、距离控制及个人防护等方面。

①电磁屏蔽。电磁屏蔽是采用一些能抑制电磁辐射能扩散的材料，将电磁辐射源与外界隔离开来，将电磁辐射能有效地控制在所规定的空间内，阻止它向外扩散与传播，达到防止电磁污染的目的。屏蔽装置一般是金属材料（良导体）制成的封闭壳体，当交变电磁场传向金属壳体时，一部分被金属壳体表面所反射，另一部分被壳体内部吸收，透过壳体的电磁场强度大幅度衰减。对小型辐射源可用屏蔽罩，对大型辐射源采用屏蔽室，以上属于主动场屏蔽。特点是场源与屏蔽体之间距离小，结构严密，可以屏蔽电磁场强大的场源。被动场屏蔽是将场源置于屏蔽体之外，使限定范围内的生物机体或仪器不产生影响，其特点是屏蔽体与场源间距大，屏蔽体可不接地。

②远距离控制和自动作业。根据电磁辐射特别是中、短波其场强随距离增大而迅速衰减的原理，对产生电磁辐射的电子设备进行远距离控制或自动化作业，可减少辐射能对操作人员的损害。

③个人防护。对于操作人员直接暴露于无屏蔽条件的微波辐射近区场时，必须采取个人防护措施。采用穿防护服、戴防护头盔和防护眼镜的方法，以减轻电磁污染对人体的伤害。

除以上方法外还有吸收法控制、线路滤波、合理设计工作参数保证射频设备在匹配状态下操作等"抑制"技术。

(4) 放射性污染防治技术

放射性元素的原子核在衰变过程放出 α、β、γ 射线的现象，俗称放射性。由放射性物质所造成的污染，叫放射性污染。放射性污染的来源有原子能工业排放的放射性废物，核武器试验的沉降物以及医疗、科研排出的含有放射性物质的废水、废气、废渣等。对放射性污染的防治着重在于控制污染源、加强核电利用的安全防范措施和防范意识，积极研究探索利用核聚变替代核裂变，避免采用和接触有放射性的物质。如不宜用含有放射性成分的花岗岩装修居室，慎重对待 X 射线拍照和放射治疗等医疗手段。

核电站的建设必须合理规划布局，采用多层有效的防护和严格管理。对于核废料，目前一般有 3 种处理方法：深埋于地下 500~2000 km 的盐矿中；用火箭送到太空或其他星球上；贮存于南极冰帽中。

7.2.4 固体废物处理处置及资源化利用

随着社会经济的发展和人们生活水平的提高，固体废物产生量逐年上升，成分日益复杂，但能达到无害化处理的量偏低，固体废物造成的直接和间接污染问题普遍存在。

7.2.4.1 固体废物处理的目标

固体废物处理的目标是减量化、资源化、无害化。从无害化走向资源化，资源化以无害化为前提，无害化和减量化以资源化为条件。

减量化就是通过适宜的手段减少固体废物数量、体积，并尽可能地减少固体废物的种类、降低危险废物的有害成分浓度、减轻或消除其危险特性等，从源头上直接减少或减轻固体废物对环境和人体健康的危害，最大限度地合理开发和利用资源与能源。因此，减量化是防治固体废物污染环境的优先措施。

资源化就是采用适当的技术从固体废物中回收物质和能源，加速物质和能源的循环，再创经济价值的方法。

无害化是指对已产生又无法或暂时不能资源化利用的固体废物，经过物理、化学或生物方法，进行对环境无害或低危害的安全处理、处置，达到废物的消毒、解毒或稳定化，以防止或减少固体废物的污染危害。

7.2.4.2 固体废物污染防治的全过程管理

所谓全过程管理指对固体废物的产生、收集、运输、利用、贮存、处理、处置的全过程及各个环节都实施控制管理和开展污染防治。

我国固体废物管理体系是以环境保护主管部门为主，结合有关的工业主管部门以及城市建设主管部门，共同对固体废物实行全过程管理。为实现固体废物的"三化"，各主管部门所辖的职权范围内，建立了相应的管理体系和管理制度。我国的有关固体废物的标准主要分为固体废物分类标准、固体废物监测标准、固体废物污染控制标准和固体废物综合利用标准4类。

7.2.4.3 固体废物资源化

(1) 固体废物资源化的原则

资源化的技术必须是可行的；资源化的经济效果比较好，有较强的生命力；资源化所处理的固体废物应尽可能在排放源附近处理利用，以减少固体废物在贮放、运输等方面的投资；资源化产品应当符合国家相应产品的质量标准，以具有竞争力。

(2) 固体废物预处理技术

固体废物预处理的对象包括一般固体废物、危险固体废物、城市垃圾等固体废物。固体废物预处理技术通常是指通过物理、化学、生物、物化及生化方法把固体废物转化为适于运输、贮存、利用或处置的物质的过程。目前主要采用的处理方法包括压实、破碎、分选、脱水与干燥、固化等。

①压实技术。压实是一种通过对废物实行减容化，降低运输成本、延长填埋场寿命的预处理技术。如汽车、易拉罐、塑料瓶等通常首先采用压实处理。适于压实减少体积处理的固体废物还有垃圾、松散废物、纸袋、纸箱及某些纤维制品等。

②破碎技术。为了使进入焚烧炉、填埋场、堆肥系统等废物的外形尺寸减小，必须预先对固体废物进行破碎处理。经过破碎处理的废物，由于消除了大的空隙，不仅尺寸均匀，而且质地均匀，在填埋过程中更易压实。固体废物的破碎方法很多，主要有冲击破碎、剪切破碎、挤压破碎、摩擦破碎等，此外还有专用的低温破碎和湿式破碎等。

③分选技术。固体废物分选是实现固体废物资源化、减量化的重要手段，一种是通过分选将有用的成分选出来加以利用，将有害的成分分离出来进行处理；另一种是将不同粒度级别的废物加以分离。分选的基本原理是利用废物的某些性质差异，将其分选开，例如利用废物的磁性和非磁性差别、粒径尺寸差别、比重差别等进行分离。根据不同性质，可以设计制造各种机械对固体废物进行分选。分选包括手工拣选、筛选、重力分选、磁力分选、涡电流分选、光学分选等。

④脱水与干燥。固体废物的脱水问题常见于城市污水与工业废水处理厂产生的污泥处理，以及类似于污泥含水率的其他固体废物。凡含水率超过90%的固体废物，必须先脱水减容，以便于包装与运输。脱水方法有机械脱水与固体床自然干化脱水两类。干燥操作主要应用于城市垃圾经破碎、分选后的轻物料，利用这类轻物料进行能源回收或焚烧处理时，需先干燥，以达到去水、减重的目的。干燥器有3种加热方式，即对流、传导和辐射。固体废物干燥过程多采用对流加热。

⑤固化处理技术。是通过向废物中添加固化基材，使有害固体废物固定或包容在惰性固化基材中的一种无害化处理过程。经过处理的固化产物应具有良好的抗渗透性，良好的机械特性，以及抗浸出性、抗干湿、抗冻融特性。这样的固化产物可直接在安全土地填埋场处置，也可用作建筑的基础材料或道路的路基材料。固化处理根据固化基材的不同可以分为水泥固化、沥青固化、玻璃固化、自胶结固化等。

(3) 固体废物资源化技术

①焚烧热回收技术。是固体废物高温分解和深度氧化的综合处理过程。其优点是可以把大量有害的废料分解而变成无害的物质。由于固体废物中可燃物的比例逐渐增加，采用焚烧法处理固体废物并利用其热能已成为必然的发展趋势。以焚烧法处理固体废物，占地少，处理量大，在保护环境、提供能源等方面可取得良好的效果。但是焚烧法也有缺点，例如，投资较大、焚烧过程排烟造成二次污染、设备锈蚀现象严重等。

②热解技术。是指将有机物在无氧或缺氧条件下高温（500~1000℃）加热，使之分解为气、液、固3类产物的技术。

热解与焚烧是完全不同的两个过程，焚烧是放热的，热解是吸热的；焚烧的产物是二氧化碳和水，而热解的产物主要是可燃的低分子化合物：气态的有氢、甲烷、一氧化碳；液态的有甲醇、丙酮、乙酸、乙醛等有机物及焦油、溶剂油等；固态的主要是焦炭或炭黑。与焚烧法相比，热解法是更有前途的处理方法。它最显著优点是基建投资少。

③生物处理技术。是指利用微生物对有机固体废物的分解作用使其无害化。可以使有机固体废物转化为能源、食品、饲料和肥料，还可以用来从废品和废渣中提取金属。目前应用比较广泛的生物处理技术有堆肥化、沼气化、废纤维素糖化、废纤维饲料化、生物浸出等。

7.2.4.4 终态固体废物处置

即使使用再先进的固体废物处理方法，仍有一些固体废物因种种原因还无法利用或处理，它们称为终态固体废物。终态固体废物的处置是控制固体废物污染的末端环节，是解决固体废物的归宿问题。处置的目的和技术要求是使固体废物在环境中最大限度地与生物圈隔离，避免或减少其中的污染组分对环境的污染与危害。

终态固体废物可分为海洋处置和陆地处置两大类。海洋处置主要分为海洋倾倒与远洋焚烧两种方法。陆地处置的方法有多种，包括堆存法、土地填埋法、土地耕作法、深井灌注法等。

7.2.5 城乡面源污染控制

与点源污染相比，面源（非点源）污染起源于分散、多样的地区，地理边界和发生位置难以识别和确定，随机性强、成因复杂、潜伏周期长，因而防治十分困难。防治城乡面源污染可从以下几方面入手：

①建立相应的宣传管理机构，加强思想教育，转变观念，推行农业清洁生产，开展生态农业、有机农业等。建立相应的机构向农民宣传面源污染的原因、危害和防治方法，鼓励和推动农民采用有效的技术和管理经验；加强农技推广体系建设，将农业技术推广与经销化肥和农药等商业活动分离；引进对政府和私营农业技术推广人员的资格认证，提高他们的技能；加强对农民的培训，拓宽农民的培训方式；增强农民生态环境意识与参与意识；在各级政府的农业发展规划中引入农业环境评价体系和循环经济的概念和方法，大力推动生态农业建设和推广农业清洁生产技术，努力控制农用化学物质污染。转变观念，做到农业生产发展、农民增收和环境保护"三赢"。

②建立相应的政策框架和配套制度，加强管理。例如，借鉴国际上成功的控制化肥和

农药面源污染的法规,针对有毒化学品立法等。同时要加大执法力度,组织开展旨在防治农业面源污染的执法检查。

③建立健全农业环境和农产品质量检测检验机构,定期开展农业生产基地环境监测、农业投入质量监测和产品质量检测,建立生产档案,实行追溯制度。在重点地区建立监测站,监测土壤、河流、湖泊以及地下水含水层中的化肥、有机肥和农药的含量,并评估其对环境和人类健康的影响;开展全国范围的面源污染现状调查,为制定政策提供可靠信息。

④分类治理。对于农田造成的农业面源污染,应采取源头控制策略,一方面在全流域内推广农田最佳养分管理,杜绝农田氮、磷肥料的过量施用;另一方面在水体富营养化严重的流域,从水源保护的需求出发,合理划定流域内不同级别的水源保护区,制定并试行水源涵养地、水源保护区的限定性农田生产技术标准,依托流域管理部门和农村农业技术推广体系,建立源头控制的监督机制。对于治理规模畜禽养殖场造成的农业面源污染方面,要做到:加强畜禽养殖场的污染调查;对新建大型畜禽养殖场开展环境影响评价,使其尽可能远离饮用水源、河流;采用先进工艺,增设污染物处理设施,对现有畜禽养殖场的粪便进行处理和综合利用;大力推广畜禽粪便厌氧发酵和商品有机肥生产等成熟的技术,建立大中型能源环境示范工程。对城区面源污染,核心问题是通过基础设施建设,改造老城区超负荷、陈旧的排污管网,在新形成的城区内及时铺设排污管网。在有条件的地区试行"绿箱政策",鼓励和推动农民广泛采用环境保护的替代技术和生产模式,以提高农业资源利用率,减少农业面源污染,促进农业技术的升级换代。

7.2.6 环境污染协同整治和清洁生产

现在的环境污染有土壤污染、水污染、大气污染、固体废物污染等,它们是相互作用、相互影响的一个整体,污染存在于一个大循环体中,这个大循环体牵涉许多种污染物质的交换、转变和迁移,形成了从地下到空中的立体污染。

许多环境问题是跨国界的,甚至是全球性的,如温室效应和臭氧层破坏等,因此,只有世界各国共同努力,加强治理污染的整体规划和对环境的综合管理,通过控制整个"立体污染"的循环链,阻隔污染渠道,才能从根本上解决环境污染问题。

加强污染治理的整体规划和对环境的综合管理,就需要协调各个管理部门。在当今的中国,环境问题的管理与执法,涉及相当多的部门,如环境保护部门、市政管理部门、交通部门、农林水利部门、执法部门等。因此,要强化各部门之间的协作,将环境治理技术与政策落到实处。

无论工业生产过程、农业生产过程,还是生活过程,相对于末端治理而言,推行清洁生产的观念与做法,将污染控制在生产、生活过程之中,是促进技术改造和减少环境污染的有效途径。

7.3 生态破坏的协同整治

生态破坏又称环境破坏,是指人类不合理地开发、利用自然资源和兴建工程项目而引起的生态环境的退化及由此而衍生的有关环境效应,从而对人类的生存环境产生不利影响的现象,如生态系统退化、水土流失、土地荒漠化、土壤盐碱化、生物多样性减少等。针对城乡建设过程中出现的生态破坏问题,需进行生态恢复,实现城乡协同整治的目的。

7.3.1 生态恢复的程序

生态恢复是根据生态学原理,通过一定的生物、生态以及工程的技术与方法,人为地改变和切断生态系统退化的主导因子或过程,调整、配置和优化系统内部及其与外界的物质、能量和信息的流动过程及其时空秩序,使生态系统的结构、功能和生态学潜力尽快地成功地恢复到一定的或原有的乃至更高的水平。生态恢复过程一般是由人工设计和进行的,并是在生态系统层次上进行的(章家恩等,1999)。

生态恢复是一项复杂的生态工程,有其阶段性和程序性。退化生态系统恢复与重建的一般程序包括以下方面(图7-2)。

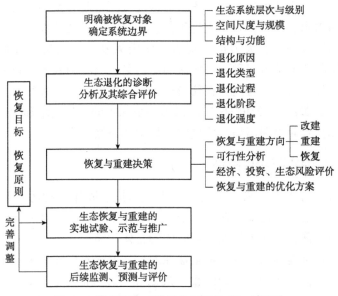

图 7-2 退化生态系统恢复与重建的一般程序
(章家恩等,1999)

(1)确定系统边界

确定所研究的退化生态系统的时空范围,明确系统分布的边界,判定恢复对象的层次与级别。

(2)生态系统状况调查,并选择恢复参照系

有针对性地选定调查方法,选取退化生态系统基本的状态指标,进行系统的调查。

(3)生态系统退化诊断

通过诊断评价样点的现状,揭示导致生态系统退化的原因,尤其是关键因子,阐明退化过程、退化阶段及退化强度,找出控制和减缓退化的方法。

(4)确定恢复目标、原则、方案

根据生态、社会、经济和文化条件决定恢复与重建的生态系统的结构及功能目标,制定易于测量的成功标准,提出优化方案,进行可行性分析和生态经济风险评估。

(5) 实施生态恢复

根据方案,采用合适的生态恢复技术进行生态恢复实践。需要注意的是同一退化生态系统在其恢复的不同阶段,采用的技术和手段是不同的。

(6) 生态恢复示范和推广

对已完成有关目标的恢复实例,应加以示范和推广,使生态恢复的成果能尽快在全社会得到应用。

(7) 预测、监测与评价

生态恢复需与土地规划、管理决策部门交流有关理论和方法;监测恢复中的关键变量与过程,并根据出现的新情况做出适当的调整。生态恢复是一项长期的工程,不应急功近利,应遵循生态系统演替过程顺序进行。其具体程序完全取决于区域初始状态的预期目标。但在考虑预期目标时应该将长期目标与短期目标相结合,并尽可能最快地实现短期目标的效益。

7.3.2 生态恢复的目标与原则

7.3.2.1 生态恢复的目标

许多学者认为,生态恢复的基本目标是把已破坏的生态系统重新恢复成未受干扰的状态。而实际上,要想精确地再现干扰前生态系统的状态几乎是不可能的,或者不可能完全按原来的顺序和强度再现,但是生态恢复应尽可能地恢复或重建健康生态系统所应具备的主要特征,如可持续性、稳定性、生产力、营养保持力、完整性以及生物间交互作用等。

根据不同的社会、经济、文化与生活需要,人们往往会对不同的退化生态系统制定不同水平的恢复目标。但是无论对什么类型的退化生态系统,应该存在一些基本的恢复目标或要求,主要包括(纪万斌,1996;章家恩等,1999;任海等,2001):①实现生态系统的地表基底稳定性;因为地表基底(地质地貌)是生态系统发育与存在的载体,基底不稳定(如滑坡),就不可能保证生态系统的持续演替与发展;②恢复植被和土壤,保证一定的植被覆盖率和土壤肥力;③增加种类组成和生物多样性;④实现生物群落的恢复,提高生态系统的生产力和自我维持能力;⑤减少或控制环境污染;⑥增加视觉和美学享受。

7.3.2.2 生态恢复的原则

退化生态系统的恢复与重建要求在遵循自然规律的基础上,通过人类的作用,根据技术上适当、经济上可行、社会能够接受的原则,使受害或退化生态系统重新获得健康,并有益于人类生存与生活的生态系统重构或再生过程。生态恢复与重建的原则一般包括自然法则、社会经济技术原则、美学原则 3 个方面(章家恩等,1999;任海等,2001),如图 7-3 所示。

自然法则是生态恢复与重建的基本原则,也就是说,只有遵循自然规律的恢复重建才是真正意义上的恢复与重建,否则只能是背道而驰,事倍功半。社会经济技术条件是生态恢复重建的后盾和支柱,在一定尺度上制约着恢复重建的可能性、水平与深度。美学原则是指退化生态系统的恢复重建应给人以美的享受。下面就几个主要原则加以说明。

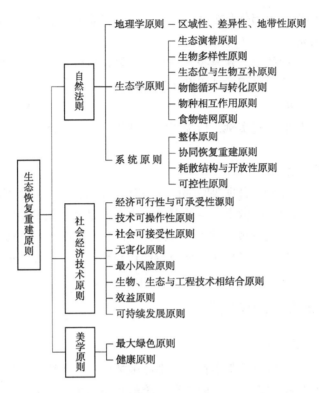

图 7-3 生态恢复应遵循的基本原则
（章家恩等，1999）

(1) 地域性原则

由于不同区域具有不同的生态环境背景，如气候条件、地貌和水文条件等，这种地域的差异性和特殊性就要求我们在恢复与重建退化生态系统的时候，要因地制宜，具体问题具体分析，千万不能照搬照抄，而应在长期定位试验的基础上，总结经验，获取优化与成功模式，然后方可示范推广。

(2) 生态学与系统学原则

生态学原则包括生态演替原则、食物链网、生态位原则等，生态学原则要求我们根据生态系统自身的演替规律分步骤分阶段进行，循序渐进，不能急于求成、拔苗助长。例如，要恢复某一极端退化裸荒地，首先应重在先锋植物的引入，在先锋植物改善土壤肥力条件并达到一定覆盖度以后，可考虑草本、灌木等的引种栽植，最后才是乔木树种的加入。另一方面，在生态恢复与重建时，要从生态系统的层次上展开，要有整体系统思想，不能"头痛医头，脚疼医脚"，应根据生物间及其与环境间的共生、互惠、竞争和拮抗关系，以及生态位和生物多样性原理，构建生态系统结构和生物群落，使物质循环和能量转化处于最大利用和最优循环状态，力求达到土壤、植被、生物同步和谐发展，只有这样，恢复后的生态系统才能稳步、持续地维持与发展。

(3) 最小风险原则与效益最大原则

由于生态系统的复杂性以及某些环境要素的突变性，加之人们对生态过程及其内在运行机制认识的局限性，人们往往不可能对生态恢复与重建的后果以及生态最终演替方向进行准确地估计和把握，因此，在某种意义上，退化生态系统的恢复与重建具有一定的风险性。这就要求我们要认真地透彻地研究被恢复对象，经过综合地分析评价、论证，将其风险降到最低限度。同时，生态恢复往往又是一个高投入工程，因此，在考虑当前经济的承受能力的同时，还要考虑生态恢复的经济效益和收益周期，这是生态恢复与重建工作中十分现实而又为人们所关心的问题。保持最小风险并获得最大效益是生态系统恢复的重要目标之一，是实现生态效益、经济效益和社会效益完美统一的必然要求。

7.3.3 生态恢复的评价

7.3.3.1 生态恢复的评价标准与指标

评价的标准和指标体系的确定是进行生态恢复评价研究的关键。许多学者已提出了一些生态系统恢复重建的标准及指标体系。Bradsaw(1987)提出了判断生态恢复的5个标准：可持续性(可自然更新)、不可入侵性、生产力、营养保持力和生物间相互作用。Lamd(1994)提出，恢复与否的指标体系应包括造林产量指标(幼苗成活率、幼苗的高度、基径和蓄材生长、种植密度、病虫害受控情况)、生态指标(期望出现物种的出现情况、适当的植物和动物多样性、自然更新能否发生、有适量的固氮树种、目标种是否出现、适当的植物覆盖率、土壤表面稳定性、土壤有机质含量高、地面水和地下水保持)和社会经济指标(当地人口稳定、商品价格稳定、食物和能源供应充足、农林业平衡、从恢复中得到经济效益与支出平衡、对肥料和除草剂的需求)，这3个一级指标又各自包含一系列二级指标。任海等(1998)根据热带人工林恢复定位研究提出，森林恢复的标准包括结构(物种的数量及密度、生物量)、功能(植物、动物和微生物间形成食物网、生产力和土壤肥力)和动态(可自然更新和演替)。

Caraher et al. (1995)提出采用计分卡的方法评价恢复度。这种方法是根据生态系统的各个重要参数的波动幅度，比较退化生态系统恢复过程中相应的各个参数，考查每个参数是否已达到正常的波动范围或与该范围还有多大的差距。

国际恢复生态学会建议比较恢复系统与参照系统的生物多样性、群落结构、生态系统功能、干扰体系以及非生物的生态服务功能。还有人提出使用生态系统的23个重要特征来量化整个生态系统随时间在结构、组成及功能复杂性方面的变化。

上述生态恢复评价指标体系和方法从不同的角度测度生态恢复，但系统性不够，而且可操作性差。

目前，国内外在生态系统恢复重建评价研究方面的典型范例较少，相比之下，各国学者更侧重于对生态系统健康评价的研究。一般认为，生态系统健康是衡量生态系统功能特征的隐喻标准，从生态系统健康的角度评价生态恢复状况是一条非常重要的途径。如Vilchek(1998)提出根据系统稳定性、弹性和脆弱性综合评估生态系统健康；Bertollo(1998)认为，健康不应根据系统的自然化程度，而应根据其自我保持和更新能力来评判；Costanza(1992；1998)从系统可持续性能力的角度，提出了描述系统状态的3个指标：活力、组织结构和恢复力。孔红梅等(2002)探讨了生态系统健康评价这一生态恢复评价方法。

7.3.3.2 生态系统恢复的合理性评价

(1) 生态合理性

生态合理性即恢复的生态整合性问题。从组成结构到功能过程，从种群到群落，退化生态系统最终的恢复目标是完整的统一体。将受损的生态系统恢复到接近于它受干扰前的自然状态，即重现系统干扰前的结构和功能及有关的物理、化学和生物学特征，直到发挥其应有的功效并健康发展，是生态合理性的最终体现（崔保山等，1999）。

(2) 社会合理性

社会合理性主要指公众对恢复生态系统的认知程度，以及社会对生态系统恢复的必要性的认知程度。对生态恢复的大多数项目，社会通常是能够形成共识的，这样生态恢复的社会合理性评价是一个正常的过程。但在个别情况下社会的合理性评价变得非常复杂，特别是目前，人类活动的不断加剧对各类生态系统都造成了极大的损害，自然生态系统从质量和数量上均有明显丧失，再加上许多生态系统类型的市场时效性，公众对生态系统恢复还没有形成强烈的意识。因此，加强自然生态系统保护的宣传力度，尽快出台自然生态系统立法，增强公众的参与意识，是社会认知生态恢复的必要条件（彭少麟，2007）。

(3) 经济合理性

经济合理性一方面是指恢复项目的资金支持强度；另一方面是指恢复后的经济效益。自然生态系统恢复项目往往是长期而艰巨的工程，在短期内效益并不显著，可能还需要花费大量资金进行资料的收集和定位、定时监测，有时还难以准确地估计和把握恢复的后果以及生态系统最终的演替方向，并因此而带有一定的风险性。这就要求对所恢复的生态系统对象进行综合分析、论证，将其风险降低到最低程度。同时，必须保证长期、稳定的资金投入，并对项目进行长期而一致的监测。只要恢复目标是可操作的，生态的动力机制是合理的，并且有高素质的管理者和参与者，退化生态系统的恢复会带来较高的经济效益（彭少麟，2007）。

7.3.4 城乡主要退化生态系统类型的修复

城乡建设过程中由于人为活动的频繁，对周边自然、半自然或人工的生态系统施加的干扰较大，导致生态系统受损，功能降低，退化生态系统的类型及其后果在前面已经谈到，这里就城乡建设过程中常见的退化生态系统类型的修复做些介绍。

(1) 城乡退化林地的修复

有关退化林地修复的研究，在我国的研究起步较早。从1959年开始，中国科学院华南植物研究所组织多学科多专业的科研人员在广东沿海侵蚀地上开展了热带、亚热带退化生态系统恢复与重建的长期定位研究，取得了诸多成果（余作岳等，1996）。此后，在亚热带常绿阔叶林林地（李翠环等，2002；林元泰，2003；陈世品，2004）、喀斯特林地（喻理飞等，2002；万福绪等，2003）、黄土高原区林地（王国梁等，2002）等区域进行的恢复研究很多，取得的成果也很丰硕。

一般地讲，退化林地的修复应根据退化程度及所处地区的地质、地形、土壤特性及降水等气候特点确定修复的优先性与重点。例如,热带和亚热带降雨量较大的地区,森林严重退化后的裸露地面的土壤极易迅速被侵蚀,坡度较大的地区还会因为泥石流及塌方等,破坏植被生存的基本环境条件。因此对这类退化生态系统进行修复时,应优先考虑对土壤等自然条件的保护,可主要采取一些工程措施及生态工程技术,如在易发生泥石流的地区进行工程防护,对坡地设置缓冲带或栽种快速生长的适宜草类以保持水土等,在此前提下考虑对生物群落的整体修复方案。干扰程度较轻且自然条件能够保持较稳定的退化生态系统,则重点要考虑生物群落的整体修复。对退化森林生态系统的修复,要遵循生态系统的演替规律,加大人工辅助措施,促进群落的正向演替。森林生态系统常用的修复方法主要有如下几方面。

①封山育林。这是最简单易行、经济有效的方法,可最大限度地减少人为干扰,为原生植物群落的恢复提供了适宜的生态条件,使生物群落由逆行演替向进展演替发展,使被破坏的森林逐渐恢复到顶极状态。

②林分改造。为了促进森林快速演替,可对退化后处于演替早期阶段的群落进行林分改造,引种当地植被中的优势种、关键种和因受损而消失的重要生物种类,以加速进展演替的速率。

③透光抚育或遮光抚育。在南亚热带地区(如广东、福建等)森林的演替需要经历针叶林、针阔叶混交林和阔叶林阶段。在针叶林或其他先锋群落中,对已生长的先锋针叶树或阔叶树进行择伐,可促进林下其他阔叶树的生长,使其尽快演替成顶极群落。在寒温带地区(如东北地区),由于红松纯林不易成活,而纯的阔叶树(如水曲柳)也不易长期存活,所以有些学者提出"栽针保阔"的人工修复途径,实现了当地森林的快速修复。这种方法主要是通过改善林地环境条件来促进群落进展演替而实现的。

④林业生态工程技术。林业生态工程是根据生态学、林学及生态控制论原理,设计、建造与调控以木本植物为主的人工复合生态系统的工程技术,其目的在于保护、改善与持续利用自然资源与环境。因此,林业生态工程技术是退化生态系统恢复与重建的重要手段,通过人工设计,在一个区域或流域内建造以木本植物群落为主体的优质、高效、稳定的多种生态系统的复合体,形成区域复合生态系统,以达到自然资源的可持续利用及环境保护和改良的目的。

(2)城乡退化草地的修复

我国是草地退化较严重的国家之一,现有草地 $392 \times 10^4 \text{ km}^2$,约占国土面积的41%,其中北方牧区天然草地近 $300 \times 10^4 \text{ km}^2$,但在城镇建设过程中,由于过度放牧、垦殖、污染等人为活动影响,再加上草原区自然条件恶劣,春季干旱、夏季少雨、冬季严寒、自然灾害频繁,草地退化现象十分普遍。

修复退化草地生态系统,首先要了解退化原因、程度。从各国尤其是我国的研究成果看,退化草地的修复主要有3种方法,①围栏养护现存的退化草地,适当辅之以人工措施(如翻耕、松土等),使其自然恢复;②对于严重退化或已完全荒弃的退化草地,需要重建新的草地,以减缓天然草地的压力;③实施合理的畜牧育肥方式,发展季节畜牧业,在青草期利用牧草,加快幼畜的生长,而在冬季来临前将家畜出售(周禾,1999;张骑,2003;马玉寿,2002)。

(3) 城乡退化河流的修复

因河流环境条件及退化原因的不同，对其修复的方法和技术有一定的差异，概括起来主要有物理处理技术，如河道曝气技术、填充床技术等；化学处理技术，如光催化技术、化学强化混凝技术等；还有生态治理技术，如河内水生植物栽培技术、岸区生态防护技术、生态混凝土技术等。生态治理技术相对来说不需要引入大型设备，成本较低，是城镇河流水污染修复的重要技术之一。大部分水生高等植物都有发达的根系，能吸附大量水体污染物，同时也寄居着众多的异养微生物，水生生物为根系微生物创造了良好的栖息场所并提供了丰富的营养物质，而根系微生物在功能上的协同效应，加速了水体污染物的净化。水生植物和根系微生物有互利共生关系，结合成微生态系统。应用微生物技术进行水体净化有多种方法并且发展很快，前景很好。目前，考虑到成本效益问题，通常采用以下方法（黄凯等，2007；范庆安等，2008；罗波，2008）：

①建立沿岸植被带，加强植被的生态功能。在城区，沿岸绿化带的设计要与城市的绿化、美化相结合，使其既实现保护环境的目的，又能满足市民游乐和休闲的需要；在乡村，沿岸的绿化设计在树种选择和群落结构上，要把环境保护的生态效益与提高经济效益相结合。

②人工清淤。在许多泥沙和污染物沉积严重的河流，尤其是河流的城市河段，单靠控制污染源并不能解决问题，在枯水季节，采取人工清淤是恢复河流正常功能和修复退化生态系统的措施之一。清出的污泥可铺垫在沿岸绿化带内，作为河岸植被的肥料。

③控制污染源。河流污染是退化主要原因之一。控制污染物向河流的不断排放，依靠水源的更新和自身的自净能力，退化河流生态系统就会得到较快恢复。世界各国在这方面都有成功经验，我国一些大江大河的治理，也收到了明显成效。在目前还不能实现"零排放"的情况下，根据河流的稀释自净能力，制定河流污染物总量控制目标，建立排放许可证制度，仍是退化河流修复的重要措施。

④科学调控河水流量和流速。对于修建有水坝或其他水利水电设施的河流，枯水季节下游河段常常断流，而在汛期又开闸放水，成为泄洪道。这就从根本上破坏了下游河段的生态环境和生态功能。因此，科学调度、控制水量和水的流速，保证下游河道的生态用水供给，是维持整个流域生态功能的关键。

⑤加强渔业管理。水生生物资源枯竭是退化河流的共同特征，造成这种状况的原因很多。除以上提及的情况外，许多河流水生生物资源的枯竭，是由于受到强烈的人为破坏，不按规定的捕捞规格、捕捞季节、捕捞方式作业，甚至使用毒药毒害、炸药等手段毁坏性地捕获，对水生生态系统造成严重的损害。加强管理，严禁乱捕和过捕，严格执行禁渔期制度等，也是退化河流修复时不应忽视的重要措施。

(4) 城乡退化湖泊的修复

退化湖泊的修复与河流修复不同，湖泊的封闭性更大，自我恢复能力更弱，所以退化湖泊的修复更复杂。长期看，修复湖泊不仅有利于对淡水渔业进行结构调整，对于认识、保护和合理经营湖泊资源，改善人类的生存环境，保证我国社会经济持续、稳定的发展都具有积极意义。综合目前的研究成果，对退化湖泊生态系统修复的方法（王克林，1998；杨亚妮，2000；张永泽，2001；范航清等，2001；任海等，2003）有以下几方面。①严禁围湖造田，改进耕作方式，减少化肥和农药使用量，减少湖泊富营养化物质的进入。②营造林地，提高湖泊周围整个流域的植被覆盖率，减少面源污染的危害，增强涵养水分的能力。③加大人为调控湖泊水位的力度，尽量防止水位频繁的剧烈变动，维持湖泊的最低水位，防止湖泊干枯。④对于已有大量淤积的湖泊，清淤是十分有效的修复措施，这样既可恢复水体空间，又能使水质得以改善。⑤恢复湖泊中大型水生植被，大型水生植物可固定富营养物质，使藻类可利用的营养物质减少，抑制"水华"的形成；沉水植物的增加还会减少沉积物的再悬浮，使水质变清；此外，大型水生植物还可为水生动物及水鸟提供避难所和栖息场所，以提高湖泊生态系统的多样性水平。

(5) 城乡矿区废弃地的修复

矿产资源的开发利用为城乡建设提供了极大的经济支持，但矿区的开采也造成土壤及植被的破坏，无论是表层开采还是深层开采都造成土壤被大量迁移或被矿物垃圾堆埋，造成整个生态系统的破坏，给当地的生态环境带来毁灭性的灾害，尽管现在许多国家颁布了法律进行土地的保护，但仍有大量矿区废弃地需要修复，而且修复过程力求费用少效率高。

对矿区废弃地进行生态恢复，通常处理的步骤是先用物理法或化学法对矿地进行处理，消除或减缓尾矿、废石对生态系统恢复的影响，再铺上一定厚度的土壤。若矿物具有毒性，还需设置隔离层再铺土，然后栽种植物以逐渐恢复。一般来说，矿区废弃地的生态修复技术（李玉臣等，1995；朱利东等，2001；夏汉平等，2002；李永庚等，2004；单保庆等，2006；罗亚平等，2008）包括以下几方面：①矿区废弃地地形地貌修复技术主要包括填充恢复技术、废弃物再利用技术等。②矿区废弃地土壤系统修复技术主要包括一些物理技术，如粉碎、压实、剥离、覆盖、固定、排除、灌溉、客土改良等；化学技术如施肥、酸化或碱化、重金属去除等方法；生物治理技术如植物积累技术、植物固化技术、植物降解技术、微生物修复等。③矿区废弃地植被修复技术主要包括选种、栽种、养护等一些植物系统恢复技术。

7.3.5 生物多样性保护

生物多样性与人类的生存和发展有着密切的关系，每个层次生物多样性都有着重要的实用价值和意义。就目前而言，生物多样性损失的最主要原因无疑是人类活动（特别是近两个世纪以来）。此外，制度特别是法律制度的不健全，则是引起损失的另一主要原因。但一个物种的消亡往往不是单个因素作用的结果，而是多个因素综合作用的结果。所以，生物多样性的保护工作是一项综合性的工程，需要各方面的参与，不仅需要政府，更需要民众；不仅需要单个学科，更需要多学科；不仅需要一个国家或地区，而需要全球的共同参与合作。

保护生物多样性通常可从以下几个方面入手：加快环境污染的治理和退化生态系统的修复；建立、完善自然保护区和制定自然保护区立法；防止外来物种入侵和建立外来物种管理法规体系，建立外来物种入侵预警机制等；在持续利用中保护生物资源和生物多样性；加强国际合作和学科间的协作；加强环保教育。

7.3.6 水土流失治理

水土流失是目前常见并且较严重的一类生态破坏问题。治理水土流失也是一项综合工程。社会经济状况、管理水平、人们的环境意识等因素，都对水土流失的整治有很大的影响。因此，防治水土流失需要工程措施、生物措施和农业技术措施相结合，治理与管护相结合，进行协同整治。

(1) 工程措施

①坡面治理工程。按其作用可分为梯田、坡面蓄水工程和截流防冲工程。梯田是治坡工程的有效措施，可拦蓄90%以上的水土流失量。梯田的形式多种多样，田面水平的为水平梯田，田面外高里低的为反坡梯田，相邻两水平田面之间隔一斜坡地段的为隔坡梯田，田面有一定坡度的为坡式梯田。坡面蓄水工程主要是为了拦蓄坡面的地表径流，解决人畜和灌溉用水，一般有旱井、涝池等。截流防冲工程主要指山坡截水沟，在坡地上从上到下每隔一定距离，横坡修筑的可以拦蓄、输排地表径流的沟道，它的功能是可以改变坡长，拦蓄暴雨，并将其排至蓄水工程中，起到截、缓、蓄、排等调节径流的作用。

②沟道治理工程。主要有沟头防护工程、谷坊、沟道蓄水工程和淤地坝等。沟头防护工程是为防止径流冲刷而引起的沟头前进、沟底下切和沟岸扩张，保护坡面不受侵蚀的水保工程。首先在沟头加强坡面的治理，做到水不下沟。其次是巩固沟头和沟坡，在沟坡两岸修鱼鳞坑、水平沟、水平阶等工程，造林种草，防止冲刷，减少下泄到沟底的地表径流。在沟底从毛沟到支沟至干沟，根据不同条件，分别采取修谷坊、淤地坝、小型水库和塘坝等各类工程，起到拦截洪水泥沙，防止山洪危害的作用。

③小型水利工程。主要为了拦蓄暴雨时的地表径流和泥沙，可修建与水土保持紧密结合的小型水利工程，如蓄水池、转山渠等。

(2) 生物措施

生物措施是指为了防治土壤侵蚀、保持和合理利用水土资源而采取的造林种草、绿化荒山、农林牧综合经营，以增加地面覆被率，改良土壤，提高土地生产力的水土保持措施，也称水土保持林草措施。生物措施除了起涵养水源、保持水土的作用外，还能改良土壤，提供燃料、饲料、肥料和木料，促进农、林、牧、副各业综合发展，改善和调节生态环境，具有显著的经济、社会和生态效益。生物防护措施可分两种：①以防护为目的的生物防护经营型，如黄土地区的塬地护田林、丘陵护坡林、沟头防蚀林、沟坡护坡林、沟底防冲林、河滩护岸林、山地水源林、固沙林等；②以林木生产为目的的林业多种经营型，有草田轮作、林粮间作、果树林、油料林、用材林、放牧林、薪炭林等。

(3) 农业技术措施

水土保持农业技术措施主要是指水土保持耕作法，是水土保持的基本措施。它包括的范围很广，按其所起的作用可分为三大类：

①以改变地面微小地形，增加地面粗糙率为主的水土保持农业技术措施。作用是拦截地表水，减少土壤冲刷，主要包括横坡耕作、沟垄种植、水平犁沟、筑埂、作垄等高种植丰产沟等。

②以增加地面覆盖为主的水土保持农业技术措施。作用是保护地面，减缓径流，增强土壤抗蚀能力，主要有间作套种、草田轮作、草田带状间作、宽行密植、利用秸秆杂草等进行生物覆盖、免耕或少耕等措施。

③以增加土壤入渗为主的农业技术措施。疏松土壤，改善土壤的理化性状，增加土壤

抗蚀、渗透、蓄水能力，主要有增施有机肥、深耕改土、纳雨蓄墒、并配合耙耱、浅耕等，以减少降水损失，控制水土流失。

防治水土流失必须根据水土流失的具体原因，采取必要的具体措施。但采取任何单一防治措施，都很难获得理想的效果，因而必须根据不同措施的用途和特点，遵循如下综合治理原则：治山与治水相结合，治沟与治坡相结合，工程措施与生物措施相结合，田间工程与蓄水保土耕作措施相结合，治理与利用相结合，当前利益与长远利益相结合，实行以小流域为单元，坡沟兼治，治坡为主，工程措施、生物措施、农业措施相结合的集中综合治理方针，才可收到持久稳定的效果。

治理水土流失，可采用政府主导型的政府治理模式、地方偏好的社区治理模式、现实中采用得最多的农户治理模式，介于社区治理模式与农户治理模式之间的农户合作治理模式及以利润最大化为目标、以商业化的运作方式治理水土流失的企业治理模式。

7.3.7 土地退化治理

(1) 土地退化的监测

为制定科学合理的土地退化防治政策、计划和措施，就要重视对目前生产用地退化的监测。土地退化的监测包括农用地退化的监测、林业用地退化的监测、生物多样性监测及牧业用地的监测。农用地主要监测灌溉对地下水位的影响以及土壤盐渍化状况；林业用地主要监测森林的生物量变化；生物多样性监测主要监测种群数量及丰度的变化；牧业用地的监测主要是监测牧业用地牧草产量的季节变化，然后再确定合理的载畜量。

(2) 土地退化的治理措施

土地退化与水土流失关系密切，有相似的起因和大体相同的治理措施，都采取工程措施、生物措施、农业技术措施相结合，管理与维护相结合进行协同整治的方式。

对于退化的土地治理，有大型措施和小型措施。大型措施以工程措施为主，如中国东北三江平原的沼泽排干，其效果通常是永久性的。小型措施相对简单易行，投资少，但效果较小且非永久性，如为改善土壤养分状况而种植绿肥，增施有机肥等。现在还可施用改良土壤的添加剂，改善土壤的性质，治理退化的土地。

小　结

城乡协同生态学将城乡生态环境系统看作一个整体，将城乡生态环境问题进行协同整治。本章阐述了城乡生态环境协同整治的意义，并叙述了常用的方法，重点阐述了进行协同整治的技术措施，如水污染控制技术、大气污染控制技术、噪声污染控制技术、固体废物处理处置及其资源化技术、面源污染控制技术、清洁生产、退化生态系统的修复技术、生物多样性保护措施、水土流失的治理技术、土地退化的治理技术等。

思考题

1. 为什么要对城乡生态环境进行协同整治？

2. 城乡生态环境协同整治的策略是什么？
3. 环境污染协同整治的技术措施有哪些？
4. 生态破坏协同整治的技术措施有哪些？

推荐阅读书目

1. 蒋展鹏，2005. 环境工程学[M]. 2版. 北京：高等教育出版社.
2. 李文华，2001. 中国的自然保护区[M]. 北京：商务印书馆.
3. 奚旦立，2005. 清洁生产与循环经济[M]. 北京：化学工业出版社.

第 8 章

城乡生态系统管理

人类社会的可持续发展归根结底是一个生态系统管理问题,即如何运用生态学、经济学、社会学和管理学的有关原理,对各种资源进行合理管理,既满足当代人的需求,又不对后代人满足其需求的能力构成损害。

生态系统管理的目的是维持自然资源与社会经济系统之间的平衡,确保生态服务和生物资源不会因为人类活动而不可逆转地逐渐被消耗,从而实现生态系统所在区域的长期可持续性。生态系统管理已经成为合理利用自然资源和保持生态系统健康最有效的途径。

8.1 城乡生态系统管理的概念及原则

8.1.1 城乡生态系统管理的概念

由于目前对城乡生态系统作为一个整体来研究的成果并不多,在生态系统管理发展的过程中,由于不同生态学者所从事的研究领域、研究目的或研究对象不同,所提出的生态系统管理的定义也有所不同。1999 年,世界自然保护联盟(IUCN)下属的生态系统管理委员会(Commission on Ecosystem Management,CEM)出版的《生态系统管理:科学与社会问题》一书中提出:"生态系统管理就是操作生态系统的物理、化学和生物的过程,把有机体与非生物环境以及人类活动的调节联系起来,营造一个理想的生态系统环境。"另外,生态系统管理的概念比较认可的还有以下几种:

①生态系统管理是一种自然资源管理的管理方法,致力于保持和恢复生态系统的可持续性,使之以一种与生态系统可持续能力相协调的方式使当代和后代人连续不断地受益(Unger,1994)。

②生态系统管理是对生态系统合理经营以确保其持续性,生态持续性是指维持生态系统的长期发展趋势或过程,并避免损害或衰退(Boyce et al.,1997)

③有明确的管理目标,并执行一定的政策和规划,基于实践和研究并根据实际情况做调整,基于对生态系统作用和过程的最佳理解,管理过程必须维持生态系统组成、结构和功能的可持续性(美国生态学会,1996)。

④生态系统管理是自然资源管理一种新的综合途径。其管理对象是一个弹性空间单元,可以在不同尺度上确定,它可以对应于自然边界(如流域)、地形特征(如山脉)甚至

一个行政单元(如一个行政区域)(赵云龙等，2004)。

综合理解以上有关生态系统管理的定义，我们将城乡生态系统管理定义为"在充分认识城乡生态系统整体性与复杂性的前提下，以持续地获得期望的物质产品、生态及社会效益为目标，并依据对关键生态过程和重要资源的长期监测的结果而进行的管理活动"。由此可见，城乡生态系统管理是人类以科学的态度利用、保护生存环境和自然资源的行为体现。可持续发展主要依赖于各种资源的合理开发利用，因而生态系统管理是实现可持续发展的手段和重要途径。

生态系统管理的实施可采用生态系统方法(ecosystem approach)(UNDP et al., 2002; Maltby, 2003; 汪思龙等，2004; 闵庆文等，2003; Chapin, 2005)，生态系统方法是综合管理土地、水和生物资源，公平促进其保护与可持续利用的战略(国家环境保护总局，2001)。它是一种跨学科的、包含参与过程的综合性方法。

8.1.2 城乡生态系统管理的原则

城乡生态系统为城镇和乡村居民提供生存所必需的产品和服务。生态系统管理比常规自然资源管理要求更广泛深入。说到开发生态系统所提供的产品和服务，焦点在于保持系统的完整性(即可持续性)。近年来，随着城镇化的推进，人口增长速度加快，为了发展地方经济，人们对自然资源的过度利用和对环境的破坏已经威胁到城镇居民的持续生存。人们已经意识到，对生态系统采取袖手旁观或掉以轻心的态度有可能破坏自己的生存环境；另外，人们也认识到，对生态系统进行良好的管理，生态系统给人类提供产品和服务的功能可以是持续的。参考盛连喜(2002)所述的生态系统管理，城乡生态系统管理应遵循下列原则。

(1)整体性原则

整体性是生态系统的基本特征，人为的随意分割都会给整个生态系统带来灾难。城乡生态系统也一样，对系统内部的资源进行优化配置、管理等活动都应从整体出发考虑，并从城乡一体化角度协调硬性资源和软性资源的分配，实现城乡发展的可持续性。

(2)动态性原则

城乡生态系统是人类参与、影响并调控的生态系统，其发展是一个动态过程，任何一个部分的改变都会影响到其他部分的变化。如乡村的发展推动城市化进程，城市的发展反过来带动乡村。

(3)再生性原则

生态系统最显著的特征之一是具有很高的生产能力和再生功能。特别是生物资源，进行适当的科学管理，可保证其持续性利用。

(4)循环利用性原则

生态系统中有些资源是有限的，而非"取之不尽，用之不竭"。因此，在进行管理时必须遵循经济、生态规律。

(5)平衡性原则

生态系统健康是生态系统管理的目标，一个健康的生态系统常处于稳定和自我调节的状态，各部分结构和功能处于相互适应与协调的动态平衡。

(6) 多样性原则

生物多样性是城乡生态系统持续发展和生产力的核心。一个生态系统中不同物种出现的频率决定其物种的多样性。不同生态系统出现的频率是测定生态系统多样性的一个尺度。生态系统所提供的产品和服务为地球上生命做出了贡献，在许多情况下，对其生存至关重要。如果生物多样性丧失，其物种成分和联系它们的作用将导致生态系统所提供的产品和服务的丧失。生物多样性减少会导致丧失宝贵的生物资源，例如，森林退化引起药用植物或森林中居民的食物来源消失。因此生态系统管理的基本原则是保持生物多样性。

(7) 多部门协作原则

城乡生态系统管理是一个整体过程，它要求许多不同学科、部门和利益相关者参加。通常没有哪一个团体或机构拥有对整个生态系统管理所必需的广泛信息基础或广泛关注点。因此，不同部门和其他利益相关者都要认识到多部门协作的必要性。

城乡生态系统由许多成分组成，如土壤、水（湖泊、河流、池塘等）、植被（草场、森林）和动物（野生动物）以及城市、乡村和工业中心及农业系统等。管理生态系统意味着认识系统的不同成分之间的相互联系。例如，处理系统的一部分（例如上游砍伐树木）将影响系统的其他部分（也许下游会出现洪水泛滥）。为了认识这些相互联系，生态系统管理者需要收集广泛的信息基础和不同的资源。

8.2 城乡生态系统管理的核心内涵及必要性

8.2.1 城乡生态系统管理的核心内涵

城乡生态系统管理的核心内涵是以一种社会、经济、环境价值平衡的方式来管理城乡自然资源，包括生态学的相互关系、复杂的社会经济和政策结构、价值方面的知识（赵云龙等，2004）。其本质是保持系统的健康和恢复力，使系统既能够调节短期的压力，也能够适应长期的变化（包一凡等，2010）。

将生态学和社会科学的知识和技术，以及人类自身和社会的价值整合到生态系统的管理活动中；对象主要是受自然和人类干扰的系统；效果可用生物多样性和生产力潜力来衡量；要求科学家与管理者确定生态系统退化的阈值及退化根源，并在退化前采取措施；要求利用科学知识做出最小损害生态系统整体性的管理选择；管理时间和空间尺度应与管理目标相适应（任海等，2000）。

资源管理即是在对各种资源的性质、特点、分布、现状、利用情况等充分认识的基础上，合理开发，并积极采取保护对策，实现资源的持续利用过程。

城乡资源管理是资源管理的一个特殊部分，着重研究城乡生态系统的结构构建、功能（智能流、物流、价值流等）实现和自身发展过程中，涉及农村城镇化、乡镇城市化以及城乡过渡带的建设等方面，还有对资源的合理开发、利用情况、持续利用方式及保护策略等。

城乡资源管理的方法及策略是一个多方面综合渗透的课题，不仅涉及自然资源的特性、分布、更新性、开发前景等问题，还涉及管理者的认知水平、价值取向、技术力量等。Unger（1994）认为资源管理的方法之一就是对生态系统加以管理，致力于保持和恢复生态系统的可持续性，使之以一种与生态系统可持续能力相协调的方式使当代人和后代人连续不断地受益。所以对资源实施管理的目的就是实现各种资源的可持续利用，促进经济繁荣发展。

8.2.2 城乡生态系统管理必要性

基于上述概念，城乡生态系统管理的实质可以理解为对城乡资源进行合理化开发和利用。社会经济的发展离不开资源和环境的支持，近年来，我国农村城镇化进程发展迅速，资源、能源开发利用强度加大，环境压力也日渐凸显。世界发展过程中的一个严重教训，就是许多经济发达国家走了一条严重浪费资源和"先污染后治理"的路子，结果造成了对自然资源和生态环境的严重损害。我们决不能再走这样的路子。我们千万要注意，在加快经济发展时决不能以浪费资源和以牺牲环境为代价。任何地方的经济发展都要坚持以生态环境良性循环为基础，这样的发展才是健康的和可持续的。

我国虽然是一个资源总量丰富的国家，但如果按人均资源占有量来计算，却是属于资源贫乏的国家。我国各类主要自然资源的人均占有量水平都低于世界平均水平，如人均土地面积为1/3，人均水资源为1/4，人均森林面积为1/6，人均草地面积为1/3。我国人均占有资源量偏少这一状况必将随着我国人口的持续增长而加剧。我国主要资源的人均占有水平及人均占有量在世界144个国家的排序见表8-1。

表 8-1 我国主要资源人均水平及居世界的位次

资源类别	人均水平/世界人均水平	居世界位次
土地面积	33.3%	110 位以后
耕地面积	32.3%	126 位以后
森林面积	11.7%	119 位以后
草地面积	32.3%	76 位以后
水资源	25%	121 位以后
淡水资源量	28.1%	55 位以后
45 种矿产潜在价值	60%	80 位以后

注：引自赖乙光，1998。

我国自然资源的劣势将对我国社会经济的发展产生深远的影响。从20世纪70年代后期以来，由于经济特别是城乡经济的快速发展，加上人口的巨大压力等多种因素的交互作用，决定了我国尤其是城乡经济迅速发展地区生态环境的脆弱性和失衡性，如果开发利用不当，极易使生态环境遭到破坏，又难以将其恢复。

城乡生态系统作为一个经济实体，其建设与发展需与当地的环境和资源紧密有机地配合起来。当然软性资源(如人力资源、公共服务等资源)的开发、利用也非常重要，必须以科学的方式统筹管理。

现就城乡建设发展过程中重要的几类资源论述其利用现状及管理对策，以期在中小城镇建设规划时，实现资源合理配置，达到经济一体化和空间融合的系统功能最优状态，促进城乡经济的协调发展。

8.3 城乡土地资源管理

8.3.1 土地资源的重要作用

人类的生存和社会的发展都离不开土地。耕地是土地资源的精华。迄今人类食品消费的大部分和95%以上的蛋白质取自土地，其中80%以上热量和75%以上的蛋白质来自耕地提供的粮食。可以说，土地资源是人类立命之本，是每个国家民族生存和发展的最基本的物质条件。

土地作为一种特殊资源，本身具有价值和使用价值，而且是环境的组成部分，是一种生态资源。农业生产实际上是土地资源的分配过程，土地的配置结构反映了农业的分配结构。因此，坚持土地作为资源、资产和劳动对象三者统一，对于保护生态环境和指导农业生产具有极其重要的意义。

8.3.2 土地资源的性质和特点

土地是一个立体的结构，它是由气候、地貌、岩石、土壤、生物和水文等因素组成的一个独立的自然综合体。土地经常受到气候条件和水文因素变化的影响，还由于人类长期生产活动给土地带来某些性质的改变，因此土地经常处于动态的变化之中。

(1) 土地资源的生产性及其地区差异

土地本身是自然的产物，作为一种资源，被人类社会所利用，就具有生产的性质，有一定的生产力。土地的生产力包括自然生产力和劳动生产力两方面，自然生产力属于土地资源本身的性质，不同性质的土地，即由光、热、水、气、营养元素的含量及组合不同的土地，适应于不同植物和动物的生长繁殖的需要；而劳动生产力，即人类生产的技术和管理水平，主要表现在对土地资源的改造能力和土地利用程度，其实质在于如何有效充分地利用光热条件，调节、控制水分和营养元素。这两方面因素结合起来，相互促进，不断提高土地生产力的水平。

由于土地分布地带性的差异，农业气象条件随之不同。高纬度地区土地受温度限制比较明显，内陆干旱和半干旱地区则主要受水分的制约。因水热条件有差异，土地利用具有明显的季节性，作物布局，品种选择，种植安排，灌溉施肥，病虫害防治，轮作倒茬，作物收获等一系列农事活动都必须在有利的生长季节内进行。

我国土地资源的地力差异较大。由于气候条件的差别，东南部地区受季风气候的影响，属于湿润半湿润地区，其面积约占全国总面积的一半，而生物生产量却占全国的90%，拥有全国95%以上的人口，并且集中了我国90%以上的耕地、林地和产肉量。而西北部地区受大陆性气候的影响，属于干旱、半干旱地区，干旱缺水，水资源总量仅占全国4.6%，年生物生产量还不到全国生物量的10%，生产能力低。这是由于我国水热分配和水平分布的不协调，形成了土地生产力的明显差异。

(2) 土地资源的可更新性及其条件

土地资源的可更新性对发展生产具有重要的意义。在土壤中生存的各种生物可以不断地生长、死亡和繁殖，土壤中的水分和养分也在不断地被消耗和补充而经常处于动态平衡之中，因而可以给人类社会持续不断地提供生活和生产的各种物质。但是，这种平衡只在一定的条件下稳定，如果影响因素超出一定范围则将表现出不稳定性，引起土地的有利性质退化，出现生产能力下降等不良后果。

8.3.3 我国土地资源的配置和利用状况

8.3.3.1 土地资源利用概况

我国是人多地少、耕地资源稀缺的国家。我国已有14亿多人口，耕地面积仅有94.92 km²。据统计，我国现有人均耕地，不仅低于发达国家，而且低于世界平均水平。人均耕地面积直接关系到主要农产品的占有量。联合国粮农组织提出人均耕地低于0.053 hm²为生存空间警戒线，中国2800多个县中，人均耕地低于警戒线的有666个，占总数的23.7%，其中低于0.033 hm²的有463个，占16.5%。而且这666个县大部分在我国东部沿海经济发达、城镇密集的省份。处于工业化初期和步入城镇化快速成长期的中国，各类建设用地需求膨胀。统计表明：目前666个城市建成区总面积达 1.955×10^4 km²，1.7万个建制镇占用土地 16.4×10^4 km²。近10年来，各地创办各类乡镇企业，占用了部分耕地。另外基础设施和重点建设项目也占用了大量耕地。据交通部门资料，1990—1996年，全国高速公路，国道，二、三级公路和农村公路建设平均每年占用耕地超过 $11.3 \times 10^4 \sim 12.4 \times 10^4$ km²。目前，中国的公路、农村居民点、兴建水利设施的规模过大，很多超前项目占地数量大且用地不集约，还有些只占不用，这些不合理现象增加了土地资源稀缺的压力，客观上也影响了城镇化进程。从历史发展上看，中国人口过多和土地资源不足，始终是传统社会生产力矛盾的焦点，这个矛盾突出地表现在人口与土地资源的比例关系上。

据资料我国城市用地规模弹性系数（城市用地规模扩大速度与城市人口增长速度之比）为2.29，合理限度为1.12。城市占用土地的增长速度明显高于人口增长速度。另外我国城镇化水平每上升1%，相应地减少耕地 45×10^4 hm²。"八五"期间全国耕地净减少 146.7×10^4 km²，其中农业产业结构调整占64.5%，各类建设用地占19.1%，自然灾害损害占16.4%。我国人均耕地面积由1949年的0.3 hm²降到1998年的0.106 hm²，为世界人均耕地0.25 hm²的47%。另外，我国的城镇化处于快速发展阶段，城镇化由1995年的29%到2000年的35%左右，到2010年我国的城镇化水平将达45%~50%。我国城市人口也将达到6.3亿，必然会占用大量的土地进行建设。在我国台湾地区及日本和韩国，实现城镇化过程中每年耕地面积递减率为1.2%~1.4%。

综合上述情况，可以看出在城镇化的进程中，我国面临着人口众多、耕地资源日益短缺、土地利用结构不合理并伴随着浪费的严峻形势，使得我们很有必要实现土地的可持续利用。

8.3.3.2 土地资源配置特征

目前我国在城镇化过程中，土地资源的配置存在以下特征（陈志刚等，2008）：

(1) 农业用地大规模非农化

土地资源在不同部门间配置的调整，这是由现阶段中国城镇化、工业化的特点所决定的。

(2) 城乡用地结构快速转变

一般来说,土地利用方式和结构的形成主要取决于社会经济发展水平和社会消费需求。随着工业化、城镇化进程的加快,由社会消费需求驱动的产业结构调整也必将引起土地利用结构的转变。

(3) 土地利用的区域非均衡化

不同地区社会经济发展的差异必然会影响到当地工业化、城镇化的进程,从而不可避免地使工业化、城镇化驱动下的土地利用状况表现出一定的区域非均衡特征。主要表现在土地利用数量、效益方面;如城镇化建设较快的东部地区建设用地规模较大,而农业用地数量相对较少;而西部地区土地利用结构则正好相反;在效益上东部地区在农业和非农业土地利用上都存在着绝对优势。

(4) 重经济效益轻生态效益

土地资源本身具有多功能的特性,它不仅可以用作生产用途,产生经济效益,它还具有社会功能和景观功能,带来巨大的社会效益和生态效益。然而,在当前快速城镇化发展阶段,对于土地资源的利用却一味强调追求经济效益,忽视了其他功能,特别是生态功能的开发。农业用地利用的经济效益由 1999 年的 2224.96 元/hm^2 上升到 2005 年的 3511.22 元/hm^2,平均每年增幅达到了 9.64%。建设用地利用的经济效益单位经济产出由 1999 年的 208 633.51 元/hm^2 增加到了 2005 年的 501 262.13 元/hm^2,年均增幅高达 23.38%(曲福田等,2001)。而与此同时,土地生态环境面临巨大压力,大量尚未利用的边际土地被投入使用,已利用的土地被过度利用。

8.3.4 土地资源的合理利用与管理

8.3.4.1 城乡土地资源利用的主要问题

长期以来,我国的农业生产和土地开发利用的科学管理不够,表现在生产布局不合理;土地利用率低,浪费严重;局部地区对土地资源实行破坏性开发,重用轻养,造成土地的生态失调。此外,由于多种原因造成我国土地质量的下降,植被的破坏造成水土流失加剧,土壤的有机质与养分大量流失;土壤沙化和侵蚀在不断发展,土地次生盐渍化在扩大。同时由于乡村城镇化以及乡镇建设,工业生产的发展和农业大量使用化肥与农药,使土地遭受污染,生产能力下降。概括起来,主要表现为:

(1) 农业内部结构调整占用耕地过多

不适当地调整农业内部结构,大量耕地改种果树、养鱼或退耕还林、还牧等,因而影响了粮食生产。

(2) 非农业建设占用耕地增多

生产建设占用耕地,1981—1985 年期间平均每年为 8.57×10^4 hm^2,年占地递增率为 21%。有些建设项目在用地上宽打宽用,少用多征,征而不用以及乱占滥用的现象比较严重。乡村集体建设占用耕地相当多,农民建房占用耕地也很突出。

(3) 乡村发展过程中,耕地自然损毁面积严重

长期以来,盲目开荒、滥垦山林、过牧草原等,使土地发生退化,生态平衡遭到破坏，土地利用价值降低，耕地大量毁坏。

(4) 土地荒漠化、沙漠化仍十分严重

中国是世界上沙漠化受害最深的国家之一。截至1996年年底，根据荒漠化普查结果（CCICCD，中国执行联合国防治荒漠化公约委员会，1996），我国荒漠化土地面积为 $262×10^4$ km^2，占国土面积的27.1%（因对荒漠化的界定标准不一，故荒漠化土地面积的统计在不同的资料上可能有所不同）；全国沙化土地面积为 $168.9×10^4$ km^2，占国土面积的17.6%。我国实施防沙治沙工程以来，荒漠化和沙化土地扩展的趋势得到了初步遏制。截至2019年，全国荒漠化土地面积 $257.37×10^4$ km^2，占国土面积的26.81%；沙化土地面积 $168.78×10^4$ km^2，占国土面积的17.58%；具有明显沙化趋势的土地面积 $27.92×10^4$ km^2，占国土面积的2.91%（昝国盛等，2023）。土地荒漠化、沙漠化仍十分严重。

8.3.4.2 城乡建设过程中土地资源合理利用与保护的对策建议

(1) 进行土地资源的科学调查和科学评价

农村发展和中小城镇建设过程中对土地资源的开发利用，必须开展土地资源的调查研究和科学评价，对不同地区的土地组成、利用现状及社会经济条件进行全面的、综合的考察，同时对不同利用目的的土地资源质量作出鉴定，为土地资源的合理开发、利用和保护提供科学依据。合理制定功能区划，调整农业布局和农业结构，建立健全的耕作制度，充分合理利用农业资源，促进农林牧副渔的全面发展。耕作制度是合理利用土地、充分发挥土地生产潜力的重要措施，必须用养结合，促进可持续生产。

(2) 有计划有限制地开发土地资源，增加耕地面积，提高耕地质量

据不完全统计，全国有大片荒地 $0.33×10^8$ hm^2，能够开发为耕地的约 $0.08×10^8$ hm^2；零星闲散荒地约 $0.067×10^8$ hm^2，可开发为耕地的约 $0.033×10^8$ hm^2。如果对上述荒地进行综合开发，宜农则农、宜林则林、宜牧则牧，加以合理利用，以弥补建设占用的耕地，保持现有的耕地数量，是完全可能的。

(3) 重视对土地资源的改造与治理

搞好水土保持，生物措施与工程措施相结合，进行综合治理，讲求实效。加强盐碱土的改良，土地侵蚀和沙化的治理，更要加强土地污染的监测和综合防治，控制和治理污染源。改善土地的质量，以提高生物生产力。

(4) 完善土地利用总体规划

只重视发展城市化和城镇化，忽视土地资源的合理规划，将会导致资源的浪费和环境的恶化。应当承认，目前全国各省、市、县已经编定的土地利用总体规划中对小城镇用地规划重视不够。完善省、市、县级土地利用总体规划主要是指增加编制规划区域内城镇体系规划，规划区域内城镇体系规划作为重要组成部分，要与相应级别土地利用总体规划相衔接，并为确定城镇用地规模提供科学依据。县级土地利用总体规划要在中心村、中心镇、集镇和建制镇的数量、规模、位置等方面加以完善，并在此基础上开展乡级土地利用详细规划（王群，2003）。

乡村城镇化、城市化是现代经济发展必然要求，乡镇工业园的开发、新城区高新技术开发区的建设、旧城区的改造都是经济发展的大战略，是不可缺少的经济载体，是经济发展的活动空间。这需要占用大量的土地，不做前瞻性的合理规划，不合理利用好土地，将会造成土地资源的浪费，造成大量重复性建设。

(5) 节约和集约利用城镇用地

要依据经济与人口增长预测来确定不同时期小城镇建设用地数量。对于每一时期开发利用的土地均应确定土地利用效率指标，如人口密度、建筑密度、建筑容积率、单位用地产值率和单位产值占地率等，只有达到了上述各项效率指标方可允许开发新的用地。规划要使镇区内形成一个聚集核心，使得镇区内人口、资金向核心流动，形成向心型城镇化态势。杜绝分散发展低效率土地利用模式，对违反规划的土地开发应采取相应法律制裁措施加以约束。

(6) 控制人口，缓解人地矛盾

我国总人口数量仍处于上升态势，尤其在广大农村和乡镇，人口增长较高，人均耕地偏低，直接影响人均农产品的占有量，人地矛盾突出。所以要尽快立法，保护现有的耕地面积。我国耕地人口承载力的潜在危机，是长期困扰我国现代化建设的最大障碍因素。必须长期坚持控制人口、节省资源、适度消费的指导方针，制订土地利用的总体规划，根据规划划定农田保护区，做到依法管地用地。

(7) 重视生态土地的合理利用

"生态土地"是相对于"空间土地"而言的。空间土地是有限的，不可避免地会被耗尽，而生态土地是一种流动资源，具有可更新性，在合理利用条件下可以年复一年地加以利用。国际城市化经验告诉我们，城市化过程的实现不能以牺牲环境为代价。解决城市问题，应该从重新认识城市的本质开始。

关于城市绿化问题，增加城市绿地面积是扩大城市生态系统中植物部分比重，改善市地生态经济系统运行和人类生活环境，提高土地生态价值的重要措施。城市绿地生态效益受制于其面积、位置和效率。据有关研究（王群，2003），常规情况下30%~50%的绿化覆盖率对城市生态平衡发挥作用。绿地在城市中的规划位置具有决定性作用。同样的面积，位置不一样，其生态效益各异。从某种意义上讲，位置比面积更重要。单位绿地的生态效益与单位绿地的叶面积成正比，增加叶面积就成为提高生态效益的重要途径，同样面积的城市绿地，由乔灌草结合产生的生态效益可为单层草坪的几十倍。因此，为了提高城市绿地的生态效益应当建造乔灌草多层群落。

城市绿地应以城乡一体化为目标，充分发挥耕地的生态环境功能，把郊区农地上生态景观作为城市绿地的有机组成部分，不仅向城市提供各类新鲜无污染的绿色产品，而且成为城市"绿肺"和改善城市生态环境的积极因素，创造人与自然和谐的自然景观。以植物为主体，构筑城乡融合的全方位、多层次、多效益的生态绿地网络系统，使土地资源充分发挥其生态功能，促进城市生态经济系统的良性循环和土地资源持续利用。

8.3.4.3 城乡建设过程中土地资源的管理

除上述土地利用和保护对策建议外，针对城乡建设过程中土地资源的管理，从政策层面上提出以下策略。

(1) 政府对土地资源的宏观调控管理

土地是一种不可再生的资源，是一种特殊的商品，是一种资产。长期以来，我国对城镇土地一直实行行政划拨，无偿使用。随着土地使用制度改革发展，实行了土地有偿使用，实际操作中，基本上采取了协议出让等方式(亓学翔等，2004)。但多年来，不少地区不顾经济发展客观实际，盲目扩大城市范围，采取大量低价供地方式吸引开发商开发，采用的"协议出让"方式基本与行政划拨无偿使用相似。这种做法不利于土地的有效利用与合理配置，最大弊端是不利于城市经济的发展和建设资金的良性循环，国家不能从土地上获取最大量的收益，搞城市建设往往花费了大量的资金。

目前，城镇化建设、工业园的开发较为盲目和混乱，占用了大量耕地，如果不合理科学规划好土地的使用，土地的回报收益将非常有限。从国外成熟的土地市场看，城市土地开发、基础设施建设所需的大量资金，来源于土地，用之于土地，土地收入再投入到城市土地开发及城市基础设施建设中，其中经营性用地出让往往采用招标、拍卖方式以贴近市场化手段，获取最大化收益，从而使城市建设资金进入一种良性循环的资产增值，政府先前对土地的投入，至少应该在土地收入中得到投资补偿。

城市化发展要做好土地的整理工作，保护耕地，提高土地的利用率。做好土地整理工作是社会经济发展到一定阶段，解决土地利用问题的必然选择。尤其在人均土地少、耕地后备资源短缺的我国，这一国情决定了对土地利用的重点应放在节约用地上。随着中国经济的快速发展和人口的不断增长，工业化、城市化的进程加快，对城镇建设用地的需求空间越来越大。但土地始终是一种稀缺的不可再生的资源，必须通过对土地利用状况的调整、改造，实现土地资源的合理配置，实现耕地总量平衡，保障土地资源的可持续利用，促进经济和社会可持续发展。

(2)协调城镇化非农用地与农业耕地比例

城镇化发展、城区范围的扩大必然要占用耕地，对于人多地少、耕地后备资源又十分有限的我国来讲，这是城市化建设必须面对的首要问题。

长期以来，在对城市化与耕地保护关系上存在两种对立的观点：一种认为发展经济，加快城市化进程，必须摆脱耕地保护的束缚，把耕地保护看作城市化发展的障碍；而另一种则过分强调耕地保护，限制了城市化建设的发展。

其实这两种观点都是片面的，城市化和耕地保护在社会经济发展中都占有极其重要的地位，两者之间可以说是相互制约而又相互促进的。一方面，城市化发展占用大量耕地，影响耕地保护和农业生产，而耕地保护客观上又限制城市化占用过多的耕地，反过来对其产生影响。另一方面，通过城市化建设的发展，使分散的人口和乡村工业聚到一起，既提高了土地利用效益，又解决了农村大量剩余劳动力，提供了更多的就业岗位，缓解了人口对耕地资源的压力，提高了农业土地的规模经营和集约经营，促进了经济发展和耕地保护。

同时耕地保护又迫使城市化注重内涵发展，走土地集约利用道路，提高城市质量。因此，实际工作中要注意处理好耕地保护与城市化两者之间的关系，做到协调发展和全面平衡。

(3)保护耕地，实现乡村城镇化循序渐进进行

城镇化发展需要占用土地，粮食生产需要耕地保障，而土地供给有限，如何处理好城镇化发展与耕地保护和土地资源持续利用之间的关系，是当前亟待研究和妥善解决的问题。

土地非农化是城镇化的客观要求和必然结果。城镇化水平的提高伴随着人口和产业的集聚、城市建成区面积的扩大和耕地面积的减少，1995—2005年，我国城镇化水平由1995年的29.04%提高到40.53%，我国人口已由12.1亿增加到2005年的13.06亿，而耕地面积却在大量减少，人均耕地量还在持续下降，据2003年全国土地利用变更调查结果，1996年底到2003年的7年间，我国耕地由$13\,003.85\times10^4\,hm^2$减少到$12\,340\times10^4\,hm^2$，耕地净减少$664.63\times10^4\,hm^2$，平均每年净减少$94.95\times10^4\,hm^2$（周雁辉等，2006）。

城镇化发展受到耕地保护的严重约束，若耕地减少的减产效应超过了土地生产力提高的增产效应，必将导致谷物总产量的下降。在这种情况下，如何对我国城镇化、工业化现行政策进行价值判断当然地被提到议事日程。由于担心失去耕地而不搞城镇化是不可取的，但不顾及土地资源稀缺状况的城市化也不符合中国国情。切实保护耕地和大力推进城镇化进程都是我国政府的重大战略决策，我们一手要保护耕地，一手要发展城镇化，唯一出路是寻求鱼和熊掌兼得的方案，这就是历史赋予我们当代人的重大责任。

(4) 乡村城镇化要遵循科学和市场经济规律

许多发展中国家目前存在城镇化陷阱，有专家提出忠告：只有了解城镇化发生和发展的规律，才能帮助我们确立正确的城镇化道路。主要发达国家的城镇化与其现代化都是一个自发的过程，而不是人们事先计划的结果。城镇化是一个循序渐进的过程，必须以产业发展为基础，不能急于求成。另外，不能把有限的财力花在乱铺摊子上，城镇化有其科学的内涵，要依据我国现有的土地和经济水平，预测未来几年的经济水平和可供使用的土地，进而确定我国的城镇化水平。

我们的城镇化指标必须与我国的经济发展水平、城镇化发展现状相适应。各地方的发展规划同样要与当地的实际情况相适应。城市规模预测是规划编制的基础，应改变以往的以人定地的预测方法，即以城市人口发展规模确定用地发展需求，这种单向的线性思维模式是以城市发展为首位考虑因素，在当前土地稀缺的情况下显然难以继续适应，必须转变为以地定人的预测模式，即根据区域可供建设的土地资源容量作为城市规模发展的上限，再辅以经济和其他方法具体测算城市的合理容量以及各个时间段的规模，在一些特殊的地区还应该考虑其他稀缺资源的制约因素一并加以考虑。

(5) 节约和集约利用城镇土地并举

加强土地管理工作和改革。在很长的一段时间内，许多城市和小城镇土地利用效率低下，存在许多的旧城区，盲目上项目铺摊子，必将造成许多浪费。针对这种情况，要进行用地制度改革，加强土地产权管理，尤其要健全严格规范的农村土地管理制度，从严控制城乡建设用地的总规模，限制批地的随意性，严格按照土地利用总体规划来安排每个年度的用地计划。同时还要严格区分公益性用地和经营性用地，逐步缩小征地范围，完善征地补偿机制；逐步建立城乡统一的建设用地市场（王春敏，2008）。进行旧城区的改造，实行内部挖潜，严格限制农用地转为非农用地。提高土地利用的集约度。

我国城市用地扩展过快。国土资源部的调查数据表明，城市用地面积扩展明显快于城市人口增长速度，这一方面说明我国城市居民人均用地在扩大，但另一方面也意味着城市土地利用率在降低。这也要求我们要提高土地利用的集约度和利用效率，另外，对于取得建设用地批准文件以后满1年或超过1年未开发利用的土地，将依法收回。一些建设单位取得建设用地，长期闲置不予开发建设，给环境和城市建设带来影响。应采取相关措施，除了取得建设用地批准文件以后满1年或超过1年未开发利用的土地，对于超过土地使用权出让合同约定的动工期1年未动工开发的；已动工开发但开发建设的面积占开发总面积不足1/3的；投资额不足25%未经批准终止开发超过1年的，都应当依法收回。减少浪费，提高土地利用效率和集约度。根据我国的现实情况，我国的征地制度改革的思路为严格行使土地征用权，规范征地范围；体现市场经济规律，合理制定征地补偿费用标准；以社会保障为核心，以市场需求为导向，拓宽被征用土地农民的安置途径；坚持政府统一征地，实行征地与供地分离，简化征地审批后实施程序；建立征地仲裁制度，保证征地工作公平、公正、公开和高效。

(6) 实施可持续发展的土地规划，加强土地规划的指导作用

规划是一种政策行为，它的目的是使城镇化进程有序健康地发展，体现出人口城镇化和土地非农化的经济性和合理性，减少资源浪费，优化资源配置。这就需要制定可持续发展的土地规划。

首先，制定规划要讲究公平性，一个是代内公平，一个是代际公平，还有就是区域公平；其次，制定规划要讲究生态、经济、环境的协调性。也就是说，制定规划要考虑代内代际相结合的问题，不能牺牲后代的生存权利来换得当代人的发展，后代人的生存和发展权利也是制定土地使用发展规划中要考虑的问题。另外，要搞生态土地规划，重视生态土地利用的合理性，在城市建设中要实行多层乔、灌、草相结合的措施，可以大大提高土地利用的生态效益。

在土地利用的区域规划中，要把土地利用规划工作做细。由于粗线条的规划必然是对具体村镇的现状不清、分析不透、缺乏针对性和地方特色，从而脱离实际而影响了规划的权威性。另外，要重视公众的参与，这是保证规划内容实用性和顺利实施的重要前提。此外，做好城市边缘地区村镇与城市规划的衔接，要通盘考虑，有序开发。最后，还要注意规划的方法。规划的过程能够按照动态规划的原理，做好代际转移和代际传递。如果土地产出率没有有效和稳定的增长，那么即使耕地数量不变化，也不能减轻目前因为人口增长而带来的生存的压力。根据实际情况实施不同程度的可持续发展，弱的可持续发展规划至少保证土地资源，特别是农用土地资源的最低存量；强的可持续发展规划应该保证农地资源的理论存量；非常强的可持续发展规划，应该有不断增长的农用地。根据我国的国情，应立足实现较强的可持续发展规划。

8.4 城乡水资源管理

8.4.1 城乡水资源现状

据世界水资源研究所报告，全球有26个国家的2.32亿人口已经面临缺水的威胁，另有4亿人口用水的速度超过了水资源更新的速度，世界上有约20%的人口得不到符合卫生标准的淡水，约占世界人口40%的80多个国家的人在供应清洁水方面有困难。世界水资源已经到了严重不足的阶段，如果不采取行动，预计到2025年世界人口的2/3将面临淡水拥有量不足的危险。

我国陆地水资源总量为 $2.8×10^{12}$ m³,居世界第 5 位,仅次于巴西、加拿大、美国和印度。但人均占有量只有 2630 m³,人均水资源只相当于世界平均水平的 1/4,居世界第 121 位。生态环境用水问题突出,如黄河径流的泥沙含量非常高,年平均含沙量为 35 kg/m³,支流最大实测含沙量 1600 kg/m³,均列世界大河之首;而西北内陆地区气候干旱,生态环境十分脆弱(孙燕,2008;王文,2022)。近二三十年以来,由于城市化进程的推进,水污染严重,水资源的供需矛盾十分突出,已成为制约经济和社会发展的重要因素。按照国际标准(人均占有水量 2000 m³ 即处于严重缺水边缘)衡量,我国有 16 个省(市、区)严重缺水,也就是说我国国土面积的 30%、人口面积的 60%处于缺水状态。所以对水资源实施科学的管理非常重要。

8.4.2 水资源的持续性利用及管理

水资源是城乡存在和发展的基本物质条件,现代城市每人每天需水 400~500 L,一个 100 万人口的城市,每天生活需水量达 $40×10^4$ ~ $50×10^4$ t。各行各业都需要一定数量的用水,不少城市工业用水占到城市总用水量的 70%~80%,城市缺水,不但直接影响工业产值和财政收入,还影响到市民生活和社会的稳定,从而产生城市水资源问题。解放以来,我国修建了大量的水利工程设施。不仅在防洪、排涝、航运、发电等方面发挥了巨大的作用,而且也为国民经济各部门提供了大量可利用的资源,有力地促进了工农业生产的发展和人民生活水平的提高。

当前水资源开发利用中存在的主要问题是:农业用水的发展很不平衡,不少农田还经常受旱;城市工业用水增长很快,不少城市供水紧张,供需矛盾日益尖锐;用水缺乏管理制度,定额偏高,存在着严重浪费现象;水源污染日趋严重,全国主要江河、湖泊、水库已受到不同程度的污染。水资源是国民经济的基本资源之一,与国民经济各部门及城乡人民的生活有着密切的关系,必须切实加以保护和合理开发利用。

针对面临的问题,保护、合理开发、调配水资源是当务之急。水资源的开发利用的总体战略应是水资源的可持续利用和支持"社会-经济-环境"的可持续发展。为此,需要积极开发潜在的水资源(开源),节约利用已有的水资源(节流),尽快整治严重的水污染(治污),同时加强水资源的综合管理,以缓解目前严重的缺水危机,使有限的水资源的开发利用获得最大的经济、社会和环境综合效益。

(1) 加强对水资源的调查研究工作

做好调研工作的目的是查清水资源量,掌握循环补给规律,进行综合评价,提出供需平衡措施。通过供需分析,将各水资源分区划分为:超采区、采补平衡区和尚有潜力开发区。针对不同水资源分区的各自特点,制定相应的水资源开发原则,使水资源管理工作目标明确,针对性强,能有效地缓解供需矛盾。同时还需逐步建立起地下水动态观察体系,监测地下水位、水质的变化情况,定期编写资料,初步形成了地下水动态观察体系,及时了解地下水超采现象的发生和发展情况,出现问题及时处理,使水资源管理工作能做到防微杜渐,防患于未然。

(2) 重视水法和用水政策的制定和落实

通过立法和制定政策以及大力宣传有关的政策和法律,强化水法和用水政策的执行力度，达到保护水资源和合理开发利用水资源的目的。应当明确水资源属社会所有，由政府统一管理，制定统一的开发利用规划和严格的管理制度。用水要收水费，价格应能体现鼓励节水，防止浪费。水资源开发利用，必须防止水质污染和维护生态平衡，造成污染必须依法惩处。

(3) 加强水利设施建设

首先，要重视对大江、大河的治理，加固海堤，这是做好水资源开发利用的防汛抢险的基础性工作。其次，要重视对各种类型水库的维护和管理。在几种类型的水库中，小型水库往往存在着较多的隐患，从规划、设计到施工、管理往往存在着这样那样的问题，所以加强对小水库的管理和维护应引起各级政府，尤其是乡镇和村一级基层部门以及广大群众的重视。

(4) 开展节约用水，提高水的利用率

要加强宣传，提高认识，使全社会都认识到水是有限的，是不可取代的再生资源，不是"取之不尽，用之不竭"的，要爱护水、珍惜水，并落实到行动上。当前在水资源规划中没有把节水和开源很好地结合起来，基本上是着重开源，忽视节水，这样下去是不行的。具体来说，必须在以下3个方面做好节水工作。

①在农业用水方面，我国用水结构中，农业用水约占80%，应发展节水型农业。要实行计划用水和按量收费的办法；改进地面灌溉技术和推广节水的喷灌、滴灌技术；采用合理的灌溉制度；进行渠道衬砌，修建地下管道，减少渠道渗漏损失；采用薄膜覆盖和其他保墒措施，减少土壤水分蒸发等，提高水的利用系数。

②在工业用水方面，要建立健全用水单耗考核制度，制定用水标准，按计划用水，实行节奖超罚制度。即对超计划取水的单位实行加倍累进计价，并限期进行技术改造；对节水成绩突出的单位给予表彰和奖励。对用水超额或无证取水的单位，除给予经济处罚外，还要进行行政处罚；对新建企业不采取必要而可行的节水措施的不允许投产；对收费的主管单位实行污水防治责任制和奖惩制度，并接受监督。此外，在工业用水方面，还应重视建立循环回收系统，提高水的重复利用率。可以说城镇节水的重点是工业，而工业节水的核心是提高水的重复利用率。我国工业用水重复利用率还不到40%，广州市为64%，最高的大连市已达80%，发展很不平衡，所以，节水的潜力很大。提高水的重复利用率的技术关键是在普及现有行之有效的一般节水技术设施的基础上，逐步采用先进工业国家实践证明的技术如较成熟、效益较显著的高效冷却设施来提高冷却、调温用水的循环利用率。目前宜在火电、化工、冶金、炼油等冷却用水量大的企业首先实行封闭循环冷却用水方式。喷射冷却也是较新的节水技术。同时，改造工艺流程和改进用水设备也是提高水的重复利用率的有效措施。我国由于生产工艺和设备多数较落后，工业用水单耗比先进工业国家高出许多倍。例如，生产 1 t 钢或 1 t 纸，分别要 30~40 t 或 300~500 t 水，而先进国家仅需 10 t 或 100 t 水。故积极改革工艺流程和改进用水设备是很必要的。目前，应着重减少水洗产品，不需连续供水的采用间断供水，改善漂洗系统，在多段冲洗工艺流程中采用逆冲洗等方式。

③在城镇生活用水方面，在用水的规划预测上不能采用过高的用水定额，否则将严重影响节水工作的开展。应努力增强公众的节水意识并养成节水习惯，通过管理、技术手段和经济杠杆，将城市、乡镇生活用水控制在城镇水资源可承受的范围内。同时，要取消

"包费制"，实行装表计量收费的办法。在一些缺水地区，对生活用水同样要实行定量供应、节奖超罚的制度。

(5) 重视工业废水和城市污水的净化和再利用

根据各部门对水质的不同要求，采用不同的处理方法，如通过活性污泥、生物过滤池以及中和药剂注入装置及分离装置等处理方法。城镇污水经过二次处理(用曝气塘法、活性污泥法等)一般即可用于农用灌溉。国外有人称城市污水处理厂为"第二水源"或"城市中的水库"。

(6) 多渠道开拓水资源

城乡建设与发展过程中应积极开发多种渠道获得水资源(杨士弘，2003)，如雨水收集与贮存利用；海水淡化；城市污水再生利用；跨流域调水；扩大地表水的拦蓄；矿坑水回用；地下水人工回灌调蓄；苦咸水利用等。

8.5 城乡生物资源管理

8.5.1 生物资源的价值

生物资源是人类赖以生存和发展的物质基础，是可更新资源。它与矿物等不可更新资源相比较，如果利用不超过资源的更新量，生物资源便可再生更新，达到持续利用，进入良性循环；如果利用超过资源更新量，以竭泽而渔、杀鸡取卵等掠夺方式利用生物资源，则导致生物物种的濒危、灭绝，进而使生物资源枯竭，破坏人类赖以生存的物质基础。

生物资源对人类具有现实的经济价值和间接的环境美学价值。它的现实价值是直接使用或经过商业性活动成为产品，在市场上流通，这部分生物资源(食品、药品、工业原料、生化制品等)对国民经济发展有巨大的影响。而生物资源的间接价值之一是其不可估量的环境功效。众多生物种类作为生物圈的一部分，吸收、转移、累积和降解各种污染物，不断净化人类的生存环境，参与氧气、二氧化碳及其他物质循环，从而支持了包括人类在内的生物圈。其次，生物资源在文化、社会美学等方面也有着重要的价值，如许多观赏野生动、植物种类美化了人类的生存环境。

8.5.2 我国的生物资源概况

我国地跨寒温带、温带、暖温带、亚热带和热带，是世界上生物资源最丰富的国家之一。据统计，我国生物种类约占世界总数的1/10，有高等植物近3000种、苔藓2100种、蕨类2600种、真菌和地衣4000种、脊椎动物4500种、无脊椎动物20万种(包括昆虫15万种)，酵母则占世界所有种类的1/4。其中已记录的陆生生物物种数约83 000余种，已记录的海洋生物物种超过13 000种，约占世界海洋生物总数的1/4以上。以高等植物和兽类为例，我国的高等植物种类仅次于巴西和哥伦比亚，居世界第3位；兽类约594种，居世界第1位。此外，由于独特的地质演化历史，在我国生存着许多北半球其他地区早已灭绝的古老孑遗种类，以及一些在系统发生上属于原始或孤立的生物类群，如大熊猫、金丝猴、野马、野生双峰驼等。植物类群达250个属，如苏铁科、银杏科、麻黄科植物等，它们常被称为活化石。我国物种多样性居世界第8位。

我国虽然有得天独厚的自然环境和种类丰富的生物资源，但由于人口众多，人均生物资源占有量相对匮乏。加之国人的生物资源保护意识很差，资源保护法制不完备，生物资源开发利用水平低下等因素，导致生物资源破坏严重。如森林资源，历史上我国森林覆盖率曾达50%，20世纪50年代下降到8.6%，此后随着保护意识的加强，覆盖率有所上升，据第九次全国森林资源清查结果显示，森林覆盖率达24.02%。热带、亚热带森林迅速消失，全国山地丘陵2/3以上面积裸露，森林多呈岛屿状，分散在大面积退化环境之中。近几十年来，随着乡村、城镇的迅速发展，森林资源的利用力度逐年加大。目前，我国草原大致有3种利用模式：①传统式的牧业经营，以天然草原放牧畜为主，如我国北方草原牧区及新疆山地草原区等；②开垦草原为农田，进行农业生产，如东北平原及黄土高原等；③介于两者之间，农牧并存，如鄂尔多斯高原及黄土高原的一部分。由于恶劣的自然条件加上频繁的人为活动影响，20世纪60年代以来，草原普遍出现退化现象。到20世纪80年代中期已增加到30%以上。全国草原退化面积以每年66.617~133.33 hm^2 的速度扩展。全国水土流失面积已达 $150×10^4\ km^2$，约占国土面积的1/6，国土沙化面积达 $1.26×10^8\ hm^2$，盐化面积达 $0.27×10^8\ hm^2$。由于生物种类栖息地丧失和环境污染，已导致我国部分动物、植物和高等真菌濒临灭绝。

城市化推进过程中经济高速发展，人们对生物资源需求急剧增加，那种只顾眼前利益的掠夺式利用生物资源的现象屡禁不止。据统计，我国受严重威胁的物种占整个动植物区系成分的15%~20%，已有398种脊椎动物、1009种高等植物列入濒危物种名录。根据生物群落和食物链的研究表明，某一种生物往往与10~30种其他生物(如动物、真菌)相共存，任何一种生物灭绝都将会引起严重的连锁反应。这种链锁式的生物物种灭绝危机正在威胁着人类的生存基础。因此，保护现有生物资源，使之能持续利用，不仅是为我国当前高速发展的经济建设服务，也是为子孙后代留下可供发展的生存物质基础。

8.5.3 生物资源的合理利用对策及管理方法

目前，我国已编制了《生物多样性行动计划》，农业部门也提出了《中国农业部门生物多样性保护行动计划》。从农业经济的角度来看，对生物物种进行保护和合理利用已迫在眉睫。我国人口众多，人均生物资源占有量小，这一基本国情决定了我国只能走资源节约型的发展道路。为保证我国生物资源的持续利用，今后应采取的措施和对策可概括为以下几个方面。

(1) 加强生物物种濒危情况的调查和研究

通过调查与研究濒危物种情况，掌握濒危物种的分布、栖息地、种群数量及其消失规律、濒危原因。据初步估计，中国现已藏有的生物标本约2000万号，已收集到农作物的近缘野生种44 500多份。但以自然保护为主要目的的考察调查还应大大增加。

(2) 加强重要生物资源的保护研究，建立重要物种种质资源库

采用低温保存技术和生殖工程保护动物种质资源已在国际上引起广泛的兴趣，并不断付诸行动。目前在西欧及美国和日本等地区及国家已建立了国家野生动物细胞库(冷冻动物园，Frozen Zoo)和植物种质库。美国圣地亚哥的野生动物细胞库几十年来已冻存了300多个重要物种的细胞系。中国西南野生生物种质资源库于1999年由吴征镒院士提议建设，2005年正式开工，2007年建成并投入运行。种质库现已保存我国本土野生植物种子11 305

种 90 738 份；植物离体培养材料 2194 种 26 200 份；DNA 分子材料 8541 种 69 144 份；微生物菌株 2320 种 23 200 份；动物种质资源 2253 种 80 362 份，是亚洲最大的野生生物种质资源库，与英国"千年种子库"、挪威"斯瓦尔巴全球种子库"等一起成为全球生物多样性保护的领跑者。它使我国的野生生物种质资源，特别是我国的特有种、珍稀濒危种、具有重要经济价值、生态价值和科学研究价值的物种安全得到了有力保障；使我国野生生物种质资源的快速、高效研究利用成为可能；也为我国在未来国际生物产业竞争中立于不败之地打下了坚实基础。

(3) 制定濒危物种保护规划

制定濒危物种保护规划，并根据实际情况采用高新技术建立资源节约型的新型生物产业。这是我国生物资源持续利用的核心问题之一。应注意珍稀种类和具有特殊经济价值的物种的开发利用，注意农、林、畜、禽、鱼等各种生物的原生型、野生型的不同利用价值；生物资源的开发利用要依靠现代生物技术的最新成果。例如，通过现代冷冻技术有效地保存动、植物的种质资源(种子、胚胎和精子、卵子等)，通过遗传学手段，使珍稀动物避免近亲交配，提高种群生存力。此外，利用高新技术分析生物资源的化学成分，探讨高效、综合利用的新途径，尽力改变目前我国生物资源开发中技术档次较低，综合利用不够，资源浪费惊人等不足，实现生物资源的可持续利用。

我国重要生物资源大多分布在边远贫困地区和乡村地区，通过重要生物资源的基地建设和开发，可以带动这些地区的经济发展。这样，从根本上解决资金的来源，保证产业化的正常发展。产业化的发展以及产业的开发，可能成为 21 世纪人类利用生物资源的主要课题。

(4) 建立适当保护区和动物繁育中心，保护生物物种

保护生物资源首先要保证其生存空间，当前主要是尽量减少对森林和草场等植被的砍伐和开垦；保护栖息地生境的多样性和复杂性，是保证动物资源多样性的首要条件，这与野生动物的生存和发展关系极大。在生物栖息地就地划出一定范围的保护区或设立各种类型的自然保护地等。目前，我国已初步形成了类型齐全、功能完备的自然保护区网络体系，有效保护了 90% 的陆地生态系统类型、85% 的野生动物种群和 65% 的高等植物群落，涵盖了 20% 的天然优质森林和 30% 的典型荒漠化地区。

随着国民经济的发展，国家通过立法程序，强化生物和物种保护的法制建设。目前中国已颁布的涉及生物资源保护的法律有 14 个，其中包括《中华人民共和国野生动物保护法》；主要行政法规有 12 个，其中包括《水生资源繁殖保护条例》。目前亟待解决的是法规体系的健全配套，使之系统化、完整化。

(5) 加强国际交流，强化宣传教育和法制管理

我国已经加入国际若干保护野生生物的组织，签署了《濒危野生动植物国际贸易公约》(GITES)和《生物多样性公约》等，并在国际上进行了多边和双边的合作联系和教育、科技方面的交流等，以促进我国和国际野生生物保护事业的发展。保护是恢复生物资源的重要措施，但保护的目的是使资源得到更好地利用。所以对生物资源的科学管理也是生物资源保护的重要措施。

保护野生生物是全民的光荣义务，除通过报纸杂志、广播、电视进行宣传外，应举办科普讲座、展览、参观活动，出版科普刊物，对专职人员举办培训班，并使全体人民提高对保护野生生物重要性和迫切性的认识，调动广大人民群众共同保护生物资源的积极性。

8.6 城乡能源管理

8.6.1 我国城乡能源发展现状

我国是能源生产大国，也是能源消费大国。在2003年能源生产、消费总量构成中，煤炭分别占74.2%、67.1%，石油分别占15.2%、22.7%，天然气分别占2.9%、2.8%；一次性能源消费达92.7%；2003年年底，已建成水电机组容量9000×10^4 kW（魏凤，2006）。近年来，能源对我国国民经济发展的制约作用有了明显的缓解。但我国能源仍面临如下的问题。

(1) 人均能源资源和人均消费量不足

虽然我国的能源资源丰富多样，但由于我国人口众多，目前人均能源相对不足。我国人均煤炭探明储量只相当于世界平均水平的50%，人均石油可采储量仅为世界平均值的10%。中国能源消耗总量仅低于美国居世界第2位，但人均耗能水平很低。1996年人均单次商品能源消耗仅为世界平均水平的1/2，是工业发达国家的1/5左右（表8-2）。

表8-2 我国能源人均占有和消费量与世界平均值比较

项目	我国人均占有量或消费量	世界平均值	占世界平均值的百分比（%）
人均煤炭、石油、天然气占有量	95 t 标准煤	200 t 标准煤	约50
人均石油可采储量	3 t	28 t	约10
能源消费量	1.2 t 标准煤	3 t 标准煤	<50
消费标准煤	650 kg	685 kg	95
消费石油	145 kg 标准煤	863 kg 标准煤	16.8
消费天然气	17.7 kg 标准煤	454 kg 标准煤	3.9
消费电力	501.5 kW	2006 kW	25

注：引自魏凤，2006。

(2) 能源资源分布不均

我国能源资源主要有煤炭、石油、天然气、水力资源和其他可再生能源等。我国能源资源分布不均衡，煤炭资源主要在华北、西北地区，其中晋陕蒙宁地区储量占近65%，水力资源主要分布在西南地区，石油、天然气资源主要在东北地区、华北地区、西部地区和海域。我国主要的能源消费地区集中在东南沿海经济发达地区，资源赋存与能源消费地域存在明显差别（祁越峰，2019）。因此，"北煤南运""西煤东运""西电东送"的格局将长期存在，造成能源输送损失和过大的输送建设投资。

我国能源生产与消费之间也是不平衡的，并随着城乡建设的开展重心有所转移。许多学者对此开展了研究，如周总瑛等（2003）分析了我国的油气资源状况，管卫华等（2006）研究了中国能源消费结构的变动规律，李俊（1994）、樊杰（1997；2003）分析了中国不同区域能源供求关系。据任志远等（2008）的研究，中国工业化初期能源资源开发主要集中在北方沿海地区，改革开放以来，中国能源资源的开发空间从沿海（东北）向内陆（西南）推进；从能源消费来看，1978—2005年中国各地区能源消费均在增加，重心也逐步向西南方向移动。东西和南北差异将进一步减小。

(3) 能源构成以煤为主

我国能源生产和消费构成中煤占有主要地位。煤炭在我国目前一次能源中占70%以上。全国直接燃烧煤炭占总耗煤量的84%，在2003年能源生产、消费总量构成中，煤炭分别占74.2%、67.1%，石油分别占15.2%、22.7%，天然气分别占2.9%、2.8%。这种能源结构仅大体相当于发达国家20世纪中叶的水平。而且，这种以煤为主的能源结构将难以在短期内改变（赵纪新，2005）。

(4) 工业部门消耗能源占有很大的比重

2001年工业部门消耗的能源，占全国能源消耗总量的68.4%，商业和民用消费能源的比重为13.8%，交通运输和农业生产消费的能源比重较小，分别为7.6%和4.5%（赵纪新，2005）。我国的这种能耗比例关系一方面反映了我国工业生产中的工艺设备落后、能耗大、能源管理水平低，另一方面也反映了我国的经济增长很大程度上是依赖高能耗的工业部门。

现在全世界平均GDP能耗是每100万美元274 t标准油，而我国是913 t，为世界平均水平的3.3倍。日本是95.9 t，我国是日本的9倍多。

(5) 农村能源短缺，大部分地区仍以生物质能为主

据农业部统计，中国农村生活用能的2/3依靠薪材和秸秆，煤炭供应不足，优质油、气能源的供应更是短缺。据统计，2014年平均每户煤炭消费量仅为347.2 kg（魏楚等，2017）。

8.6.2 能源开发与利用对环境的影响

开发利用和不加限制地消耗大量的矿物燃料，极大地污染了人类赖以生存的环境，诱发温室效应、酸雨，引起疾病、农业减产等严重问题。实际上，任何一种能源的开发和利用都会给环境造成一定的影响。例如，水能开发利用可能造成地面沉降、地震、上下游生态系统显著变化、地区性疾病蔓延、土壤盐碱化、野生动植物灭绝、水质发生变化等；地热能的开发利用能引起地面下沉，使地下水或地表水受到氯化物、硫酸盐、碳酸盐、二氧化硅的污染和水质发生变化等。在诸多的能源中，以不可再生的矿物能源引起的环境影响最为严重，它们在开采、运输、加工、利用等环节都会对环境产生严重影响，主要有以下几种。

(1) 大气污染

一次能源利用过程中，产生大量的一氧化碳、二氧化硫、二氧化氮及多种芳烃化合物，已对一些国家的城市造成了十分严重的污染，不仅导致对生态的破坏，而且损害人体健康。

(2) 水体和土壤污染

对水体和土壤污染最严重的是油气开采和加工中的废水、废渣。我国石油工业每年排放的污水达$2.5\times10^4 \sim 7.5\times10^4$ t，污水中含有大量的硫化物、挥发酚和氰化物等。在油气资源的勘探开发中，无论是钻井、采油还是采气，都会排放出废水、废渣、废气，"三废"

排入大气、水体和土壤中，对生态环境造成了严重的污染。

(3) 温室效应

矿物燃料的燃烧增加了大气中二氧化碳等含量而造成温室效应。正常大气中的二氧化碳按体积计算是每 100 万大气单位中有 280 单位。如果大气中二氧化碳浓度增加 1 倍，全球平均气温将上升 1.5~3℃，极地温度可能上升 6~8℃。这样的温度可能导致海平面上升 20~140 cm，如果地球气温继续不断升高，全球的生态系统就会失去平衡，对全球许多国家的经济、社会产生严重影响。

(4) 酸雨

煤炭燃烧后排放的二氧化硫和机动车排放的氮氧化物是形成酸雨的主要原因。污染物进入大气后，在阳光、水汽、飘尘的作用下发生一系列的化学反应，形成大面积酸雨，改变酸雨覆盖区的土壤性质、降低土壤的肥效、破坏土壤的结构、危害农作物和森林生态系统。例如，德国巴伐利亚山区的 12 000 hm^2 森林有 1/4 毁于酸雨；波兰有 24×10^4 hm^2 针叶林因酸雨而枯萎。酸雨也会改变湖泊水库的酸度，使水质严重恶化而破坏水生态系统，如受酸雨影响挪威南部 5000 个湖泊中有 1750 个已经鱼虾绝迹。酸雨还会严重腐蚀材料、侵蚀建筑物、严重破坏历史文物和古迹等，造成重大损失。我国北京故宫的汉白玉雕刻、希腊雅典由大理石建成的巴特农神庙等世界著名建筑物，都因酸雨而变得斑斑驳驳。此外，酸雨还导致地区气候改变，有时还会向远处迁移，因此酸雨已成为一种跨越国界的公害。

(5) 核废料问题

核能具有耗费低、污染少和安全性强的优点，但核废料的最终处理问题并没有完全解决。目前世界范围内已产生了上千吨的核废料，而这些废料在数百万年里仍将保持着危险的放射性。

8.6.3 城乡发展进程中的能源管理

当今世界能源供应成为各国关注的焦点，这关系到人类可持续发展的生存需要。能源的有限性和人类需求的无限性特点使得我们必须遵循节约的原则，并把节约的原则贯穿于资源的开发、利用、生产和消费的全过程，以最低限度的资源消耗获取最高限度的效益。具体采取以下措施。

8.6.3.1 提高能源利用率

所谓节能就是应用技术可行、经济合理、环境友好和社会接受的方法，来有效地利用能源资源。其目的是要求从能源资源开发到利用全过程中，获得更高的能源利用率。在国外，节能被形象地称为继煤、油、气、电后的"第五种常规能源"。

节能可分为两大类：一类是直接节能，它包括提高能源利用率，降低单位产品或产值的能源消耗量；另一类是间接节能，它包括调整工业企业产品结构，在生产中减少原材料的消耗，提高产品质量等以减少能源消费量。

目前，我国通过大力贯彻节约与保护资源的基本国策，走资源节约型发展道路，努力降低能耗，已做出了显著成绩。不过一些地区乡镇企业依然普遍存在消耗高、浪费大的现象。提高能源利用效率、节约能源不仅要重视节能技术的开发，推广节能新工艺、新设备和新材料，加速节能技术改造，而且还要重视调整高耗能工业的产品结构，加速节能设备生产和配备，加强科学管理，制定有关法规和标准，完善节能的有关经济政策等。

8.6.3.2 形成合理的能源结构

一个国家使用什么能源和采取什么样的能源结构，与其本国所拥有的能源资源和可能从国际市场获得的资源量有关。我国的煤炭资源丰富，在今后相当长的时期内仍将以煤为主。目前我国煤炭转换成二次能源（电力、煤气、焦炭）的比重约为35%，直接燃烧占65%。而煤炭转换为电力的比重只有25%，与美国85%以上相距甚远。我国目前的煤炭气化、液化技术已经日臻成熟，逐步地实行"煤代油"是可行的。另外，用煤发电可提高煤炭的燃烧效率，且以电力代替其他能源可提高整个社会的能源利用率，相应减少煤炭的一次性燃烧以减少污染物排放，因而具有良好的经济效益、节约效益和环境效益。

要积极地发展核电，在能源由传统的化石能源向新能源和可再生能源过渡的新时期，核能利用的重要性日益突出。我国发展核电的条件已经成熟，除已建成投产的秦山和大亚湾核电站以外，还将根据各地需要继续建设核电站，为今后核电的继续发展打下基础。作为新能源的可控核聚变能，国际研究已获得突破性进展，我们应密切关注，积极开发。

另外，水力能源在解决能源平衡、保护环境、减少污染方面均有一定优势，所以开发水力能源对于改善我国的能源结构具有重要的价值。

8.6.3.3 替代能源的开发

替代能源可以补偿石油在世界一次能源结构中比重逐年下降的缺口。寻找和开发利用清洁、高效的可再生能源，取代资源有限、对环境有污染的矿物能源，走能源、环境和经济协调发展的道路，是解决新世纪能源问题的主要出路。

(1) 清洁能源

主要指无碳或低含碳的可再生能源和新能源。如太阳能、风能、水能和地热能等。

(2) 洁净煤

主要指经过特定技术处理的原煤和洁净煤技术。如洗选煤、水煤浆及轨道输煤、煤炭气化和液化等。煤洁净技术有先进的燃烧技术、先进的发电技术、烟气净化技术等。由于世界煤炭资源丰富，洁净煤是有效的替代能源之一。

(3) 非常规油气资源

指地球永久冻土带和海洋冷水区深部存在的大量甲烷水合物，其蕴藏量相当巨大。

(4) 核电

核能发电是一种清洁、高效的能源获取方式。具有安全、清洁、燃料利用效率高、资源消耗少、环境污染小、供应能力强等优势。自1991年我国第一座核电站——秦山核电站一期并网发电以来，到2007年田湾核电站2台106×10^4 kW的机组投入商运，共有6座核电站11台机组906.8×10^4 kW先后投入商业运行。在建的核电站有岭澳二期、秦山二期扩建和红沿河一期共计8台机组790×10^4 kW。2007年，我国核电总发电量628.62×10^8 kW·h，上网电量为592.63×10^8 kW·h，同比增长14.61%和14.39%（王博文，2008）。

8.6.3.4 改革城乡能源政策

我国城市能耗占总能耗的75%，必须改革造成能源巨大浪费和造成环境污染的一些能源政策。如城市应实行热电联产，由发电为主变为供热为主，实行联片集中供暖方式。积极调整能源结构和改进燃烧方式，将燃烧原煤、民用燃煤一律使用型煤，以减少大气污染物排放。积极发展城市煤气化，淘汰落后的锅炉和燃烧装置，提高热效率，减少污染。

随着我国农村经济的发展，其对能源的需求量将增加，为了缓解我国农村能源紧张的局面，应采取以下措施：

(1) 积极发展沼气，充分利用生物能源

沼气具有较高的热值，可以燃烧做饭、照明，也可以驱动内燃机和发电机。

(2) 大力营造薪炭林

营造薪炭林，既可解决能源短缺问题，又能绿化荒山、保持水土和改善生态环境。

(3) 积极开发小水电

在有条件的地方，应积极开发小水电资源，这是解决农村能源紧张和保护森林植被免遭破坏的重要途径之一。

总之，从能源科学技术来看，我国能源资源比较丰富，现代化科学技术的发展也为较大幅度提高能源利用率提供了可能。我们要努力做好能源规划工作，大力加强能源的科学研究，抓好能源开发和节约的工作，以逐步克服能源供应的紧张和造成环境污染的弊端，使我国经济得到持续发展。

8.7 城乡旅游资源管理

8.7.1 旅游资源概述

旅游资源是指对旅游者具有吸引力的自然存在和历史文化遗产，以及直接用于旅游目的的人工创造物，是旅游目的地借以吸收旅游者的最重要的因素，也是确保旅游开发成功的必要条件之一。旅游资源具有观赏娱乐价值高和再生性差的特点，特别是再生性差的特点决定了对其保护的重要性。

城乡旅游资源的开发利用推动了城乡旅游业的发展，促进了城乡经济的增长，但旅游业发展的同时也给环境带来了直接或间接的影响。反过来，旅游环境的变化也会影响到旅游资源开发目的的充分实现。因此，无论从发展旅游业的角度还是从保护环境的角度出发，研究旅游资源的开发与环境之间的关系具有十分重要的意义。

8.7.2 旅游资源开发与环境保护之间的关系

旅游资源的开发与环境保护是对立统一的关系。这种关系是通过旅游业发展过程与环境的相互作用具体表现出来的。然而，或许是旅游业在经济方面的成功掩盖了它对社会环境、自然环境的破坏以及由此而引发的资源耗竭的原因；或许是在相对于一般工业带来令人烦恼的环境污染而言旅游业可称为"无烟工业"的偏颇思想指导下的原因，使得人们开始并没有重视旅游资源开发与环境之间关系的研究，只是到了20世纪60年代，随着环境科学、旅游科学的发展以及旅游业与环境之间的矛盾日益凸显,才逐渐有一批学者开始从事这方面的研究并取得了很大的进展。

8.7.2.1 有关旅游资源开发和环境之间关系的研究概况

旅游资源的开发利用带来了旅游业的大发展,同时也对区域的自然环境产生着深刻的影响。环境保护直接关系旅游业的健康持续发展,因而,这方面的研究得到了广泛的重视。

英国学者杰弗里·沃尔从选择研究方法入手,详细阐明了旅游资源开发对环境各要素产生的影响以及一些解决不利影响的办法。郑光磊(1982)从美学角度探讨了旅游区的环境质量评价方法及评分标准,并在此基础上建立了环境美学质量要素的评价模式。宋力夫等(1985)就京津地区旅游环境的演变为例,说明了旅游资源开发以后导致的旅游资源的消耗、破坏和环境污染、生态平衡失调和传统文化的改观。王资荣等(1988)于1984—1988年在张家界国家森林公园对地面水、大气、植物进行了定期监测,分析指出:张家界自从开发以来,由于旅游人数的急剧增加而导致了局部环境质量的变化,特别是植物方面。另外,其他学者也做了大量类似的研究,可以说关于旅游资源开发对自然环境产生的影响的研究取得了较多实质性的进展。

8.7.2.2 城乡旅游资源开发对环境影响的表现

旅游资源的不断开发利用,旅游业得到了长足的发展。随着旅游业的发展,大批游客的介入,必然对当地的环境带来影响。因此,旅游资源开发对环境产生的影响主要是通过旅游业发展与环境之间的相互关系具体表现出来的(赖乙光等,1998)。旅游资源开发给环境带来正负两个方面的影响,即积极影响和不利影响。

(1)旅游资源开发对环境的积极影响

无论从主观上还是从客观上来看,旅游资源的开发和旅游业发展的同时都能给旅游区的环境建设、环境保护带来一定的积极影响。

①带来当地居民环境意识的转变。旅游资源的开发和旅游业的发展客观上起到了促进旅游地居民环境意识提高的作用。旅游业的发展给旅游地带来了巨大的经济效益。当地居民已充分认识到要想从根本上保证这笔可观的经济收入就必须保护旅游资源,保护旅游区的自然环境以吸引更多的游客。随着旅游业发展,加上认真做好宣传教育工作,当地居民的环境意识才会逐步有所提高,保护环境、保护资源的自觉性也会不断地加强。坦桑尼亚1961年独立后,世界上很多专家估计在没有欧洲的控制下,非洲的野生动物将受到摧残。今天看来这样的担心是多余的。相反,坦桑尼亚和许多东非国家的国家公园数量大大增加了。因为非洲各国政府逐步认识到,发展旅游可以赚取大量的外汇,而发展旅游业必须保护吸引旅游者的旅游资源和生态环境,对于非洲来讲,特别是要保护好野生动物。

②为环境保护提供了必要的条件。首先,旅游资源的开发是旅游区开发建设的主体,环境又往往作为一种旅游资源出现或者对旅游区的形象产生影响。作为旅游的开发者和建设者就不得不想办法加强旅游区的环境保护工作,通过一些行之有效的环境管理办法使景区内的环境得到较好的保护。许多旅游区在植被保护上做的工作很能说明问题。通过对一些景区内植被情况的调查发现,景区内不但树种明显要比景区外多,而且

林相分层较好，乔、灌、草分层明显，在景区外则不明显；景区外的古树名木大多遭到不同程度的破坏，而景区内的绝大部分保存完好，说明景区内基本消灭了乱砍滥伐现象。其次，旅游资源开发利用后带来的直接经济收入也为加强资源和环境的保护提供了经济上的可能性。

③带来了产业结构的改变。旅游资源的开发利用往往会使一个地区的产业结构发生相应的改变，客观上起到了保护环境的功效。旅游资源的开发利用能直接带动所在区域与旅游相关的第三产业的发展，从而相应缩小了环境破坏较为严重的第一、二产业的比例，客观上起到了保护环境、减少破坏的作用。旅游资源开发带来的区域产业结构的变化还体现在另一个方面，即为了发展旅游的需要，一些污染严重的行业受到了限制。桂林为了保护漓江的清澈，不惜关停了20多家有污染的工厂，使山清水秀的漓江回归以往的娇容。

④促进了旅游地环境建设的发展。从环境科学意义上理解环境建设就是指对环境产生有利影响的一切经济建设活动。它体现在经济建设的各个方面，而从旅游业的角度去看就是有目的地对景区环境进行美化和保护。

总之，旅游资源的开发在推动区域旅游业向前发展的过程中，能够或多或少地给旅游地的环境带来一些积极的影响，但从目前许多旅游区的情况看，由于种种原因，这些积极的影响远不及旅游资源开发后对旅游区环境产生的不利影响。

(2) 旅游资源开发对环境的不利影响

旅游资源开发利用的直接后果就是由于旅游业的极大发展，大批旅游者的介入，因此，旅游地的自然生态环境及环境各要素产生了诸多不利影响甚至严重的破坏作用。例如，对植被的破坏，旅游资源开发初期，为了修建基础设施，不可避免地要砍伐一些树木，从而降低了植被覆盖率，加上许多旅游点的建设者在开发初期保护意识不强，管理跟不上，造成一些本该保护的古树名木被砍，或者是砍大树种小树、灌木，对生态环境造成一定的影响；开发后游客践踏、攀折、刻字等行为也会给植被造成一定的影响。

旅游资源开发对当地的水环境、土壤环境、大气环境都会造成一定的不利影响，如旅游区游客数量较大时，自然而然地会带来大量生活污水的排放。加上许多旅游区对生活污水往往不经任何处理而直接排放，不仅使水质下降，同时也会影响旅游水体的观感，如色度和气味的改变，严重时会使水体失去原有的旅游观赏价值。另外，随着旅游资源的深度开发，游客人数不断增加，加上垃圾清运、处理难度较大，旅游垃圾对环境的污染也比较突出。

8.7.3 旅游资源的可持续性管理对策

针对不同类型的旅游资源，如自然景观、半自然景观、历史文化遗址、古城名城等，其管理手段和对策也不同，要实现旅游资源的可持续性利用，有如下管理建议。

(1) 提倡生态旅游

生态旅游是以自然景观生态系统为主游览对象，强调旅游者与自然景观的协调一致和生态联系，是对保护自然和环境、维护生态平衡负有责任的一种旅游方式，它同传统旅游的根本区别在于强调对旅游资源和环境的保护。因此，生态旅游被公认为是实现旅游业可持续发展的最佳旅游方式。

（2）保持旅游资源的原始性

在城镇化进程中，原始的未受到破坏的景观正在逐步消失，为了解除工业文明的单调苦闷、逃脱城市的恶劣环境，人类开始寻求最佳的生存环境，开始回归大自然、追求人类以往的那种古朴的、身心愉悦的原始景观。因此，对旅游资源尤其是生态旅游资源的开发，应保持其原始性和真实性，即不但要保护大自然的原始韵味，而且要保护当地特有的传统文化，避免把现代化文明移植到旅游景区。旅游基础设施应与当地的自然和文化景观相协调，使周边和谐的景观不受损害。

对历史文化名城的保护应本着"辟新城，保旧城"的原则。因为我国大多数城市的历史都是比较悠久的，都有一个旧城。在我国城镇化高速发展期，旧城的保护要通过建设新区，尤其是各类开发区、大学园区都要结合卫星城的规划建设来完善城市布局，给老城减压，疏散人口，但切勿铲平旧城改建毫无地方和历史特色的多层或高层建筑，城市景观的多样性是历史长期积累的结果，应将真实的历史传给下一代，决不能按所谓的"一年一个样，三年大变样"的急功近利心态来利用旅游资源。

（3）加强旅游资源的生态保护，维护良好的旅游环境

随着旅游业的发展和旅游强度的增加，旅游资源也在不断地经受着考验。例如，观赏石自然崩塌、山体滑坡、景区水土流失、瀑布断流、潭溪枯竭、古树死亡等现象的发生，使旅游业的持续发展受到一定程度的限制。这些现象有些是自然因素造成的，但多数是人为原因所致，如景区建筑规划不合理，胡乱建设；景区客流量超载，导致资源退化，影响整个旅游区的旅游环境，进而影响旅游收入。

另外，还应做到取之于资源，用之于资源保护。来自旅游资源的收入，如景区门票收入应将一定比例用于资源的保护。

（4）控制旅游自然的承载力

旅游环境承载力是旅游环境系统组成与结构特征的综合反映，是判断旅游业是否持续发展的一个重要指标。当旅游环境承载量/旅游环境承载力小于 1 时，说明尚未超载，还有发展潜力。任何旅游资源都要考虑承载能力。例如，我国的九寨沟风景区通过限定进入景区参观的人数来控制旅游景区的负荷。生态旅游开发应当贯彻旅游环境承载力理论，将旅游活动强度和游客数量控制在承载力范围以内，否则游客密度太大，会引发当地的资源破坏和生态失衡，景区也难以持续经营。

（5）社区居民参与原则

良好的生态旅游资源常常分布在自然生态系统脆弱、经济贫困的偏远山区，生态旅游的开发应当把社区作为一个有益的组合元素来考虑。社区居民是旅游地的主人，他们享有利用、保护和管理旅游资源的权利；社区居民参与旅游业可使其从旅游中获得经济效益，更重要的是能够培养和提高他们保护、管理旅游资源的责任感；此外，社区居民参与旅游业还可以增强地方特有的文化氛围，提高资源的吸引力。

（6）利用高新技术改善旅游资源质量

开发生态旅游资源时，首先应采用高新技术科学有效地治理旅游对环境的污染，精确地设计人地和谐的旅游景观。例如，自然保护区实施核心区、过渡区和游憩区的分区规划管理模式；旅游景观的设计应当因地制宜，贯彻物物相关与相生相克的规律，使旅游设施、流通系统与自然环境相得益彰，把对生态的破坏降低到最低限度。

8.8 人力资源的管理

8.8.1 人力资源的概念

关于人力资源的含义，有以下几种表述：①人力资源是指能够推动整个经济和社会发展的具有脑力劳动和体力劳动的能力的人们的总和，它应包括数量和质量两个指标；②人力资源是指能够作为生产要素投入社会经济活动的劳动人口；③人力资源是指一定社会区域内有劳动能力的适龄劳动人口和超过劳动年龄人口的总和。但是，经济学家认为，人本身并不等于资源，只有在经过训练、教育之后，在能够胜任生产性工作时，才成为一种资源。很难想象，一个未经教育的人能将其智力的潜能发挥出来，这点恰恰是前一种表述忽略之处。因此，人力资源的科学含义应是一个国家或地区范围内经过一定时间的教育后能够将体能和智能发挥出来并进行生产和服务的适龄人口。

为了正确理解人力资源，还应区分以下几个概念：人口资源、劳动力资源、人力资源、人才资源。人口资源是一个国家或地区的人口数量，它是人力资源的自然基础；劳动力资源是侧重于劳动者的数量；人力资源强调人具有劳动能力，是人口数量与质量的统一；人才资源是具有较强的研究能力、创造能力和管理能力的人的总称，是较高质量的人力资源。

8.8.2 城乡人力资源现状及特点

在我国城镇化和工业化的进程中，对经济发展影响最突出和最深远的变动就是以农村剩余劳动力到城市为主要流向的城乡间人力资源结构大调整。一方面农村存在大量需要向城市工业转移的劳动力；另一方面城市中也存在许多适合农村劳动力岗位的劳动力结构性不足，但城乡劳动力分割制度阻碍了这种流动，导致人力资源的配置失衡和低效率。发展中国家谋求经济发展，无一例外都要以工业化作为必走之路。我国作为一个具有典型二元经济特征的大国，要实现现代化、缩小工农、城乡差别，实行农村城市化、农业现代化是必经之路。农村剩余劳动力向城市转移是无法阻挡的必然趋势（王知桂等，2001）。因此，城乡一体化良性互动必然要先实现城乡一体化劳动力市场以及城乡劳动力的良性互动。

我国城乡人力资源调整始于20世纪80年代初的大量农村剩余劳动力向城（镇）市流动。其社会历史背景是：中国本是一个典型的传统农业人口大国，20世纪50、60年代人口生育高峰此时演变为劳动就业高峰，农村存在着大量剩余劳动力，劳动力资源的配置权由生产队集体转到每一农户家庭，解除了外出务工的行政约束。在追求利益最大化动机的驱动下，农村大量剩余劳动力开始了艰难的转移过程。

经过几十年的发展，这一进程具有下列特征：①人口流动从开始小规模向大规模方向发展。在初期阶段，其外出流动的制度制约因素如户籍制度、票证制度等较多；加之，由于城（镇）市经济发展较慢，二、三产业对劳动需求量较少，所以，向外转移规模较小。随着制约人口流动的各种制度、政策障碍的逐步清除，城市就业机会增加，农村剩余劳动力转移规模越来越大。②由盲目流动逐步向有序流动发展。在城乡人力资源流动的初期，由于信息不畅、交通不便和制度制约等因素，其流动呈现出明显的盲目性。随着改革的逐步深入，社会经济的发展，特别是城市经济的发展，各种媒体和中介机构开始发布就业信息，加上交通通信快速发展，为农村人口流动提供了物质技术条件，促使农民工的流动向有序化发展。③由"候鸟型"迁移发展为以"移民型"为目的的转移。在早期，农村劳动力外流多是农闲季节短暂外出务工，农忙返回。20 世纪 90 年代后，情况发生变化，出现了以人户分离为特征的长期流动。④人力资源流动逐步由区域内就地转移向跨区域转移发展。初期人力资源的流动主要是在农村内部就近进行的，这种"离土不离乡"转移约占到八成。到 20 世纪 80 年代末，特别是 90 年代初，我国经济出现前所未有的发展。在一些中心城市特别是沿海地区，非公有制经济得到了蓬勃发展，创造了大量就业机会，而大量乡镇企业在激烈市场竞争中却处境艰难。于是大批民工开始跨地区流动。

改革开放以来，中国经济发展所取得的举世瞩目的巨大成就，是同城乡劳动力资源得到较大规模的开发利用分不开的，但中国劳动力总供给大于总需求的格局并未因经济的高速持续增长和经济体制的市场化变革而改变。据测算，改革开放以来全国城乡创造的新就业机会累计约达 2.2 亿个，但这仅仅吸纳了同期城乡新增加的那部分劳动年龄人口和过去几十年在农村沉淀下来的大量剩余劳动力中的一部分。从中国人口增长的惯性及其带来的劳动力的超常供给趋势来判断，劳动剩余经济的特征将在一个很长的时期内与我国的城乡并存。因此推进农村剩余劳动力的转移，是中国城市化、现代化进程中必须解决的重大战略问题。

8.8.3 城乡人力资源的合理配置

从总体上看，我国城乡人力资源存量表现为数量多、质量低、分布不均的特点。2020年我国人力资源中大学(大专及以上)人口占 17.2%，高中(含中专)人口占 16.8%，初中人口占 38.4%，小学人口占 27.5%。

随着改革开放和城市经济的发展，国内各城市、各地区、各经济区域之间的经济联系正日益加强，农村与城市、城市与城市、地区与地区之间的人口流动步伐显著加快。具有突出表现的是农村人口向大城市、中小城市涌入，大量外来人口的涌入所带来的人口流动必然促进产业的自发调整，三大产业发展的水平及其在社会经济发展中所占的比重代表着一个国家或地区经济发展的不同阶段。劳动力人口由第一产业向第二产业转变，这是经济发展的必然趋势。在生产力水平和劳动力素质比较低下的农业经济社会，由于劳动力数量和财富的正比关系，劳动力人口少有剩余(即便有也是一种隐性的)。随着生产力水平和劳动生产率的不断提高，农业经济逐渐向工业经济转换，劳动力数量和财富的正比关系也因此受到机械化、半机械化的冲击，原来隐性的劳动力逐一显露出来。在这种情况下，劳动力人口由第一产业向第二、三产业的转移，就必然成为实现资源市场性调节和优化配置的客观要求，从而避免劳动力资源的浪费。可从以下几方面着手。

(1) 改革户籍制度，降低城市进入门槛

户籍制度是维系城乡分割的一项制度安排。中国的城乡劳动力市场分割是传统体制的产物。1978年以前我国政府推行的重工业优先发展战略把城乡经济关系变成了计划控制的组成部分，人为阻断了城乡之间人力资源的流动。为了稳定有利于工业部门优先发展的配置格局，政府需要采取相应的制度措施，控制劳动力从农村流出，同时保障城市居民充分就业以及其他福利，户籍制度应运而生。1958年，我国颁布了《中华人民共和国户口登记条例》，确立了一套较完善的户口管理制度，以法律形式严格限制农民进入城市。20世纪80年代以来，户籍制度有所松动，城市福利体制开始改革，劳动就业也逐渐市场化，人力资源流动性加强。但是一系列不利于农村劳动力转移的政策依然存在。如政府规定农村劳动力跨地区转移必须同时获得迁出地和迁入地政府的批准，取得打工许可证、城市暂住证等证明。其中户籍制度是最为基本的制度约束，是妨碍城乡劳动力市场发育的制度根源。

为协调城乡劳动就业，需要在户籍管理制度上进行突破性改革，逐步消除现行制度对农民职业选择、流动迁移、社会身份改变等种种不合理的限制。借鉴国外通行办法，对有稳定的职业和收入来源的外来居民，凡超过5~8年的连续居住期，则视为已融入当地社区，可取得当地社区的成员身份。对一些小城镇，有关标准应更宽一些，要积极制定出台农民定居城镇的具体办法，从中总结、提炼出较规范的制度，促进城乡劳动就业协调发展。

(2) 对外来务工人员实施人性化管理

外来务工人员大多来自农村，他们在环境意识、法律意识、卫生习惯、文化层次、就业途径和生活压力上都与城市里的常住人口和省内外来自市区的外来人口存在很大差异；另外，由于他们绝大多数聚居在城郊结合处，这些地方在规划和管理力度上都较弱于市区，加之外来人口大多以同一原籍为纽带，暂住于某一区域，很容易连接成片，在治安上相互影响，使得外来人口聚居的城郊结合部治安复杂，成为影响社会治安的"乱源"。

在充分认识到外来人口来源地和居住地的特点给城市带来的负面效应时，我们应该更客观地认识到这种特点对协调城乡关系、促进城乡一体化和乡村城市化的作用。首先，从农村向城市涌入的大量外来人口，他们不是历史上的移民潮、流民潮或难民潮，不是迫于灾害、饥荒或生计之需而背井离乡，相反，他们是在城乡体制壁垒相对松动和农业收益相对下滑的情况下，为了提高收入、提高生活质量和实现自我的需要而到城市里来的；其次，从农村走进城市的外来人口不是农村的剩余劳动力或者缺乏竞争能力的那部分，事实上恰恰相反，外出的劳动力多是年富力强的青壮年劳动力，他们具有一定的文化水平，具有创业愿望和一定技术特长，掌握一定信息，有一定的人际关系，较善于适应环境变化。再次，他们也不是社会动荡和不稳定的代名词，相反，他们的存在，更有利于城乡的沟通、协调，为城乡利益矛盾的缓解提供了一种新的途径，加速了城乡一体化、乡村城市化的进程。所以对外来务工人员的管理，不能采取"一刀切"的手段，应实施"服务+管理"的人性化的方式。

(3) 加强技能培训，进行就业指导

多数农村来城打工人员，知识文化层次都较低，虽然具有一定的技术特长，但技术技能也不是非常专业，来城就业一般就做些体力活或对技能要求不高的一些工作。而且多数人还找不到就业机会，游荡在城市边缘，针对这种情况，需要乡镇有关部门多方联系，了解劳动力市场供需的情况，在劳务输出前，积极组织农民进行就业培训和指导。

(4) 发展中小城市(镇),吸纳更多的农村转移劳动力

小城镇是城乡一体化的桥梁,大力发展中小城镇,增强城市对农村的辐射带动能力,以优惠政策降低农村人口迁移成本,疏导农村劳动力有序流动。小城镇作为我国农村一定区域的经济、政治、科技教育和文化中心,能够产生对农村劳动力的巨大需求(严江,2006)。

中国如果 70%的人口实现城市化,有 5 亿农民要进城,如果集中在大中城市,1000 万人以上的特大城市要建 50 个以上。中国的经济基础、地理特征和人口结构在目前来看,都很不现实。如果任由 9 亿农民无序涌向大中城市,其后果更是灾难性的。改革开放以来,我国小城镇大约集中了 2.75 亿常住人口,分别占全国总人口和农村总人口的 22%和 32%。小城镇对城市化的贡献率(小城镇人口占城镇总人口的比重)已由 30.7%上升到 44.7%。小城镇乡镇企业创造的 GDP 为全国的 25%,外贸出口为全国的 33%,工业产值为全国的 50%,就业人数为农村劳动力的 25%,小城镇已构成我国城镇体系的重要部分,是带动农村经济和社会发展的一个大战略。

(5) 建设完善城乡一体化的劳动力市场

城乡一体化的劳动力市场的建立是实现劳动力资源有效配置的前提条件。市场机制要充分发挥作用又要求具备生产者和消费者自由选择和平等竞争的机会,因此,支持和引导农村劳动力向城市有序流动,进入平等竞争的统一劳动力市场,才是协调城乡就业关系的根本方向。同时政府有关部门应统筹考虑城乡劳动力的就业问题,应尽量不干预城市企业在用工上的自主权,使企业按其市场经营客观要求和特点自主选择用人数量和来源;要尽量依托市场机制来配置人力资源,减少行政手段和政府直接干预;要鼓励城乡劳动者发挥各自优势,实行双向流动,如支持城市下岗人员利用其技术、管理和资金到乡村从事多种开发经营活动,支持农村个体、私营企业主到城市开展市场经营活动,为城市下岗职工提供再就业机会。

(6) 以产业政策促进城乡就业联动互动

作为人口大国,中国劳动力人口占世界总量的 26%,这本身就是一种持久的就业压力。目前,国有企业改革,行政事业单位精简机构以及产业结构调整和升级,加大了城镇就业压力。有关资料表明,中国乡镇企业的 92%左右分布在各个自然村落,7%分布在建制镇,仅 1%分布在县城或县以上城市(金兆怀,2002)。所以发展小城镇乡镇企业,可在吸纳农村剩余劳动力方面起到巨大作用。

与此同时从产业政策上大力扶持劳动密集型产业,特别是着力扶持劳动密集型的现代制造业和住宅建筑业,可为城镇居民和农村劳动力转移增加新的就业机会,同时也可带动住宅业相关的建材、冶金、纺织、化工、机械、交通、园林绿化等行业的发展,为实现城乡良性互动奠定坚实的产业基础。

(7) 加快推进贸工农一体化,延展城乡的农业加工贸易产业链

各地区可以现有农业产业化龙头企业为依托,通过鼓励工商企业投资发展农产品加工和营销,兴建为农产品运输、销售服务的中介市场(严江,2006),把产供销结合起来,形成科研、生产、加工、销售一体化的贸工农产业链,广开就业门路。

8.9 城乡公共服务资源管理

城乡公共服务资源包括教育、卫生、就业、文化、社保、住房等公共服务设施，目前，农村教育、农村医疗卫生、农村社会保障体系和农村基础设施建设是4个待解决的重点问题。在农村地区，公共服务体系欠缺或公共服务设施落后，难以满足群众物质文化需求。有关公共服务设施的城乡差异现状及问题已在5.4一节中提到，现就城乡公共服务设施资源的管理策略陈述如下。

8.9.1 城乡公共卫生资源的管理建议

(1) 适当调整政府的施政目标与政策

中国经济政策的主导方向是经济增长优先，相对忽视了公共健康、社会保障、环境保护、收入分配差距拉大等问题，我们不得不回过头来反思我们政策取向上的不足。中国经济增长优先的目标，应转变为更广泛的社会发展目标。在努力发展农村经济的同时，应加大对农村公共卫生事业的财政支持力度，使农村公共卫生的基础设施建设和卫生资源调配能够得到足够的资金保证。同时，在公共卫生支出的投向上，也应作适当调整。我国现行的公共卫生体系，是以疾病为主导、以患者为中心、以医疗机构为基础的"重治轻防"构架。近年，新冠肺炎疫情席卷全球，给全世界造成巨大的生命健康威胁和经济社会的损失，在这场艰难的疫情攻坚战中，我国积极落实疫情防控举措，迅速启动城市突发公共卫生事件应急响应，为我国疫情控制提供了有效助力。有专家认为，科学合理的公共卫生体系，应该是以健康为主导、以人为本、以社会为基础。目前国内公共卫生资金只有15%投入预防工作，明显太少，至少应该达20%~30%。

(2) 端正农村干部对公共卫生工作的认识

应努力提高农村干部的思想认识水平、科学文化素质和工作管理能力，使他们认识到，农村的公共卫生工作是关系到农村经济发展和我们民族兴衰的重要大事，要认真搞好农村公共卫生的各项工作，真正做到"预防为主，常备不懈，统一领导，分级负责"，尤其是在遇到突发公共卫生事件时，能够"反应及时，措施果断，依靠科学，加强合作"。

(3) 加快法制建设的步伐

由于法制不健全，在我国许多农村地区，卫生管理工作都相当不规范，没有纳入法制化的轨道，农民的法制观念淡薄，甚至不少村干部的卫生管理法律知识也相当缺乏。当前我国公共卫生领域立法主要采取单行法模式，在一定程度上面临着融贯性难题。法典化是公共卫生领域立法的较好选择。我国公共卫生法典的编纂应当坚持大健康理念。大健康理念具有公共卫生法典实质总则和公共卫生法律体系判断标准两项功能。通过编纂公共卫生法典，进一步推进公共卫生领域的法治建设，可以为高质量发展提供有力法治保障(陈云良，2023)。

(4) 加强对农村公共卫生工作的管理

尽快建立和健全农村的医疗预防保健网络并加强管理，争取形成以"四有"和"六统一"为特点的乡村一体化管理新模式。"四有"即看病有登记、开药有处方、收费有发票、转院有记录。"六统一"即统一行政管理、业务管理、人员调配、药品调拨、财务管理、基本装备6个方面的内容。

同时要遵守药品管理法规,坚持从正规渠道进药,保证用药安全有效,严格执行药品价格及其他收费标准。还要对乡镇卫生院的管理体制和运行机制进行改革。乡镇卫生院的院长要在全县(市)或更大的范围内采取公开招聘、竞争上岗的办法选拔,并加强对其的培训、管理和监督。改革后的乡镇卫生院的职能要以开展公共卫生服务为主,综合提供预防、保健和基本医疗等服务,重点做好疾病控制和预防保健工作,决不能本末倒置。

应努力提高农村医疗队伍的整体素质。可以在乡村一体化管理的推行和组建过程中,通过组织统一的考试和考核对原有的乡村医生选优汰劣,在分流多余或不合格人员的同时,要积极吸纳获得农村医务人员执业证书或受过全科医学教育的人员充实到乡村医生队伍中。要加强对现有乡村医生的培训,提高他们的服务观念、职业道德和全科医学知识水平。另外,还必须加大对环境的保护力度,坚决治理各种工业"三废"对农村生态环境的污染和破坏。

(5) 重构农村的合作医疗制度

我国农村的合作医疗制度,是20世纪50年代以后农民群众依靠社会主义集体经济力量,在自愿互利、互助互济基础上组织起来的一种行之有效的集体医疗福利制度,80年代以后逐步解体。随着当前农村经济的发展和农民对公共卫生服务需求的增长,各地根据实际情况恢复和重建新型的农村合作医疗制度,显得非常有必要。

(6) 加大对农民的健康宣传教育力度

健康教育应该是政府必须提供的一项公共服务,类似于义务教育。各级政府要充分利用一切公共传媒,更加广泛、深入地对农民进行卫生健康教育,使他们掌握现代科学文化知识,树立起正确的健康意识,坚决破除迷信,革除陈规陋习,养成良好的个人卫生习惯,爱护公共环境卫生。同时,还要加强对农民的普法教育,使广大农民群众树立起法制观念,成为懂科学、讲文明、健康勤劳、遵纪守法的新时代农民。

8.9.2 农村基础设施和公共服务设施管理的政策建议

随着我国国民经济进入以工促农、以城带乡的发展阶段,已经具备了将基础设施建设和公共服务重点转向农村的基本条件和能力。国家应调整财政资源和建设资金的投向,由以城市为主向更多地支持农村转变。政府应切实承担起为农业和农村发展提供公共服务的责任,为农民分享改革发展成果创造条件。建立我国农村基础设施和公共服务的长效投入机制,应坚持"增加投入,明确责任,突出重点,制度创新,法律保障"的原则。

(1) 加大政府对农村公共服务投资的力度

现阶段应进一步加大对农村公共服务设施的投资力度,明确各级政府的事权范围,根据其拥有的财权,合理分配农村公共服务的供给责任。基于当前农村公共产品严重短缺的现实,政府应该把公共资源的分配重点放在农村。重新界定中央、省与县、乡基层政府的事权与责任范围,合理划分各级政府的财政职能(郭建军,2007)。政府重点是解决农民办不了、办不好的事情。凡属于计划生育、国防开支、大型农田水利基础设施建设、农业基础科学研究、农村义务教育等全国性的农村"纯公共品"应由政府负全部责任,对部分外部性强、接近于纯公共品的"准公共品",比如高等教育、职业教育等,应由中央和省级政府负起主要责任。在制度安排上,事权可以下放到县级政府,但财权应由具有更高财政能力的上级政府统筹解决。要逐步加大财政投入农业的力度,又要适应我国经济发展的承受能力,尤其要考虑财政的承受能力。

(2) 改革农村公共服务供给决策机制,使农村公共服务的供给充分体现民愿

在财政资源有限的情况下优先提供最急需解决的公共服务项目,要保证农村公共产品投资决策的正确和有效,关键在于建立自下而上的需求表达机制,实现农村公共服务投资决策程序由"自上而下"向"自下而上"转变,从制度上确立由农民、农村的内部需求决定公共服务投资范围和投资方向的制度,即建立一个农村公共服务的需求表达机制,充分发挥村民大会和村民代表大会的作用,建立由内部需求决定公共服务供给的机制。这就需要在近年来实施的以村民自治为主的基层民主建设的基础上,探索公共服务的民主表达机制,扩大农民在农村公共服务供给过程中的参与决策权。要建立农村公共服务项目的科学决策机制,对于拟建公共服务项目要进行充分的论证,加强项目的可行性分析,避免不切实际的"形象工程""政绩工程"浪费有限的公共服务资源。

(3) 改革农村公共服务的资金筹集渠道,建立多主体、多元化的农村公共服务供给

当前中国的农村公共服务需求规模较大,要积极利用市场力量、农村社区力量和非政府组织来共同参与农村公共服务的供给。对于全国性的公共服务供给,中央政府本着公平的原则,按贫困程度通过转移支付的形式对包括卫生防疫、基础教育等农村公共服务实行无偿提供;对于具有大的正外部性农村公共服务的供给,应建立协调机制,由上级和当地政府合理分担其提供成本;对于具有一定商业基础的部分准公共产品,可采用政府与市场混合提供的方式,在明确产权的前提下,按照"谁投资,谁受益,谁引进,谁收费"的原则,通过优惠政策,积极引进民间资金和外资参与农村公共服务的供给。

(4) 增加一般性转移支付的资金投入力度,加强管理,提高资金的使用效率

增加中央对地方的一般性转移支付,使地方能够根据当地公共服务需要安排财政支出。同时加强对专项转移支付的管理,提高公共服务的效率。建立完善资金保障机制和监督机制:①要在农业项目管理改革方面下功夫,引进推广招标投标、项目预算、集中支付、政府采购、报账制、公告制、专家或中介机构评估等科学管理措施,切实有效地提高农业投资效益。②要引进科学的支出分配方法,制定符合实际的支出标准,实行公开透明的管理机制,增加公共资源使用的透明度,实行乡、村两级政务公开、事务公开、财务公开,定期将收支情况公之于众,对支农资金实行全方位、全过程的科学管理和监督。③要积极探索在资金性质、用途不变的前提下,利用适当形式,把各个渠道、各支出科目的资金联合在一起,统筹规划,重点使用,发挥财政投入的整体功能和规模效益。④要建立农业专项资金效绩评价体系和考核机制,发挥内部审计、会计的职能作用,实行重点抽查、财务自查与财政、审计检查相结合,在项目建设中实行督查制度和资金使用制度,积极引入社会监督机制,努力提高专项资金的使用效益。

(5) 建立农村基础设施和公共服务投资建设的法律保障体系

目前,直接解决我国农村公共产品多元利益主体间冲突的法律几乎是个空白,也没有相应的市场准入和政府管制政策,没有规范的政府授权企业和他人参与农村公共产品供给的制度。为此,必须着手制定相关法律和政策,特别是加速司法独立的进程。以法律和政策的手段保障政府和非政府组织建设和管理农村公共产品的责任权益。现在我国出台《物权法》,无疑对农村公共事业多元发展产生积极作用,但还需在此基础上,制定更细、更具体、与农村公共产品多元投资直接相关的法律(郭建军,2007)。

小 结

生态系统管理是一种自然资源管理的管理方法,以持续地获得期望的物质产品、生态及社会效益为目标,并执行一定的政策和规划,使之以一种与生态系统可持续能力相协调的方式使当代和后代人连续不断地受益。城乡生态系统管理以城乡生态系统为对象,在充分认识城乡生态系统整体性与复杂性的前提下,以持续地获得期望的物质产品、生态及社会效益为目标,并依据对关键生态过程和重要资源的长期监测的结果而进行的管理活动。由此可见,生态系统管理是实现可持续发展的手段和重要途径。城乡生态系统管理是人类以科学的态度利用、保护生存环境和自然资源的行为体现。可持续发展主要依赖于各种资源的合理开发利用,本章着重从土地资源、水资源、生物资源、能源、旅游资源、人力资源、公共服务资源等与城乡发展密切相关的几个方面陈述,探讨了各种资源的利用现状、存在的问题及合理开发的途径与策略建议。

思 考 题

1. 针对城乡协同生态系统这一特殊的人工生态系统,实施生态系统管理应从哪些方面着手?
2. 城市、乡镇、农村在发展经济的同时,必然会消耗各类自然资源,尤其在经济欠发达地区,这些地方在资源开发利用上应注意哪些原则?
3. 土地资源与其他资源相比,有什么特殊性?在合理利用与管理上有哪些可行的方法?
4. 城乡建设过程中水资源是必不可少的资源之一,如何合理地利用和管理水资源?
5. 在农村城镇化、城镇城市化过程中,发展新型能源有哪些方式?
6. 城乡发展过程中,如何进行生物资源的保护与利用?
7. 挖掘农村、城郊的旅游资源潜力,发展生态旅游,对当地会带来哪些效应?
8. 目前我国城市化进程处于快速发展阶段,在这种背景下,如何合理配置农村剩余劳动力?

推荐阅读书目

1. 马尔特比,2003. 生态系统管理(科学与社会问题)[M]. 北京:科学出版社.
2. 杨京平,2004. 生态系统管理与技术/生态工程技术丛书[M]. 北京:化学工业出版社.
3. 江泽慧,2006. 综合生态系统管理——国际研讨会论文集(英文版)[M]. 北京:中国林业出版社.

第 9 章

城乡协同发展与一体化

城乡二元结构阻碍了我国工业化的进一步推进，制约了农业和农村的发展，是我国经济进一步发展的障碍。城乡协同发展就是以协同论为基础提出来的，在城乡发展中可以利用这种原理沟通城市和农村的内在联系，使城市和农村融会贯通，互相渗透，使其发生协调、同步、互补的效率，来促进城乡协同发展。目前，学界关于城乡协同发展的研究主要从城乡一体化视角展开。城乡一体化是生产力发展到一定高度的产物，是人类社会发展的自然历史过程，是冲破城乡二元结构的有力措施。本章对我国城乡协同发展、城乡一体化的概念和内涵、推进城乡一体化进程应把握的问题和城乡一体化发展的制度障碍等进行了介绍，同时对我国推进城乡一体化进程的政策措施提出了建议，并对城乡协同发展与一体化进行了评价。

9.1 城乡协同发展理论及内涵

9.1.1 城乡协同发展的理论基础

20世纪50年代中期，刘易斯提出了二元经济理论，他认为发展中国家存在突出的城乡二元经济结构问题。城乡在经济与社会发展方面差距过大，会在一定程度上影响经济与社会的协调发展，并产生诸多矛盾。刘易斯的城乡二元结构理论对中国城乡经济发展具有一定借鉴意义，但这种借鉴意义局限在一定范围内，如同其他西方经济学理论一样，刘易斯的城乡二元结构模型也有其局限性。通过工业化和城市化过程，完成农村剩余劳动力向城市的转移，逐步消除二元经济结构，是发展中国家必须经历的过程。根据联邦德国物理学家哈肯20世纪70年代创立的协同学理论，国民经济的均衡协调离不开城乡间的协同发展(钟钰等，2011)。

9.1.2 具有中国特色的城乡协同发展理论

理论的创新源于对实践的思考。目前，中国城乡二元结构是过去城乡非协同发展实践过程的结果。这一非协同发展过程始于政府全方位支持的城市重工业化优先发展，经过一系列由政府制定的诸如城乡二元户籍制度、不平等的城乡二元交换制度、差别化城乡二元教育制度、歧视性城乡二元社会福利制度以及城市政治资源、经济资源和公共品资源优先配置制度等加以固化,在改革开放后又通过市场机制使城市优势进一步强化、乡村劣势进一步恶化,最终使城乡差距呈现出逐渐拉大的态势。更为重要的是,城乡非协同发展过程已经破坏了城乡生态平衡,使政府决策中的城市偏向达到了一定程度,在改革开放前实行高度集中的计划经济体制排斥市场。由此可见,过去城乡非协同发展已经超越了环境、政府、市场各自合理的边界。

城乡协同发展理论就是对过去城乡非协同发展实践深刻思考的结果。城乡协同发展理论由假设、内容和结论3部分组成。该理论的前提假设包括3个方面:①城市经济和农村经济的各自活动都在其生态承载力范围内展开。这是因为,倘若城乡经济已超越总体生态承载力,则发展进入不可持续状态,因而也就没有可能进行城乡协同发展了。②政府在自省理性意识支配下具有统筹能力且在决策过程中能够保持中立。在这里,政府的自省理性意识是政府自觉、主动实施统筹行为的前提;政府的统筹能力是政府执政水平的表现形式;政府决策时保持中立可以确保政府既不偏向于城市利益集团,也不偏向于农村利益集团。③市场是趋于成熟的。只有趋于成熟的市场才能使市场机制发挥作用,才能使区域间生产要素自由流动,才能使城乡经济社会发展水平逐步实现大体一致,才能使政府的统筹战略因势利导得以顺利实现。

在上述前提假设存在的基础上,我国建立了具有中国特色城乡协同发展理论框架。该理论认为,政府应该成为也最有资格成为城乡协同发展的统筹主体,市场则成为城乡协同发展的统筹导体,城市与农村是城乡协同发展的统筹客体,生产经营组织和产业是城乡协同发展的统筹载体。具体来讲,中央政府是决策性统筹主体,各级地方政府是执行性统筹主体;市场借助市场机制把政府意志传导到城市与乡村;生产经营组织是城乡协同发展的点状统筹载体,即企业和家庭(农场)分别是城市与农村的点状统筹载体;产业是城乡协同发展的线状统筹载体,第二产业与第一产业分别是城市与农村的主要线状统筹载体。当政府、市场、城乡与组织以及产业的发展定位明确以后,在生态平衡这一统筹前提存在的情况下,作为决策性统筹主体的中央政府,利用作为执行性统筹主体的地方政府和作为统筹导体的市场,借助于作为统筹载体的生产经营组织与产业,对统筹客体即城乡进行长期性的、整体性的、同步性的、战略性的与生态性的共同发展。这就是具有中国特色的城乡协同发展理论的框架(刘美平,2008)。

9.1.3 城乡协同发展的内涵

9.1.3.1 城乡协同发展的含义

城乡协同发展是一个多尺度、多层次的动态发展过程,强调城乡在政治、经济、社会、生态和空间等各个方面的协同。从语义上看,城乡协同发展包含静态和动态两个方面。在静态意义上,它表明了一种协调、共生和可持续的城乡关系。例如,毛一敬等(2021)认为城乡协同发展侧重于打破工农之间、城乡之间人为因素导致的割裂,推动形成城乡良性互动、发展速度协调、共建共享、价值互补的发展格局。赵天娥(2021)指出推进城乡协同发展,并不是指城乡完全一致与同样化,而是在保留城乡特色和差异的基础上,把城乡放在对等的战略关系中,从而实现城乡之间功能互补和有机联结。黄燕芬等(2021)提出城乡协同发展的关键是城乡要素平等交换、双向流动,在资本、土地、人口等要素双向流动的支持下建立新型的城镇化关系。在动态意义上，它表明了一种城乡持续转型的发展过程。赵东明(2015)着眼于城市的资本、技术和人才要素向农业农村的流动过程，提出城乡协同发展要从农业里外、城乡两头共同发力，促进城乡生产力解放和生产关系的调整。陈晓莉等(2018)研究认为城乡协同是乡村振兴过程，由乡村内生力、城镇辐射力与规划约束力共同驱动，本质是在尊重城乡资源禀赋和发展进程的差异基础上，挖掘城乡在不同维度、不同方面的比较优势，整合优化城乡要素资源，实现城乡发展的转型。蒲向军等(2018)指出城乡协同发展与国家宏观政策调控息息相关，具有独特的发展阶段性。

9.1.3.2 城乡协同发展的要求

城乡经济社会协同发展就是要把城市和农村的经济和社会发展作为一个整体来考虑，在制定国民经济和社会发展计划、确定国民收入分配、制定重大经济社会决策时，把"三农"发展放在优先位置来考虑，使城市和农村经济社会协调发展，实现城乡人民的共同富裕。

(1) 城乡协同发展的基础是城乡开通

城乡开通是城乡协同发展的重要前提，也是城乡协同发展的最基本的要求。按照马克思主义哲学系统理论，系统之间必然要发生物质、能量的交换，封闭是不符合系统发展自身规律的。城乡开通就是要打破城乡之间的界限，按照社会化大生产和市场经济的运行规律，使城乡相互开放、相互依赖、相互促进，向一体化方向迈进。根据城乡关系发展演变规律，随着社会生产力发展水平的不断提高，城乡经济的快速发展，城乡逐步由分离走向开通是历史的必然。而我国城乡生产力发展极不平衡，城乡之间存在严重的二元结构，城乡差别显著。我国现阶段要真正实现城乡开通，必然要通过深化改革，进行制度创新，彻底摒除影响城乡开通的一切障碍，健全和完善城乡统一的制度、体制、政策和市场，让城乡各类经济实体自主联合起来，城乡资源自由流动起来，把各自的比较优势发挥出来，不断扩大城乡开通的领域和范围，提高城乡开通的质量和效益。

(2) 城乡协同发展的内在要求是城乡协作

从市场经济发展规律看，建立在社会化大生产基础上的竞争性经济，为了降低成本，提高效益，客观上要求必须重视在更进一步的深度和广度上加强城乡产业之间、部门之间、各经济主体之间的分工与协作。城市和农村是一个相互依赖的有机整体，一方面，城市的发展离不开农村的支撑，农业剩余的扩大是城市得以不断发展壮大的经济根源，同时，仅靠城市发展解决不了中国农村问题，城市发展只是农村发展的必要条件，而不是充分条件；另一方面，发展实践也证明了从农村内部来寻求解决农村发展问题的根本出路也是不可能的。所以，在现阶段，以提高效益为核心，自愿地平等地进行的多形式、多层次的协作体现了资源要素优化配置的原则和城乡共同繁荣的内在要求。

(3) 城乡协同发展的重要保证是城乡协调

由于城乡之间存在差异和不协调，体现在城乡区域位置不同、资源占有不同和生产要素的质量不同，客观上形成了两种不均质的地域空间。城乡协调就是要不断地揭示城乡运行过程中的各种矛盾，分析其产生的原因，寻求解决矛盾的方法和途径，保证城乡发展顺利、健康。城乡协调一方面要求城乡从发挥各自比较优势出发，相互取长补短、合理分工、共同发展；另一方面，政府要为实现城乡发展的相对均衡进行调节和引导，以促进城乡经济社会各个层面、各个环节有序、高效运行。

(4)城乡协同发展的根本任务是城乡融合，最终实现城乡一体化

城乡融合是城乡之间十分紧密、非常协调、相互渗透、融为一体的新型关系。城乡之间相互支撑和依托，一方的存在和发展以另一方的存在和发展为前提，相互依存、相互交融是城乡繁荣的最终归宿。城乡一体化，一方面能从根本上优化城乡资源配置，有利于加快城乡发展速度并提高效益；另一方面在共同发展基础上，为国民经济的整体协调、健康发展创造条件（段应碧，2004）。推进城乡融合发展是实现城乡一体化目标的重要途径，也是新形势下城乡一体化发展的阶段性目标（张小龙，2018）。

此外，城乡协同发展就是要彻底摒弃计划经济体制，彻底改变城市偏向的一系列政策制度，摆脱城乡分割、重工轻农的发展战略模式，实行城乡一体化的发展战略。城乡协同发展，是针对传统计划经济体制和二元经济社会结构下工农分割及城乡分治的发展状态，是在深刻总结过去处理城乡关系的实践经验的基础上提出来的。城乡协同发展，要站在国民经济和社会发展全局的宏观高度，把农村经济与社会发展纳入整个国民经济与社会发展全局之中与城市发展进行统一规划、综合考虑，改变重工轻农的城市偏向。城乡协同发展，是国家的一种政策倾向，是政府的一种宏观调控手段，其宗旨和目标是使城乡经济社会能够协调发展，最终实现城乡一体化。这一发展战略，要求把解决"三农"问题放在优先位置，注意向农村倾斜，通过对国民收入分配格局和重大经济政策的调整，支持农业，实现城乡协调发展，并通过法律、政策等方面予以保障，最终达到经济、社会、文化等方面的一体化发展。应该认识到，城乡协同发展是一个动态的过程，需经过较长的时间在逐步缩小城乡差别的基础上来实现。我国的城乡差别大，不仅仅表现在城乡经济收入悬殊，还表现在生活环境、生活方式、生活质量、政策待遇、文化教育、观念形态及政治等方面的差异。要消灭这种差别，需要一个过程，必须随着经济的发展逐步推进，不可能一蹴而就。因此，在推进城乡协同发展时必须立足于本国、本地的实际，实行多层次的发展战略，在逐步缩小城乡差别的基础上逐步消灭城乡差别，实现城乡一体化。

9.2 城乡一体化基础知识

9.2.1 城乡一体化的概念及特征

(1)城乡一体化的基本概念

一体化是指多个原来相互独立的实体通过某种方式逐步结合成为一个单一实体的过程。一体化过程既涉及经济，也涉及政治、法律和文化或整个社会的融合，是政治、经济、法律、社会、文化的一种全面互动过程。由于它涉及的实体间的相互融合，并最终成为一个在地区上具有主体资格的单一实体，因而它不同于一般意义上的实体间合作，涉及的也不仅仅是一般的实体间政治或经济关系。一体化的基本特征在于自愿性、平等性和让渡性，其核心是实体主权的让渡是一个长期的、渐进的过程，在这一过程中制度化和法律化就成为实现一体化的基本前提和保障。

城乡一体化涉及社会、经济、生态环境、文化生活、空间景观等各个方面，因此其概念对于不同的学科在理解上也略有不同程度的偏重。社会学和人类学界从城乡关系的角度出发，认为城乡一体化是指相对发达的城市和相对落后的农村，打破相互分割的壁垒，逐步实现生产要素的合理流动和优化组合，促使生产力在城市和乡村之间合理分布，城乡经济和社会生活紧密结合与协调发展，逐步缩小直至消灭城乡之间的基本差别，从而使城市和乡村融为一体。生态、环境学界从生态环境的角度出发，认为城乡一体化是对城乡生态环境的有机结合，保证自然生态过程畅通有序，促进城乡健康、协调发展。我们从城市学、经济学和社会学相结合的角度，认为城乡一体化是在生产力高度发达的条件下，城市与乡村实现结合，以城带乡、以乡促城、互为资源、互相服务，以达到城乡之间在经济、社会、文化、生态协调发展的过程。

城乡一体化与城乡联系、城乡融合、城乡协调等提法在意义上比较接近，在研究内容上相互交织。城乡联系研究内容涉及城乡关系的方方面面，是城乡一体化的前提，城乡一体化是其中的一个分支理论。城乡协调发展的提出是因为城乡关系方面出现一些失衡，它可能存在于城乡关系的任何一个方面，是贯穿城乡一体化过程当中的一条主线，只有协调发展，才能保证生产要素自由流动与优化配置，才能逐步消除城乡差别。城乡融合是城市与乡村之间产业和人口高强度、高频率相互作用的结果，是农业和非农业活动的混合，是产业的多元化，导致城乡差别的淡化。可见城乡融合与城乡一体化在研究内容上与含义上最为接近。

(2) 城乡一体化的特征

城乡一体化是指城市和乡村在经济和空间上的整体协调，是在现代化水平和城市化水平相当高的时期发生的。城乡一体化是统筹城乡发展的目标，同时这也是一个过程，这个过程不是一蹴而就的，是一个渐进的过程。同时，这个过程也是双向的而不是单向的，即不是全部乡村都转变为城市的过程也不是城市乡村化，应该是城市与乡村互相吸收先进和健康的因素而摒弃落后病态的东西的一种双向演进过程。城乡一体化是逐步缩小城乡差距的过程，可以消灭城乡对立和缩小城乡社会差别，但不是城乡一样化和平均化，不是完全消灭城乡差别。城市与乡村在规模、形态和景观方面的差别不能缩小和消灭，城乡差别是永恒的，只是在不同历史时期的表现程度和形式不同。城乡一体化包括物质文明和精神文明两个方面，不能只顾经济发展，而忽视精神的、文化的、社会的内容。

(3) 城乡一体化的内涵

城乡一体化是从历史角度考察城乡关系而提出的经济与社会相结合的整体科学观念。从系统的观点、市场均衡性的观点来看，城市和乡村应当是一个整体，其间人流、物流、信息流自由合理地流动；城乡经济、社会、文化相互渗透、相互融合、相互依赖，城乡差别很小，使各种时空资源得到高效利用。在这样一个系统中，城乡地位相同，只是城市和乡村在系统中所承担的功能各所不同。在我国经济社会发展实践中，形成了城市经济社会系统与农村经济社会系统，两个系统在政治(如不同的政治选举等)、经济(如工农业产品比价不合理、城乡劳动市场分割等)、社会(如公共物品供给、社会保障等)发展方面差异明显，背离了国家经济、社会的长远发展目标。因此，针对这种情况提出城乡一体化的主要内容有：城乡政治一体化(以中心城市为核心，形成城乡一体的区域性政治体制)、城乡经济一体化(使城乡三大产业交融发展，结构相近，各有特色；企业的生产效率、居民收入和消费水平的差异日益接近)、城乡社会一体化等。其强调了城市政治、经济、社会与乡村政治、经济、社会的相互渗透、互相融合(白永秀等,2013)。其含义大致可以包括：①城乡一体化的灵魂在于城乡的协调发展,即城乡一体化是指城乡在相互联系而又相对独立发展的过程中,城乡劳动者发挥各自的能动性,从而发展全社会的生产,实现在共同利益基础上的第一、二、三产业的协调发展,最终实现共同富裕的动态过程；②城乡经济、社会发展实行统一规划,以打破城乡分割、工农分离的格局；③城乡关系上,既强调乡村服务城市,也强调城市服务农村,使之互为依存、优势互补、互相促进；④促进城乡经济、社会、文化的全方位融合；⑤城乡一体化的建设有一定的社会范围和行政区划,其战略思想和工作方针通常是针对城市和它的郊区(袁政,2004)。

城乡一体化是冲破城乡二元结构的有力措施,是在生产力水平相当高的条件下,一个充分发挥城乡各自优势,理顺交流途径的双向演进过程；是城带乡、乡促城,互为资源、互为市场、互相服务、互为环境,共同享受现代文明的城乡空间的对立统一。城乡一体化的目标不是消灭城乡差别,而是实现持续协调发展。城乡一体化并不会导致城乡的"低层次平衡发展"和"平均主义",它不是降低城市的地位去屈就乡村,使其在市场体制下处于与城市同等的竞争地位(洪银兴等,2003)。它是针对我国城乡之间的户籍、劳动用工、社会福利、住房政策、教育政策以及土地使用制度等不同政策形成的城乡二元经济社会分割格局而提出来的。其原意旨在打破城乡二元结构,改革城乡之间政治、经济、社会发展的制度隔离,创建城乡之间政治、经济、社会运行的融合机制,但并不排斥差别,相反,这种差别,是城乡之间合作、互通和城市化的基本动力,而且在科学合理的配置安排下可以转化为各自特色,促进协调发展。因此,我国城乡一体化概念的含义是界定在制度、体制范畴中的,而不是界定在地理空间范畴上的城乡产业布局的一体化、工农业用地混杂化。

9.2.2 推进城乡一体化应把握的问题

推进城乡一体化是一项长期复杂的社会系统工程,涉及城乡经济、政治、文化等各个领域,牵扯城乡制度、体制、机制等各个层面,因此,在推进城乡一体化的实践中,必须辩证地把握好以下几个问题(姜作培,2004)。

(1) 依托和自主性

城乡一体化是统筹城乡经济社会发展的目标,因此,我们须遵循城乡经济社会运行规律,密切城乡间客观的内在联系,做到城乡之间相互依托。即城乡相互吸引、相互补充、相互辐射,资源联接配合,经济社会互补共荣,这是城乡一体化的真谛所在。忽视或离开了城乡之间的依托关系,城乡都难以得到快速健康持续发展,当然也不可能推进城乡一体化。同时城乡作为不同的地域实体,有各自不同的发展战略,不同的产业发展重点,不同的相对独立的经济、政治、文化活动,也有各自独立的经济利益和追求,我们应维护和尊重各自的独立性,尊重城乡根据自身状况和需要作出的各种选择,支持和鼓励城乡一切有利于整体发展的行为举措,调动城乡在相互联系中发挥自主性和主观能动性、创造性,增强城乡各自的生机和活力。特别对于农村来说,要依托城市,尽可能多争取城市的帮助和支持,但又不能一味地、过分地依赖城市。在市场经济体制下,城乡之间是一种平等互利的关系,相互之间的交往是以互利互惠为前提的。城市对农村无偿的支持和帮助,只能是一时的、有限的,不可能是持久的、无限的。广大农村只有充分挖掘内部潜力,调动内部因素，着眼并致力于自身发展，把自身的各项工作做好了，把实力搞强了，才能在更广的领域、更大的范围扩大城乡合作空间，并得到城市更多的支持和帮助。

总之，依托和自主性是一个问题的两个方面，只有既强调城乡相互依托，密切相互联系，又充分尊重各自的独立性，让城乡各得其所、各展其能，为实现更大的合作打下基础，这样才能相得益彰，使城乡关系更加密切而不是萎缩。

(2) 主导作用和支持作用

在推进城乡一体化进程中，城市与乡村由于各自的优势不同、资源不同、产业重点不同，因而在城乡统一体中处于不同的地位，分别发挥不同的作用。从总体上说，城市起着主导作用，农村起着支持作用。城市具有巨大的人力、物力、财力，是一定区域内政治、经济、文化中心，是经济社会发展过程中各种优势的聚集地，所以它有基础、有实力、有能力在统一体中发挥主导作用，特别是对农村产生辐射和带动作用。如城市可为农村生产提供先进设备和技术，提供及时和丰富的信息及管理知识，可为农村培养和输送较高素质的人才，可为农村居民传播现代文明观念，可为农村走向国际市场发挥桥梁作用等，这些有形的和无形的作用，会引导和带动农村加快发展，跟上现代化的潮流。忽视或轻视城市的主导作用，要想彻底改造农村，实现农业现代化，促使农业市场化是不可想象的。当然在发挥城市主导作用的同时，还必须重视农村对城市的支持作用，农业及其创造的财富是人类生存和发展的基础，是城乡统一体生存和发展的基础，城市经济社会发展离不开农业。农业对城市的发展来说，至少可提供产品贡献、要素贡献、外汇贡献、生态贡献，缺少农业对城市的这些贡献，城市的发展也将会困难重重。

因此，在推进城乡一体化中，城市和农村两方面的作用都不可或缺。具体工作中不能顾此失彼，只看到某一方面的优势，重视某一方面的作用，而看不到另一方面的优势，忽视另一方面的作用，这样做都不利于调动两方面的积极性。只有把城乡两方面的关系处理好，善于调动和充分利用这两方面作用，把两种作用统一起来，形成合力，才能有效排除一体化道路上的障碍和阻力，加快实现城乡一体化。

(3) 市场机制和政府调控

城乡协同发展，实现城乡一体化目标，既需要发挥市场机制的作用，又离不开政府调控。只有坚持市场与政府相结合的调节原则，才能使城乡在统筹发展中共进共荣，有利于促进城乡一体化。在计划经济向市场经济全面转轨的今天，市场机制在城乡资源配置中起着决定性作用，在今天的体制下，企图用强制性的政府行政手段，干预城乡资源配置、结构调整、利益整合是不可行的。纯粹用行政手段方式来组合城乡这两个板块，使其向一体化方向发展的时代已一去不复返。但我们又必须看到，由于市场机制本身固有的局限性，其对资源的调节存在着盲目性、滞后性、趋利性。仅靠市场的调节不能解决城乡关系中的一些重大问题，不可能仅靠市场就能自动消除城乡二元结构。还需要政府站在全局的高度，履行政府调控的责任，对城乡经济社会发展进行宏观规划和组织协调，这是城乡协同发展，实现城乡一体化不可缺少的。

(4) 近期和远期

要达到城乡一体化的水平，城乡生产力必须达到较高发展水平，地区经济发展比较均衡，城镇相当密集，交通、通信等基础设施能适应或超前于当前经济、社会发展的要求等条件。可见，如果达到了城乡一体化，那么城市与乡村在经济、社会、生态环境、空间布局上就实现了整体性的协调发展(石忆邵，2003)。但在我们这样一个城乡二元结构根深蒂固，农村经济社会落后，农业人口过多，城乡差别过大的国家里，要从城乡沟通、联合、再发展到城乡一体化，任重道远，不可能一蹴而就，必将是个相当长的过程。因此，我们要以长远的战略眼光，对城乡一体化作出长期性谋划，准备进行长远的持续努力，一步一个脚印，逐步迫近和靠拢这个目标。同时我们又不能因为实现这个目标和完成这个任务具有长期性和艰巨性而失去信心，松懈斗志，放弃今日的努力。实现城乡一体化，消灭城乡差别，让城乡人民共同富裕起来，这是近几十年几代人确定的目标，我们应该有一种历史的责任感和使命感，抓住新世纪发展机遇，以城乡协同发展为立足点和出发点，深化改革，扩大开放，有计划、有步骤、有重点地加快调整城乡关系，用新的思路、新的举措加快推进农业现代化、工业现代化(包括乡村工业化)、人口城镇化、城乡居民生活接近化。立足当前，着眼长远，把近期目标和长期目标结合起来，妥善处理近期和长远之间发展的矛盾，才能在加快速度的同时又健康顺利地向城乡一体化目标迈进。

9.2.3 城乡一体化的驱动力

城市化是城乡一体化的驱动力，它是指随着工业化的发展和科学技术革命的推进，由传统的农业社会向现代城市社会发展的自然历史过程。它表现为人口向城市的集中、城市数量的增加、规模的扩大以及城市现代化水平的提高，是社会经济结构发生根本性变革并获得巨大发展空间的表现。城市化有效地发挥了城市和城镇在城乡一体化系统中的增长作用，促进各种资源和要素有序流动，有利于获得资源和要素的效用最大化，增加城乡的集聚利益，实现城乡资源和要素的有机整合。城市化对于乡村经济具有明显的拉动作用，随着城市产业的扩散与转移，带来了乡村产业的建立与振兴，带动乡村经济快速发展，加速城乡经济一体化进程。城市化有效地吸纳了农村剩余劳动力，促进了农村劳动力的解放，使其能在城市和乡村中有序流动，并提升自身素质，促进城市生产方式、生活方式、城市文明的普及，因此可以说，城市化的发展加强了城乡之间的相互联系，城市化促进城乡一体化，加速城市与乡村在经济、信息、科技、文化等方面的广泛融合。对发达国家而言，城乡一体化是城市化的高级阶段，然而对具有中国特色的城乡一体化而言，城乡一体化是城市化发展到一定阶段的产物，是推进和加速城市化的重大发展战略和现实手段；城乡一体化的成熟形态是城市化的高级阶段，是城市化追求的更高境界。

城乡一体化是一个双向发展过程，它主要强调城乡间各要素的高度融合，自由流通，通过城市和乡村竞争与协作使城乡关系融洽，达到各具特色、共同繁荣。从城乡两个空间层面考察，可以把现阶段中国城乡一体化发展的动力结构分解为乡村城市化和城市现代化(杨兵，2002)。

(1) 乡村城市化

乡村城市化是中国城市化道路上的一条重要发展途径，是指乡村地域中传统型社区向城市现代型社区的逐步演变或在乡村地域中城市要素逐渐增长，从而使滞留在乡村地域上的居民逐渐享受到现代城市文明。在中国大多数乡村地区，人多地少、劳动力大量剩余的基本国情，构成了乡村城市化中来自乡村内部的推动力；城乡居民收入分配差异、生活方式与生活质量的差别则构成乡村城市化中来自乡村外部(城市方面)的拉力。在推拉力的合力作用下，带来了乡村非农产业的增长、小城镇的兴起、基础设施的改善、乡村居民生活质量的提高和经济活动半径的扩大。这种不断发展的乡村城市化无疑是中国城乡一体化在乡村地域发展的内在动力。基于此，许多学者提出小城镇是城乡一体化的载体；乡镇企业是城乡一体化的中坚。但是有些学者对乡村城市化和小城镇的进一步发展等提法有所质疑。乡村城市化伴生的严重后果：耕地锐减、环境恶化等，而小城镇进一步发展也存在很多问题，如规模问题(规模效益、集聚效益低)、功能问题等。理论上所讲的农村人口向小城镇集中可以刺激国内需求增长，但从实践上看，小城镇建设对通过扩大就业、增加收入来有效拉动国内市场复苏的效果并不十分令人满意，小城镇究竟如何发展，在城市化进程中起着什么样的作用，还需要探讨。乡镇企业在我国的发展也面临着严峻的考验，其小规模与分散布局、环境污染与较低技术含量等都限制了它们的进一步发展。

(2)城市现代化

城市现代化是城市化的重要组成部分，它以人为中心，以现代科技管理城市，使城市在整体素质上达到当代先进水平，强调社会的全面发展，以提高居民的生活质量为目标。随着我国农村经济改革的巨大成功，城市改革随之铺开。充分发挥中心城市的功能，改革条条块块的计划管理体制，大力发展各种横向经济联合，提高中心城市的经济辐射力、吸引力和综合服务能力，成为我国城市改革的目标导向之一。近10年来，不同层次的中心城市在更新城市功能、调整产业结构和加强市政基础设施建设等方面都进入新的发展阶段。中心城市功能日益加强，吸引、辐射能力以及服务范围的加大，对区域内乡村的发展也将起到推动的作用。

9.2.4 城乡一体化运作机制

我国自20世纪80年代开始的城乡一体化的实践，为探索破除城乡二元格局积累了丰富经验，从整体分析，其运作机制可作如下理论概括。

(1)城乡经济联合是推进城乡一体化的突破口

城乡经济联合不是泛指城市与农村、企业与企业之间按经济发展要求所产生的或多或少的协作，而是就经济联合组织而言，由城乡不同经济成分和经济实体之间，或同一经济成分的不同经济形式之间，为维护和谋取共同经济利益，用合同、契约、协议、章程等形式在某些方面联合形成的经济形态。这种联合有生产型联合、流通型联合、科研生产型联合和技术人才型联合。这种城乡横向经济联合，有利于促使生产力诸要素冲破部门、条块的约束，按其内在规律进行流动和新的组合，从而创造新的生产力和良好的经济效益；有利于城乡企业发挥各自优势，互通有无、取长补短；有利于促进科研生产相结合，增强企业竞争力。

(2)市场体系是联系城乡的黏合剂

发达、完善的市场体系，既是城市和农村经济结合的最重要环节，又是缩小城乡差距、优化城乡资源配置的有利渠道。城乡经济要素的流动是二元结构转换、城乡协调发展的关键。构建一个市场类型齐全、功能完备的社会主义市场体系，使农村的资源优势转化为商品优势，剩余劳动力转化为生产要素，并得到优化组合，从而为实现城乡全面贯通、走向一体奠定坚实的基础。目前,尤其值得重视的是:①大力组织科技下乡,利用技术市场,开展技术开发、技术转让和技术服务活动,把现代科技辐射到农村去,使之尽快转化为生产力。②根据市场需求状况和自身经营特点,将生产、加工、销售诸环节以契约形式组织起来,实行"产、加、销"一条龙、"种、养、加"相结合的现代化农业经营模式,加强城乡经济的联系,促进农业商品化、市场化的发展。

(3) 小城镇是联结城乡的纽带

小城镇的发展撕开了城乡分割的篱笆,启动了城乡交融的大门,拉开了我国城市化双向运动的序幕。农村工业,本质上是商品生产,它的发展天然要求与市场相联结,要求集中布点,以充分利用基础设施、合理组织生产协作、降低生产成本、增强自身积累,而小城镇,在地缘上比城市更接近农村,相对于农村分散的"面",小城镇又是一个各种设施比较集中的"点",可以在一定程度上满足或适应工业生产的要求,成为农村产业集聚和农村人口转移的理想基地。城市的工商企业为了开拓农村市场,逐步向小城镇延伸,农民借助小城镇这个桥梁,也走向市场,走向了社会发展的广阔空间。两者合流,既避免了农村人口大量外流引起的社会震荡,又接受了城市工业的扩散和现代文明的输入,促进了农村的繁荣,形成了一条独具中国特色的城乡一体化成功之路。

9.3 城乡一体化发展的制度障碍

党的十八大以来,以习近平同志为核心的党中央始终高度重视"三农"问题,把解决好"三农"问题作为全党工作的重中之重。城乡发展一体化是解决"三农"问题的根本途径。中国特色社会主义新时代,我国经济社会发展成效显著,城乡发展一体化持续推进,农产品质量得到提高,农业生产效率也呈现出上升的趋势。但是,我国城乡发展一体化仍存在着城乡二元结构(见4.2部分)、户籍制度和土地制度等障碍。研究新时代我国城乡发展一体化的制度障碍,通过体制改革和政策调整,促进城乡融合发展,加快推进城乡一体化进程(张雅光,2021)。

9.3.1 户籍制度改革亟待深化

户籍制度是政府职能部门对所辖民户基本状况进行登记和管理的一项行政管理制度。随着时代的发展,户籍被赋予了许多社会福利和公共服务附加属性,因而加剧了城乡差距,成为城乡一体化发展的制度障碍。改革开放以来,我国户籍制度改革已经取得实质性突破,基本实现了城乡劳动力的自由流动。但是,必须承认,城乡二元户籍壁垒尚未根本消除,城乡之间生产要素的流动仍然存在着制度性障碍,制约着城乡一体化发展。

(1) 户籍人口城镇化率滞后于常住人口城镇化率

近年来,为着力推动1亿非户籍人口在城镇落户,我国通过户籍制度改革,推进农业转移人口市民化工作。从我国人口城镇化率看,2012年在城镇地区常住半年以上人口占总人口的比重——常住人口城镇化率为52.57%,此后以年均1.17%的增长速度上升,到2019年达60.90%,这是一个标志性的节点,表明我国城镇化的程度得到进一步提升。与常住人口城镇化率相比,2012年我国户籍人口城镇化率为35.29%,此后以年均1.21%的增长速度上升，增速超过了常住人口城镇化率，2019 年达 44.38%（表 9-1）。但是，2017—2019 年，我国城镇化率的增长速度、户籍人口城镇化率的增长速度连续 3 年均低于常住人口城镇化率的增长速度。

表 9-1　2012—2019 年我国户籍人口城镇化率与常住人口城镇化率对比　　　　　　%

年份	户籍人口城镇化		常住人口城镇化	
	户籍人口城镇化率	比上年增长率	常住人口城镇化率	比上年增长率
2012	35.29	0.58	52.57	1.30
2013	35.93	0.64	53.73	1.16
2014	35.90	-0.03	54.77	1.04
2015	39.90	4.00	56.10	1.33
2016	41.20	1.30	57.35	1.25
2017	42.35	1.15	58.52	1.17
2018	43.37	1.02	59.58	1.06
2019	44.38	1.01	60.60	1.02

注：引自张雅光，2021。

从城镇化率的绝对差距分析，我国户籍人口城镇化率与常住人口城镇化率的差距在 2013 年达最高的 17.8%，此后两率差呈现缩小的趋势，但这一趋势并不稳定，到 2016 年已下降至 16.15% 之后又开始上升，到了 2018 年和 2019 年，两率差又分别回升至 16.21% 和 16.22%（图 9-1）。我国户籍人口城镇化率与城市常住人口城镇化率的差距超过 16%，意味着仍有 2 亿多人还处于半城镇化或半市民化状态，他们虽然工作、生活在城镇，但由于户籍制度的限制，仍然保持着农民的户籍身份，并不能平等享受教育和社会保障等方面的公共服务，更加凸显出户籍制度改革的滞后性。人的城镇化是新型城镇化的核心，深化户籍制度改革，提高户籍城镇化率，既是推进新型城镇化的需要，也是城乡一体化发展的必然要求。

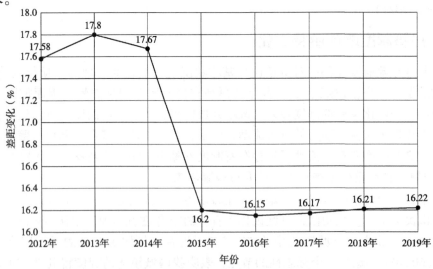

图 9-1　2012—2019 年户籍城镇化率与常住人口城镇化率差距变化

(2) 选择性落户政策障碍

"十三五"时期，深化户籍制度改革，强化地方政府推动农业转移人口市民化的主体责任，优先解决举家迁徙的农业转移人口、新生代农民工的落户问题；对高校毕业生、职业院校毕业生、留学归国人员和技术人员，全面放开省会及以下城市的落户限制；大中城市不得采取购买房屋、投资纳税等方式设置落户限制；超大城市和特大城市要以具有合法稳定就业和合法稳定住所、参加城镇社会保险年限等为主要条件，实行差异化的落户政策。然而，地方政府作为政策的执行者，出于自身财政利益最大化的考虑，普遍实行选择性落户，把农业转移人口落户政策与人才引进战略联系起来，以提高户籍人口城镇化率指标，使农业转移人口落户政策异化为人才落户政策。

地方政府的选择性落户政策，普遍把吸引外来人员落户的重点放在争夺高端人才上。北京市人民政府2020年7月16日起发布实施的积分落户政策规定，在教育背景、申请人年龄、合法稳定就业和稳定住所、纳税等方面，分别赋予不同的分值，其中学历、年龄等赋予的分值较高。显而易见，对于拥有高学历的年轻申请者，更容易获得大城市的户籍指标；对于学历低的农业转移人口来说，即便是在城市工作生活多年，也在积分上处于劣势。因此，选择性落户政策具有明显的高人力资本偏向性，对解决农业转移人口落户中的实际问题重视程度不够。同时，我国还有一些城市实行双轨落户政策，即条件落户与积分落户，条件落户主要是针对各类人才，积分落户主要是针对城市以外的农业转移人口，实践中，这两种渠道落户的比例存在较大差距(欧阳慧，2020)。

(3) 关于城市福利体系的户籍改革很难触及

经过多年户籍制度改革探索，逐渐弱化了户籍制度的传统功能。2010年我国劳动年龄人口达到峰值后，开始进入负增长时代，因而户籍制度阻碍劳动力自由流动的劳动力市场歧视已大幅减弱。但是，从我国户籍制度改革实践看，已有户籍制度改革主要从外围进行，关于户籍制度的核心福利体系至今很难触及，户籍制度仍然是排斥农业转移人口享有城市福利体系的主要制度障碍。分税制改革后，地方政府对推进触及福利体系的户籍制度改革缺乏激励。1994年开始的分税制改革，既极大增强了中央政府的财政汲取能力，也带来了地方财权事权不匹配问题，地方政府普遍面临着财权不断集中和支出责任刚性增长形成的巨大财政支出压力。为了缓解财政支出压力，地方政府主要通过汲取财政收入，同时规避"不必要"的财政支出，户籍制度则是实现这一目标的重要制度工具(席鹏辉等，2017)。我国人口流动性较大，如果有人流入，那么地方公共服务配套就要跟上，在事权划分和财政转移支付以户籍人口为依据时，人口转入地的公共支出就会相应加大，因而地方政府为调控自身支出责任范围，通过户籍制度规避流动人口公共服务供给，同时充分利用户籍制度的甄别功能，选择性吸纳高禀赋人口，以提高税基。在这样的背景下，地方政府缺乏推进触及福利体系的户籍制度改革的激励，成为制约农业转移人口迁移稳定性和完整性的主要因素，不利于农业转移人口融入城市。因此，触及城市的社会福利体系的户籍制度改革亟待深化。

(4) 户籍制度功能内隐性障碍

①户籍制度功能由"外显"转向"内隐"。近年来，在我国户籍制度改革的实践中，国家积极在就业、教育、医疗等领域实现与户籍制度"脱钩"，逐渐弱化户籍制度屏蔽的显性

功能。然而，在我国现实生活中，户籍与附加利益并未实现彻底脱离，政府的禁止户籍歧视政策有可能会使户籍制度功能由"外显"转向"内隐"，从而生成或加剧户籍制度功能的内隐趋向，转变为一种隐性障碍。就我国农民工的就业状况而言，国家统计局公布的数据显示，2019年我国农民工总量达到29 077万人，其中，外出农民工17 425万人，在外出农民工中，年末在城镇居住的进城农民工13 500万人。2016年至2019年，在全部实现就业转移的农民工中，从事第三产业的农民工比重逐年提高，从2016年的46.7%提高到2019年的51%；从事第二产业农民工的比重持续下降，其中制造业就业比重从2016年的30.5%下降到2019年的27.4%，建筑业就业比重从2016年的19.7%下降到2019年的18.7%（表9-2）。已有研究表明，农民工多从事非正规就业，就业环境不理想，待遇不公平，不能平等地获得就业权利和公共就业服务（刘传江等，2009）。在渐进性户籍制度改革过程中，户籍制度功能内隐性障碍会降低农业转移人口的城市归属感和认同感，他们缺乏对在城市就业生活的长期预期，造成了劳动力供给的不稳定和不充分。因此，深化户籍制度改革，应防止户籍制度功能的内隐化，不断增强农业转移人口的获得感、幸福感和安全感。

表9-2 2016—2019年我国农民工从业行业分布 %

产业/行业	2016年	2017年	2018年	2019年
第一产业	0.4	0.5	0.4	0.4
第二产业	52.9	51.5	49.1	48.6
其中：制造业	30.5	29.9	27.9	27.4
建筑业	19.7	18.9	18.6	18.7
第三产业	46.7	48.0	50.5	51.0
其中：批发和零售业	12.3	12.3	12.1	12.0
交通运输仓储邮政业	6.4	6.6	6.6	6.9
住宿餐饮业	5.9	6.2	6.7	6.9
居民服务修理和其他服务业	11.1	11.3	12.2	12.3
其他	11.0	11.6	12.9	12.9

数据来源：2017—2019年农民工监测调查报告。

②落户城市的隐形门槛诸多。近年来，在户籍制度改革实践中，农业转移人口落户通道不畅，在很大程度上存在着"玻璃门""弹簧门"等问题，有的城市似乎是零门槛，但在落户时发现存在诸多隐形门槛（欧阳慧，2016）。主要表现在：地方利益导向控制落户指标，地方政府通过控制指标将大多数农业转移人口排除在外；落户政策信息不对称现象突出，致使农业转移人口对落户政策审批条件和程序不清楚；等等。因此，落户城市的隐形门槛诸多在一定程度上制约着农业转移人口市民化。

（5）城乡之间和城市内部社会分化

深化户籍制度改革，促进城乡融合，关键在于实现公共服务的普惠性和均等化，加快城乡一体化进程。目前我国这方面的改革还没有突破性的进展，因为户籍制度对资源配置和利益分配的强依附性，造成了城乡之间及城市内部的社会分化。尽管全国大部分城市取消了农业、非农业二元户口性质划分，建立了城乡统一的户口登记管理制度，但这只是改变了城乡居民身份的差别，城乡居民户籍性质的区别并没有改变，不同性质户口上绑定的原有权益福利仍然没有剥离，居住地城乡户籍承载的社会福利二元化仍然明显。户籍制度改革滞后于人口迁移流动和城镇化发展，造成了城市内部户籍人口和非户籍常住人口两类群体的显著分化(宋洪远，2016)。一些经济发达的特大和超大城市，就业机会多，收入水平高，生活环境好，公共服务完善，因而是农业转移人口市民化的梦想地，而城市户籍成了流动人口能否获得经济权利、政治权利和社会福利权利的重要门槛，没有获得城市户籍的农业转移人口个人和家庭往往处于整个城市社会结构的底端，在教育和社会保障等方面都没有享受到同等的待遇，从而加剧了城乡之间的差距。国家统计局的数据显示，与上一年相比，进城农民工在不同城市规模生活的归属感和认同感均有不同程度的提高，但大中小城市又存在着差别。城市规模越小，农民工对城市生活的适应难度越小，对所在城市的归属感越强；城市规模越大，农民工的城市归属感越弱，适应城市生活的难度越大（表9-3）。在目前中国城乡差距、地区差距和城市内部差距的背后，都能看到户籍制度所带来的影响，根本症结仍然是现行的户籍制度。

表9-3 进城农民工对所在城市的归属感 %

城市类型	认为是本地人的农民工占比		对本地生活非常适应的农民工占比	
	2016年	2017年	2016年	2017年
500万人以上城市	15.3	18.7	12.1	14.3
300万~500万人城市	23.9	25.3	14.6	17.5
100万~300万人城市	39.2	43.1	16.1	19.7
50万~100万人城市	46.7	48.7	18.1	20.1
50万人以下城市和建制镇	63.0	63.2	21.0	23.0
合计	35.6	38.0	16.0	18.4

数据来源：2017年农民工监测调查报告。

9.3.2 城乡二元土地制度亟待破解

土地是最重要的农业生产资料，是农民赖以生存和发展的最基本的物质基础。土地制度是国家一切制度中最为基础的制度。新中国成立以后，城乡二元土地制度逐步形成。改革开放以来，适应经济社会发展变化，我国城乡二元土地制度几经调整和变迁，但仍在土地产权制度、使用制度、收益分配制度等方面存在明显差异，特别是在土地流转过程中仍存在着比较突出的城乡不平等交换问题，城乡二元土地制度亟待破解。从我国城镇化的实践分析，城乡二元土地制度推进了工业化和城市化进程，同时也带来了一些问题，制约着城乡一体化发展。

(1) 土地增值收益难以城乡共享

依据《中华人民共和国宪法》和《中华人民共和国土地管理法》等法律规定，土地使用权可以依法转让。在二元土地制度背景下，城乡同地不同权、同地不同价，农村土地使用权转让后，只是获得过低的征地补偿费用，同时农村土地产权主体丧失了未来土地增值收益分享权。2012—2020年，土地出让收入占地方财政收入比例最低为39.22%，最高为

84.08%，平均为 58.28%（表 9-4）。数据表明，土地出让收入成为地方政府财政收入的最主要来源，常称为土地财政。尽管地方政府因土地出让获得了巨额的土地出让收入，但农民获得的土地补偿费占土地出让收益的比例很低。1990—2010 年，地方政府对农村土地的征地补偿低于市场价值约 20 万亿元（李伟等，2014）。随着经济社会的发展和城镇化程度的提高，被征土地价值会大幅度上升，土地用途转换时的增值收益和未来土地的增值收益，与农村集体、农村居民没有任何关系，土地增值收益被土地占有者享有。由此可见，城乡二元土地制度使土地增值收益难以实现城乡共享，农村财富以地价"剪刀差"的方式流向城市，农民土地权益受到侵蚀，成为城乡居民收入差距拉大的制度根源。

表 9-4 2012—2020 年全国土地出让收入和地方财政收入变化情况

年份	土地出让收入（亿元）	地方财政收入（亿元）	土地出让收入占财政收入的比例（%）
2012	28 517	61 077	46.69
2013	41 250	68 969	59.81
2014	42 940	75 860	56.60
2015	32 547	82 983	39.22
2016	37 457	87 195	42.96
2017	52 059	91 448	56.93
2018	65 096	97 905	66.49
2019	72 516	101 077	71.74
2020	84 142	100 124	84.08

注：引自张雅光，2021。

(2) 土地城镇化与人口城镇化不匹配

城镇化是国家现代化的必由之路。加快农业转移人口市民化，推进以人为核心的新型城镇化，加快城乡一体化发展，使城镇建设用地年度指标与吸纳农业转移人口落户数量相匹配，在农地非农化的同时，让农业转移人口融入城市，改变其原有的生产方式和生活方式，实现从农村社会向城市社会的转型。在城乡二元土地制度安排下，城市土地供给逐年增加，2001—2019 年，全国国有建设用地供应量从 $16.37 \times 10^4 hm^2$ 增长到 $62.4 \times 10^4 hm^2$，年均增长 8.9%；2000—2018 年，全国城市新增建设用地增长了 1.5 倍，达到 $5.6 \times 10^4 km^2$（连平等，2020）。因此，城乡二元土地制度支持了城市建设，推动了城镇化进程。真正意义上的城市化是城市人口增长速度超过土地增长速度（党国英，2015），就是人口城镇化快于土地城镇化。但是，中国城镇化的明显特点就是土地城镇化快于人口城镇化。研究表明，2000—2010 年，土地城镇化速度快于人口城镇化速度 1.81 倍（刘守英，2014）。用土地出让面积除以增加的城镇常住人口这一指标，也可以在一定程度上反映土地城镇化与人口城镇化相匹配的情况。2010—2017 年，这一指标从 0.177 逐步上升至 2013 年的 0.285，此后逐年下降，2017 年为 0.165（刘同山等，2020）。这一指标的变化说明中国土地的城镇化速度要明显快于人口的城镇化速度，在城镇化过程中存在着"化地不化人"的问题。如果把常住人口与户籍人口的统计差异考虑进去，这种差距会更加明显。近年来，我国户籍人口城镇化率与城市常住人口城镇化率的差距超过 16%。因此，一些地方政府只想通过土地出让增加财政收入，不愿意承担新增人口的公共服务成本，这种"化地不化人"导致人口城镇化明显落后于土地城镇化，从而延缓了农业转移人口市民化的进程，在很大程度上制约着城乡一体化发展。

(3) 农村土地规模化程度迟缓

对农村土地进行适度规模化和集约化经营，可以提高土地利用效率，加快农业农村现代化步伐，推进城乡一体化发展。我国城乡二元土地制度制约了农业生产的规模化和集约化。随着农村劳动力和人口的非农化转移，劳动力和人口城市化快速发展，推动就业城市化率和人口城市化率不断提高。我国 2019 年就业城市化率达 57.11%，人口城市化率达到 60.60%（高帆，2020）。但是，城市化的快速发展和农村劳动力大规模进城务工并没有同步导致农地规模化、集约化经营，进城务工的农村劳动力没有真正享受到与城市居民同等的公共服务和社会保障。由此可见，在从乡土中国走向城乡中国、城市中国的过程中，农村劳动力都面临着比较显著的融入城市难题（刘守英等，2018）。在农村，土地是重要的社会保障载体，可基本满足农村居民生存、养老等生活需求，具有社会保障基本功能，成为维护社会稳定的一个重要因素。正是因为农村土地承载着农民的社会保障功能，因而我国现行土地制度强调农村集体成员获取土地承包经营资格的"成员权"。就农业转移人口个体而言，非常想进城寻求更好的发展机会和更高的收入，但城市的高生活成本和城市居民的排斥甚至拒绝，特别是不能享受城市居民的同等待遇，普遍存在着融入城市的难题，在这样的背景下，农业转移人口进城务工时保留农地使用权就成为农民的理性选择，导致农村土地规模化、集约化程度迟缓。第三次全国农业普查结果显示，2016 年全国耕地规模化耕种面积占全部实际耕地耕种面积的比重为 28.6%，其中规模农业经营户所占比重为 17.0%；全国规模农业经营户占全部农业经营户的比重为 1.9%，其中中部地区为 1.34%；规模农业经营户农业生产经营人员占全部农业生产经营人员的比重为 4.1%，其中中部地区为 2.85%（表 9-5）。数据表明，我国农业劳动者平均经营的土地面积相对有限，抑制了农业劳动生产率的提高。

表 9-5　2016 年全国农业规模化经营情况

区域范围	农业经营户（万户）	规模农业经营户（万户）	规模农业经营户/农业经营户（%）	农业生产经营人员（万人）	规模农业经营户农业生产经营人员（万人）	规模农业经营户农业生产经营人员/农业生产经营人员（%）
全国	20 743	398	1.92	31 422	1289	4.10
东部地区	6479	119	1.84	8746	382	4.37
中部地区	6427	86	1.34	9809	280	2.85
西部地区	6647	110	1.66	10 734	411	3.83
华北地区	1190	83	6.98	2133	217	6.93

注：引自张雅光，2021。

(4) 人地错配推高城市地价和房价

在我国城镇化发展进程中，积极发展中小城市，严格控制大城市尤其是特大城市规模，引导农村剩余劳动力向中小城市有序流动，严格控制特大城市和超大城市人口规模，重点控制东部地区尤其是特大和超大城市建设的用地规模。中小城市为了招商引资和财政需要，大力加大土地供应；超大城市为了控制城市人口流入而减少土地供应，造成了较为突出的人地错配问题。长期存在的人地错配问题，严重扭曲了一线城市和部分二线城市房地产市场的供求关系，致使城市房价持续上涨，并长期处于高位。2010年，全国土地价格均价是2054元/m^2，此后逐年上升，2019年增长到5696元/m^2，为2010年土地均价的2.77倍，土地均价10年间增长了1.77倍。土地价格上涨后，地价占房价的比例也随之上升，从2010年的40%左右上升到2019年末的60%（连平等，2020）。

在城乡二元土地制度下，土地财政助推了城镇高地价、高房价。已有研究表明，地方政府的土地财政规模对房价上涨有促进作用（唐云锋等，2017）。由于房价上涨能够提高政府效用，地方政府有推高地价以获得更多财政收入的内在激励，地方政府会通过各种政策来支持高地价，而且招标、拍卖、挂牌出让国有建设用地使用权助推了地价上涨。由于地方政府主要是依靠土地出让金增加财政收入，使得地方财政收入严重依赖房地产业，因而房价不太可能大幅下跌。但是，城市高企的房价，一方面使进城门槛进一步提高，限制了农业转移人口迁入城镇的步伐；另一方面增加了经济发展成本，影响了经济发展质量，阻滞了城乡融合发展。

(5) 城乡土地权能差异较大

在城乡二元土地制度下，土地市场处于城乡分割状态，城乡土地权能差异较大。城乡建设用地的融资属性及其权能构成都存在很大差异，城市建设用地明显强于农村建设用地。根据《中华人民共和国土地管理法》等法律规定，城市建设用地可作价入股、抵押贷款，可见城市建设用地权能相对完善，因而可以动员、支配和撬动大量的金融资源，具有超强的融资能力。2008—2015年，我国84个城市的土地抵押面积，由2008年的$16.6×10^4 hm^2$增加到2015年的$490.7×10^4 hm^2$，土地抵押金额由13 300亿元增加到113 000亿元（邹一南，2020）。农村集体经营性建设用地，经本集体经济组织成员的村民会议2/3以上成员或者2/3以上村民代表的同意，土地所有权人可以出让、出租等，但土地资源的定价取决于未来收益折现，土地若不能合法改变身份和用途，被约束的权能就会使土地价值大大降低。如果缺乏身份和用途转换的通道，赋予农村集体经营性建设用地的相关权能也就很难有效使用，同时现实中对农地作价入股、抵押贷款还存在不同程度的限制。

2013年以来，我国以租赁及其他方式的协议转让土地的方式基本没有，农村集体用地转让过程中几乎缺乏农民的有效参与，招标、拍卖、挂牌的土地出让比例大幅下降，土地出让以无偿划拨为主，因而农村及城郊土地处于非市场化交易的状态，承包地、宅基地和农村集体建设用地等不同类型的土地，以不同准入门槛进入土地市场，农村集体建设用地难以直接进入市场，土地资源无法达到最优配置。宅基地使用权是农民的一项基本集体成员权利，但在现行土地制度安排下，农民在宅基地上拥有的权能范围远远小于城市居民在住宅商品房上拥有的权能范围，这大大限制了农民利用自有住房获得发展的权利。

9.4 城乡一体化的政策措施

9.4.1 城乡一体化指导思想

(1) 树立城乡地位平等的思想

通过各种规章制度的修改，取消城乡间的种种不平等待遇，使城乡居民和城乡各类经济主体都能享受公平的国民待遇，拥有平等的权利、义务和发展机会。也就是说，城乡居民应平等地拥有财产、教育、就业、社会保障、社会福利和个人发展等方面的权利，平等地承担国家法律法规规定的公民应尽的各方面义务，城乡各类经济主体应平等地拥有产业准入、信贷服务等发展机会，平等地承担国家法律法规规定的税收、劳工保险等社会义务。

(2) 树立城乡开放的思想

打破城乡界限、开放城市，使城乡居民和城乡各种生产要素都能自由迁徙和自由流动，提高城市化水平和生产要素配置的效率与效益。也就是说，城乡居民可以自由地选择居住地，特别是农民，不仅可以临时在城市就业，也可以长期在城市居住与就业，与原城市居民享有平等的权利和义务。城乡的各类生产要素可以完全按照市场机制，实现在城乡间的自由流动，既要允许农村的非农生产要素向城市流动，以城市为载体，实现优化组合，更要提倡城市先进的生产要素向农村流动，改造传统农业，提升农业发展水平。

(3) 树立城乡优势互补的思想

改变城乡分割、各自发展的模式，发挥城市先进生产力和先进文化的扩散与辐射作用，走以城带乡、城乡互促的社会经济发展的路子。也就是说，在经济发展上，要以城市为龙头，形成城乡优势互补、分工合作和第一、二、三产业联动的发展格局；在社会文化发展上，要以城市的文明带动农村的文明，形成城乡社区特色鲜明、相得益彰的发展格局。

(4) 树立城乡共同繁荣的思想

要在坚持城乡地位平等的基础上，通过城乡开放互通、互补互促机制的作用，加快缩小工农差距、城乡差距、农民与市民差距，实现城乡的共同繁荣与进步。这是城乡一体化的最终目标(刘莎, 2004)。

9.4.2 基础设施一体化

城乡差别在硬件上就是基础设施的差别，推进城乡一体化，首要的就是要抓好城乡一体化基础设施建设，在硬件上缩小差别。城乡基础设施一体化就是强化城乡基础设施衔接、互补，加大对农村道路、公交、供水、供电、通信、污水处理和垃圾处理设施的建设投入，实现基础设施城乡共建、城乡联网、城乡共享。

(1) 存在的问题

在目前城乡"二元"结构还普遍存在的情况下，城乡一体化进程中基础设施发展仍然普遍存在以下几方面的问题。

①城乡规划存在薄弱环节。在规划编制中，重城镇规划，轻乡村规划；重总体规划和

修建性规划,轻控制性详细规划和专项规划编制,造成专项规划、控制性详细规划和村庄规划滞后,在缺乏前瞻性规划自然发展的城市周边区域小城镇基本存在没有供排水、供热、绿化、环卫设施等专项规划的问题,使其建设过程中缺乏专项规划指导,导致基础设施建设存在前瞻性不足、投入不足、建设标准低等问题,特别是城镇的地下管线建设等问题,缺乏超前、统筹规划,致使出现重复建设现象,在城市一体化进程中最终必然形成一大批不能适应发展要求的"城中村"。

②村镇基础设施水平相对滞后。目前,作为城乡协同发展的对象——城市周边村镇的基础设施建设基本处于"应急"状态,在缺乏城乡统筹前瞻性规划情况下,基础设施总体水平不高,存在着城镇道路体系不完整、道路老化,城镇集中供热设施建设跟不上房地产开发等建筑供热需求,无污水处理和垃圾无害化处理设施,市政环卫设施严重不足,绿化水平低等突出问题,严重影响城市形象和城镇功能的发挥,也不利于招商引资和城镇产业的发展;城镇现有基础设施均存在瓶颈现象,应对各种突发性事件的能力严重不足,基础设施建设的滞后严重影响了城市一体化进程。

③基础设施建设资金不足。资金问题是城镇基础建设中的一个突出问题,资金来源单一,财政投入、银行贷款、自筹资金占到资金投入的80%以上,社会化融资、城镇土地运营、市政基础设施运营收益所占比重很少,没有形成多元化投融资机制;同时,城镇基础设施建设历史欠账多,维护投入不够,城镇建设资金普遍成为制约城乡一体化发展的瓶颈。

(2)基础设施一体化的政策措施

城乡一体化既不是单纯指城市乡村化,也不是单纯指乡村城市化,而是指城乡一体化进程中城市与乡村的交融发展。这种交融发展,首先必须依靠日益高水平的交通条件和通讯手段才能得以实现。因此,城乡一体化条件下,不仅对交通状况有着特殊的要求,需要有快捷的交通体系联系城乡,而且还要有现代通信技术。建立乡村电话移动化、网络化的信息服务网。通过基础设施的更新,不断缩短城乡之间的空间距离,使城市空间走向区域化。而优化城乡一体化的有效载体是以城镇建设为着力点,推进城乡一体化,必须抓好城镇建设,增强城镇对人口的吸纳力。交通和供水供电及社会服务设施是城乡一体化发展中重要的基础设施之一(杨爱琴,2004)。因此,城乡基础设施一体化需要从以下几方面解决问题。

①前瞻性规划。基础设施建设要与城乡的经济社会发展规划和总体规划相衔接,做到规划先行,分步实施,有序推进。要率先完成城中村及城郊村的改造,并加大试点镇和村庄的基础设施建设力度,提升其辐射和承载能力。同时加强交通、供水、排污、公交等基础设施主管部门之间的衔接,努力使工程建设同步规划、同步设计、同步建设、同步验收、同步交付使用,确保资源共享,避免重复建设。

②交通、管网等硬件设施建设。一是加快构建交通网建设。增加城镇与国道或干线之间的接线,拓展城镇向外联系的快速通道;在区域范围内建设交通网,提高公路等级。二是加大供水供电等基础设施建设力度。对供水、供电、排污、垃圾清理、通信、防洪减灾等重要基础设施,要通过区域联网、区域共建、资源共享等综合性措施,加快城乡一体化。三是加强文化、娱乐、广电、公交、教育、金融、医院、市场等社会服务设施建设。

要重新认识教育在城镇发展、建设中的基础性、先导性作用，努力增强城镇的教育功能，以教育资源优势吸引人口集聚。

③资金投入。推进城乡基础设施建设一体化，要积极探索城乡基础设施建设资金筹集方式的多元化。城乡基础设施建设资金，特别是农村基础设施建设资金，除了政府在公共财政上要加大投入外，我们还要引入市场机制，吸引社会资金的支持，积极探索建设资金来源的多元化。要调动各方面的积极性，鼓励社会筹资、企业赞助、个人捐款提供建设资金，努力营造全社会关心、支持、参与农村基础设施建设的浓厚氛围。在目前的城乡社会经济发展水平条件下，首先要发挥政府资金的导向作用，坚持政府主导、市场化运作原则，建立多渠道，多元化的城乡建设融资体制。保证城市维护建设费全部用于城乡基础设施维护和建设，确立经营城市理念，把城市作为资本来经营，依靠市场配置城乡建设资源；其次要推进投融资主体多元化，放开市政公用设施经营市场，鼓励社会资本和非公有制经济成分参与市政公用设施建设和经营，积极吸纳民间资本和商业银行信贷资金，多方筹措城乡建设资金；再是要积极推进市政公用行业产业化，按照保本微利、合理计价原则，理顺公交、供水、污水处理等价格，建立完善的价格机制和收费制度，积极开展污水再生利用和垃圾资源化工作，逐步形成市政公用行业投资经营、回收、再投资的良性循环。

9.4.3 公共服务一体化

所谓公共服务，是指政府满足社会公共需要、提供公共产品的服务行为。一般而言，政府提供的公共服务可分为维护性公共服务（如司法、国防等）、经济性公共服务（如对应用性研究与开发的投入等）、社会性公共服务（如教育、社会保障等）3种。其中，社会性公共服务具有维护"公民权利"的性质和较强的再分配功能，是实现社会公平的重要手段。

城乡发展的差距，不仅仅是经济上的差距，更重要的是科教文卫等公共服务领域的差距。推进城乡发展一体化，必须很好解决农村社会事业发展滞后的问题，形成城乡居民平等享有教育培训、文化体育、医疗卫生、科技信息的基本公共服务制度。统筹城乡发展，推进城乡公共服务一体化，就是要尽快改变社会事业发展滞后的状况，改善农村基本公共服务，发展农村社会事业，建立城乡统一的基本公共服务制度。

统筹城乡发展的难点在于公共服务一体化。保障农民自身发展权益关键在于建立城乡统一的基本公共服务制度，实现城乡基本公共服务均等化已成为统筹城乡发展、推进城乡一体化的重要任务。随着市场机制的完善和农村税费的改革，农民对医疗卫生、科技服务、转移就业等公共服务的需求越来越多。推进城乡经济社会发展一体化，必须加快发展农村公共事业，扩大公共财政覆盖农村范围，使广大农民学有所教、劳有所得、病有所医、老有所养、住有所居。

社会一体化是城乡一体化发展最重要的价值取向和理念。城乡社会一体化就是要求城乡社会事业协调发展，确保城乡居民在居住、就业、教育、医疗和文化生活等方面享受同样待遇，最大限度地缩小城乡差别，使高度的物质文明与精神文明达到城乡共享。

经济、社会、人口是一个不可分割的整体，城乡一体化理所当然也应包括城乡社会一体化。如果城乡社会发展不均衡，政策取向不一致，城乡居民待遇不统一，地位不平等，要想实现城乡一体化也只能是一句空话。推进城乡社会一体化，关键是在城市社会事业不断发展，居民文明程度不断提高的同时，必须着力加快农村社会事业的发展。

(1) 公共服务均等化

公共服务均等化是公共财政的基本目标之一，是指政府要为社会公众提供基本的、在不同阶段具有不同标准的、最终大致均等的公共物品和公共服务。公共服务均等化的主要实现手段是建立健全政府间转移支付制度。转移支付是指资金、劳务或其他资产由一方向另一方无偿转移。目前，我国中央对地方的转移支付分为财力性转移支付和专项转移支付两类。财力性转移支付又称均等化转移支付，是促进地方政府公共服务能力均等化的主要手段。我国的财力性转移支付主要包括一般性转移支付、民族地区转移支付、农村税费改革转移支付等内容。专项转移支付是按照政府支出责任划分，对承办委托事务、共同事务或从事上级政府鼓励性事务的地方政府的一种拨款。一些专项转移支付在改善公共服务状况方面有明显的促进作用，也具有均等化功能。

公共服务要均等地提供给全体社会成员。在过去相当长的一个时期，我国政府提供的公共服务大部分由国有部门和城市居民享有，非国有部门和农村居民不同程度地被排除在多项公共服务的覆盖范围之外。改革开放和社会主义市场经济的发展带来了政府职能的公共化，推动政府提供的各种服务随之走上了以公共化为取向的道路。"公共化"的取向也好，"公共服务型政府"的定位也罢，其核心就在于公共服务是着眼于满足社会公共需要的，面向全体社会成员，按照"均等化"的原则，无差别、一视同仁地提供给全体社会成员。当前，我国公共服务体系建设的一个迫切任务，就是缩小和消除以往存在于国有与非国有部门之间、城市与农村之间的差别待遇，让公共服务的阳光普照包括国有和非国有部门、城市和农村在内的所有企业和居民。

推进基本公共服务均等化在我国必要而紧迫。目前，我国城乡社会系统基本公共服务尚不能满足社会需要，还存在不平衡现象。看病难、看病贵，上学难、上学贵，农村义务教育发展滞后，社会保障体系不够完善，城乡发展差距和收入差距仍在拉大，这些我国经济社会发展中的问题大都同基本公共服务不足、缺失和失衡有关，亟须通过逐步实现基本公共服务均等化来加以解决。从现实情况看，我国已具备逐步实现基本公共服务均等化的条件。我国 GDP 已经位居世界第二，外汇储备位列世界第一，财政收入连年快速增长。这些发展成果，为实施基本公共服务均等化提供了物质条件。

逐步实现基本公共服务均等化，就是要逐步使全体公民在基本公共服务方面的权利得到基本实现和维护，特别是使困难群众和困难地区尽快享受到社会平均水平的基本公共服务，其实质是政府为全体社会成员提供基本而又有保障的公共产品和公共服务。可以说，基本公共服务均等化既是转变政府职能、调整财政支出结构和衡量政府绩效的新理念、新导向，也是促进社会和谐的重要政策措施。需要指出的是，基本公共服务均等化不是基本公共服务平均化。均等化是基于公平原则和社会平均水平，把贫富差距控制在合理的范围之内，促进区域之间、城乡之间、经济社会之间协调发展，使不同社会阶层均衡受益，由此确保全体人民公平分享经济社会发展成果，保障公民基本权利，消除不和谐因素，有效解决我国转型期出现的各种社会问题；而平均化则是对公共资源进行单纯的份额等同的分配，既不公平也无效率，有碍于全体人民共享水平不断提高的基本公共服务。

（2）制度一体化

以往我国在城乡制度的设计上，形成了城乡分治的格局，城乡执行两套不同的制度。如有城乡不同的公民身份制度，劳动就业制度，社会保障制度，教育制度，公共财政制度等，这些制度的基本导向是往城市倾斜，过分侧重和保护城市、工业和市民。大量事实表明，这些不公正的靠政府维护的制度，是统筹城乡经济社会发展的最大的瓶颈。这些制度不破除、不更新，实现城乡一体化只能是纸上谈兵。

因此要消除日趋严重的城乡二元结构，实现城乡经济社会良性运行，融和共进，加快向城乡一体化目标迈进，就必须把着力点放在制度创新上。立足全局，大胆开拓，建立一套有利于实现城乡一体化的新制度体系。根据城乡关系的历史与现状，城乡关系变动的特点和发展趋势，必须推进户籍制度创新、劳动就业制度创新、社会保障制度创新，以城乡一体化的制度为实现城乡一体化目标提供强有力的制度支撑、制度保障（曾万涛，2008）。

这里的制度也包括体制，制度一体化是指凡涉及城乡关系和城乡发展的重大制度，必须体现社会公平、公正，做到城乡统一。城乡统一包括制度导向统一，要求统一，权利统一，预期目标的统一。按照新制度经济学的基本理论，制度是内生的，并且是决定经济发展、经济绩效的首要因素。城乡经济社会的发展，实质上是城乡两个系统在经济、社会、人口、空间、生态等诸基本要素交融与协调发展的过程，而这种交融与协调都与制度相联系。交融与协调的广度与深度均有赖于制度的科学性、正确性、合理性。城市与乡村作为我国地域结构中两个重要构成部分，按市场经济运行规律的客观要求，城乡统筹发展的内在要求，只有在统一制度的指引下，城乡经济社会的各个领域、各个环节才能和谐相处，协调运转，形成城乡共同发展的良性循环。

（3）政府和社会协同

基本公共服务是覆盖全体公民、满足公民对公共资源最低需求的公共服务，涉及义务教育、医疗、住房、治安、就业、社会保障、基础设施、环境保护等方面，其特点是基本权益性、公共负担性、政府负责性、公平性、公益性和普惠性。其中，基本权益性是指它应涵盖公民的生存权、健康权、居住权、受教育权、工作权和资产形成权等基本权利；公共负担性和政府负责性是指它应由公共财政承担、由政府负责提供；公平性、公益性和普惠性是指它应由全社会普遍分享，惠及全体人民，实现政府和社会协同公共服务，为城乡一体化提供公共服务保障。

①突出政府在公共服务供给中的主体地位。公共服务的内容具有公共物品、自然垄断和外部经济等特征，因而是市场难以有效提供的，提供公共服务是政府的重要职责。当前，我国在公共服务领域中存在的主要问题是公共服务发展滞后、总量供应不足、公共投入短缺、分配不平衡。解决这些问题的关键，是转变政府职能，解决政府在社会公共领域的缺位问题。为此，应当以创新政府管理理念为突破口，更加重视社会管理，强化公共服务职能，不断提高政府提供公共服务和进行社会管理的能力。

应该注意的是，由于满足社会公共需求是公共财政的首要目标和工作重心，公共服务型政府和公共财政是密不可分的。公共财政是在市场失灵的情况下，政府履行公共管理者职能、为社会提供公共服务的一种政府分配行为。目前我国的财政支出格局还带有比较浓厚的"建设财政"特点，财政支出被大量用于那些本该由市场发挥作用的领域，经济建设支出过高，公共服务支出偏低。因此，发挥政府在公共服务中的主体作用，必须加快公共财政建设步伐，加大财政支出中用于社会公共服务项目的比重。

②为社会组织参与公共服务供给创造条件。我国基本公共服务供给不足的另一个重要原因是缺乏社会协同，特别是公众参与不充分，社会资源不能被充分动员和广泛利用。政府对社会公共服务负有主要责任，但这并不意味着政府是提供公共服务的唯一主体。社会组织和公众的参与有利于提高公共服务领域的资源配置效率，因此公共服务的提供通常由法律授权的政府组织、非营利性组织和企业共同承担。比如，基础性公共服务可以通过政府直接投资来提供，也可以由政府采取委托协议等形式交给非营利性组织来提供。通过社会组织来实现社会协同，提高公共资源配置效率，是今后一个时期我国完善公共服务体系需要认真研究解决的一个问题。应制定和完善相关政策，积极创造条件，鼓励和引导社会组织积极参与公共服务的提供。

③发挥市场在配置公共资源中的作用。提供公共服务是政府的重要职能，并不等于说市场在公共服务领域就无所作为。在公共服务供给中，应保证社会目标优先。也就是说，首先要保证社会公平与公正。在此基础上，还应考虑如何更有效地利用和配置资源。国际经验表明，有些公共服务可以通过企业运作来提供，利用市场手段来实现社会目标。对于公益性较强的基础性公共服务，应主要由政府提供。对于公益性较强的非基础性公共服务，除了那些必须由政府提供的项目，可以由社会组织或其他社会力量来提供，政府通过财政补贴、特许经营、贷款贴息、优惠政策等方式给予支持。对于公益性较弱、具有经营性特征的非基础性公共服务，可以在政府的统筹规划和宏观调控下，由企业、个人或其他社会力量来提供，并通过市场调节供需关系，以满足人们的多样化需求。

9.4.4 劳动力市场一体化

人是生产力要素中最革命最活跃的因素，是经济发展中的首要因素，是人力资本的载体。人力资本的开发、配置和使用都是通过人自身的活动来完成的，人力资本在与物质资本的有机配合中发挥作用，人力资本虽然与物质资本一样，同属于资本范畴，具有资本的属性，但也有与物质资本不同的自有属性。人力资本的主要含量是知识，包括科学技术知识和管理知识等。农村人力资本水平的提高，不仅促进了农村劳动力的迁移，而且有利于城乡二元经济的收敛。人力资本作为一种生产要素不仅给投资主体带来收益，而且给整个社会带来进步和发展。在人力资本偏向技术进步的条件下，农村劳动力的迁移依赖于农业劳动力的人力资本水平，只有不断提高农村人力资本水平，才能使劳动力向城市完全迁移和二元结构消除，实现城乡的均衡发展。可见人力资本在城乡协同发展的重要性，城乡一体化必须实现劳动力人力资本水平提高，实现城乡劳动力市场的一体化。

9.4.4.1 城乡人力资本的溢出表现

(1) 人力资本溢出在城市的表现

关于城乡人力资本溢出模型的进一步解释是：城市人力资本投资包括个人和政府及所形成的人力资本存量的溢出效应，更多地表现在城市区域的内溢性上。从人力资本的投资看，个人投资个人受益，无论对农村还是对城市，都是一样的。但是由于长期实行的城乡隔离的户籍制度，政府在城市进行的远远超过农村的各种形式的人力资本投资，包括义务教育、非义务教育以及其他的文化体育设施、保健设施等的政府投资，一般只是城市市民受益，而农民则被排除在外。从所形成的人力资本作用看，城市人力资本个体所具有的溢出效应具有强烈的城市内溢效应，表现在城市人力资本形成后，其作用的发挥大多是在城市内部，即体现在对城市工商服务业和社会文化事业发展的促进上。在中国，城乡差距的存在严重制约了城市人力资本对农村的外溢。就是说，在一般情况下，很少有人力资本在城市形成后流向农村，并通过这种流动带动农村经济发展的情况发生。而且由于城乡差别的巨大，使得城市的其他资源很难向农村流动，从而造成城市人力资本只在城市内发挥作用，很难向农村发生外溢。因此，城市人力资本具有很强的内溢效应。进一步讲，政府和城市市民在城市进行的人力资本投资及由此所形成的人力资本，在城市具有内溢效应，而对农村发展则难以形成有效支持，称之为城市人力资本的"闭路"效应。

(2) 人力资本溢出在农村的表现

农村人力资本投资包括个人和政府所形成的人力资本存量的溢出效应，更多地表现为外溢。从人力资本的投资看，在现行教育投资体制下，政府在农村所进行的各种形式的人力资本投资都远远低于城市，也就是说，财政资源对农村的人力资本投资力度还不够。从所形成的人力资本的作用看，在农村所形成的人力资本表现为强烈的对城市的外溢效应。具体表现为，就个体而言，具有较高素质的人力资本向城市流动。在城乡隔离的户籍制度及由此决定的就业制度下，农村劳动力只有一条出路，就是通过考学跳出农门，走进城市。就是说，在农村进行投资所形成的人力资本，一旦进入城市，很少有人回去。学成主动回家乡进行建设的人力资本与学成后千方百计留在城市的相比少得可怜，农村人力资本只有外溢，而没有内溢，农村投资所形成的人力资本往往形不成对农村经济发展的支持，而是通过各种方式进入城市，支持城市的发展。改革开放后，在城乡隔离的户籍制度及由此决定的就业制度有所放松的情况下，农村青年还可以到城里打工，而许多地区留在农村的劳动力大多是老人、儿童、妇女、多病者及没有进取心、责任心、游手好闲的青年，这些人留在农村，不仅不可能对农村经济发展形成支持，反而由于人力资本所具有的溢出效应，低素质的人力资本在农村具有一种负的内溢性，这不仅不利于农业生产技术的改进，促进农村经济的发展，反而增加农村的生产成本和交易成本。总之，农村人力资本的正外溢效应更多地表现在对城市社会经济发展的支持上。正是由于这种巨大的外溢效应，使得农村人力资本的溢出效应很难具有农村区域内的内溢性特征，使农村经济建设缺乏人才，城乡差距进一步拉大。

9.4.4.2 城乡劳动力市场一体化

人力资本要促使城乡二元经济一体化，必须在制度安排与政策取向层面上不断进行创新。①加大政府对农村人力资本投资的力度，全面提高农村劳动力的综合素质；②调整农村土地政策，建立农民身份退出机制，明晰土地产权，以法律保障土地流转，建立国家失地农民账户和国家失地农民保障基金，以保障农民土地征用过程中的权益；③改革户籍二元结构，建立以居住地为标准的户籍登记制度，消除依附在城市户口上的利益特权，实行静态与动态相结合的户籍管理，放宽户口迁移条件，加速实现迁移自由；④打破城乡分割的就业制度，健全市场服务体系，建立平等竞争的城乡就业体制；⑤稳定农村人力资本，统筹城乡经济，建设小城镇，建立较为完善的农村社会保障体系，努力实现农村人力资本的内溢效应和城市人力资本向小城镇的集聚，逐步缩小城乡经济的差异，进而加快建设社会主义新农村的进程。

(1) 打破城乡分割的就业制度

从统筹城乡发展和全面建成小康社会的战略高度出发，构建城乡统一的劳动力市场的发展规划与政策体系，统筹协调，合理配置，充分发挥市场机制配置人力资本资源的基础作用，打破城乡分割的就业制度，实行城镇人力资本和农村人力资本平等统一的就业制度，保证人力资本自由流动和平等竞争。改变"先城镇，后农村"的就业方式，降低农村人力资本进城就业的门槛，取消农村人力资本进城就业的限制性政策和歧视性规定。企业的用工政策只能以技能作为限制条件，用市场机制配置城乡人力资本，用工单位可以自由地通过劳动市场择优录用劳动者，劳动者可以自由地选择用工单位，使人力资本得到合理、高效的配置，以提高我国城乡人力资本的配置效率和劳动生产率。让农村人力资本和城市人力资本、外来务工者和本地职工享有同等的就业权利，构建"劳动者自主择业、市场调节就业、政府促进就业"的模式，实现用人单位自主用工，劳动者公平竞争就业。

(2) 建立健全市场服务体系

①加强劳动力供求网络建设，做好人力资本供求信息的收集、整理、储存、交流和咨询服务工作。健全劳动力市场信息网络体系，使用人单位招工和劳动者求职能够得到就地就近的服务。加大用于加强农村劳动力市场信息网络建设的资金投入，扩大劳动力市场信息网的覆盖面，健全统一的劳动力就业平台和服务体系，建立中心乡镇劳动力市场，实现城乡就业信息资源共享，使农村人力资本在求职登记、职业指导和职业介绍等方面，按照城乡统一的服务内容和标准，接受统一的就业服务。

②建立城乡统一的人力资本调查机制，实现对城乡人力资本的统筹规划。开展农村人力资本调查，对城乡人力资本供求状况进行全面的把握和了解，建立农村人力资本数据库，切实掌握农村劳动力的变动情况，联系各地实际，逐步完善农民失业标准，完善农村劳动力就业登记调查制度，构建城乡统一的劳动用工信息体系，建立劳动力需求预测制度，对城镇需求的就业岗位进行统计和预测，帮助劳动力对转移成本、收益、风险做出正确的判断，以减少盲目流动而遭受的损失。

③提高农村人力资本流动的组织化程度。整合政府部门、农村基层组织和社会有关组织在促进农村劳动力转移就业方面的组织机构，开展有组织的人力资本输出。充分发挥人力资本输出机构的作用，做好开拓劳务市场、收集发布劳务信息、培训劳务人员、组织劳务输出、协调劳务管理、提供法律咨询、维护务工人员权益等工作。加强地区间的劳务协作，通过订单培训、定向输出，提高人力资本流动的组织程度。进一步规范农村人力资本经纪人等多种形式的劳动就业中介组织，减少农村人力资本进城就业的盲目性，为农村人力资本求职创造良好的市场环境。建立有效的市场监督调控体系建立有效的市场监督调控体系，切实维护农村人力资本的权益。劳动力市场的发展，客观上要求逐步完善有关市场立法，依靠法律手段规范劳动关系，消除市场障碍，反对不正当竞争，维护劳动力市场秩序。加快促进就业、劳动合同、安全卫生、社会保障、劳动监督检查等方面法规的制定与完善，在法律层面规范企业与农村人力资本的劳动关系，确保进城农村人力资本的平等就业权和劳动保障权。进一步完善和规范对劳动力市场的管理，在招聘录用、工资分配、权

益保护等方面执行统一的劳动用工管理制度,清理和取消对农村人力资本的不合理限制措施和乱收费现象,简化农村人力资本跨地区就业和进城就业的各种手续,改变重收费、轻服务的做法。加大劳动保障的监察力度,把城乡各类企业纳入劳动保障监察范围。劳动管理监察部门必须遵循公开、公正、高效、便民的原则,对用人单位与劳动者订立和解除劳动合同、遵守工作时间和休息休假规定、支付劳动者工资、参加社会保险等情况予以监察,形成强有力的社会监督机制和社会舆论氛围。

(3) 稳定农村人力资本

要留住农村中的优秀人才,稳定农村人力资本,根本性的策略就是尽快缩小城乡居民的综合生活质量差距。要尽快缩小城乡居民的综合生活质量差距,就必须着力于逐步建立较为完善的农村社会保障体系,加强政府在收入再分配上的宏观调控作用,加快建设社会主义新农村,促进农村经济的发展,全面提高农民的收入。也就是说,农村经济的发展,有利于缩小城乡居民的综合生活质量差距,而城乡居民综合生活质量差距的缩小,又会进一步促进农村经济的发展。要建立健全分层分类的农村社会保障制度,具体如下。

①建立最低生活保障制度。在整个社会保障体系中,最低生活保障处于最低保障平台,它运用的保障金是政府财政收入,应当抓好两方面的工作:一方面要根据保障基本生活需要及政府和社会的承受能力,科学地确定最低生活保障标准,尽可能使最低生活保障的范围涵盖每一个实际需要的人;另一方面要严格确定保障对象,真正让那些难以维持温饱的农村贫困人口在政府的帮助下享受最基本的生存权利。

②多渠道筹措农村社会保障资金。一是加大社会保障的财政支出,将社会保障工作重心转移至农村,把关怀农民作为国家政策的基本原则。二是大力发展集体经济,强化农村集体对保障资金的投入。三是采取政府积极引导和农民自愿相结合的原则,在一定范围内推行强制性养老保险和养老储蓄,在自我保障的基础上逐步增加社会统筹的比例,实行个人与社会统筹相结合,并向贫困人口倾斜的制度安排。四是建立农民个人账户,使农民既有安全感又有自主感,从而调动农民参加社会保障的积极性。

③完善和规范农村社会保障管理制度。实行统一管理、统一规范,消除多头管理、条块分割的状态,由政府设置权威机构组成社会保障委员会领导管理,负责制定农村社会保障制度、规划、收支标准、实施办法,指导地方组织实施具体保障项目,监督农村社会保障基金的征缴、管理和发放。建立适应不同经济发展水平的农村医疗保障制度,在经济比较发达、城镇化水平较高的地区,应该逐步实现城乡之间医疗保障制度的接轨,在经济发展水平中等的地区,可以建立合作医疗保险和大病保险制度。

9.4.5 社会管理一体化

当前,积极推进城乡一体化进程,关键在于不断深化经济体制改革,彻底破除计划经济体制下遗留下来的城乡分割的二元社会经济体制,通过各种制度创新来给农民以公平的国民待遇、完整的财产权利和自由的发展空间,推进城乡互动、城乡交融的城市化进程,建立与规范化的现代市场经济体制相适应的城乡一体化的社会经济新体制,通过制度创新,最终实现城乡经济的统筹发展,为实现全面小康奠定良好的基础(刘莎,2004)。

(1) 企业按行政关系隶属的体制改革

破除企业按行政关系隶属的体制，使企业成为市场经济的主体，使企业从政府的行政束缚下解放出来，按效益最大化原则选择厂址，除关系到国家经济命脉的大型企业和公用型企业外，其余企业选址在城在乡，应是企业自主决定，这将极大地有利于缩小城乡差别。

(2) 城乡投资体制模式改革

破除计划经济中的城乡投资体制模式，计划经济下的投资体制模式有两大弊端：国家大包大揽；厚城薄乡，重工轻农。这种投资体制无疑成为城乡二元结构的重要支柱。现在应按市场经济原则，除关系到国家主权和安全的重大建设项目由国家独资外，其余项目投资，包括城乡基础设施建设，都可以实行多元化，多主体投资体制，不仅鼓励和吸引外资投入，而且更要积极鼓励和吸引民间资本投入，并且使这些投资按公司化、市场化模式运转，这将极大地推进我国的城乡一体化建设步伐。

(3) 城乡流通体制改革

破除城乡分割的流通体制，构建适应市场经济客观要求的商品自由流动、市场公平竞争、企业依法经营、政府科学管理的现代流通体制。加快农产品宏观调控体制的改革，国家对主要农产品的流通要全部放开，尽快建立与市场经济和国际市场接轨的我国农产品的新型流通体制。工业产品的流通体制也要进行深入改革，除了开拓国际市场外，还要积极拓展工业品的农村市场，大力改革农村的交通、通讯、电力等基础设施，为工业品向农村市场拓展提供必要的环境条件，建立起城乡物资快捷流通的渠道和体制，以大大促进城乡一体化进程。

(4) 城乡户籍制度改革，实现城乡户籍一体化

传统的城乡二元户籍制度，是劳动力市场分割，阻碍生产要素自由流动的重要因素。随着改革的深化，打破城乡的户籍壁垒已是大势所趋。改革户籍制度，变城乡分割的二元户籍制度为统一的居民身份证标识的一元户籍制度，其核心是剔除黏附在户籍关系上的种种社会经济差别，使城乡居民在发展机会面前拥有一致的社会身份和平等的社会地位。新的户籍管理制度，应该以居住地登记户口为基本形式，以合法固定住所（含租房居住）或稳定职业（生活来源）为户口准迁条件，以法制化、证件化、信息化管理为主要手段，全面促进人力、智力、资金等生产要素的优化配置和有序流动。这是一项巨大的社会管理工程，应采取渐进的改革方式进行。可先在部分城市试点取得经验的基础上循序展开，最终实现城乡户籍一体化，为农村剩余劳动力的转移创造一个公平、有序、合理的环境。

(5) 就业制度改革，建立城乡统一就业制度

打破农村劳动力与城市劳动力在政策上、制度上的界限，以劳动力素质作为就业的主要标准，建立城乡统一就业制度，健全统一、开放、竞争、有序的城乡一体化的劳动力市场。据有关方面的调查显示，目前我国农村的剩余劳动力约1.5亿~1.6亿人，因此，转移农村剩余劳动力的任务十分艰巨。农村剩余劳动力的转移，实际上是一种市场化就业方式的形成过程。劳动力市场一体化有利于农村劳动力向城市合理有序的流动，有利于城乡劳动力在机会均等的条件下实现就业。目前我国市场经济的发展为劳动力市场一体化提供了有利时机，但是，也应当看到，我国劳动力市场的发育程度还不高，特别是在劳动力的供求信息发布、劳动力市场中介组织、劳动力就业服务体系、劳动就业法律法规体系和就业制度等方面，还不能适应农村剩余劳动力转移的要求。城乡劳动力市场分割的状况没有根本改变，特别是观念和政策上的障碍依然难以消除。因此，消除阻碍劳动力自由流动的关卡和障碍，是实现城乡劳动力市场一体化的重要任务。

要大力发展多种形式的劳动就业中介组织，逐步形成包括就业信息、咨询、职业介绍和培训在内的社会化就业服务体系，为劳动力提供转移成本、收益、风险等事关切身利益方面做出正确判断的依据，以减少因盲目流动而遭受损失。

要完善和规范政府对劳动力市场的管理，在转变观念的基础上，建立一套完整的促进农村剩余劳动力跨地区流动的市场组织体系以及调控和保障就业者权益的法规和制度体系，使城乡劳动力一体化水到渠成。

(6) 城乡社会保障制度改革，实现城乡社会保障制度一体化

进入新时代，我国城乡社会保障领域不平衡、不充分的问题依然较为突出，比如城乡居民养老保险、医疗保险、社会救助等待遇水平的不充分问题，城乡社会保障发展不平衡问题等。党的十九大报告对我国社会保障制度体系建设提出了"覆盖全民、城乡统筹、权责清晰、保障适度、可持续、多层次"六大原则，对于进一步加强社会保障体系提供了根本遵循。其中，覆盖全民充分体现了制度的普惠性要求，不仅要实现制度全覆盖，更重要的是通过全民参保计划等，让相应的社会保障项目覆盖到有需要的人身上；城乡统筹的实质是打破城乡社会保障二元格局，让全体人民在统一的制度安排下获得平等的社会保障权益，充分体现社会保障的公平性要求（郑功成，2017）。通过一定时期的努力，最终建立与经济社会发展相适应的城乡一体化社会保障制度体系，实现社会保障领域基本公共服务"覆盖全民、兜住底线、均等享有"的目标。今后在统筹城乡社会保障发展中，要聚焦如下几个问题。

①优化基本养老保险制度框架，逐步推进一体化、多层次养老保险制度体系建设。基于基本公共服务均等化的角度，未来我国最终目标是建立一个覆盖全体国民的公共养老金制度。任何目标的实现都不是一蹴而就的，尤其是政策演进有一定的"路径依赖"。因此，在实现养老金制度城乡一体化建设目标的过程中，必须坚持分步推进的原则，逐步缩小制度间、区域间养老金待遇水平的差异，强化制度间的整合衔接，最终建立一体化的养老金制度。具体路径：将现行职工养老保险制度中的基础养老金部分调整为国民基础养老金制度，并积极推进国民基础养老金全国统筹；将城乡居民养老保险制度中的基础养老金改造为面向特定群体的最低养老金担保；在最低养老金和国民基础养老金之间要建立通道，确保国民基础养老金不低于最低养老金水平。同时，加快推进企业年金/职业年金、个人养老金等多层次养老保险制度建设。

②有序推进职工医保和居民医保制度整合，推进"三保合一"，构建全民健康保障体系。医疗保险最主要的功能是通过基于需要而非缴费能力原则的第三方支付，保障国民基本就医权的实现，使参保者实际得到的医疗服务与社会经济特征无关。因此，整合现有城镇职工医疗保险和城乡居民医疗保险制度，构建城乡一体化基本医疗保险制度体系，是实现公平享有基本医疗保险权益，增进民生福祉的必然要求。但是，城乡一体化的基本医疗保险制度的建立是一个动态发展的过程，要统筹考虑参保者的医疗服务需求、筹资能力与

医疗成本可负担性等因素的影响，有效解决医疗保险制度所面临的不平衡和不充分的问题，为建设健康中国发挥制度应有的作用。

③完善以最低生活保障制度为主体的社会救助制度，发挥好"兜底线"的作用。对我国最低生活保障制度发展的目标达成基本共识，按照城乡一体化发展思路，分阶段分步骤地从"制度统一、标准有别"过渡到"城乡一体、标准统一"的发展阶段。立足于我国最低生活保障制度的发展现状，今后一段时期内，我国低保制度城乡一体化发展应聚焦如下关键点：建立全国统一的最低生活保障标准；处理好"错保"和"漏保"的关系，努力实现"应保尽保"；处理好低保制度与其他救助项目、社会保障项目的衔接（刘德浩，2020）。

（7）城乡教育一体化，提高农民参与市场竞争的能力

城乡教育二元结构的外在表现就是城乡分割、分离、分治，要实现城乡教育的一体化，首先在教育管理制度上必须统筹管理城乡教育，一体规划，终止分治。同时，在办学制度上必须打破城乡壁垒，促进城乡教育的双向沟通和良性互动，探索城乡学校交流合作的新模式，探索城市教育支持农村教育发展的新机制。城乡教育一体化的目标是城乡教育公平。与教育公平的平等原则、差异原则和补偿原则相对应，城乡教育公平分为平等性公平、差异性公平和补偿性公平。平等性公平要求城乡学校为学生提供平等的受教育的机会和条件，要求与之相应的入学招生制度、教育条件标准（物质条件和师资条件）必须以平等（均等、一样）为目标，确保城乡每一个受教育者在教育起点、教育条件方面的无差别对待。差异性公平反映的是"不同情况不同对待"的要求。不同主体因为个体差异具有不同需求，受教育者的先天禀赋或缺陷以及他们的需求是制度安排必须考虑的前提。教育要根据学生的不同需求提供多样化的教育资源（包括不同的学校类型、多样化的课程内容和教学方法等），以满足学生个性充分发展的需要。补偿性公平要求关注受教育者的社会经济地位的差距，关注城乡间和学校间教育资源条件的差距，对落后地区、对薄弱学校、对处境不利的受教育者在教育资源配置上予以额外补偿。补偿原则比平等原则要求更高，在进行资源配置时，对于落后地区、薄弱学校和弱势群体，与其他地区、学校、群体一视同仁还不够，应该多配置资源才公平，才能真正体现"补偿"的本意。城乡教育一体化进程中，补偿的直接目的和主要目的是实现城乡办学条件均等化（褚宏启，2010）。

（8）城乡土地市场一体化，让土地真正成为农民的财富

①着力构建城乡统一土地市场。对于我国当前农村集体土地与国有土地之间"同地不同权"的现状，通过完善相关的政策及立法，赋予农村集体建设用地和国有土地以对等的占有、使用、收益、处分权，并给予两者相同的权利保障。此外，还必须对各地方政府的征地行为进行严格规制，在农村集体土地转化为国有土地的区域范围上进行限制，研究、探索并不断改善集体经营性建设用地直接入市制度。保障农民地权不受侵犯是维护农民公民权利的重要"底线"。应严格界定公益性征地的范围，并以市价为依据，公平偿还；非公益性用地不得应用国家征地权力，而应在土地使用总规划、农地转用年度计划控制下，改为通过市场购买获得。从长远来看，这项改革的目标是要把现行强制性的行政征用行为转变为交易性的市场购买行为。具体的操作思路是：提高土地征用补偿标准，使失地农民能够获得在第二产业和第三产业就业及在城镇居住的必要的生存资本；政府通过土地使用权的出让或拍卖获得的土地净收益，应按一定的比例，返还给村集体经济组织，用于发展村

级集体经济和解决失地农民的福利;在土地征用过程中,政府应给予村集体组织一定比例的非农建设用地,允许其自用或入市交易,这样,既可增加集体经济收入,又可安置失地农民;政府应尽快把失地农民纳入整个社会保障体系,并由国家、集体、个人三者共同来承担费用(周锦成,2004)。

②深入推进农村土地制度改革。一是放开农村宅基地使用权入市流转。我国现行《土地管理法》明确规定,仅允许宅基地在本集体组织内部进行流转。但是,伴随着城镇化、现代化的不断发展,农民渴望实现宅基地的财产价值,这就使得现实中宅基地隐形交易现象层出不穷,也表现出我国目前的法律规定与农民的现实需要之间产生了脱节。因此,应继续深入推进农村宅基地"三权分置"改革,在坚持宅基地所有权归集体所有的基础上,更好地发挥宅基地的财产价值,在改革中逐步扩大宅基地使用权的受让主体、明确宅基地使用权流转的条件与期限,在制度与立法上回应人民群众的需求(郎秀云,2022)。二是建立农村土地的抵押担保制度。现阶段,由于我国农村土地产权制度模糊不清,相当一部分金融机构不愿对农地开放抵押贷款服务,造成了农民"融资难,融资贵"等一系列问题,严重制约了农业现代化的发展。因此,各地区政府应制定相关政策鼓励金融机构适当扩大农村中可抵质押物的范围,探索利用农民宅基地使用权、农房所有权、集体经营性建设用地使用权和农用地承包经营权等进行抵押贷款的融资担保新途径。

③推进农村集体产权制度改革。一是探索农村宅基地资格权和农地承包权的有偿退出机制。《中华人民共和国土地管理法》第六十二条第六款虽然规定了允许农民自愿有偿退出宅基地,但是对补偿的标准、方式、范围等基础性问题仍未作出规定,这就造成了实践中农民退出宅基地意愿不强的问题。绝不能让农民在没有相关利益保障下强制其退出宅基地,确保以农民宅基地等值的其他保障利益作为交换或补偿鼓励有序退出(史卫民等,2021)。目前,广清特别合作区作为广东省唯一的城乡融合发展试验区,正在探索建立农民自愿、有偿退出宅基地资格权或农地承包权的机制,实现对闲置宅基地及农地的整合管理。对于自愿退出宅基地资格权和农地承包权的农民,可以分别参照同时期集体建设用地的基准地价和同类土地使用权转让的平均价格予以补偿。此外,还可以鼓励村集体为其提供一定的住房补贴或津贴,增强其退出宅基地或承包地后的社会保障力度。二是增强农村集体经济组织实力。首先,各地政府应为村集体经济组织提供资金支持,并鼓励村集体经济组织利用该项资金或者自有资金,投资入股农业合作社、农村小企业或家庭农场等,以拓宽本集体成员的就业渠道。其次,号召以村集体经济组织为主体,建设服务于本村的综合性服务平台、信息咨询和市场咨询平台等,提高农业现代化水平。最后,提倡利用本村范围内闲置的集体建设用地进行入股、投资,积极发展生态民宿、休闲农业、电子商务等产业,提高土地利用效率,为全面实现乡村振兴筑牢产业基础(史卫民等,2022)。

(9)城乡税制改革,实现城乡税制一体化

城乡不同的税制源于城乡分治的政策。改革前国家通过价格剪刀差等形式从农民手中取得了大量工业化所需资金。改革以后虽然形式有所变化,但农民税负水平高于城市的现实并没有改变。家庭承包经营以后,实行按亩地、产出征税的办法,使粮食主产区和从事种植业的农民负担重,致使我国农民的税负比例高于城市居民的格局仍未改变。税收在城乡之间是一种累退税,起着逆向调节的作用。所以,要深化农村税费改革,最终目标是实现城乡税制一体化。统一城乡税制要按照公平、效率的原则，改革完善现行税制，最终建立城乡统一税收制度，实现公平税负、精简税制，实现城乡协调发展的目标。要分阶段、分梯次实现统一城乡税制的目标，具体来讲大致分两步走：第一步，实现对农业生产大户的税制改革；第二步，待农村经济发展到一定规模，城乡差距缩小时，完成全国范围内的税制一体化。

农业作为基础产业，由于它受自然条件的影响较大，其利润空间较小，价格受市场影响较大。农业的这些特点决定了政府需要对农业的发展提供支持，这也是世界上大多数国家通行的做法。我国目前的税制改革中要保持对农业的补贴政策，并且还要加大力度以缩小城乡差距。统一城乡税制是税收公平的需要，但不能成为农业发展的负担，要做到统一税制下的区别对待。我们可以采取差别税率的方法或者采用统一税率下实行大量的农业优惠政策的方法来降低税收政策对农业的影响。从欧洲发达国家的经验来看，这样做表面上农民的负担会加重，但实际在这些优惠政策的作用下，农民整体负担不增反降，而且国家通过税收可以实现对农业、农村的宏观调控(谭佳明等，2012)。

(10) 农村金融体制改革，实现城乡金融政策一体化

现行的农村金融体制对农民增收无助。在20世纪90年代的大多数年份，农村的产值在国内生产总值中基本保持半壁江山的地位，但其所获得的国家银行系统的金融资源却不足1/5。农村金融领域中，信用社处于垄断地位，而农民很难从信用社得到贷款。农村资金只储不贷，强制流向城市，农业利润在很大程度上支持着城市经济。所以，要发展农村经济，必须加快农村金融体制改革，主要涉及农村信用社改革、农业发展银行改革，实现城乡金融政策一体化，充分发挥金融支持农村经济增长的重要作用，着力改善农村金融服务，加大信贷支农力度；鼓励金融机构在农村创新金融产品和服务，改善农村金融供给；鼓励金融机构创新抵押方式，寻求适合农村经济特点的风险化解途径；创新农民的信用构建模式，结合多数农民无抵押资产、无固定收入的情况建立新的信用评价方式；创新支付工具，结合当前互联网金融的特点和发展趋势，结合金融信息化建设创新农村支付方式，并结合票据汇兑、贴现、保函等业务进行多元支付模式建构；扩展农村金融业务，把保险、小额信贷、网上借贷等业务开展起来；鼓励农村金融机构加强信息化建设，加强现代技术在农村金融领域里的运用，改善农村金融机构的基础设施条件(刘炜，2023)。使农村的土地资源和劳动力资源能够与资本有效结合，为农民生活富裕提供强有力的支持。另外，国家应建立政策性的农业保险公司，切实改变农业保险无人问津的局面，对风险较大的农业项目进行保险，以保护投资者和生产者的利益。

9.5 城乡协同发展与一体化评价

9.5.1 城乡协同发展水平的综合评价

国家"十四五"规划纲要确立了城乡区域发展协调性明显增强的目标，这是根据我国社会经济发展的实践，就"十四五"期间城乡经济、社会发展的总体战略提出的要求，也是历史发展的必然选择。早在1986年，我国就提出了城镇化发展战略，经过30多年的努力，我国城镇化水平得到显著提升。特别是进入21世纪以来，党和国家不断完善和调整城镇化发展战略，取得了举世瞩目的成就，以大城市为依托、以中小城市为重点，逐步形成相互影响、相互促进的城市群。其中,城市群一个非常重要的作用就是要以城带乡,城乡协同发展。只有城乡协同发展,才能形成城乡互补、城乡互促的良好局面。

经过30多年的城镇化建设,城乡协同发展已经到了非常关键的时期,我国城乡协同水平到底如何呢?我国幅员辽阔,地域差异很大,全国的情况不尽相同。本节以湖北省为例介绍城乡协同发展水平综合评价的方法(李明星等,2021)。

(1) 评价指标体系设计

学术界关于城乡协同发展综合评价指标体系的构建有两种方式:一种方式认为城乡协同包括城镇和乡村两个子系统,因此从城镇和乡村两个方面构建指标体系,在分别衡量城镇和乡村发展水平的基础上,进一步计算城乡协同发展水平(阮云婷等,2017;孙群力等,2021);另一种方式则是选择构建城乡一体化发展综合评价指标体系(吕丹等,2018)。本文选择第一种方式,参考现有文献(张博胜等,2020),遵循全面性、科学性和代表性等原则,从城市和农村两个维度分别选择14个具体指标,构建城乡协同发展水平综合评价指标体系(李明星等,2021),见表9-6。

表9-6 城乡协同发展水平综合评价指标体系

城镇发展水平	权重	农村发展水平	权重
城镇居民恩格尔系数(−)	0.0878	农村居民恩格尔系数(−)	0.0725
城镇居民人均可支配收入(+)	0.0723	农村居民人均可支配收入(+)	0.0838
城镇居民人均消费支出(+)	0.0733	农村居民人均消费支出(+)	0.0989
城镇人均消费品零售额(+)	0.0680	农村人均消费品零售额(+)	0.0908
第二、三产业占GDP比重(+)	0.0539	第一产业占GDP比重(+)	0.0519
R&D人员全时当量(+)	0.0716	单位播种面积机械劳动力(+)	0.0397
城镇人均工业增加值(+)	0.0571	农村人均农林牧渔产值(+)	0.0737
城镇登记失业率(−)	0.1217	第一产业从业人员比重(+)	0.0305
城镇每万人医疗卫生机构数(+)	0.0669	农村每万人医疗卫生机构数(+)	0.0687
城镇每万人卫生技术人员数(+)	0.1316	农村每万人卫生技术人员数(+)	0.1047
城镇每万人公共图书馆数(+)	0.0558	农村每万人公共图书馆数(+)	0.0797
城镇人均铁路运营里程(+)	0.0493	农村人均铁路运营里程(+)	0.0832
建成区绿化覆盖率(+)	0.0497	农村人均有效灌溉面积(+)	0.0593
城镇人均用电量(+)	0.0409	农村人均用电量(+)	0.0692

注:括号内"+"表示正向指标,"−"表示负向指标。

(2) 指标权重确定

在综合指标体系的测算中,主观赋权法是评价者根据主观上对各个指标的重视程度来决定权重的方法;而客观赋权法则依据来自客观环境的原始信息,根据各指标提供的信息量来确定权重。因此,本文为消除确定权重时的人为主观因素,根据各指标值的变异程度,即采用熵值法计算出权重,并得出综合评价指数。参考相关文献(汪宗顺等,2020),具体计算步骤如下:

①计算 j 指标在 i 省市的比重 k_{ij}:

$$k_{ij} = \frac{x_{ij}}{\sum_{i=1}^{m} x_{ij}} \tag{9-1}$$

②计算指标熵值 d_j：

$$d_j = \frac{1}{\ln m} \sum_{i=1}^{m} k_{ij} \ln k_{ij}, \ 0 \leq d_j \leq 1 \tag{9-2}$$

③计算熵值冗余度 r_j：

$$r_j = 1 - d_j \tag{9-3}$$

④计算指标的权重 w_j：

$$w_j = \frac{r_j}{\sum_{j=1}^{m} r_j} \tag{9-4}$$

⑤计算综合得分 S_i：

$$S_i = \sum_{j=1}^{m} w_j x_{ij} \tag{9-5}$$

式中，x_{ij} 为第 i 年第 j 项指标标准化后的数值；m 为测算年数。

(3) 数据标准化处理

由于各指标数量级、量纲及指标的正负取向存在差异，选择通过数据标准化将原始数据绝对值转化为相对值以消除影响。其中，正向指标的标准化计算方法为：

$$x_{ij} = \frac{a_{ij} - \min\{a_{ij}\}}{\max\{a_{ij}\} - \min\{a_{ij}\}} \tag{9-6}$$

负向指标标准化计算方法为：

$$x_{ij} = \frac{\max\{a_{ij}\} - a_{ij}}{\max\{a_{ij}\} - \min\{a_{ij}\}} \tag{9-7}$$

式中，i 为年份；j 为具体指标；a_{ij} 为原始指标值，即 i 年份 j 指标的具体数值；$\max\{a_{ij}\}$ 和 $\min\{a_{ij}\}$ 分别代表某一指标在各年份中的最大值与最小值；x_{ij} 为标准化后的结果，可以使不同年份、不同指标的数据具有可比性。

(4) 城乡发展水平耦合协调度模型构建

耦合来源于物理学，是指两个或两个以上的体系或运动形式通过各种相互作用而彼此影响的现象（方传棣等，2019）。本文根据已有研究，运用耦合度模型测度湖北省城乡协同发展水平，探究湖北省城镇发展水平与乡村发展水平之间彼此影响、相互作用的内在机制。耦合度评价模型如下：

$$C = \left[\frac{UD \times RD}{\left(\frac{UD + RD}{2}\right)^2}\right]^2 \tag{9-8}$$

式中，UD 为城镇发展水平；RD 为乡村发展水平；C 为城镇和乡村两者耦合度的评价指数，取值在 $[0, 1]$ 之间，数值越大耦合性越好，表示城镇和乡村两个系统相互作用越强、彼此联系越紧密。

虽然耦合度能够描述系统间相互作用影响的程度,但是不能确定系统是在较高还是较低水平上的相互联系和促进(方传棣等,2019)。因此,引入耦合协调模型进一步分析城镇和乡村之间的互动关系,其结果不仅能够反映系统之间的耦合程度,也能体现耦合水平所处的阶段。耦合协调模型如下:

$$UR = aUD + bRD \quad (9\text{-}9)$$

$$D = \sqrt{C \times UR} \quad (9\text{-}10)$$

式中,UR 为城乡协同综合发展指数;a 和 b 为系统中城市和乡村的重要程度参数,综合考虑并参考现有多数研究(卢阳春等,2021),认为城镇和乡村两个子系统对城乡协同发展体系具有均等重要的作用,因此,取 $a = b = 0.5$;D 为城乡发展水平的协调度评价指数,取值范围为 $[0,1]$,其数值越大,说明协调性越好、城乡协同发展水平越高。

(5)数据来源与城乡协同指数

①数据来源。通过搜索国家统计局官网,获取湖北省 2005—2019 年代表城镇发展水平、乡村发展水平的系列数据,作为研究城乡协同的具体测量指标。

②城乡协同发展综合指数测算。首先将原始数据进行标准化处理,然后通过熵值法计算各指标权重,得到湖北省城乡协同发展综合评价指数。应用城乡发展水平耦合协调度模型测算湖北省 2005—2019 年城乡协同发展综合指数,包括城镇发展水平 UD、乡村发展水平 RD、城乡协同发展水平 UR、城镇和乡村两者耦合度的评价指数 C、城乡发展的协调度评价指数 D。各项指标的具体系数见表 9-7。

表 9-7 2005—2019 年湖北省城乡协同发展综合指数

年份	UD	RD	UR	C	D
2005	0.0839	0.1426	0.1133	0.8701	0.3139
2006	0.1182	0.1018	0.1100	0.9889	0.3299
2007	0.1872	0.1398	0.1635	0.9585	0.3959
2008	0.1567	0.1763	0.1665	0.9931	0.4067
2009	0.3316	0.2601	0.2959	0.9709	0.5360
2010	0.3011	0.3165	0.3088	0.9988	0.5553
2011	0.3371	0.3881	0.3626	0.9901	0.5992
2012	0.4165	0.4607	0.4386	0.9949	0.6606
2013	0.4674	0.5433	0.5054	0.9888	0.7069
2014	0.5621	0.6080	0.5850	0.9969	0.7637
2015	0.6060	0.6586	0.6323	0.9965	0.7938
2016	0.6454	0.7087	0.6771	0.9956	0.8210
2017	0.6919	0.7568	0.7243	0.9960	0.8494
2018	0.7534	0.8107	0.7821	0.9973	0.8832
2019	0.9625	0.9526	0.9575	0.9999	0.9785
平均值	0.4414	0.4688	0.4549	0.9824	0.6396

注:引自李明星等,2021。

(6) 城镇和乡村发展指数评价

运用上述测算结果，绘制2005—2019年湖北省城镇发展水平、乡村发展水平和城乡协同发展水平的柱状图，具体如图9-2所示。

从整体上观察，湖北省城镇发展水平、乡村发展水平和城乡协同发展水平在2005—2019年研究区间内均保持上升趋势。具体来看，城镇发展水平在缓慢上升的整体趋势中呈现出一定的波动上升现象，主要体现在2007—2010年。而2006年的乡村发展水平相比2005年有所降低，但从2007年开始基本呈现直线上升趋势，并在2018—2019年得到最大幅度的提升。因此，受城镇和乡村两个子系统的影响，在2005—2008年城乡协同发展水平呈现小幅度波动上升，之后均保持稳定增长趋势，同样在2018—2019年增长显著。

(7) 城乡系统耦合协调发展评价

从2005—2019年湖北省城乡耦合协调发展演变趋势可以看出，湖北省城乡系统耦合度和协调度发展两个指标整体均呈现增长态势，但两者又呈现出不同的增长特征。城乡发展耦合度的起点较高，在2005年就达到了0.8701，说明从样本研究区间的起始时期，湖北省城镇与乡村两个系统间就存在较强的相互作用关系。而在2006—2016年，城乡发展耦合度呈现出小幅度的波动，这表明虽然湖北省城镇和乡村之间具有很强的相互影响，但是这种关联性也出现了一定的波动。究其原因，可能是自2006年起国家取消了农业税，农村的发展迎来了一个新的时期，城镇和乡村两个系统就出现了一些新的变化。但自2016年以来，城乡发展耦合度达到新的平衡，进入了稳定增长阶段；由于湖北省城乡协同起点高，增长空间有限，所以增长幅度并不大(图9-3)。

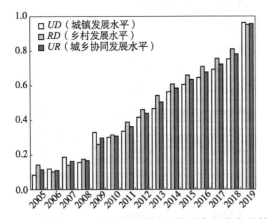

图9-2　2005—2019年湖北省城乡发展水平演变趋势
（李明星等，2021）

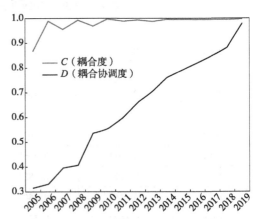

图9-3　2005—2019年湖北省城乡耦合协调发展演变趋势(李明星等，2021)

城乡发展协调度从2005年的0.3139持续增长到2019年的0.9785，整体增长幅度较大，增长率超过300%。这一结果说明，多年来随着农村发展战略和惠农政策的有效实施，"三农"问题取得了显著成效，城乡发展差距不断缩小，城镇和乡村两个系统间协调配合、良性循环的协调度不断提升。

(8) 城乡耦合协调发展阶段分析

为了更好地把握湖北省城乡协同发展水平，深入分析城镇和乡村两个子系统的影响关系，参考相关文献(马历等，2018；方传棣等，2019；赵建吉等，2020)，对耦合协调发展水平进行阶段划分，其划分的阶段标准及相应内涵见表9-8。

表9-8 耦合协调度发展阶段划分

协调度	耦合协调阶段	关系内涵
$0<D\leq 0.3$	低水平耦合阶段	城乡发展差距很大，并且城镇和乡村的相互影响关系很微弱
$0.3<D\leq 0.5$	拮抗阶段	城乡协同发展水平超越了其发展拐点，城镇发展与乡村发展之间的壁垒开始逐渐被打破
$0.5<D\leq 0.8$	磨合阶段	城乡协同发展开始转型升级，城镇发展对乡村发展具有很好的带动作用，乡村发展对城镇发展也产生了较好的支撑作用，城镇与乡村开始形成良性互动
$0.8<D\leq 1.0$	高水平耦合阶段	城镇和乡村均达到较高质量的发展水平，乡村振兴、城乡融合和城乡一体化正在实现

注：引自季明星，2021。

结合表9-7中已经测算的湖北省2005—2019年城乡协同发展综合指数，可以发现，在样本研究区间的起始阶段，湖北省城乡协同发展就已经到达拮抗阶段；在2005—2008年的4年时间里，城乡发展水平的协调度上升，D值位于0.3139~0.4067。也就是说，在这期间，湖北省城镇与乡村发展之间的壁垒已经被打破，进入了城乡协同发展阶段。随着国家促进乡村振兴战略的实施，城乡融合的政策不断发挥作用，传统的"三农"问题逐渐得到解决，"三农"工作取得显著成效。湖北省城乡协同发展在2009年进入磨合阶段，持续7年于2015年结束。这期间城乡协同水平不断上升，D值位于0.5360~0.7938。自2016年起，湖北省城乡协同进入高水平耦合阶段，D值始终维持在0.8210以上，这说明湖北省呈现出城镇与乡村之间协调互动、相互支撑发展的良好局面。

(9) 结论

本节从城市和农村两个子系统分别选取了14个具体指标，以湖北省为例测度了城乡协同发展水平，得出以下基本结论：

湖北省城乡协同发展水平整体在波动中上升。湖北省属于城镇化发展水平提升快、城镇化水平高的省份。从测算数据可以看出，体现城镇发展水平的UD值从2005年的0.0839，一路快速增长到2019年的0.9625。乡村发展水平和城镇化发展水平相比，起点相对更高，体现乡村发展水平的RD值从2005年的0.1426增长到2019年的0.9526。在城镇化和乡村快速发展的过程中，城乡协同水平逐渐提升，城乡协同发展水平UR值从2005年的0.1133逐渐上升，到2019年达到0.9575。观察湖北省城乡协同发展的过程，经历了从缓慢到快速的变化，2012年以前城乡协同发展水平UR值一直没超过0.5；自2013年以来，城乡协同水平快速提升，城乡协同发展水平UR值在2013年突破0.5，达到0.5054，自此一路高升。城乡协同发展水平UR的变化，客观显示了湖北省城乡协同发展的进步，体现了从城乡分离到城乡一体化，再到城乡融合发展的全部过程和显著成效。

湖北省城乡系统耦合度和协调度在不同的起点上发展、上升。湖北省城乡协同发展的成效体现在系统耦合度和协调度两个方面，测算结果显示，两个指标整体均呈现增长态势，但其特征具有很大的差异性。湖北省城乡耦合度起点较高，体现为城镇和乡村两者耦

合度的评价指数 C，2005 年就达到了 0.8701，以后缓慢上升，到 2019 年达到 0.9999。这说明湖北省城乡发展之间的依赖性一直很强，而且这种依赖关系已经变成了相互融合的一体化关系。湖北省城乡发展水平的耦合协调度起点并不高，体现城乡发展协调度的评价指数 D，在 2005 年只有 0.3139，此后一路上升，到 2019 年 D 值达 0.9785。这说明湖北省城乡耦合协调度已经达到了很高的水平，充分体现出湖北省各级政府的工作成效和所作出的努力。

湖北省城乡耦合协调发展经过了 3 个阶段。湖北省城乡耦合协调发展的起点较高，自 2005 年以来，城乡耦合协调发展经历了 3 个阶段。2005—2008 年为城乡发展的拮抗阶段，这一阶段表现为城乡二元结构被打破，城乡发展开始相互渗透、协同发展；2009—2015 年为城乡发展的磨合阶段，这一阶段表现为城乡发展相互依靠、相互支撑；2016 年以来为城乡发展高水平耦合阶段，这一阶段表现为城乡发展正在走向相互融合的一体化形态。

9.5.2 城乡一体化发展水平评价

目前，国内有关城乡一体化的研究主要集中于理论涵义（薛晴等，2010）、发展水平评价（董光龙等，2016）、效率分析（胡银根等，2016）、驱动机制探究（王平等，2014）及对策（王振，2015）等。张忠杰等（2012）从城乡经济、社会、环境、空间发展及城乡阶层流动等角度选取指标，采用熵值法和 AHP 相结合的方法，评价了我国东、中、西部区域城乡一体化的发展指数，并对今后的发展提出了理论建议。杨钧（2014）从城乡发展、城乡差异、城乡统筹 3 个方面构建评价指标体系，采用主成分分析法实证分析了河南省城乡一体化发展水平的变动情况。杨丽等（2010）采用数据包络分析模型对 2008 年我国 30 个省（自治区、直辖市）城乡一体化发展效率进行了测度。国内对城乡一体化相关研究构建的体系或较为单一，或时序动态性研究较少。而国外相关实证研究多集中在城乡农业发展（Yang et al.，2016）、居民健康（Beraldi et al.，2015）、教育（Graham，2016）、人类生存环境（Romanchuk，2004）等城乡关系方面，且研究偏微观。

(1) 城乡一体化发展指标体系构建

在对湖南省城乡一体化发展现状系统了解的基础上，按照科学性、代表性和可获取性等原则（蔡瑞林等，2015），构建城乡一体化发展水平及效率评价体系。城乡一体化指标在该研究中分为输入指标和输出指标（表 9-9），其中输出指标用来评价城乡一体化发展水平，输入和输出指标共同评价城乡一体化发展效率。城乡一体化发展水平涉及空间一体化、经济一体化、社会一体化和生态一体化 4 个方面，其中空间一体化涉及人口结构和居住空间结构，采用城镇化率、交通网密度和城乡人均居住面积比表示。城乡经济一体化反映区域经济统筹协调发展水平，该研究采用城乡居民人均年底储蓄存款金额、乡村城镇人均收入比、乡村城镇消费支出比，以及二、三产业产值比重来表示。城乡社会一体化涵盖就业、医疗、教育等方面，该研究采用非农就业比重、城乡电视覆盖率、城乡每万人拥有的卫生机构数和城乡每万人口在校大学生数来表示。生态发展水平是维持城乡协调发展的基础，该研究采用城镇建成区绿化覆盖率、农村自来水受益村数、人均水资源量和工业固体废物综合利用率来反映城乡生态发展水平。

表 9-9 湖南省城乡一体化发展评价指标体系

目标层	准则层	评价指标	计算方法	指标权重
湖南省城乡一体化发展指标体系	输出指标			
	城乡空间一体化	城镇化率	城镇人口/总人口	0.0531
		交通网密度	每万平方千米的公路里程(km)	0.0392
		城乡人均居住面积比	城市人均居住面积/乡村人均居住面积	0.0792
	城乡经济一体化	人均GDP	年鉴统计数据	0.0516
		城乡居民人均年底储蓄存款金额	年鉴统计数据	0.0644
		乡村城镇人均收入比	乡村居民人均收入/城镇居民人均收入	0.0536
		二、三产业产值比重	二、三产业产值/总产值	0.0403
		乡村城镇消费支出比	乡村居民人均消费/城镇居民人均消费	0.0968
	城乡社会一体化	非农就业比重	非农人口就业人数/总就业人数	0.0767
		城乡电视覆盖率	年鉴统计数据	0.0551
		城乡每万人拥有的卫生机构数	年鉴统计数据	0.0758
		城乡每万人口在校大学生数	年鉴统计数据	0.0677
	城乡生态一体化	城镇建成区绿化覆盖率	年鉴统计数据	0.0728
		农村自来水受益村数	年鉴统计数据	0.0651
		人均水资源量	水资源总量/人口数	0.0310
		工业固体废物综合利用率	年鉴统计数据	0.0776
	输入指标			
	促进城乡一体化发展财政投入	城乡教育投入	年鉴统计数据	
		社会保障就业财政投入	年鉴统计数据	
		医疗卫生财政投入	年鉴统计数据	
		农林水事务投入	年鉴统计数据	
		一般公共服务投入	年鉴统计数据	

(2) 城乡一体化发展水平评价

①数据标准化处理。为消除指标量纲对评价结果产生的影响,首先对输出指标原始数据进行标准化处理(朱喜安等,2015),公式为:

$$y_{ij} = \begin{cases} \dfrac{x_{ij} - \min x_{ij}}{\max x_{ij} - \min x_{ij}} & \text{正向指标} \\ \dfrac{\max(x_{ij} - x_{ij})}{\max x_{ij} - \min x_{ij}} & \text{负向指标} \end{cases} \quad (9\text{-}11)$$

式中,y_{ij} 为第 j 个年份第 i 个指标标准化后的数据;x_{ij} 为第 j 个年份第 i 个指标的原始数据;$\max x_{ij}$ 和 $\min x_{ij}$ 分别为第 i 个指标评价样本中的最大值和最小值。

②指标权重计算。由于标准化后的数据存在 0 值,在进行信息熵(对数函数)运算之前

需要对标准化后的数据进行平移，平移公式为：

$$l_{ij} = y_{ij} + 0.01 \tag{9-12}$$

熵值（董光龙等，2016）计算公式为：

$$S_i = \frac{-\sum_{j=1}^{n}[L_{ij} \times \ln(L_{ij})]}{\ln(n)}, \quad L_{ij} = l_{ij} / \sum_{j=1}^{n} l_{ij} \tag{9-13}$$

式中，S_i 为熵值；L_{ij} 为第 i 个指标在评价样本中所占比重；n 为评价样本数，该研究中为 11。

进一步计算各指标权重，方法为：

$$W_i = (1 - S_i) / \sum_{i=1}^{m}(1 - S_i) \tag{9-14}$$

式中，W_i 为第 i 个评价指标所占权重；m 为评价指标的个数。

③发展水平测度。采用加权综合法计算湖南省城乡一体化发展水平评价分值 G 为：

$$G_j = \sum_{i=1}^{m} y_{ij} W_i \tag{9-15}$$

(3) 城乡一体化发展效率评价

数据包络分析（data envelopment analysis，DEA）是一种用来评价多投入和多产出的同类型部门间相对有效性比较理想的方法（杨丽等，2010；陈宗富，2014）。DEA 方法应用的领域正在不断地扩大，不仅可以用线性规划来判断决策单元对应的点是否位于有效生产前沿面上，同时又可获得许多有用的管理信息，适用性比较广泛。该研究中假定城乡一体化是一种具备多投入和多产出的生产系统，引入 DEA 中的规模报酬不变模型（CCR）和规模报酬可变模型（BCC）来评价湖南省城乡一体化的发展效率。其中 CCR 模型用来评价城乡一体化的发展的综合效率，BCC 模型用来评价城乡一体化的发展的纯技术效率，相应的输入和输出指标见表 9-9。

CCR 模型为：
$$\begin{bmatrix} \min \alpha \\ \sum_{i=1}^{n} \lambda_i x_i + s^- = \alpha x_0 \\ \sum_{i=1}^{n} \lambda_i y_i - x^+ = y_0 \\ \sum_{i=1}^{n} \lambda_i = 1 \\ s^+ \geq 0, \ s^- \geq 0, \ \lambda_i \geq 0 \end{bmatrix} \tag{9-16}$$

BCC 模型为：
$$\begin{bmatrix} \min \theta \\ s.t. \sum_{i=1}^{n} \lambda_i x_i + s^- = x_0 \\ \sum_{i=1}^{n} \lambda_i y_i - x^+ = \theta y_0 \\ \sum_{i=1}^{n} \lambda_i = 1 \\ s^+ \geq 0, \ s^- \geq 0, \ \lambda_i \geq 0 \end{bmatrix} \tag{9-17}$$

式中，α 为输入相对于输出的综合效率；θ 为输入相对于输出的纯技术效率；λ_i 为决策单元的权系数；x_i 为决策单元的投入向量；y_i 为决策单元的产出向量；s^- 为输入指标的松弛变量；s^+ 为输出指标的松弛变量；x_0 为决策单元的投入；y_0 为决策单元的产出。

根据以上结果，以综合效率除以纯技术效率得出规模效率值 s，公式为：

$$t = \alpha / \theta \tag{9-18}$$

①DEA 有效性。在 CCR 模型中，当效率值 $\alpha=1$，s^- 和 s^+ 均等于 0 时，说明 DEA 有效；当效率值 $\alpha=1$，s^- 和 s^+ 均不等于 0 时，DEA 弱有效。当 $\alpha<1$ 时，则 DEA 无效。

②纯技术效率有效性。当松弛变量均为 0，纯技术效率为 1.000 时，决策单元的资源从技术角度得到了充分的利用，投入和产出达到最佳组合，即纯技术效率有效；否则，无效。

(4) 结果及分析

①发展水平评价。湖南省城乡一体化发展水平与空间一体化、经济一体化、社会一体化和生态一体化发展水平密切相关。该研究采用熵权法和加权综合法分析湖南省城乡空间一体化、经济一体化、社会一体化、生态一体化及综合发展水平，得出图 9-4 所示的结果。可以看出，2007—2017 年湖南省城乡一体化发展水平评价分值整体上呈现明显的递增趋势，由 2007 年的 0.148 提高到 2017 年的 0.821，提高 4.53 倍。其中 2008 年、2010 年和 2013 年的评价分值相对上年增长幅度较大，分别提高 59.93%、39.46% 和 43.73%。2011 年的评价分值相对 2010 年降低 1.38%，幅度较小。综上，2007—2017 年湖南省城乡一体化发展水平显著提升。

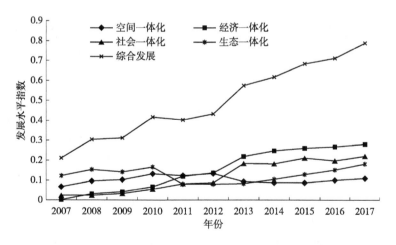

图 9-4　2007—2017 年湖南省城乡一体化发展水平变化趋势
（易纯，2020）

研究阶段内该省经济一体化发展水平评价分值逐年递增，由 2007 年的 0.002 提高到 2017 年 0.287，年平均增长率为 15.18%，城乡经济发展水平增速明显。近年来，该省坚持以提高发展质量和效益为中心，以推进供给侧结构性改革为主线，大力实施创新引领开放崛起战略，经济发展稳中向好、稳中趋优。其中人均 GDP 由 2007 年的 1.4892 万元，提高到了2017年的4.9558万元，提高2.33倍。城乡居民年底人均储蓄存款金额由1.3347万元提高到6.3646万元，提高3.77倍。二、三产业产值比重也由83.13%提高到91.16%，提高8.03%。

湖南省城乡社会一体化发展水平评价分值除在2016年存在波动外，整体呈递增趋势。2007—2017年评价分值由0.024提高到0.244，提高9.13倍。在全面推进社会建设方面，湖南省坚持在发展中保障和改善民生，优先发展教育事业，积极完善社会保障体系，提高就业质量和居民收入水平。研究阶段内，该省非农就业比重上升18.1%，城乡电视覆盖率也有91.9%提高到99.3%。城乡教育水平明显提升，每万人在校大学生数由130.9万提高到238.8万。城乡基础医疗机构覆盖率存在一定的波动，这是由于该省为提高医疗服务的可及性、能力和资源利用效率而对卫生资源进一步优化配置的结果。

2007—2017年湖南省城乡空间一体化发展水平评价分值经历了3个阶段的变化过程：2007—2012年评价分值由0.065提高到0.122，提高88.41%；2013—2014年由于乡村人口向城市的迁移，导致城乡人均居住面积差异增加，城乡空间一体化发展水平评价分值有所降低，2014年相对2012年，降低了38.05%；2015—2017年，空间一体化发展评价分值恢复递增趋势，由0.077提高到0.099。整体来看，虽然该省城乡空间一体化发展水平评价分值存在波动，但该省城镇化率由2007年的40.45%提高到2017年的54.62%。湖南作为传统农业大省，城镇化发展一直落后于全国平均水平。"十三五"以来，该省积极推进城乡一体化发展进程，全省城镇建设远超全国平均水平。截至2017年年末，湖南省的城镇化率与全国平均水平的差距，已由"十一五"末的6.38%，缩小到3.9%。近年来，该省也一直在加强公路设施建设，利用公路探索扶贫新模式、加大农村道路建设和提质改造等。2017年湖南省普通公路建设完成投资总额503.69亿元，占全省交通运输固定资产投资总额的62.96%。该省交通网密度由2007年的0.828 km/km^2 提高到2017年的1.132 km/km^2。可见，湖南省城乡空间一体化具有明显的发展潜力。

生态建设关系湖南省经济高质量发展和现代化建设，以生态保护为基础的城乡一体化建设才能有利于经济社会的可持续发展。2007—2010年湖南省城乡生态一体化发展水平评价分值由0.058提高到0.125。2011年相对2010年出现明显下滑，评价分值仅为0.053。2012—2017年评价分值恢复递增趋势，由0.073提高到0.191。在推进生态建设中，湖南省各地方找准发展特色，形成发展合力，以多元形式宣传普及生态理论、知识，营造了良好的生态发展氛围，成效较为明显。

②发展效率评价。通过DEA-SOLVER-PRO 5.0中的CCR模型计算2007—2017年湖南省城乡一体化发展的综合效率和松弛变量，结果见表9-10和表9-11。通过DEA-SOLVER-PRO 5.0中的BBC模型计算2007—2017年湖南省城乡一体化发展的纯技术效率，结果见表9-12。从表9-12可以看出，2007—2017年湖南省城乡一体化发展的纯技术效率均为1.000，综合效率的变化与规模效率表现高度的一致性，表明近年来湖南省城乡一体化的发展主要依靠资源的优化配置，科技创新水平发挥的作用较小。

表 9-10 2007—2017 年 CCR 模型中综合效率和输入指标的松弛变量分析结果

年份	θ	$s^-(1)$	$s^-(2)$	$s^-(3)$	$s^-(4)$	$s^-(5)$
2007	1.000	0.000	0.000	0.000	0.000	0.000
2008	1.000	0.000	0.000	0.000	0.000	0.000
2009	0.989	0.000	26.782	24.090	46.192	0.000
2010	1.000	0.000	0.000	0.000	0.000	0.000
2011	0.974	45.671	0.000	49.282	18.166	0.000
2012	0.992	208.389	0.000	56.447	72.810	0.000
2013	0.955	57.158	0.000	0.000	29.720	11.690
2014	1.000	0.000	0.000	0.000	0.000	0.000
2015	1.000	0.000	0.000	0.000	0.000	0.000
2016	1.000	0.000	0.000	0.000	0.000	0.000
2017	1.000	0.000	0.000	0.000	0.000	0.000

表 9-11 2007—2017 年 CCR 模型中输出指标的松弛变量分析结果

年份	$s^+(1)$	$s^+(2)$	$s^+(3)$	$s^+(4)$	$s^+(5)$	$s^+(6)$	$s^+(7)$	$s^+(8)$	$s^+(9)$	$s^+(10)$	$s^+(11)$	$s^+(12)$	$s^+(13)$	$s^+(14)$	$s^+(15)$	$s^+(16)$
2007	0.000	0.000	0.000	0.000	0.000	0.000	0.000	0.000	0.000	0.000	0.000	0.000	0.000	0.000	0.000	0.000
2008	0.000	0.000	0.000	0.000	0.000	0.000	0.000	0.000	0.000	0.000	0.000	0.000	0.000	0.000	0.000	0.000
2009	1.001	0.032	0.000	0.000	0.018	2.770	0.064	2.720	5.351	0.164	3.734	1.435	0.000	343.089	1.811	
2010	0.000	0.000	0.000	0.000	0.000	0.000	0.000	0.000	0.000	0.000	0.000	0.000	0.000	0.000	0.000	0.000
2011	11.956	0.262	0.335	0.000	812.797	0.099	27.640	0.107	5.511	30.848	0.725	29.932	11.903	0.441	1992.143	40.071
2012	20.073	0.317	0.445	0.000	0.000	0.172	44.963	0.357	13.118	48.962	1.420	73.850	19.855	0.856	727.699	50.117
2013	11.593	0.175	0.297	0.000	0.000	0.090	25.119	0.113	7.604	27.862	0.527	18.697	11.576	0.455	917.279	27.167
2014	0.000	0.000	0.000	0.000	0.000	0.000	0.000	0.000	0.000	0.000	0.000	0.000	0.000	0.000	0.000	0.000
2015	0.000	0.000	0.000	0.000	0.000	0.000	0.000	0.000	0.000	0.000	0.000	0.000	0.000	0.000	0.000	0.000
2016	0.000	0.000	0.000	0.000	0.000	0.000	0.000	0.000	0.000	0.000	0.000	0.000	0.000	0.000	0.000	0.000
2017	0.000	0.000	0.000	0.000	0.000	0.000	0.000	0.000	0.000	0.000	0.000	0.000	0.000	0.000	0.000	0.000

2007—2008 年湖南省城乡一体化发展的综合效率和规模效率均为 1.000，且所有输入指标和输出指标的松弛变量为 0.000，这些年份该省城乡一体化发展的投入和产出达到了最优状态。

2009 年城乡一体化发展的综合效率小于 1.000，DEA 无效。这一年存在社会保障就业财政投入、医疗卫生财政投入和农林水事务投入过剩，城镇化率、交通网密度、城乡人均收入比、二、三产业产值比重、城乡消费支出比、非农就业比重、城乡电视覆盖率、城乡每万人拥有的卫生机构数、城乡每万人口在校大学生数、城镇建成区绿化覆盖率、人均水资源量和工业固体废物综合利用率产出不足的现状，规模效益递减。

表 9-12 2007—2017 年湖南省城乡一体化发展的综合效率、技术效率和规模效率

年份	综合效率	纯技术效率	规模效率	规模收益
2007	1.000	1.000	1.000	规模报酬不变
2008	1.000	1.000	1.000	规模报酬不变
2009	0.989	1.000	0.989	规模报酬递减
2010	1.000	1.000	1.000	规模报酬不变
2011	0.974	1.000	0.974	规模报酬递减
2012	0.992	1.000	0.992	规模报酬递减
2013	0.955	1.000	0.955	规模报酬递减
2014	1.000	1.000	1.000	规模报酬不变
2015	1.000	1.000	1.000	规模报酬不变
2016	1.000	1.000	1.000	规模报酬不变
2017	1.000	1.000	1.000	规模报酬不变

2010 年该省通过资源优化配置，城乡一体化发展的投入得到优化，投入和产出达到最优状态，规模效益不变。

2011—2013 年湖南省城乡一体化发展的综合效率和规模效率均小于 1.000，DEA 无效。这些年份，该省存在城乡教育投入、医疗卫生财政投入和农林水事务投入和一般公共服务投入过剩，城镇化率、交通网密度、城乡人均居住面积比、城乡人均收入比、二、三产业产值比重、城乡消费支出比、非农就业比重、城乡电视覆盖率、城乡每万人拥有的卫生机构数、城乡每万人口在校大学生数、城镇建成区绿化覆盖率、农村自来水受益村数、人均水资源量和工业固体废物综合利用率产出不足的现状，但在 2014 年以后均得到了优化。

2014—2017 年，湖南省城乡一体化发展的综合效率和规模效率均为 1.000，投入和产出恢复到最优状态，规模效益不变。今后若贯彻良好的发展方针，抓住当前发展机遇，城乡一体化发展水平及效率都会有显著提升。

2014—2017 年湖南省城乡一体化发展的综合效率和规模效率均为 1.000，投入和产出恢复到最优状态，规模效益不变。今后若贯彻良好的发展方针，抓住当前发展机遇，城乡一体化发展水平及效率都会有显著提升。

(5) 结论与讨论

①结论。通过系统分析湖南省城乡一体化发展水平及效率，该研究得出以下结论。2007—2017 年湖南省城乡一体化发展水平评价分值整体上呈现明显的递增趋势，由 2007 年的 0.148 提高到 2017 年的 0.821，提高了 4.53 倍。其中经济一体化和社会一体化发展水平评价分值也呈递增趋势，城乡空间一体化和生态一体化发展水平存在一定波动，但整体发展势头良好。

2007—2017 年湖南省城乡一体化发展的纯技术效率均为 1.000，综合效率的变化趋势与规模效率表现高度的一致性，表明该省城乡一体化的发展主要依靠资源的优化配置，科

技创新水平发挥的作用较小。

2009年和2011—2013年，湖南省城乡一体化发展的综合效率和规模效率均小于1.000，DEA无效。大部分年份存在城乡教育投入、医疗卫生财政投入和农林水事务投入过剩，城镇化率、交通网密度、城乡人均收入比、二、三产业产值比重、城乡消费支出比、非农就业比重、城乡电视覆盖率、城乡每万人拥有的卫生机构数、城乡每万人口在校大学生数、城镇建成区绿化覆盖率、人均水资源量和工业固体废物综合利用率产出不足的现状，规模效益递减。

2014—2017年该省高度重视了城乡一体化发展的资源有效配置，投入和产出达到了最优状态。

②讨论。城乡一体化发展水平是一个多要素综合作用的结果，该研究从城乡空间一体化、经济一体化、社会一体化和生态一体化4个方面构建体系对湖南省近11年的城乡一体化发展水平及效率展开了评价，方法具有一定的创新性，能为今后相关研究提供参考。由于受数据获取性的限制，忽略了部分难以量化的投入和产出指标，这是该文需要不断完善的地方。湖南省城乡一体化发展水平及效率虽呈现良好的发展态势，促进城乡一体化均衡发展仍然是该省城乡一体化发展进程中需要关注的重点。现阶段需要根据现状和资源优势，制定较为长远的城乡一体化发展规划，注重经济、社会、生态和空间发展的整体性，使城乡二元分割发展成城乡有机结合的整体，实现城乡统筹发展。应该优化对湖南城乡基础设施建设的投入，实现城乡基础设施共建共享，提高相关设施的利用率。城乡一体化建设应与环境保护相结合，不断落实农业资源、工业资源和社会资源的循环利用，降低对环境的破坏。大力倡导节能环保、爱护生态的可持续性城乡一体化发展模式。

小　结

本章在阐明城乡协同发展的基础上，介绍了城乡一体化的相关内容。推动城乡一体化进程的驱动力包括乡村城市化和城市现代化，城乡经济联合、市场体系和小城镇促进了城乡一体化的发展。在城市一体化中要解决好依托和自主性、主导作用和支持作用、市场机制与政府调控以及近期和远期之间的关系，要破除城乡二元结构、户籍制度和土地制度等方面的城乡一体化障碍，需要从基础设施、公共服务、劳动力市场、社会管理等方面实现城乡一体化。最后介绍城乡协同发展与一体化评价方法。

思考题

1. 什么是城乡一体化？城乡一体化有哪些内涵？
2. 城乡一体化有哪些驱动力？
3. 城乡一体化是如何运作的？
4. 制约城乡一体化发展的因素有哪些？
5. 城乡一体化中要解决好哪些因素之间的关系？

6. 如何才能加快城乡一体化进程？
7. 如何进行城乡协同发展与一体化评价？

推荐阅读书目

1. 傅崇兰，2005. 城乡统筹发展研究[M]. 北京：新华出版社.
2. 付晓东，2005. 中国城市化与可持续发展[M]. 北京：新华出版社.

第 10 章

城乡社会现代化

社会现代化是一个以经济发展为基础,以工业化为动力,以科学技术发展为纽带,以人的全面发展为主体,涉及政治制度、社会结构、组织管理、生活方式、人类活动空间等诸多领域的革命性、全球性、长期性和整体性发展过程。新型城镇化及乡村振兴协同发展,将使原来城乡生态系统进一步升级,逐渐实现城乡社会现代化。党的二十大报告指出:从现在起,中国共产党的中心任务就是团结带领全国各族人民全面建成社会主义现代化强国、实现第二个百年奋斗目标,以中国式现代化全面推进中华民族伟大复兴。本章阐述了中国式城市现代化、农业农村现代化和中国式现代化的内涵、评价及其实现路径等内容。

10.1 中国式城市现代化

10.1.1 中国式城市现代化的理论内涵

城市现代化是现代化的重要内容,也是一个具有时代特性和历史范畴的科学概念,它与经济、社会、科学技术和思想文化的发展有着密切的关系。城市现代化既是一种状态,也是一个随着时代的进步和发展而不断进化的历史过程。历史进程中的科技革命和经济社会的变革都将推动城市现代化向新的高度发展提升。因此,对于城市现代化内涵的界定也随之不断演化升级。纵观城市现代化内涵界定相关研究的演变历程,大致可以分为 4 个时期:第一个时期为工业革命的前期,这一时期是以工业高度发展为代表的城市现代化,其经济水平类指标在其中占很大比例;第二个时期为工业革命发展中期,此阶段城市的社会功能属性愈发重要。因此这一阶段的城市现代化主要表现为城市社会层面的现代化;第三个时期为第二次世界大战以后,由于经济社会的进步与发展,人的主体作用逐步显著。这一阶段的城市现代化也大多是从人的主体性出发,表现为城市居民素质和生活方式的现代化;第四个时期即 20 世纪 70 年代以来,科学技术的进步和经济社会的变革不断地推进城市的现代化发展,相应的城市现代化的内涵也随之不断扩充完善。城市现代化不仅仅表现为某一方面的现代化,而是城市的经济、社会、环境、文化、居民以及管理等各方面现代化的有机统一。

基于人口规模巨大的现代化、全体人民共同富裕的现代化、物质文明和精神文明相协调的现代化、人与自然和谐共生的现代化、走和平发展道路的现代化构成的中国式现代化框架，本书在现有研究对城市现代化内涵界定的基础之上，结合我国的城市现代化特征，将中国式城市现代化的内涵界定为：随着我国科学技术的进步和制度的深化改革，城市所具备的各个多功能子系统都实现现代化，从而导致城市的各方面水平不断提升，城市发展质量达到高端水平，实现城市整体动态复合系统现代化的有机统一，从而在满足庞大的城市人口日益增长的美好生活需要的同时，也能辐射带动乡村振兴、拓展农民增收致富渠道。因此，结合各国现代化的共同特征，更基于中国特色，中国式城市现代化应当体现在以下几个方面：高素质的城市居民、高质量发展的城市经济、高层次的城市社会、高端的城市居民生活方式、高水平的城市治理能力、高品质的城市文化产业体系、适宜生存发展的城市生态环境、高效能运转的城市基础设施。城市现代化的实现不仅仅是单纯的某个维度子系统的现代化的实现，而是所有维度的子系统皆实现了高水平的现代化。并且各个子系统之间应当实现可持续的协调发展，最终实现城市全面现代化发展的有机统一（师博等，2023）。

10.1.2 中国式城市现代化的评价体系

城市是一个有机的、动态的、协调的系统，包含了多个子系统，因此，城市现代化评价体系也应当包含能够反映出各子系统现代化程度的指标。通过构建一套全面、准确、科学的中国城市现代化评价指标体系，方能对我国的城市现代化水平进行客观准确的评估。本书借鉴国家社科基金重大项目课题组（2013）对城市现代化的界定，以及任保平等（2022）的研究，结合我国新时代城市现代化发展的特征和属性，提出了"中国城市现代化"的内涵，基于中国城市现代化的内涵界定，构建了中国城市现代化评价指标体系。与上文所界定的中国城市现代化的涵义相对应，中国城市现代化评价指标体系应当包含如下8个维度：人的现代化、经济现代化、社会现代化、生活方式现代化、治理现代化、文化现代化、生态现代化、基础设施现代化。

在选择具体指标时，应遵守下列原则，以避免指标选择过程中因主观因素和随机性导致的误差。

①全面性原则。在选取指标的过程中要充分考虑我国城市现代化的内容和特征，尽量选择一些能够充分反映我国城市现代化所包含的内容的指标，以使其更为全面、更为准确地突出我国城市现代化发展的基本特征。

②代表性原则。指标数量庞大，在选择的过程中不可能将所有的指标都纳入其中，而是要通过不断地对比和分析，选择出最具代表性的指标纳入指标体系中。同时还要注意不能遗漏重要的指标，这样才能准确地体现出中国城市现代化水平的高低。

③可比性原则。由于本文是对全国283个地级市的城市现代化水平进行测算分析，因此在设计指标体系的过程中，需要考虑到不同地区不同城市的发展水平、城市规模等因素的异质性。因此，必须优先选择比重和强度指数，以便于不同城市之间的比较。

④可操作性原则。在指标的选择过程中，还要兼顾数据的获取途径和获得的难易程度，建立的指标体系也要具有实际价值。最终建立由8个分项维度、20个基础指标构成的中国城市现代化评价指标体系，具体见表10-1（师博等，2023）。

表 10-1 中国式城市现代化评价指标体系

维度	分项指标	基础指标	单位
人的现代化	身体素质	平均预期寿命	岁
	文化素质	万人在校大学生数	人/万人
经济现代化	创新成果	人均发明专利数	件/万人
	产业结构	第三产业产值比重	%
	经济发展水平	城市夜间灯光数据	—
社会现代化	教育	万人中小学教师数量	人/万人
	医疗	万人医生数	人/万人
	社会保障—养老	养老保险覆盖率	%
	社会保障—医疗	医疗保险覆盖率	%
生活方式现代化	物质生活	职工平均工资	元
	精神世界	万人文化体育娱乐从业人员数	人/万人
治理现代化	治理体系	知识产权保护法律法规数量	项
	治理能力	知识产权侵权纠纷结案数量	项
文化现代化	文化作品	千人拥有图书馆藏量	册/千人
	文化设施	千人拥有影院数量	个/千人
生态现代化	气体污染	单位气体污染排放量	万元/t
	液体污染	单位液体污染排放量	万元/t
	固体污染	工业固体废弃物综合利用率	%
基础设施现代化	物理基础设施	道路密度	%
	数字基础设施	万人互联网用户数	户/万人

10.1.3 中国式城市现代化的评价指标

(1) 人的现代化是城市现代化的核心

中国式现代化是人口规模巨大的现代化,发展途径和推进方式也必然具有自己的特点,人的现代化能够充分体现坚持以人民为中心的发展思想。一个城市,一个社会,乃至一个国家的主体,都是生活在其中的人民。因此,实现城市人的高水平发展,不仅仅是城市现代化发展的最终目的,也是推进城市进步和发展,实现现代化的关键因素。伴随着城市的现代化发展,就要求城市居民具备与经济社会现代化发展相适应的素质和技能。同时通过现代化城市居民的个人素质和能力的提升才能有效推动城市现代化进一步发展。发展经济学认为,在未来社会,人类将迎来更高层级的全面发展,从而实现人的现代化。人的全面发展主要体现在人的知识全面发展和能力全面发挥。基于这种理论,本文将从身体素质和文化素质两个方面考虑,共同衡量城市人的现代化水平。身体素质方面采用城市的平均预期寿命来进行衡量,这个指标具有代表性和易获得性。文化素质则主要体现于高素质人才比重，本文采用万人在校大学生人数来度量。高学历者占大多数的社会实际上是较高人力资本、较高文明程度、较高道德水准的社会。

（2）经济现代化是城市实现现代化的必备条件

城市经济现代化不仅体现在城市的高水平经济发展，而且体现于城市的产业结构升级，同时还要具备高端的科技创新能力作为核心驱动力。鉴于此：

①选择城市夜间灯光数据来衡量城市经济发展水平。以往的大多数研究皆采用国内生产总值（GDP）类指标来衡量经济发展水平，但是新时代高质量经济发展不能局限于GDP的增长。此外由于标尺竞争，很多省市地区的GDP数据存在注水情况。因此采用GDP类指标衡量经济发展水平在理论上和数据的准确性上皆存在不足。相较于GDP类统计数据，夜间灯光数据最大程度地排除了人为干扰，是目前能够准确地衡量经济发展水平的替代变量。

②以第三产业产值比重度量城市产业结构优化水平。按照产业经济学理论，随着经济社会的变革，第一产业和第二产业逐渐升级为第三产业。第三产业的比例越高，其产业结构越趋于优化。

③城市经济现代化进程的核心驱动力应当是创新驱动，即科技创新，以科学技术现代化发展促进经济和社会发展质量的提升。从创新产出的角度出发，选择人均发明专利数量作为衡量城市的创新成果和创新能力的指标。

（3）城市社会现代化的实现是一个城市经济发展的最终目的和发展导向

根据社会的结构和社会所具备的功能来看，城市想要实现社会的现代化，就必须在教育、医疗、社会保障3个基本的方面率先达成现代化标准。

①社会现代化需要以教育现代化为优先。发展经济学家森德鲁姆说过："现代经济行为的扩散和人吸收现代技术的能力，是以教育、社会基础和制度为基础。"因此，把教育作为第一要务，提升国民的文化素质，是推进社会现代化的必由之路。而教育水平的高低直接反映在教育人员的数量和素质上，因此，选择万人中小学教师数量来衡量城市教育水平的高低。

②高标准的医疗水平是满足民生的生理健康需求的重要保障。基于现有的医疗水平指标，从医疗人才水平的角度出发，选取万人医生数这一指标来进行衡量。

③构建公平合理的社会保障制度。一个完善的健全的社会保障制度同时也为国家和社会提供了一张坚实的安全网，体现了全体人民共同富裕的现代化，着力维护和促进社会公平正义。本文分别选取了医疗保险覆盖率和养老保险覆盖率来进行度量。

（4）城市的现代化进程必将推动人们的生活方式向现代化迈进

物质贫困不是社会主义，精神贫乏也不是社会主义，这就要求城市居民不仅要有高水平的收入保证物质生活富裕，更要不断地提升文化思想水平，达到高水准的精神世界富足，推进物质文明与精神文明相协调的现代化。物质上的富裕选取职工平均工资来度量。居民的工资水平上涨，才会实现可支配收入的增加，城市居民的生活水平才会提升。精神世界的富足选取万人文化体育娱乐从业人员数来衡量。文化体育娱乐消费比重的增加往往会倒逼相关产业的快速发展，相应地导致相关行业从业人员的增加，故选取此指标可以较好地反映出城市居民精神世界的富足程度。

(5) 城市治理现代化是城市实现现代化的重要推动力

治理现代化不仅体现于健全的治理体系，更是体现于高水平的治理能力。治理体系现代化的基本要求是在主要领域和关键环节形成系统完备、科学规范、运行有效的制度体系，从而实现社会主义现代化的制度保障。治理能力现代化意味着政府具备高效运用法律法规和制度治理城市的能力，能够将城市各方面的制度优势有效转化为治理城市的效率。在现代化发展阶段，科技创新是城市发展的核心动力。这就要求现代化的城市必须配套高水平的城市治理体系和治理能力，以此作为科技创新发展的制度保障。因此本文围绕城市的科技创新活动来衡量城市治理现代化水平的高低。基于治理体系和治理能力现代化的基本要求，结合城市科技创新发展的特征，本文最终选取了知识产权保护法律法规数量衡量城市治理体系现代化水平；选择知识产权侵权纠纷结案数量来衡量一个城市的政府治理能力的水平高低。

(6) 城市文化现代化的建设，是推动我国城市经济和社会事业全面发展、加速实现现代化的关键

城市文化现代化的实现对于满足人民日益增长的精神需求具有十分重要的意义，保证我们能够坚定站在历史正确的一边，站在人类文明进步的一边，以自身发展更好地维护世界和平与发展，走和平发展道路的现代化。文化现代化供给主要涉及两个方面：①大众参与和享受的现代文化设施，包括影剧院、博物馆、博物院等文化设施的现代化水平。②大众能够享有的各种文化成果的现代化，包括图书、影视剧、音乐等文化作品的现代化。根据数据的可获得性和代表性原则，选择千人拥有影剧院数量来表征一个城市的文化设施的现代化水平；选取千人拥有图书馆藏量来体现城市的文化作品的现代化水平。

(7) 城市的生态环境现代化主要反映在城市居民对于自然环境的发展态度

现代化的城市应当具备人与自然和谐相处的发展理念。现代化的人们不仅要尊重自然，也要顺应自然的发展规律，坚持可持续发展，坚定不移地走生产发展、生活富裕、生态良好的文明发展道路，深化人与自然和谐共生的现代化。优美的生态环境也是现代化城市必不可少的条件。从生态环境污染的角度出发，分别从气体污染、液体污染、固体污染3个方面来共同衡量单位经济产出对生态环境造成的负面影响。气体污染选取二氧化碳排放量来度量，将地区生产总值与二氧化碳排放量进行比值处理，以此来衡量气体污染的影响。液体污染则选取工业废水排放量来度量，同理将地区生产总值与工业废水排放量进行比值处理，衡量液体污染影响。固体污染影响则直接选择工业固体废弃物综合利用率来度量。

(8) 城市基础设施的建设是一个城市实现现代化发展的重要前提条件

高效能运转的城市基础设施系统是城市发展及现代化的基础和保障。结合我国城市现代化发展特征，将城市基础设施划分为物理基础设施和数字基础设施两个方面，分别选取以下两个指标来进行度量：①物理基础设施方面主要体现于城市的道路体系建设，因此采用道路密度来衡量城市物理基础设施水平。②数字经济时代逐步到来，数字经济的快速发展离不开高水平的数字基础设施建设。因此采用万人互联网用户数来体现城市数字基础设施水平(师博等，2023)。

10.1.4　推进中国式城市现代化的政策启示

高质量发展是全面建设社会主义现代化国家的首要任务，结合中国式城市现代化水平测度结果分析以及我国城市现代化的特征，本书从多个维度出发提出了以下政策建议：以提升现代化的创新发展动能作为核心驱动力；以实现人的全面发展作为发展宗旨；以培育现代化治理体系和治理能力作为制度保障；以发展现代化的生态环境体系和现代化的基础设施体系作为基础保障。促进中国式现代化水平得以提升，进一步推动城市乃至整个国家的高质量发展（师博等，2023）。

（1）提升中国式城市现代化创新发展动能

中国式城市现代化水平的测度结果显示，在各分项维度中，城市经济现代化水平居于前列。这就表明，要想实现我国的城市现代化，就必须提高其经济的现代化程度，而创新驱动，则是推动城市经济发展的重要因素。同时，通过探究中国城市现代化发展的动态演变规律可知我国城市现代化发展过程中发展动力不足，城市现代化发展存在俱乐部趋同效应。由此说明，以往我国主要依靠要素投入推动经济的快速发展，然而进入新的现代化建设时期，原有的要素投资驱动力已达到极限，亟待提升现代化创新发展动能作为推动我国城市现代化建设的核心驱动力。所以，在未来的现代化进程中，促进我国城市的现代化建设，最为关键的环节就是提高科技水平和创新能力。

（2）促进人的全面发展

由中国式城市现代化水平测算结果可知，我国城市人的现代化发展是我国城市现代化建设中的一个薄弱环节。而城市人的现代化关键在于加大卫生与教育的投入，以此来提高城市人的素质与能力，实现人的全面发展。实现人的全面发展不仅关系到城市的高水平发展，同时也与城市居民的获得感、尊严感和幸福感息息相关。这就要求，首先优化城市财政支出结构，加大教育、医疗、科技等领域的投资，提高城市优质人才的素质，从而促进城市的经济和社会发展。逐步从以生产为导向的财政支出结构向以民生为导向转变，特别是以教育、卫生为重点的公共投资，以真正地推进人的现代化。其次保证区域资源配置公平，我国城市现代化水平的不平衡问题不容乐观，空间差异突出表现在优质教育、医疗资源配置不平衡。我国目前的公共资源比较匮乏，因此，在教育、卫生等方面，必须重视资源分配的均衡，以确保人人享有平等发展的机会，实现发展成果的分享。最后深化供给侧结构性改革，充分对接新时代人民的高层次需求。人的全面发展是经济、政治、精神、社会保障、安全、生活和劳动环境和谐发展的必然产物。城市的现代化建设要集中于满足城市居民的多样化、高水平的需求，有效地为人的全面现代化发展提供有效的服务，与人民的美好生活需求相适应。

（3）推进政府治理体系和治理能力的现代化

当前，我国的城市治理水平相对不高，在很多方面仍需进一步完善。所以，新的历史阶段我国应当加速推动国家的治理体系和治理能力的现代化发展，建立新型政府，提升政府的现代化水平，为实现我国的城市现代化提供根本制度保障和良好的政策环境。其重点在于：首先处理好政府与市场的关系。政府应当及时有效地承担市场失灵的领域，同时加大市场监管力度。政府部门需要紧密结合实践，强化与企业的沟通和交流，制定系统的政策、法规，以准确引导经济的发展，提高政策落实和实施的能力。其次处理好政府和社会的关系问题，建立起良好的政府和社会的互动机制。加强社会、行业协会、民间团体等机构的体制建设，在增加资讯的透明度和加强对权力的监督的情况下，鼓励民众参加社会公共事务。最后将科技方法和工具运用于现代化政府治理过程中，运用大数据、人工智能、互联网、区块链等新技术，以解决信息不完备的问题，从而避免政府的治理失效。

(4) 强化现代化的生态环境体系建设

虽然我国的生态文明建设还处于起步阶段，其发展状况并不十分理想。但在绿色发展理念的指引下，我国城市生态现代化水平已经有所提高。然而全国城市现代化水平差异最主要的结构来源为城市生态现代化的差异，这说明我国各个城市之间的生态环境的差异导致了城市现代化发展水平的不平衡。因此在新的历史时期，必须进一步推动生态环境的现代化，实现生态文明建设与绿色发展的和谐统一，同时不断缩小区域间的生态文明建设的差距。完善我国的知识产权体系，鼓励科技企业加大对我国绿色科技创新的研发投入，并采取财政、税收、金融等优惠措施，加快发展我国的生态环保技术的研发。加强高耗能、高污染行业的技术改造，提高行业的整体能效，有效地减少企业的生产行为对生态环境造成的压力。进一步健全生态环境保护的市场机制，通过产权清晰，降低环境保护交易成本，从而达到帕累托最优。政府一方面要弱化对环境的直接管制，另一方面也要引导和完善生态环境的投资和监管机制，并加强与之配套的法律制度。以现代化制度的手段推动我国的生态文明建设，以减少我国的生态环境治理成本。加大社会舆论、财税融资等方面的支持力度，对绿色生产、绿色消费行为进行指导和鼓励。

(5) 完善现代化基础设施体系

城市基础设施建设已逐渐成为推动我国现代化进程的主要力量。我国城市现代化水平产生差距的主要原因也在于城市基础设施现代化的发展差异。不同城市之间的城市基础设施的差异会造成现代化发展的不平衡问题。随着数字经济的超常规发展，我国必须加强对数字基础设施建设的支持，以改善区域间的差异，促进城市的现代化进程。加强第五代移动通信(5G)网络覆盖范围和稳定性，加快降低成本。强化人工智能、大数据等技术的研究与应用，大力发展新型的工业网络，为城市的现代化产业链和供应链提供服务。借鉴国外先进的技术，建设云数据中心，使得企业具备高效率处理信息和业务数据的能力。完善更新与新能源配套的智能基础设施，为绿色经济的建设提供支撑。

10.2 农业农村现代化

10.2.1 中国特色农业农村现代化的历史进程

农业和农村是我国经济社会最基础同时也是十分重要的组成部分，其承担着历史发展和社会进步的物质供给和要素供给等多重使命，是应对社会根本矛盾的重要前提。新中国成立以来，我国将现代化作为国家发展的中枢战略，而农业现代化就是其核心的内容之一。经过了 70 多年发展，进入新时代之后，我国经济社会的主要矛盾发生了根本性的改变，城乡差距导致的社会问题日益凸显，农村的现代化需求更趋迫切，最终引发了农业现代化战略向更高维度的农业农村现代化战略转变。从农业现代化到农业农村现代化，中国特色农业农村现代化的历史进程体现出 3 个特征(李明星等,2022)。

(1)目标指向:从追求数量到注重质效

20 世纪 50 年代到 70 年代末,农业现代化理念提出的初期,我国正处于社会主义改造和国民经济加快复苏阶段,这一阶段的现代农业目标和农业现代化发展路径具有明显的先验痕迹,尤其体现为以苏联模式的机械化作为现代农业的路线纲领,有学者将其概述为"在公社化的基础上,逐步实现机械化、水利化、化学化和电气化"(刘雪尘等,1960),目的是通过机械技术手段代替传统人力,推动农业实现增产,而依据的条件就是生产组织的集体化改造和生产工具的工业化改造(成晓星,2007)。党的十一届四中全会以后,一直到党的十四届三中全会前,改革开放战略开拓了生产经营体制改革和商品化运营相结合的现代农业发展新路径,单纯以技术提高农产品生产效率的理念开始发生转变,这一时期的现代农业目标开始转向市场提效。党的十五届三中全会之后,一直到党的十八大关于"新四化"的提出,农业现代化的顶层设计开始面向技术、市场、社会等多维度的融合,并在党的十七届三中全会上主旨鲜明地提出中国特色农业现代化,这体现出两个本质转变,一方面是思想理念从单维的农业产业观走向系统的农业社会观;另一方面是路径方法从经验模仿走向自主探索。党的十八大以来,农业现代化道路开始颠覆性地转变升级,技术投入和产品产出仅作为底层支撑,农业现代化政策重心倾向产业结构、市场服务、社会治理、生态环境、民生保障等全方位,这决然不再是简单的农业产业战略,而是彻底的社会发展战略,其目标锚定便是实现优质,自然推动了农业农村现代化这一融合性政策目标的提出。

(2)施策理念:从静态培育到动态交互

当然,静态与动态总是相对而言的,总体上,中国特色农业农村现代化的历史进程一直都是动态的,但阶段上,仍然体现相对静态特征。所谓的"静态培育"政策视角,判断依据源于从新中国成立初期到 20 世纪末的一系列承袭性农业政策,直接体现在"一化三改"、农业机械化、农业商品经济等理念上,这一阶段的农业现代化在目标指向和路径依托方面都是相对一致的,大体上将现代农业定位为技术依托的高产型农业,将农业现代化定位为农业机械化(王旭,1996)。所谓的"动态交互"政策视角,事实上还应分为"比较动态"和"完全动态"的两个分视角。其中,比较动态的政策视角判断依据源于 20 世纪末到党的十八大前后的一系列跃变式农业政策,最突出的体现是在农业产业政策体系中穿插式地提及农村及民生,其农业现代化的目标指向和路径依托呈外向延伸,核心思想是将现代农业定位为新型要素和组织体系依托的高产优质高效型农业,将农业现代化定义为囊括现代农业要素强化、农业产业体系构建、农业生产组织形式完善和农业发展模式转变的综合体(蒋永穆等,2019)。而动态的政策视角判断依据源自党的十八大以来,新农村、乡村振兴、全面小康、城乡融合等理念迭代,一直到当前农业农村现代化战略的提出,由产量与效率所导向的生产经济学无法表达农业生态与社会功能所决定的广义福利经济学(罗必良,2021),其农业现代化的目标指向和路径依托呈现多元放射,核心思想是将现代农业定位为功能性农业,将农业现代化定义为拓展并发挥农业多功能性(刘涛,2011)。

(3)路径逻辑:从"单维"重视到"双维"并重

诚然,任何阶段下的农业现代化都必然建立在发展生产力和优化生产关系的统一关系下,但基于对从早期农业现代化到当前农业农村现代化转变过程中的政策重心对比不难看出，早期的农业现代化具有明显的重工具、重技术特性，农业机械化的目标定位就具有十分重视生产力的特征。改革开放之后，政策开始转向农业专业化、商品化、社会化，不过，从根本上来说，仍然是重视生产力的表现，只是此时已经将单纯以技术为依托的生产力提升为以社会、市场等协同为依托的生产力。但是，党的十六大之后，随着新农村建设任务的首次提出，在继续坚持发展农业生产力的同时，农村改革、农民增收、新发展理念、脱贫攻坚、全面小康和乡村振兴等一系列新政策体系铺展开来，其根本目的是要从主要强调生产力向强调生产力与生产关系有机结合上来（姜长云等，2021），实现从对生产力的单维重视逻辑变为对生产力和生产关系的双维重视逻辑。而这一转变，本质上是由我国经济社会发展主要矛盾的演化所导致的，其中蕴藏着生产力与生产关系发展变化的辩证统一原理。再后来，农业农村现代化理念的正式提出，就更加有力地佐证了强调生产力与生产关系相结合的政策理念演变逻辑（李明星等，2022）。

10.2.2 农业农村现代化的核心内涵

经过了70多年发展，进入新时代之后，我国经济社会的主要矛盾发生了根本性的改变，城乡差距导致的社会问题日益凸显，农村的现代化需求更趋迫切，最终引发了农业现代化战略向更高维度的农业农村现代化战略转变。党的十九大报告正式提出加快推进农业农村现代化，这是党领导全国人民站在新的历史起点，以中国特色社会主义思想为指导，从中国经济社会发展的实际出发，聚焦当前主要矛盾及矛盾的主要方面，面向国家百年目标和民族千年大计而做出的战略提升。

深刻理解农业农村现代化的核心内涵才有助于准确把握其目标定位和路径方向。通过历史回溯可知，中国新时代农业农村现代化主要源于对农业现代化的内涵继承。就学界研究来看，对农业现代化的典型理解就有农业产业化、农业企业化、土地经营规模化等（韩鹏云，2021），认为现代农业既是与传统农业相对应的概念，又是因时而变的相对概念（郑有贵，2000），其本身尚无定论，主流是以大规模、高机械化率作为改造方向（贺雪峰等，2015），并与农业现代化构成目标与过程及手段的关系（孟秋菊，2008）。也有学者更进一步将农村发展纳入其中，认为农业现代化意味着未来既要重视农业发展，推动农业由注重数量增长向注重高质量发展转变，又要重视农村发展，推动农村由新农村向美丽幸福新乡村转变（蒋永穆，2018）。中国特色农业农村现代化是一个比较性和动态性相结合的概念，是从中国国情出发，在发展生产力和优化生产关系的过程中，基于对农业农村及其关系认识的深化形成的一种战略方向。生产技术、经营模式等都只是这一战略的外在表现，其根本内涵则被分别赋予政治、经济、文化、社会和生态的"五位一体"架构之中（李明星等，2022）。

（1）农业农村现代化的政治内涵

农业农村现代化的政治内涵是由党的统一领导与马克思主义中国化实践所决定的，其直接体现就是关于中国特色这一前提属性的界定。我国早期的农业现代化是典型的技术依托型，源于对苏联经验的借鉴（长子中，2012），但伴随中苏关系恶化和中国经济形势的演变，苏联经验逐渐失去对于中国发展的指导价值。1976年以后，中国重启现代化进程却又面临资产阶级自由化思潮的萌芽，虽然这一时期以美国为首的西方资本主义国家农业现代化成果显著，但就其条件基础和价值理念而言，显然是不适用于中国实际的。再后来，进入 21 世纪，有计划的市场经济体制下的农业现代化进程更是属于"摸着石头过河"，完全依赖自主探索实践。而如今，农业农村协同进行的现代化改造战略需要对发展不充分和不均衡问题进行回应，需要实现全面小康和城乡协同的并行共进，这些都是实践的"无人区"。因此，农业农村现代化政治内涵的本质就是：坚持自选自探的发展路线，坚持马克思主义的思想指导，坚持适应国情的方法策略，坚持人民主体和共同利益的目标及原则（蒋永穆，2020）。

(2) 农业农村现代化的经济内涵

农业农村现代化的经济内涵是由农业生产力作为国民经济发展的动能存续所决定的，其直接体现就是在从农业剩余范式到农产品品质范式的转变过程中（洪银兴，2020），农业对"身先士卒"和"急流勇退"原则的辩证把握与不渝遵循。新中国成立初期，面对百废待兴的新中国，"三农"率先吹响国家经济建设号角，当时的农业产值占工农业总产值的69.9%，若按净产值计算则高达84.5%，农业承担了经济社会发展的绝大部分产品、市场、要素和外汇供给任务（贺耀敏，1991）。而后来，从1952年到2008年，大体就是分别以农业机械化和农业科技化作为农业现代化主旨的阶段（刘艳艳，2013），我国第一产业增加值的国内生产总值占比下降了39.7%，而第二、三产业增加值占比分别上升了27.8%和11.9%，与之相对应的是农业劳动力的结构转变，第一产业就业人数占比下降了44.0%，第二、三产业就业人数则分别上升了19.9%和24.1%（薛志伟，2009），农业发展的错位让步催生了最早的完整国民经济体系。党的十八大之后，农业现代化被赋予改革的任务和目标，以农村产权制度改革为核心的农业现代化，再次担负起为新型城镇化和乡村振兴提供产品供给、劳动供给和制度供给的时代责任。而当前，农业农村现代化仍然坚持农业现代化作为核心之一的要义，并将其作为经济高质量发展的重要前提与支撑，也是基于其经济支撑功能的延续。因此，农业农村现代化的经济内涵的本质就是：始终坚持农业发展的基础地位，坚持发展农业生产力为根本，坚持农业产业发展助推农村经济发展，坚持农业农村为整个国民经济体系夯基筑台。

(3) 农业农村现代化的文化内涵

农业农村现代化的文化内涵是由中国历史演进脉络中的文化积淀所决定的，其直接体现就是对"农"的不变情愫与不渝追求。党的十八大提出的乡村振兴战略带热了"乡村"这一概念，党的十九届五中全会提出的中国特色农业农村现代化又带热了农业农村的理念，而就这两个语境下的表达对"农"与"乡"的选择来看，必然是有深刻考量。有研究认为，尽管现代汉语中"乡村"与"农村"在含义上没有本质区别，但具体运用中则存在"乡村"侧重空间，"农村"侧重农业生产的特征，就此而言，"农村现代化"明显比"乡村现代化"更富有生命力和传承性。更进一步，就人类的文明演进脉络来看，西方国家的主流文化源自海洋文明（祝秋利，2018），具有明显的掠夺、侵占等海盗形象元素，而东方，尤其是我国的主流文化源自农业文明（富兰克林，2011），包括其中掺杂的部分游牧文明，则充斥着自耕、传承等小农形象元素，从这个层面上讲，"农"所传承的中国文化精魂，显然是"乡"所不能承载的。对此，习近平总书记明确指出："走中国特色社会主义乡村振兴道路，必须传承发展提升农耕文明，走乡村文化兴盛之路。"因此，农业农村现代化的文化内涵的本质就是：坚持以独立自主劳动为前提，通过不断传承与合理创新生产实践中的技术与模式，构建与自然历史演进规律相适应的生产形态和思想体系，最终实现物质财富与精神财富的积累与开拓。当然，这里的传承对象自然不可缺少农事、农耕、农俗等文化元素。

(4) 农业农村现代化的社会内涵

农业农村现代化的社会内涵是由进行现代化改造的对象指向所决定的，其直接体现就是从对农业的侧重到对农业农村并重的战略思想转变。事实上，在对农业现代化政策的历史回溯中，我们已经发现了对农业、农村，以及农民交替阐述的特征，而这种特征绝不是偶然性的，更不是领导决策的偏好所致，根本原因是农村、农业和农民同属现代化的有机组成部分，其既是现代化的对象，也是现代化的基本力量（贾建芳，2006），都是现代化的改造成果和现实依托所共同作用的结果。我国 70 多年的农业现代化进程，总体是在以农民为核心主体前提下，农业产业结构与农村社会形态的同步迭代，并引发农业和农村概念向多维性、融合性、交互性等演变。农业从产品贡献向市场贡献，再向服务贡献转变，促使了农村从空间价值向经济价值，再向综合价值转变，反过来，农村的转变又反向推动了农业的转变，这种交替运动最终导致产业的边界与城乡的边界日益模糊，形成产、城、村、人和谐一体的社会形态。必须认可的是，这种形态更加契合世界万物普遍联系的哲学基础，在更高维度实现人、事、物的自然回归。因此，农业农村现代化的社会内涵的本质就是：通过农业农村的互动演进，构建存在空间隔离和特色区分，但没有价值差异和思想壁垒的统一生产、生活环境。具体又以民生福祉、社会公义、民主政治等方方面面得以表现。

(5) 农业农村现代化的生态内涵

农业农村现代化的生态内涵是由经济社会发展的时代制约与现实依托所决定的，其直接体现就是基于对传统现代化反思下的新现代化战略体系的构建。结合前文所述，大致可以将我国农业现代化进程概括为工业依托、制度依托、科技依托，最终到达生态依托四个阶段，而学界也有对生态农业就是我国现代农业必然选择的普遍共识（丁溪，2010）。党的十八大以来，生态文明建设被摆到了更加突出的位置，这实际上宣告了传统的"石油农业"即将走向终结，而农业生态化成为时代追求（朱立志，2019）。尤其是新发展理念和乡村振兴战略的提出，从不同维度都对绿色发展和生态观进行了阐述与强调，《中共中央 国务院关于全面推进乡村振兴加快农业农村现代化的意见》更是明确强调了"推进农业绿色发展"和"实施农村人居环境整治提升五年行动"，相较于早期的政策性文件，这是历史性的战略思想转变，其成功地将农业现代化的技术观、市场观、要素观、社会观等在生态体系的维度上实现了统一。这种统一标志着新时代的农业农村现代化开启了以历史观、系统观、实践观为指引的新的前进方向。因此，农业农村现代化的生态内涵的本质就是：以经济社会发展的根本依托和人类命运的长远选择为准绳，加快推进农业农村发展从"生态掠夺"向"生态依靠、生态适应、生态优化"的转变，最终实现人与自然和谐共存。

10.2.3 农业农村现代化的目标定位

关于农业农村现代化的目标定位，以政府为主的业界表述是较为具象化、指标化的。按照《中共中央 国务院关于坚持农业农村优先发展做好"三农"工作的若干意见》《中共中央国务院关于全面推进乡村振兴加快农业农村现代化的意见》《"十四五"推进农业农村现代化规划》等政策文件的要求，包括：农业方面的农产品生产供给保障、农业现代科技与装备支撑、农业产业供应链体系建设、农业生态体系维护等，农村方面的公共基础设施建设投入、公共服务水平提升、基本社会制度优化等。学界的分析相对抽象化、思想化。比较典型且相对主流的认识有：农业现代化的目标体现在以往落后状态及国外发达状态两个维度的比较(柯炳生，2000)；农业现代化旨在实现农业生产效率和经济效益的提升(陆益龙，2018)；农业现代化的根本目的是维持底线，是服务最弱势也最为多数的小农(尤其是粮农)的，是低调的、适用的、保底的(贺雪峰，2015)；农业现代化的目标是实现农业增产、农民增收、农村繁荣等(陈锡文，2012)。而笔者分析认为，学界认识大多都是围绕对农业现代化目标的承袭，但农业现代化和农村现代化本质上是交织在一起的(彭超等，2020)，这种承袭式的目标界定必然失之偏颇。基于此，在对已有研究借鉴吸收的基础上，从4个维度重新梳理了农业农村现代化的目标体系(李明星，2022)。

(1) 农业农村现代化的核心目标与关联目标

发展中国特色农业农村现代化应当警惕的首要现象就是目标的泛化。有研究显示，目前关于农业农村现代化的目标取向是不断多元化的(蒋永穆等，2019)，但目标多元并不意味着目标泛化，其必然应该有核心目标和由此而引申的关联目标。回顾新中国成立以来的农业现代化史、农村发展史和农民成长史不难看出，"三农"领域的现代化主线始终都是通过技术、制度、模式、要素的运用创新，实现社会整体层面上的农业生产高效化和产出最大化。而从《关于全面推进乡村振兴加快农业农村现代化的意见》及相关配套政策的总体要求来看，在农业方面，继续保持在粮食安全保障、农业种质资源保护开发利用、耕地保护、农业科技支持、产业和经营体系建设和加快发展绿色农业等方面目标逻辑高度一致的历史承袭之外，同时增加了在农村社会体系构建方面的目标部署，并强调二者要"一体设计、一并推进"。但事实上，二者仍然是目标统一的，因为在当前时代条件下，农业的空间依托仍然是农村，农村的要素内涵仍然是农业，因此，二者是辩证统一的，由此不难推断：中国特色农业农村现代化的核心目标是面向经济社会发展的根本矛盾而不断解放和发展农业生产力，最终达到与社会整体相适应的现代化水平，这与农业现代化的核心目标存在高度趋同。而围绕这一核心目标，自然衍生出3个最主要的关联目标：①农业生产条件的现代化；②农村生活环境的现代化；③农民生活水平的现代化。这些关联目标则主要是面向引致矛盾或矛盾的衍生方面。当然，对于关联目标的再关联，在此就不必过多赘述。

(2) 农业农村现代化的终期目标与阶段目标

如前文所述，农业农村现代化是一个动态递进过程，而现代农业乃至于现代农村也只是特定阶段下的适配体现。因此，这就决定了农业农村现代化必然是以阶段目标的实现递推到终期目标。对于农业农村现代化的终期目标，我们有必要结合上文"核心目标"的论证阐述进行分析。按照马克思主义经典理论，发展生产力的根本目的是实现人的自由而全面发展，那么，以此为演绎，自然可得到结论：发展农业生产力的根本目的是实现从事农业生产的对象——农民的自由而全面发展。但我们还需要更深入地思考，伴随整个现代化体系的推进，农民这一具有历史阶段属性的概念必然会发生嬗变，尤其是伴随技术进步和要素创新，农民的职业边界必然会不断模糊，最终同化为一般的职业人。因此，基于这一认识不难得出，农业农村现代化的终期目标就是实现人的自由而全面发展，这是由中国特色社会主义指导思想所决定的。在实现终期目标的过程中，我们已经经历了以单一或部分要素为驱动的机械化、专业化、市场化、信息化实践，而在当下及未来一段时期内，按照《关于全面推进乡村振兴加快农业农村现代化的意见》及相关配套政策的要求，分别制定了在基础设施建设与公共服务配套、农业产业布局、收益差距缩小等方面的阶段性任务，并归结到"农村生产生活方式绿色转型取得积极进展"和"农村生态环境得到明显改善"的"获得感、幸福感、安全感"体现。以此不难看出，农业农村现代化的阶段目标是有步骤地推进产业结构协同化改造、生活环境生态化提升、社会形态包容式发展，不断加快农业农村自然与社会生态系统建设。

(3) 农业农村现代化的一般目标与特别目标

中国早期的农业现代化确实具有明显的苏联模式痕迹，主要体现在现代化进程中的工业依赖、技术依赖、市场依赖等。进入新世纪，尤其是进入新时代，在新发展理念、脱贫攻坚任务、乡村振兴战略、共同富裕目标等的连续推进下，中国开启了具有自身特色的农业农村现代化新征程。因此，从历史的继承式发展和时代的跃变式发展相统一的逻辑来看，中国特色农业农村现代化必然会保留与其他国家农业现代化相一致的，也是被实践所证明的一般性目标，同时也就不可避免地要求融入更加适应中国实际的特别性目标，一般性目标体现在关于农业生产技术同步提升、农业农村建设财政投入、农业要素和消费市场不断创新等方面，具有明显的效率优先导向，特别性目标体现在农村集体经济发展壮大、农民可支配收入明显提高、农村生态环境不断改善、农村基层治理更加高效等方面，具有明显的社会主义共同价值导向。

(4) 农业农村现代化的正向目标与逆向目标

农业农村现代化的本质是对农业农村的改造，其既包括对积极效应的追求与发展，同时也包括对消极影响的规避与阻断，从这个视角来看，农业农村现代化的目标设定就必然存在正向和逆向两种划分。一般来说，正向目标大多是具有普遍规律和共识基础的，而逆向目标则往往受意识形态和价值理念的影响而各有不同。基于这一基本判断，再结合对《关于全面推进乡村振兴加快农业农村现代化的意见》及相关配套政策的梳理，可以从矛盾论的观点上做出如下基本划分。农业农村现代化的正向目标主要体现在农业和农村领域适应个人和社会共同需求的选择，具体的政策内容指向就包括：围绕农业生产发展和农村社会进步所依靠的技术改进、市场驱动、要素充实、收益增加、素养提升、生态改善等方面，这些目标实现的动力基础主要源于市场，政策主要进行协同；而农业农村现代化的逆向目标主要体现在农业和农村领域消除或弱化阻碍个人与社会共同需求的选择，具体的政策内容指向就包括：围绕价值分配矛盾的消减和自然与社会冲突的弱化，所倡导实现的消除两极分化、淘汰落后产能、防范环境污染等，这些目标的实现往往需要依靠政策严格规制，市场的行为则大多是消极、被动甚至对立的。

10.2.4 农业农村现代化的实现路径

当前来看，尽管业界已经就现实需求初步形成了具有中国特色的农业农村现代化的路径体系，制定了《"十四五"全国种植业发展规划》等7项重点行业和领域规划。但理论层面，学界还未形成系统认识，已有观点大多是对农业现代化的关注，其主流逻辑是以对农业生产效率问题的有效破解为前提进行路径设计，笔者将其归类为3个派别：

①规模化派。代表性学者的核心观点是坚持以加快适度规模的现代产业模式推动实现现代化（严瑞珍，1997；胡鞍钢，2001；张晓山，2008；张红宇，2015）。

②小农派。代表性学者有贺雪峰、陈义媛等，核心观点是坚持以继续小农经营为基础的劳动与技术密集型模式推动农业实现现代化（贺雪峰，2015；陈义媛，2019）。

③多元派。代表性学者包括陈锡文、孔祥智等，核心观点是兼顾规模化农业和小农经济思想，倡导多元化的路径推动农业实现现代化（陈锡文，2012；孔祥智，2021）。

业界路径显然不足以阐释内在逻辑，而学界路径不仅只是停留于农业维度，其本身也存在环节不畅的问题，体现在对路径起点指向不明，也没有在更深层次上进行路径实施对象的聚焦。基于此，笔者尝试立足于对历史经验的总结判断、对时代内涵的深刻理解、对目标定位的多维分析基础上，进行路径逻辑的梳理与重构，并提出具体的实施策略（李明星等，2022）。

（1）路径逻辑

面对学界的众说纷纭，笔者认为要重点围绕对几个问题的厘清才能进行科学的判断。一是农业生产力的发展是否与规模经营存在必然关系。事实上，对规模农业的推崇源于规模经济理论提出劳动分工可以提高生产效率的基本原理，但值得注意的是，规模经济本身是针对生产程序高度规范的企业化、工厂化生产，对于农业而言，产出效率更多的是受种源、土质、水文等自然因素的影响，同时，由于农产品产出周期较长，对劳动分工的需求其实并不明显，基于这两个方面而言，规模经营对农业生产力和产出效率的影响事实值得商榷，对此，学界也有过专门分析（任治君，1995）。二是农业农村现代化对农业种养业效率的依赖度到底有多大。对于这个问题，还得结合种养业的直接价值和前文关于农业农村现代化的内涵理解来分析。我们习惯从粮食安全的角度强调种养业的重要性，但事实上，除了种养效率以外，粮食安全保障还有耕地潜能、生物技术、战略储备等屏障。而对于农业农村现代化的内涵体系而言，粮食安全并不是全部，更多的还包括价值分享、权益保护、文化传承等。基于这两个逻辑的综合不难看出，种养业效率对新时代农业农村现代化的价值贡献并不是占据绝对比重的，那些过分强调种养效率的观点，多少都存在视线偏移的嫌疑。三是农业农村现代化实现的根本依靠是什么。答案或许有技术资本驱动、城镇化带动、市场化推动、产业链供力等，但事实上，技术投入容易受到主观意识的影响，城镇化会面临要素回流困境，市场化难以跨越资本逐利陷阱，产业链供力存在成本约束。在一系列否定的同时，我们却忽视了一个基本原则，现代化的所有要素投入都不可能越过"人"这一主体，换而言之，农业农村的现实基础是自然条件和农民，自然条件的能动改造是十分受局限的，对人的改造却空间无限，沿着这一逻辑不难得出：农业农村现代化实现的根本依靠是农民。

其实，无论是就辩证唯物主义的认识论，还是就历史唯物主义的实践观来说，农民始终都是农业和农村发展的能动主体。农业生产技术提升的本质是农民对劳动方式的改进，农业经营模式转变的本质是农民对成本效率的选择，农村生活环境改善的本质是农民对生活质量的追求，政府政策和市场规律的落地实践依赖于农民的生产行为，农业农村现代化的成果价值彰显于农民的幸福感。因此，从根本上来说，农民是农业农村现代化最本质的元素，农业农村现代化的最终实现也必须且只能依靠农民，其最终路径就是农民的现代化。需要在此做出特别说明的是，农民现代化的理念并非当前臆造，其思想理念可以追溯到清末民初，梁启超、鲁迅、李大钊、毛泽东、晏阳初、陶行知等都对此做过相关论述（赵秀玲，2021），但文献资料显示，明确的概念正式提及最早始于20世纪80年代的改革开放初期。叶南客等（1986）基于对苏南农民现代化变迁趋势的调研认为，农民现代化在不远的将来一定能走出一条中国特色社会主义现代化道路；湘潭大学政教系副教授吴家丕也在《中国农民与农业现代化》一书中深刻阐释农民现代化对农业现代化的重要性（雷国珍，1991）；薛汉伟（1993）基于对农民问题和中国社会走向的分析认为，农民现代化是中国特色社会主义现代化的关键问题；张应杭（1996）认为要从引导摒弃"安土"心理对中国农民进行现代化改造，才有助于现代化事业；娄章胜等（1998）认为社会由传统社会向现代社会的转化的关键在于以农民为主的人的现代化。进入21世纪之后，农民现代化的论断被更多学者所接受并支持。廖菲（2000）、袁银传（2002）、朱道华（2002）、洪银兴（2009）、朱启臻（2011）等也从不同的视角阐释了农民现代化是农业、农村现代化的关键的思想。这些思想理论都认为农民现代化可以实现技术运用、组织体系、社会治理、发展理念的全方位提升。其中，技术运用和组织体系等方面的提升是促进农业生产力提升的关键，这构成了农业农村现代化的物质基础；社会治理和发展理念等方面的提升是促进农村社会结构优化的关键，这构成了农业农村现代化的社会基础。

基于上述分析，笔者最终将具有中国特色的农业农村现代化的路径逻辑归结为：以农民现代化为核心，通过对传统农民的技术改造，凝聚农业农村现代化的内生动力，同时辅以要素供给和政策配套的外部供力，进而形成现代化合力，推动农业农村现代化的不断升级与持续发展。

（2）实施策略

①持续强化对传统农民的技术改造。改造的关键是聚焦技术维度，其内容包括技术思想、技术理论、技术工具、技术实践和技术创新等多个方面。从当前趋势来看，以互联网、大数据、人工智能等为核心的技术必将引领人类社会发展相当长的时间，这给了传统农民现代化改造足够的空间。在可以预计的不久将来，经过现代化技术改造的传统农民必然最终蜕变为彻底的新时代农业职业人，并与一般职业人平等交互，进而引致农业与其他产业、农村与城镇等多个维度的"农"与"非农"的壁垒被突破，最终实现一体现代化。

②不断释放对三农领域的政策红利。农业农村现代化进程是一个必然趋势，但农业农村现代化的改造则是一个被动行为，这是被改造对象规避成本投入的经济理性决定的。因此，我国在推动农业农村现代化改造的过程中需要不断整合有利政策，引导政策红利面向三农领域高效释放。关键在于3个方面：一是对现代化涉农基建成本进行合理的政策性托底，在坚持"市场—政府"错位协同的原则下，加大对公共性、公益性农业农村现代化改造基本投入，将现代化改造的成本社会化，帮助提升农业农村现代化改造效率。二是给予农业市场化发展更多政策空间，在坚持国家基本社会制度不改变的前提下，给予农民在家庭经营、合作经营、企业经营等不同生产组织形式选择上同等的政策支持，实行政府把控外部能效、市场调节内部能效。三是给予农村社会发展更多的政策机遇，充分运用改革这一手段，逐步破解制约农村经济盘活、要素运用、民生保障、文化传承、生态优化等方面的问题，为农村社会松绑助力，赋予农民更多主动选择权。

③同步完善对三农领域的制度规范。要注意防范在农业农村现代化改造进程中出现反噬效应，通过制度机制约束技术泛化、资本入侵、阶层分化、生态过载等问题的出现。对此，要重点围绕以下几个方面进行创新完善：一是建立城乡统一的生产要素管理制度，既要加强对传统生产要素的管理，还要注重对新型要素的管理，尤其要尽快建立以数据要素为核心的管理体系，及早谋划三农领域的数据资源管理工作，规范要素使用和交易规则，严防数据泄密。二是建立全国统一大市场行为监督约束机制，尤其是在农业农村现代化改造的初期阶段，要严格控制强势资本在涉农领域的介入，始终坚持将市场的要素基底、平台规则、标准体系把握在国家手中。三是持续完善或取缔存在城乡差异的社会管理制度机制，要彻底转变"农"与"非农"的差异化观念，并根据国家和社会实际探索将农民纳入职业人体系的现实路径，逐步完善和城乡一体化的民生保障机制。四是建立生态环境修复提升常态机制，在保证农村现代化发展所需前提下，制定合理有效的生态环境保护策略，践行农业农村生态现代化理念。

10.2.5 农业农村现代化评价

从宏观层面看，加快推进我国农业农村现代化建设需要建立一个统一、科学且合理的评价指标体系，原因有三：①构建评价指标体系可以明确农业农村现代化涉及哪些内容、每个内容的具体目标是什么；②使用构建的指标体系对各个区域的农业农村现代化水平进行测评，有助于学术界和相关决策部门准确把握农业农村现代化发展进度、存在问题和发展趋势；③评价指标体系具有重要的指引作用，科学合理的评价指标体系能够指引我国各地区农业农村现代化向健康的方向发展。我国已步入新发展阶段，新发展阶段赋予了农业农村现代化新的内涵，新内涵衍生出新的目标。为顺利推进农业农村现代化，把握发展趋势和方向，有必要建立客观、科学和合理的评价指标体系，用以明确各阶段、各方面的目标任务，把握进度，查缺补漏（张小允等，2022）。

10.2.5.1 评价体系构建原则

(1) 系统性原则

农业农村现代化评价指标体系是一个系统概念，由目标层、准则层、指标层等不同层次的子系统组成，各系统层次间、各评价指标间联系密切，相互依赖、相互影响和相互约束。在构建农业农村现代化评价指标体系时，要有系统思维，即把该评价指标体系看作是一个有效、包容和开放的系统，具有动态性和复杂性。使用系统相关理论，对评价指标体系进行整体布局，通过系统内外部要素的互动与转化，实现该有机整体的优化升级（朱绪荣等，2012）。

(2) 科学性原则

农业农村现代化评价指标体系的设计，必须紧扣农业农村现代化的阶段目标、时代内涵和特征特色，要综合经济效益、社会效益和生态效益等各个方面去评价衡量。评价指标不仅要能体现当前阶段的农业农村现代化发展实际水平，还要能反映出其后续的发展方向和发展潜力。需要科学合理地明确评价体系中每个指标的类别、权重和目标值，并选用科学的计算方法与模型进行量化和评价。

(3) 指导性原则

农业农村现代化评价指标体系的设计，充分体现了国家或地区农业农村建设的重点和关键点，是现阶段和未来一段时间内发展现代化农业、建设现代化农村的突破口和着力点。通过农业农村现代化评价指标体系的构建和使用，为国家或地区加快农业农村现代化的发展提供方向性指导，使学术界和相关政府决策部门明确未来的研究重点和工作重点（高芸等，2016）。

(4) 可操作原则

农业农村现代化评价指标体系的设计应与党和国家制定的《关于全面推进乡村振兴加快农业农村现代化的意见》《中华人民共和国国民经济和社会发展第十四个五年规划和2035年远景目标纲要》《"十四五"推进农业农村现代化规划》等相关文件中的发展目标相融合，以保证评价体系重点突出、逻辑清晰和框架合理。每个设计的指标需简单明确，不仅要能具体量化，而且涉及的数据要有较强的可获取性，以便于后续的计算和评价。

(5) 协调性原则

农业农村现代化评价指标体系的设计，要协调好评价指标的全面性和代表性。我国要实现的农业农村现代化，不是片面的现代化，而是全方位、不留死角的现代化。但是，农业农村现代化的评价指标体系又不可能涵盖农业农村的方方面面，只能涉及重点领域、代表性领域，即需要找到全覆盖与代表性之间的均衡点。此外，评价指标体系的设计还需要协调好历史、当下和未来之间的关系，既需要满足当下、蕴含未来，还要延续已有的评价指标体系（叶兴庆等，2021）。

10.2.5.2 评价体系构建思路

要从历史和现实的角度去设计农业农村现代化评价指标体系，不仅要与已有的评价体系保持必要的历史延续性，还要根据时代的发展赋予其新内涵和新特征（叶兴庆等，2021）。农业农村现代化是乡村振兴战略的总目标，是"五位一体"总体布局在农业农村方面的具象，不是农业现代化和农村现代化的简单加总（王兆华，2019）。发展现代农业，须以"高产、优质、高效、生态、安全"为目标，加快转变农业生产和经营方式，健全农业产业体系，推进农业科技进步和创新，加强农业物质技术装备，提升产出水平和可持续发展能力；建设现代化农村，须以"富裕、民主、文明、和谐、美丽"为目标，加强农村基础设施建设，提升居民生活质量和教育文化水平，构建农村治理体系提升治理能力，促进农村社会发展。故将"高产、优质、高效、生态、安全、富裕、民主、文明、和谐、美丽"作为农业农村现代化的总目标，以实施乡村振兴战略为总抓手，以"创新、协调、绿色、开放、共享"新发展理念为总指引，促进农村经济、政治、社会、文化和生态五位一体共同发展（图10-1）。

综上，本书拟将农业现代化、农村现代化设为一级指标，把产业体系、生产体系、经营体系、产出水平、可

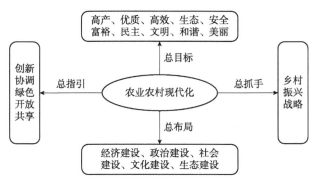

图 10-1 加快推进我国农业农村现代化发展路线
（张小允等，2022）

持续发展、科技与政策支撑、农村基础设施、居民生活质量、教育文化、农村治理体系与能力、社会发展设为评价体系的二级指标,再将上述二级指标拆解为相关具体指标,最终形成农业农村现代化发展水平评价指标体系(张小允等,2022)。

10.2.5.3 农业农村现代化评价指标体系构建

本文搜集整理了大量的文献与统计资料,并参考政府机构发布的相关政策文件,在综合考虑我国农业农村现代化现阶段实际发展水平的基础上,构建农业农村现代化评价指标体系,并为每个指标设立现代化目标值。本文构建的农业农村现代化评价指标体系把农业现代化和农村现代化设为一级指标,两个一级指标下设 11 个二级指标和 39 个具体指标。农业农村现代化评价指标目标值的设立借鉴了世界发达国家和国内发达区域的农业农村现代化建设水平与发展经验,并结合了我国农业农村实际发展情况。

(1) 农业现代化相关评价指标

农业现代化发展水平评价指标包含农业产业体系、农业生产体系、农业经营体系、农业产出水平、农业可持续发展、农业科技与政策支撑 6 个二级指标和 22 个具体指标(表 10-2)(张小允等,2022)。

表 10-2 农业现代化评价指标体系

二级指标	具体指标	2035 年目标值	2050 年目标值
农业产业体系现代化	粮食综合生产能力($\times 10^8$ t)	≥7.0	≥6.8
	养殖业产值占农业总产值比重(%)	45	60
	农产品加工业产值与农业总产值比	3.5	4
	农林牧渔服务业增加值占农林牧渔业增加值的比重(%)	4.8	8
农业生产体系现代化	高标准农田占比(%)	60	75
	农业科技进步贡献率(%)	75	80
	农作物耕种收综合机械化率(%)	85	95
	农业生产信息化率(%)	45	60
农业经营体系现代化	土地适度规模经营比重(%)	65	80
	畜禽养殖规模化水平(%)	75	85
	农业社会化服务对农户覆盖率(%)	60	90
	新型农业经营主体辐射带动农户比例(%)	70	90
农业产出水平现代化	农业劳动生产率(万元/人)	10	15
	农业土地产出率(万元/hm^2)	6	8
	农产品质量安全例行监测合格率(%)	≥98	≥98.5
农业可持续发展现代化	畜禽粪污综合利用率(%)	85	95
	秸秆综合利用率(%)	85	95
	万元农业 GDP 能耗(tce)	0.1	0.08
	万元农业 GDP 耗水(m^3)	400	250
农业科技与政策支撑现代化	农业 R&D 经费投入强度(%)	1.5	2
	农业科技成果转化率(%)	≥70	≥80
	农业保险深度(%)	2.5	5

注:tce(ton of standard coal equivalent)是吨标准煤当量,1tce=293$\times 10^8$ J。

①农业产业体系现代化。现代化的农业产业体系,应该以保障国家粮食安全为基础,养殖业、加工业和服务业优质、高效且协同发展。为评价农业产业体系现代化水平,设置了粮食综合生产能力、养殖业产值占农业总产值比重、农产品加工业产值与农业总产值比、农林牧渔服务业增加值占农林牧渔业增加值的比重等指标。粮食综合生产能力是农产品供给的有效保障,根据人口预计数与人均粮食需求量,将2035年和2050年目标设定为不小于7×10^8t和6.8×10^8t(叶兴庆等,2021)。高比重的养殖业是农业现代化的标杆,目前发达国家养殖业产值占农业总产值的比重大多在60%~80%,参考发达国家经验并结合我国实际情况,两个阶段目标分别设置为45%和60%。2020年我国农产品加工业与农业总产值比为2.4,该指标重在反映现代农业的产业链长度,发达国家该数值一般在3.5~4.0,有的国家甚至更高,综合考量,将两个阶段目标值分别设为3.5和4.0(覃诚等,2021;叶兴庆等,2021)。设置"农林牧渔服务业增加值占农林牧渔业增加值的比重"这一指标是为了衡量农业服务业的发展水平,根据《全国农业现代化发展水平评价报告(2016)》将其两个阶段目标值分别设定为4.8%和8%。

②农业生产体系现代化。现代化的农业生产体系,需要严守耕地数量和质量,在此基础上赋予农业生产体系更高的科技含量。为评价农业生产体系现代化水平,设置了高标准农田占比、农业科技进步贡献率、农作物耕种收综合机械化率、农业生产信息化率等指标。高标准农田是农业设施化的基础体现,2021年底全国已建成$0.6\times10^8\text{hm}^2$高标准农田,占总耕地面积的1/2左右,根据国务院发展研究中心的研究成果,两个阶段高标准农田保有量占比应分别达到60%和75%。农业科技进步贡献率反映的是农业科技进步对农业总产值的贡献,2020年我国农业科技进步贡献率达到60%,与发达国家相比仍然有较大差距,综合考量,将全面实现农业现代化的目标值设为发达国家的一般水平,即80%。农作物耕种收综合机械化水平,是现代农业的重要标志。我国农业综合机械化水平在逐步提升,2020年为71%,但与发达国家农业机械化水平普遍高于90%的情况相比,仍存在较大差距,考虑到未来发展状况,将该指标两个阶段目标值分别定为85%和95%(覃诚等,2021;叶兴庆等,2021)。农业生产信息化是支撑农业现代化的重要法宝,据农业农村部发布的数据显示,2020年全国农业生产信息化率为22.5%,预计"十四五"期间该指标将达到27%,结合这一增长状况,将其两个阶段目标值分别设为45%和60%。

③农业经营体系现代化。现代化的农业经营体系,需要着力促进我国小农经济向现代化农业过渡,促使种养规模化、专业化和合作化(辛岭等,2021)。为评价农业经营体系现代化水平,设置了土地适度规模经营比重、畜禽养殖规模化水平、农业社会化服务对农户覆盖率、新型农业经营主体辐射带动农户比例等指标。土地适度规模经营和畜禽规模化养殖是我国实现农业现代化的必经之路。2020年我国土地适度规模经营比重已超过40%,畜禽规模化养殖水平达到67.5%,综合考虑我国土地政策的变化并参照发达国家的发展经验,将这两个指标全面实现农业现代化的目标值分别设为80%和85%。农业社会化服务和新型农业经营主体是我国由"小农业"发展模式向农业现代化过渡转变的重要工具,其对农户的辐射带动作用是农业经营体系现代化的助推剂。根据国务院发展研究中心的研究结果,将农业社会化服务对农户覆盖率、新型农业经营主体辐射带动农户比例这两项指标全

面实现农业现代化的目标值均设为90%。

④农业产出水平现代化。现代化的农业产出水平，应以高效率、高水平和高质量为核心目标(辛岭等，2010)。为衡量农业产出现代化水平，设置了农业劳动生产率、农业土地产出率、农产品质量安全例行监测合格率等指标。提高农业劳动生产率是提升我国农业产出水平、提升农业竞争力的基本手段。2020年我国农业劳动生产率人均为3.78万元，距离发达国家的水平相差甚远，考虑到我国人多地少、劳动力素质整体不高的基本国情，参考《乡村振兴战略规划(2018—2022年)》提出的增长情况，将两个阶段的目标分别设定为10万元/人和15万元/人。农业土地产出率是农业产出水平的重要标志之一，参考《全国农业现代化发展水平评价报告(2016)》研究结果，将其两个阶段目标值分别设定为6万元/hm^2和8万元/hm^2。农产品质量安全是农业高质量发展、实现农业现代化的题中之义，一年一度的农产品质量安全例行监测是重要法宝。2020年农产品质量安全例行监测合格率为97.8%，预计全面实现农业现代化该指标值能持续稳定在98.5%以上。

⑤农业可持续发展现代化。绿色可持续是当前农业发展的大方向，农业可持续现代化应该以低耗、高效和生态为关键词。为衡量其现代化水平，设置了畜禽粪污综合利用率、秸秆综合利用率、万元农业GDP能耗、万元农业GDP耗水等指标。截至2020年，全国畜禽粪污综合利用率超过了75%，全国秸秆综合利用率达86%，这两项指标关系到农村生态、环境和能源等重要内容，是农业可持续发展亟须解决的问题。借鉴发达国家和国内发达地区的发展经验，将两项指标全面实现农业现代化的目标值均设为95%(魏后凯等，2020)。万元农业GDP能耗与耗水，是从资源利用效率的角度来反映农业发展的状况，高效低耗是农业现代化发展的落脚点。根据《全国农业现代化发展水平评价报告(2016)》的研究结果及国际经验，分别将两项指标全面实现农业现代化的目标值定为0.08 tce和250 m^3。

⑥农业科技与政策支撑现代化。科技与政策支撑是农业现代化的重要保障，为衡量其发展水平，设置了农业研究与试验发展(R&D)经费投入强度、农业科技成果转化率、农业保险深度等指标。科技创新改造传统农业是实现农业高质量发展、提高农业现代化水平的必然要求，农业研究与试验发展经费投入强度则是其关键衡量指标。当前，我国农业科技投入占农业生产总值的比重在1%左右，距离全行业(2%)和欧美发达国家(2%~5%)的水平还有较大距离，综合考量，将该指标两个阶段目标值分别设定为1.5%和2%。农业科技成果转化率反映的是农业科技研究对农业发展的贡献率。当前，我国农业科技成果转化率仅为30%~40%，是欧美发达国家的一半，根据欧美发达国家的发展经验，将其两个阶段目标值定为不小于70%和80%。农业保险是服务"三农"的一项重要政策举措，农业保险深度反映了一个国家(地区)的农业保险在国民经济中的地位。2020年我国农业保险深度为1.05%，同期，美国农业保险深度为6%左右，考虑到该项指标与发达国家的巨大差距，分别将两个阶段的目标值定为2.5%和5%。

(2)农村现代化相关评价指标

农村现代化发展水平评价指标主要包含农村基础设施、农村居民生活质量、农村教育文化、农村治理、农村社会发展5个二级指标以及17个具体指标(表10-3)(张小允等，2022)。

表 10-3 农村现代化评价指标体系

二级指标	具体指标	2035年目标值	2050年目标值
农村基础设施现代化	燃气普及率(%)	70	90
	安全用水普及率(%)	90	100
	农村生活垃圾处理率(%)	96	100
农村居民生活质量现代化	农村居民人均生活用电量(kW·h/年)	1500	2500
	农村卫生厕所普及率(%)	85	100
	农村居民平均寿命(岁)	75	80
	农村人均消费支出(万元)	2.5	3.5
农村教育文化现代化	农业生产经营人员平均受教育年限(年)	11	13
	农村居民教育文化娱乐支出占比(%)	12	15
	农村学前教育毛入园率(%)	90	100
	乡村学校师生比	1∶15	1∶10
农村治理现代化	建立集体经济组织的村占比(%)	90	100
	建有综合服务站的村占比(%)	85	100
	村庄规划管理覆盖率(%)	95	100
农村社会发展现代化	农村人均生产经营贷款(万元)	6	10
	城镇化率(%)	≥75	≥80
	城乡居民收入差距指数	≤1.8	≤1.5

①农村基础设施现代化。现代化的农村基础设施，应当以村落自然演化为前提，为村民提供更加便利、舒适和卫生的条件。为衡量农村基础设施建设状况，设置了燃气普及率、安全用水普及率、农村生活垃圾处理率等指标。省时省力的清洁能源是农村生活用能发展的大趋势，2019 年全国村庄燃气普及率仅为 31.3%。一些研究认为，我国农村居民居住集中度较低，燃气管网铺设成本太高，故将目标值设定在 70%~75%。随着人们对生活能源安全性、便利性和清洁性需求的逐步提升，以及新技术新设备的发明、引进和广泛使用(如基于安全技术标准的液化石油气微管网供气技术)，燃气普及率全面实现农村现代化目标值可达 90%。保障农村居民饮水安全是农村现代化进程中的一条底线。水利部相关数据显示，截至 2021 年，我国农村自来水普及率达到 84%，处于历史最高水平，结合我国当前基本情况，将该指标两个阶段目标值分别设定为 90% 和 100%。2020 年我国农村生活垃圾处理率达 90%，到全面实现农村现代化时，这一指标应达 100%。

②农村居民生活质量现代化。生活质量是村民幸福感、满足感的主要来源。为衡量农村居民生活质量状况，设置了农村居民人均生活用电量、农村卫生厕所普及率、农村居民平均寿命、农村人均消费支出等指标。农村居民人均生活用电量直接反映农村居民家庭生活的电气化程度，这也是农村居民高质量生活的重要标志。发达国家人均生活用电量在 1000~4000 kW·h/年，有的国家(如美国、加拿大)该指标值甚至在 4500 kW·h/年以上，远远超过我国的用电水平。结合我国农村居民实际用电情况和增长态势，将该指标两个阶

段目标值分别定为 1500 kW·h/年和 2500 kW·h/年。2020 年我国农村卫生厕所普及率超过 68%，随着"厕所革命"的扎实推进，预估全面实现农村现代化该指标值将达到 100%。健康长寿是高质量生活最重要的指标，2017 年国家统计局与卫健委发布的数据显示，我国农村居民平均寿命仅为 68 岁，而北京、上海等大城市居民的平均寿命在 80 岁以上。考虑到我国农村地区的差异，将两个阶段的目标值分别定为 75 岁和 80 岁。2020 年我国农村居民人均消费支出约 1.4 万元，国内发达地区农民人均消费支出已超过 2 万元，综合考量，将该指标两个阶段的目标值分别设定为 2.5 万元和 3.5 万元(以 2020 年价格水平为基准)。

③农村教育文化现代化。教育文化是实现村民全面发展的基础，也是实现农村现代化的引擎。为评价农村教育文化现代化水平，设置了农业生产经营人员平均受教育年限、农村居民教育文化娱乐支出占比、农村学前教育毛入园率、乡村学校师生比等指标。国外农业发达国家农民总体素质较高，体现在农业生产经营人员的受教育年限较长，普遍在 13 年以上。相比较而言，我国农业生产经营人员平均受教育年限较低，不足 8 年，综合考量，将该指标两个阶段的目标值分别设定为 11 年和 13 年(叶兴庆等，2021)。2020 年全国居民人均教育文化娱乐支出 2032 元，占人均消费支出比重为 9.6%，农村居民该指标值更低，预估全面实现农村现代化时，该指标值能达到 15%。2020 年全国学前教育毛入园率为 85.2%，根据"十四五"规划明确提出的目标以及国家现代化建设的实际需要，将该指标两个阶段的目标值设为 100%。师生比是教育资源优劣的一个直观体现，当前，我国乡村学校师生比在 1∶25 左右，远低于国内发达地区和欧美等发达国家。考虑到国家对教育特别是乡村教育的政策支持，将该指标两个阶段的目标值分别定为 1∶15 和 1∶10。

④农村治理现代化。农村治理包含治理体系和治理能力，现代化的农村治理应当以经济发展为依托，为村民提供有序、优质服务，让村民感到有奔头、有依靠(冯献等，2022)。为评价农村治理现代化水平，设置了建立集体经济组织的村占比、建有综合服务站的村占比、村庄规划管理覆盖率等指标。建立集体经济组织是实施乡村振兴战略、实现农村现代化的重要举措。2020 年全国已建立集体经济组织的村占比超过 80%，考虑到发展集体经济基础性和带动性作用，将该指标两个阶段的目标值设定为 90% 和 100%。农村综合服务站主要负责农业生产经营、灾害防御、防疫监管、技术推广和土地流转等农业农村的相关服务工作，是提高农村服务与治理水平的重要载体。根据《乡村振兴战略规划(2018—2022 年)》中的数据显示，2016 年该指标数为 16.3%，预计 2022 年该指标数为 53%，考虑到农村综合服务站的关键作用，把该指标两个阶段的目标值定为 85% 和 100%。村庄规划管理是做好农村地区各项建设工作的基础，对推进农村现代化建设具有重大意义。

⑤农村社会发展现代化。农村社会发展涉及农村经济发展活跃度，城乡差距等内容(蒋和平等，2015)。为衡量农村社会发展现代化水平，设置了农村人均生产经营贷款、城镇化率、城乡居民收入差距指数等指标。乡村金融贷款可为农业生产经营者采购农资、乡村企业投资建厂等提供信贷资金，是支持农村经济和社会发展的助推器。中国人民银行金融消费权益保护局发布的数据显示，截至 2020 年年末，全国农户生产经营性贷款余额为 5.99 万亿元，农业就业人口 19 445 万人，农村人均生产经营贷款为 3.08 万元。比较和借鉴农业发达国家与国内发达地区的发展经验，将该指标两个阶段的目标值分别设为 6 万元

和 10 万元。城镇化是扩大内需的最大潜力，是促进我国经济发展的驱动力，能够为农业农村现代化建设提供充足的技术装备和资金积累。2020 年我国城镇化率达 63.9%，而发达国家的城镇化率普遍在 80% 以上，预估到 2035 年我国城镇化率将超过 75%，到全面实现农村现代化时能达 80% 以上。实现共同富裕是农业农村现代化的应有之义，也是社会发展的根本方向（王文隆，2022）。城乡居民收入差距指数是其关键的衡量指标。2020 年我国城乡居民收入差距指数为 2.56，与 1978 年数据持平，比 1984 年历史最低值高 0.82，且区域间不平衡现象明显。综合考虑我国的国情、历史沿革并借鉴发达国家发展经验，将该指标两个阶段的目标值定为不大于 1.8 和 1.5。

10.3 中国式现代化

党的二十大报告中，习近平总书记指出了中国式现代化的本质要求："坚持中国共产党领导，坚持中国特色社会主义，实现高质量发展，发展全过程人民民主，丰富人民精神世界，实现全体人民共同富裕，促进人与自然和谐共生，推动构建人类命运共同体，创造人类文明新形态。"深入剖析中国式现代化道路的发展脉络、科学内涵以及世界意义，知悉实现中国式现代化的挑战，提出实现中国式现代化的中心工作与路径，能够帮助全党全社会深刻认识和全面把握中国式现代化道路，使全党全社会为实现共同富裕和民族复兴提供强大的精神力量，为世界其他国家的现代化提供有益的借鉴和参考。

10.3.1 中国式现代化的发展脉络

自鸦片战争之后，中国无数的仁人志士为了救亡图存进行了一系列现代化道路的艰难求索。中国的不同阶级尝试了从制度、文化、思想、经济等方面的现代化，然而囿于时代、阶级固有的局限，诸多现代化探索都没能取得成功。中国共产党在 1921 年的创立，是一个具有深远影响的重大事件，为探索中国式现代化道路夯实了政党根基。中国共产党在新中国成立以前高度重视吸收和学习马克思主义现代化理论，并着手建构现代化道路的初步框架，然而中国陷入了战争的泥潭，中华儿女在战争中苦苦挣扎，无暇顾及现代化，中国被迫中断了现代化进程。直到新中国成立以后，毛泽东以强烈的使命担当将现代化道路提上了议事日程，着力探索具有中国特色的现代化道路，进行了一系列有益的实践探索。党的十一届三中全会之后，我们党空前推进中国式现代化道路的深入探索，现代化贯穿在改革开放过程中的文化、制度、理论、道路等方方面面。新时代以来，中国共产党将现代化上升到前所未有的高度，开启了推进现代化强国建设的新征程。纵观中国共产党的奋斗历程，中国式现代化道路始终具有明确的目标和方向，是伴随立党、兴党、强党历程逐渐生成和定型的（代玉启，2022；于磊，2022）。

(1) 新中国成立前现代化道路的验证与尝试

在帝国主义的侵略和掠夺下，近代中华民族饱受劫难，处于"落后挨打""亡国灭种"的危险境地，究其根源就是缺乏强大的国防和工业的支撑。英国在 18 世纪中叶进行了工业革命，在全球率先吹响了现代化的号角。在工业革命的强力促动下，西方国家的技术、政治、经济等方面出现了深刻变革，实现了社会生产力的迅猛发展，这直接造成了东西方之间的发展差距存在巨大的鸿沟，古老中国的大门也在坚船利炮的强攻下打开了。中国的有识之士自近代以来深刻认识到要使国家和民族立于不败之地，必须以国家的现代化来实现国家的强盛与繁荣。从洋务派、维新派再到辛亥革命的一系列运动，中国的不同阶级都在探索和思考中国的现代化道路。对于现代化道路的探索，无数先进分子在试错和探索中推动了现代化的进程，为中国式现代化道路的开创夯实了坚实基础，然而这些现代化的方案由于脱离中国的现实，具有鲜明的不足和缺陷。直到毛泽东全面继承和整体发展了马克思主义现代化理论，中国才开启了真正意义上的现代化道路。在中国共产党的建立初期，我们党就以强烈的担当和使命提出了反帝反封建的革命目标，为中国的革命道路指明了方向，清除了阻碍中国现代化的一切因素。毛泽东清醒认识到工业化对于国家发展的重要性，明确提出："工业化是国家现代化的关键，是国家强盛的基础"（董慧等，2022）。毛泽东在党的七大上进一步旗帜鲜明指出："全国各族人民要为工业化不断斗争。"此后，毛泽东在党的七届二中全会上再次强调："中国的手工业、农业、工业开始向现代化方向前进。"我们党第一次使用"现代化"，表明了我们党对"现代化"有了进一步的认识，然而新中国成立前革命斗争、战争连绵中断了中国的现代化进程，这一时期的现代化道路探索异常艰难。

（2）新中国成立后创造性提出"四个现代化"

新中国成立之后，中国共产党以坚定的决心和强大的魄力恢复了国民经济，以顽强的意志完成了民主革命的重大任务。通过在全国清除反革命分子和着力推进社会建设，维护了全国的社会秩序，以极短的时间有效恢复了国民经济，带领全国各族人民开始探索中国式现代化之路。我们党在1953年不失时机地确定了"一化三改"的过渡时期总路线，毛泽东进一步提出："经过几个五年计划，将中国建设为现代化程度较高的国家。"创造了与国情相符合的过渡形式，经过三年的团结奋斗基本完成"三大改造"，使剥削制度从中国历史中彻底退出去，实现了向社会主义社会的历史性转变，中国的社会面貌发生了深刻变革，为推进现代化奠定了制度、政治、经济根基，为进一步激发生产力开创了崭新道路。建国之后毛泽东等领导人始终遵循社会发展规律，全面探索现代化建设规律，开创性提出了"四个现代化"的命题。毛泽东在1954年指出："在全国各族人民的团结奋斗下，要使中国成为经济、文化等方面实现高度现代化的国家。"周恩来按照毛泽东的指示在政府工作报告中指出："中国原来的经济是落后的，要摆脱贫穷和落后，必须实现工业现代化、农业现代化、交通运输业现代化和国防现代化，不然实现不了革命的目的。"这就是我们党最初对"四个现代化"的表述，后来毛泽东又将"四个现代化"概括为"农业现代化、工业现代化、科学文化现代化、国防现代化"。自此，基本形成了"四个现代化"的框架。毛泽东在1957年强调，在"社会主义国家"的建设中，必须纳入"现代科学文化"的内容，体现了我们党全面认识到了科学文化在社会主义建设中所发挥的强大作用。周恩来在1964年明确指出："以'两步走'战略来完成'四个现代化'的目标"，这是我们党在现代化进程中的重大战略调整，集中体现了中国现代化目标的综合性。我们党在基础薄弱的条件下，解决了多个方面走向现代化的问题，尽管也遭遇了一系列的挫折和困难，但此时期的社会建设和经济发展依旧相当显著。"我们党以顽强的拼搏精神取得了傲人成就，并向世界宣告中国共产党和中国人民敢于破坏旧世界、善于建设新世界。"

(3) 改革开放时期擘画现代化蓝图

改革开放时期，我们党进一步完善了"四个现代化"。邓小平在党的十三大上明确提出了"中国式现代化"的战略目标、"三步走"发展规划，比此前的"四个现代化"更加具体，深刻调整了国家现代化的战略目标，彰显了我们党深化了对国家现代化内涵的认识，有力推进了中国现代化的进程。邓小平在1984年指出："我们必须立足中国发展的实际，建设小康社会，这是中国式的现代化。"邓小平着眼于国情，持续推进自我发展和自我完善，破除苏联僵化体制机制的弊病，释放了社会主义生产力的活力，镜鉴了其他国家现代化的有益成分，全面利用好国内国外的"两个市场"和"两种资源"，整体性设计了具有中国特色的现代化道路。邓小平在1992年基于生产力的发展，在对中国发展具有重大影响的"南方谈话"上揭示了社会主义的本质，强调需要汇聚全国之力推进小康社会的建设进程，使全体人民向着共同富裕迈进。在推进过程中，中国共产党认识到中国发展底子薄、基础弱等实际情况，以及实现现代化目标的艰巨性和复杂性，在党的十三大上明确提出了现代化建设的总体目标和"三步走"战略，在党的十五大上提出了"百年奋斗目标"，党的十六大提出了"新三步走"战略，界定了"百年奋斗目标"中第一个目标为全面建成小康社会，党的十七大将"和谐"纳入现代化的建设内容，丰富了现代化的内涵，赢得了现代化发展的主动权。

(4) 新时代开启了现代化新征程

进入新时代，表征着中国的现代化已经进入了新的阶段，尤其是新的使命和新的社会主要矛盾对现代化发展提出了更高的要求。党和国家以高度的使命感和责任感分析国际形势，科学把握国内发展局势，在推进现代化的历史关头，智慧性地提出了"中国式现代化道路"的科学命题，将现代化进程推到了新的阶段。新时代以来，我们党进一步提出了"五位一体"的发展战略，坚强的领导核心带领敢于创造、善于创新的中国人民，持续提高社会治理、国家治理的现代化水平。中国共产党始终不变的奋斗目标，就是实现社会主义现代化，这一铿锵有力的论断集中表达和概括了我们党在探索现代化道路上所做出的巨大贡献和付出的艰辛努力，彰显了新时代党和国家以强烈的使命担当接过现代化的"接力棒"，为实现民族复兴不断夯实基础。我们党明确了新时代推进现代化建设的重要目标，在党的十八大上做出了农业现代化、城镇化、信息化、新型工业化一体化发展的部署，在党的十九大上再次重申了"新四化"是现代化建设的重要目标，在党的十八届三中全会上创造性提出了国家治理现代化的重要论断，这是推进现代化强国建设的关键环节。习近平总书记高瞻远瞩地在党的十九大上强调，我们要分两个阶段来推进现代化强国建设，这一重要论断具体勾勒了现代化进程的路线图和时间表，党的十九届四中全会从顶层设计整体部署了国家治理现代化，党的二十大着重强调了中国式现代化的本质要求，为中国的现代化发展擘画了美好前景。

10.3.2 中国式现代化的科学内涵

中国式现代化道路是以科学理论为指导的科学性现代化道路，是以实现共同富裕为目标的人民性现代化道路，是人类、自然、社会协调发展的现代化道路，是主张和平发展的包容性现代化道路。这一具有显著科学性、人民性、协调性、包容性的现代化道路，是马克思主义现代化理论在与中国的具体实践紧密结合之中，逐渐形成的独具中国特色的现代化发展新路(于磊,2022)。

(1) 以科学理论为指导的现代化道路

现代化发轫于资本主义国家,最先兴起于工业革命后的英国,实现了人类在近代以来社会各领域的深刻变革,也是整个人类文明传承与创新的主导形态。原初的现代化是在资本主义制度下的资本主义化,涉及城市革命、产业革命、跨国贸易、科技革命等领域,是基于资本逻辑的现代化,不可避免造成了生态恶化、社会动荡、文明冲突、宗教矛盾、政治腐败、经济危机等一系列难以解决的问题。马克思深入观察资本主义生产方式的重大变革,并将变革后的社会称之为"现代社会"。尽管马克思并未直接提出"现代化"的命题,但"现代工人阶级""现代工业""现代资本家"等词频繁在马克思的著作中出现。在马克思论述东方社会发展、世界历史以及全球化的相关论著中蕴含着非常丰富的现代化理论,为中国式现代化道路的出场夯实了坚实的理论基础。在马克思这里,不同国家的民族风俗、军事实力、历史传统以及经济发展程度都存在显著的差异性,因而马克思强调应该因地制宜探索不同国家的现代化之路。东西方的现代化道路显著不同,即使同是资本主义国家,不同资本主义国家的现代化道路也有差异。马克思在阐释俄国等落后国家的现代化道路时,尤为关注国家发展的现实情况,强调必须立足落后国家的发展现实开辟适合本国状况的现代化之路。马克思系统研究了亚细亚社会区别于资本主义国家的发展道路,指出俄国公社能够跨越"卡夫丁峡谷"而进入到未来社会,也强调了资本主义国家实现现代化的道路也具有差异性。马克思主义现代化理论始终立足现实条件寻找符合各国实际的道路,不同国家的现实、历史、主观、客观、国内、国际等方面条件的差异性,决定了不同国家在千差万别、错综复杂的条件下必然形成独特的发展道路。马克思关于现代化道路的理论,主张在通往现代化的过程中,以可选择性和多样性的符合本国发展的道路来实现现代化。中国共产党继承和发展马克思主义现代化理论,秉持多样性的现代化道路原则,始终探索符合中国国情的现代化之路。因此,着眼于不同民族、不同国家的现代化历程来看,中国式现代化显著区别于苏联和西方国家的现代化,全面体现了学懂弄通悟透马克思主义现代化理论,并将科学理论与中国的发展现实紧密结合,实现了科学理论与中国现代化实践的融合统一,形成了独具中国特色的现代化道路。

(2) 实现共同富裕的现代化道路

中国式现代化以共同富裕为价值目标,从根本上超越了西方国家的现代化,全面体现了中国式现代化的人民性,表征着人类文明形态的新坐标。我们党从建立起,就深刻认识到富裕对于人民群众的重要性,从而高度重视提高人民群众的物质生活水平,基于人民群众的共同利益寻求中国社会的有序运行和团结一致,才能实现中国社会的整体发展和全面进步。而西方国家所谓的"平等",却在生产资料私有制之下导致了无法逾越的财富鸿沟,且鸿沟越来越深。中国共产党坚定不移站稳人民立场,由最初的解决温饱问题,再进一步实现全体人民的小康,再到小康社会的全面建成,最后实现全体人民的共同富裕,这不同阶段的执政目标集中体现了在现代化的进程中,我们党始终关切人民的利益。中国在公有制基础上着力推进经济建设,这为实现共同富裕提供了制度基础和物质基础,体现了全体人民不仅是经济发展的推动者,也是经济发展的分享者,构建了全体人民共建共享的崭新社会发展形态。反观资本主义所谓的"共同富裕",其根基是私有制,是由资本增殖推动西方社会的运行，凸显了资本至上、资本逻辑以及"人为物役"的价值观，人与物的关系完全颠倒了。建立在社会主义制度基础上的中国式现代化道路，着力发挥显著的制度优势，进而有效驾驭和规制资本，全面推进共同富裕。同时，中国的共同富裕在社会实践上，与资本主义国家具有鲜明的区别，中国着眼于发展战略高度重视中国不同区域的平衡发展，通过东部率先发展、中部崛起、西部大开发、东北振兴等部署，使区域协调发展和区域重大战略协同发展，在全国范围内因地制宜推进共同发展，实现不同区域的共同富裕；而资本主义私有制使西方社会无法挣脱"马太效应"，造成了经济社会发展的严重失衡，例如美国中西部与沿海地区之间的发展悬殊等区域发展矛盾数不胜数。中国式现代化道路坚定不移坚持人民至上原则，实现了"存量"与"增量"的融合统一，不仅推动了生产力的发展，又使民生"蛋糕"越做越大，立足分配问题有效破解民生问题，使全体人民的获得感更足、幸福感更强。

（3）实现协调发展的现代化道路

中国式现代化道路的内在价值取向集中体现在这一崭新道路的协调性，它始终遵循"以人为主体的社会和谐发展状态，包括人与自然之间、人与人之间、人与社会之间协调发展"的逻辑（康秀云，2006），着力调整和优化推进现代化建设的发展结构，准确定位现代化发展的"红线"和"主线"，力图使中国发展为人、自然、社会协调发展的现代化强国。西方国家在处理人与自然的关系问题上，主张"人类中心主义"和"经济发展至上"原则，全面遮蔽了现代化发展的可持续性和协调性，尤其是在整个工业革命时期，西方国家一直在为"工具理性"辩护，时至今日极具偏颇性的"工业化就是现代化"的观点，依旧对广大发展中国家探索现代化道路产生了消极影响。西方国家把自然价值看成对人类发展的有用性，这种价值观直接导致了无止境索取自然资源，最终出现了难以克服的生态危机。恩格斯强调，不要沉迷于人类战胜自然界的胜利之中，这样的成功，自然界都将对人类展开报复。中国式现代化充分吸取和借鉴了人类一切文明成果，特别是习近平以强烈的生态环境保护意识提出了"两山论"，党的二十大强调了"推动绿色发展，促进人与自然和谐共生"，强调了保护生态环境从本质上看就是保护生产力，积极改善生态环境就是在大力推进生产力的发展，整体匡正和反思了传统的发展理念，以高度的政治自觉防止掉入唯科技论和唯增长论的陷阱，推动了人类与大自然的和谐相处，创造了有别于传统的文明新形态。在处理人类与社会之间的关系问题上，中国式现代化主张集体主义，与西方国家现代化所主张的个人主义具有明显的区别。中国式现代化道路在阐释现代化的内涵方面，既重视全面革新社会的客体，也高度强调社会主体的全方位发展。从本质上来看，现代化的最终目的就是人的现代化，人的全面发展必须依托社会的进步，需要在良好的社会环境和条件中才能得到全面发展。中国式现代化道路正确认识了社会的现代化与人的现代化之间的内在逻辑关系，以集体主义原则推进现代化建设，形成了自然、社会与人类协调发展的可持续发展格局；而资本主义国家突出了个人主义，加上西方生产方式固有的思想窠臼，导致了社会与人类之间出现异化，致使人的现代化与"物"的现代化之间出现了激烈博弈，甚至造成二者之间的对立。

（4）和平包容发展的现代化道路

西方国家在新航路、工业革命的助推之下，纷纷开启了现代化道路。在推进现代化的过程中，资本主义现代化是基于霸权逻辑的，对内剥削劳苦人民，对外坚持血腥掠夺的殖民主义，始终在"零和博弈"和"霸权主义"之下推行现代化之路。西方的现代化之路充满了战争、殖民侵略、奴隶贩卖等一系列罪恶行径，形成了具有浓厚"霸权""扩张"色彩的殖民体系。诚如马克思所言："资本来到世间，每个毛孔都流淌着血和肮脏的东西。"自15世纪后期开始，西方国家毫无顾忌进行扩张和侵略，借助强大的武力开展海外殖民，以残暴的方式奴役殖民地的人民，甚至贩卖、屠杀黑人和平民，攫取了无数的财富，快速进行了资本的原始积累。英国早在17世纪后期就开始了现代化的准备，在海外殖民中将六百多万黑人贩卖到了美洲，积累了"约24亿英镑资金，等于17世纪末全英国农民两百年创造的价值"（张金鹏，1995），大量的资本积累为英国的现代化夯实了物质基础。不管是充满劳苦大众血泪的"圈地运动"，还是沾满土著人鲜血的"西进运动"，无一不体现了西方国家现代化进程中无法抹去的"原罪"。基于霸权主义的资本主义现代化导致了世界人民普遍陷入了灾难，使世界和平发展极为艰难。向来崇尚和平的中华民族，友善与和平的基因熔铸于中华民族的血液之中，以和为贵、和谐万邦是中华儿女的精神标识，我们的血液中既没有称霸的因子，也没有奴役和侵略的因子。历史上中华民族以丝绸之路开展东西方之间的商贸与交流，新时代以"一带一路"来实现交流互鉴和共同发展。与西方国家依靠侵略和殖民来实现现代化的方式比较，中国的现代化道路集中彰显了和谐与和平，摒弃了资本主义现代化的掠夺、扩张的基因，体现了合作共赢、共同繁荣的包容性发展理念，坚决建立维护整个人类共同利益的新型国际关系，凝聚世界各国人民的力量共同应对全球治理问题。中国式现代化道路并非借助发动战争、殖民扩张、侵略掠夺来实现现代化，也非零和博弈、强国必霸的现代化道路，而是坚决反对霸权、殖民、掠夺、扩张等错误思想，积极主张以和平促进自身与世界的发展，冲破和超越了"文明冲突""异质冲突"等西方思想的禁锢，创造了和平包容的现代化之路。中国的发展坚决摒弃一切剥削和压迫的行径，绝不会掠夺和奴役他国人民，也不会牺牲和侵略其他国家。中国在现代化进程中所取得的巨大成就，是坚强的中国共产党和善于创造、敢于斗争的中国人民共同努力得来的。中国式现代化道路凸显了包容性的特质，主张在和平的环境中快速实现自身的现代化，同时坚持互利共赢原则建构和维护国际新秩序，全方位推进中国与世界朝着和平、包容的方向发展。

10.3.3 中国式现代化的世界意义

中国式现代化道路为世界上广大发展中国家走向现代化提供了新方案，破解了西方国家现代化的顽瘴痼疾，进一步拓展了科学社会主义在新时代的实践场域，创造了人类文明新形态，全面彰显了非凡的世界意义（于磊，2022）。

（1）为发展中国家的现代化提供了新方案

自从西方国家的现代化产生之后，其发展脉络呈现出从发达资本主义国家向不发达国家扩散和外溢的发展现象。"西方现代化在17世纪到19世纪的北美和西欧形成发展起来，进而扩散到欧洲的其他国家，从19世纪末到20世纪初开始传入非洲、亚洲以及南美洲"（艾森斯塔德，1988）。此后一些不发达国家模仿、输入、移植西方国家的现代化模式，然而遗憾的是这种依附性的现代化模式，并没有推动本国的繁荣发展，也并未使本民族的命运得到深刻改变，反而导致国家发展出现倒退现象，陷入发展陷阱中难以自拔。反之，中国式现代化道路是不依附任何国家的独立发展的现代化，这一成功典范为发展中国家提供了崭新的发展选择。中国式现代化道路是切实可行的新道路，是能够为广大发展中国家提供选择和借鉴的可行范本。具体可借鉴之处在于中国式现代化道路完全避开了"脱钩、趋同、依附"模式，是独立自主的现代化道路，"走出了独立发展的开放性、包容性的现代化之路，既全面吸纳了一切有益成果，又防止国际资本控制国内社会经济的发展，以积极的姿态参与全球发展，在经济社会发展中始终掌握发展主动权"（唐爱军，2022）。中国式现代化道路何以能够取得成功，就在于深深扎根于中华文化、厚植于中国土壤，选择了与国情相符合的发展道路，并不依附于任何国家，也不剥削和霸凌任何国家和民族。中国式现代化道路始终坚持"公有制和共同富裕"，这一根本原则集中彰显了中国式现代化道路的根本性质。将中国式现代化道路放在人类整体现代化的历史演进中进行考察，迄今并未出现任何现代化模式跨越、超越或代替它，并未出现任何道路可以破解广大发展中国家在走向现代化中遭遇的一系列问题。中国式现代化道路对发展中国家还发挥着引领示范作用，进一步拓宽了发展中国家实现现代化的渠道，为世界各国的独立发展、繁荣发展提供了崭新选项。因此，中国式现代化道路为人类文明进步增加了崭新的色彩，绘就了发展中国家走向现代化的全新图景，在世界现代化中彰显了中国特色，为发展中国家的现代化提供了与国情相符合的全新发展道路。

(2) 破解了西方国家现代化的顽瘴痼疾

中国式现代化道路吸收了一切有益的人类成果，具有鲜明的开放性和创新性，是不断积累人类现代化经验的成果，集中体现了现代化建设的根本规律，凝结了党和人民的思想和智慧。人类现代化模式是多样性的，道路选择是多元的，这能够推动现代化模式之间的彼此借鉴。几千年的人类文明就是在不断互鉴与交流中形成的，这一互鉴与学习是基于扬弃和辩证基础之上的，避免了固化和僵硬，始终按照本国国情正确运用各种经验，特别是防止和杜绝了其他现代化过程中出现的问题和弊端。西方现代化尽管起步早，得到了一定程度的发展，但这一发展模式并不意味就是唯一通向现代化的道路，也并不意味着就是成熟完美的。西方国家的现代化是基于"圈地运动""西进运动""殖民掠夺""血腥侵略"发展起来的，催生了一系列难以解决的矛盾和冲突，使很多国家遭遇了严重的"社会、经济、生态、政治"等领域的危机，甚至一些国家照搬照抄西方现代化模式导致民不聊生、社会经济发展出现倒退，这些现象暴露了西方现代化模式的缺陷和不足。中国在推进现代化的过程中，彻底摒弃了以资本逻辑为基础的资本主义现代化的价值导向，以人民至上来推进中国的现代化，凸显了人民在现代化中的主体地位，避免了资本主义国家现代化过程中所出现的道路单一性、利益阶级性和思维对立性等弊病。鉴于资本主义国家现代化出现的顽瘴痼疾，中国式现代化道路重视物质与精神层面的协调发展，从根源上克服了西方现代化道路单纯追求资本的严重痼疾。同时，中国式现代化坚定不移坚持独立发展，辩证吸收一切有益成果，自主探索适合自己的正确现代化道路，尽管现代化的起点低并且起步较晚，但在现代化过程中兼顾效益和质量，着力推进全体人民共同分享现代化成果，以中国的现代化全面提高人民群众的生活水平，全面避免了西方现代化过程中的一系列"阵痛"，弥合了西方现代化中出现的诸多裂痕，在扬弃和超越中使中国式现代化成为人类文明进步的生长点。

(3) 拓宽了科学社会主义的实践场域

科学社会主义自形成以来，人们对它的评价褒贬不一。由于东欧剧变和苏联解体，一些人甚至质疑科学社会主义，一时间"社会主义失败论"甚嚣尘上。福山就对此表达了自己的看法：就当前的世界发展来看，还没有一种美好的世界不是以资本主义为基础的（弗朗西斯·福山，2003），高度赞美了资本主义制度的美好和优越。尽管一些资本主义国家的政客和学者大加鞭笞社会主义现代化道路，甚至攻击、抹黑、歪曲科学社会主义，但是21世纪繁荣发展的中国始终高擎科学社会主义的大旗。"中国持续不断取得的一系列成功，使冷战之后国际共产主义运动处于低谷的境况得到了全面扭转，在社会主义与资本主义的较量中，社会主义由过去的被动转变为主动，极大地彰显了社会主义的优越性"（中央宣传部，2021）。中国共产党以强烈的政治自觉和使命担当创造了中国式现代化道路，实现了经济迅猛发展和社会稳定和谐的双重奇迹。经济的迅猛发展具体表现在由建国初期经济极为落后的状态，转变为经济总量位居世界第二位，社会长期稳定和谐体现在推进现代化的过程中，在深化改革过程中整个社会依旧保持稳定与和谐，全体人民祥和安乐，是"全球安全感最强的国家之一"（任理轩，2021）。这一双重奇迹谱写了中华儿女上千年历史中最精彩、最宏大的史诗，以不可辩驳的事实验证了诸如"历史终结论""社会主义失败论"的错误，"中国成为全球的主要大国，表征着资本主义普世主义的失败"（雅克，2010）。立足全球现代化的横向对比，中国式现代化道路打破了"串联式""趋同式""依附式"的现代化模式，在秉持科学社会主义原则的基础上，凸显了显著的中国特色，拓展了全球的现代化路径，全面彰显了科学社会主义的价值和立场。在人类社会发展的历程中，中国式现代化道路在伟大的实践中全面运用了科学社会主义，有力回答了社会主义现代化将走向何处的重大问题。新时代我们党持续拓展现代化的道路，需要进一步探索现代化的理论和具体实践方式，以与时俱进的科学思想指引动态发展的实践。极具科学性和广泛性的中国式现代化道路全面体现了科学社会主义在理论层面和实践层面的根本要求，有力破解了社会主义国家怎样实现现代化的问题，既从事实上向各个国家证明，"人类走向现代化的路线是多种多样的"（马蒂内利，2010），又从理论层面向世界各国证明，以马克思主义为指导的中国式现代化道路是切实可行的，是中华儿女实现民族复兴的重要路径。因此，中国式现代化道路具有显著的特征，它"并没有简单继承中华文化的母版，没有简单照搬马克思主义的模板，没有复制国外其他社会主义的现代化模式，更没有翻版西方的现代化模式"。因此，中国式现代化道路为世界各国实现现代化提供了新方案，是整个人类走向现代化的生动诠释，"为人类实现现代化提供了新的选择"。随着中国现代化建设的不断推进，中国式现代化道路的实践场域将越来越大，对全球发展的影响也将越来越深。

(4) 创造了人类文明新形态

现代化是人类社会发展进程中最为广泛和深刻的社会革命，全面呈现了人类社会进步要素的传播、选择和创新的发展演进、循环交替的过程，也体现了整个人类由过去传统农业文明转向工业文明的历史性进程。由于各个地区和不同国家在思维模式、宗教信仰、风俗习惯、人文历史、地理风貌等方面具有差异性，不同地区和国家走向现代化的道路必然存在差异性。中国式现代化道路从本质上区别于世界上其他社会主义国家的现代化和西方现代化，既没有僵化套用马克思主义现代化理论，也没有全面吸纳西方现代化的经验，也并未盲目接收中华传统文化的国家治理理论,而是把现代化思想嵌入到中国的社会建设之中,深刻反思西方现代化中出现的矛盾和问题,全面挖掘马克思主义对于现代性批判的理论资源,理性地借鉴人类一切关于现代化的正确理论主张和思想阐释,以丰富的思想理论指导具体的实践,从而提高了中国共产党关于现代化建设的理论境界,形成了独具中国特色的现代化理论体系。中国式现代化道路彰显了人类不同文明现代化发展的普遍表征和根本规律,蕴含着深厚的中华优秀传统文化基因,实现了科学理论与优秀文化的深度融合,创造了人类文明新形态。在悠久灿烂的中华文化中形成的中国式现代化道路,是深刻总结中国社会建设经验,是在全面探索现代化发展道路的实践中逐渐形成的,具有深沉的中华文化底蕴,内含一系列国家治理的新观点新理论。中国式现代化道路使中华民族以傲人的姿态屹立于世界东方,向世界各国展示了通向现代化的多样性路径。中国式现代化道路的形成中,积极学习和借鉴了一系列现代化思想的内核理论和精髓实质,吸取了诸多现代化模式的有益成分,全面把握中国的发展实际,深刻认识和科学运用人类社会发展规律,将马克思主义现代化理论贯穿在伟大实践之中,使人类文明新形态与中国式现代化彼此融合、相互推进,这两者都属于人类社会发展进步的表现形态,在理论层面和实践层面上具有内在统一的逻辑关系,其价值旨在共同推进人类的发展和世界的共同繁荣。在中国式现代化道路的创造过程中形成了人类文明新形态,这是具有深远影响的阶段性文明成果,它把中国式现代化道路升华到了人类文明的崭新高度,全面体现了中国式现代化道路的时代性、实践性、科学性,它是科学指引人类发展方向、具有光明发展前途、符合全球发展潮流的崭新文明形态,是符合全人类共同利益的文明新形态。

10.3.4 实现中国式现代化的现实挑战

当前,世界百年未有之大变局加速演进,国际力量对比深刻调整。同时,世纪疫情影响深远,逆全球化思潮抬头,单边主义、保护主义明显上升,世界经济复苏乏力,局部冲突和动荡频发,全球性问题加剧,世界进入新的动荡变革期。我国国内社会主要矛盾深刻变化,改革发展稳定面临不少躲不开、绕不过的深层次矛盾,将给国家安全和实现中国式现代化带来多重挑战(韩保江等,2022)。

①中国经济增长速度下降,不仅可能增加跨越"中等收入陷阱"的难度,而且可能因其"水落石出"效应诱致财政、金融和房地产风险集中爆发。这是因为中国式现代化是人口规模巨大的现代化,也是全体人民共同富裕的现代化,二者加在一起就意味着中国经济总量要分别在2035年和2050年各"翻一番"以上,否则就不可能达到中等发达国家的收入水平,进而也就没有实现全体人民共同富裕的物质基础。因此,实现中国式现代化需要高质量发展,也需要中高速增长。但是,由于中国经济体量越来越大,高质量发展的要求越来越高,尤其是新增人口的"剧烈下降",中国人口潜在增长率进入下降通道。因此,中国经济能否处理好"质的有效提升和量的合理增长"的关系,进而维持较长时间的中高速增长,直接关系到中国能否真正跨越中等收入陷阱并稳定进入高收入国家行列。尤其需要警惕的是经济降速所带来的"水落石出"效应而诱发的财政、金融房地产等各种风险。对此,习近平总书记指出:"从国内看,经济发展面临'四降一升',即经济增速下降、工业品价格下降、实体企业盈利下降、财政收入下降、经济风险发生概率上升。"

②中国科技创新能力不强的"阿喀琉斯之踵"效应,不仅直接影响经济高质量发展"成色",而且拖累现代化进程。2022年1月,国内科学家列出遭到西方国家卡脖子的35个领域的清单,不仅有芯片EDA软件、光刻机、操作系统、触觉传感器,而且包括高端轴承钢、重型燃气轮机、航空发动机等。这些都是影响我国经济高质量发展和国家安全的关键核心技术。这些发展"卡脖子"和"软肋"问题解决的进度,不仅决定中国经济高质量发展的水平,而且深刻影响国家安全和中国式现代化进程。

③城乡区域收入分配差距仍然较大并可能导致"马太效应",不仅会直接影响全体人民共同富裕进程,而且会影响社会稳定和经济发展后劲。2021年,我国东部、东北、中部与西部地区居民人均可支配收入之比仍有1.63倍、1.11倍和1.07倍,城乡居民人均可支配收入之比为2.50倍,居民收入基尼系数也还高达0.466,远高于0.3至0.35的合理区间。尤其是在社会总收入中,20%的高收入家庭占比45.8%,20%的低收入家庭仅占4.3%。如此大的收入差距,不仅意味着实现全体人民共同富裕的难度很大,而且直接影响着人民群众的获得感和幸福感,影响中等收入人群的扩大,进而动摇社会稳定的基础。

④中国"碳达峰碳中和"进程加快,不仅可能产生"高质量悖论",即由于在"双碳"过程和"智能化、数字化"过程叠加,可能导致中国"去工业化"进程加快,使传统制造业、煤炭石化钢铁等产业"早衰",进而引发"失业加剧"、低收入群体收入下降和生活困难而导致的"费力不讨好"和"好心办坏事"的现象,而且可能诱发"合成的谬误"和"绿天鹅"风险。因为我们传统经济结构"高碳化"由来已久,并也成为中国这样一个人口巨大、实体经济比重较高的发展中大国的突出特征,在此基础上自然形成了"高碳化"的投资结构和信贷结构。如果不分时分地分产业"差别化、渐进性"推进,不坚持"先立后破",必然会形成"合成的谬误",进而诱发因追求绿色低碳发展而产生的新能源危机和投资金融风险。正是由于国际国内风险挑战复杂叠加,习近平总书记在党的二十大报告中要求我们:"必须增强忧患意识,坚持底线思维,做到居安思危、未雨绸缪,准备经受风高浪急甚至惊涛骇浪的重大考验。"

10.3.5 实现中国式现代化的中心工作与路径

10.3.5.1 实现中国式现代化的中心工作

党的二十大报告中指出:"从现在起,中国共产党的中心任务就是团结带领全国各族人民全面建成社会主义现代化强国、实现第二个百年奋斗目标,以中国式现代化全面推进中华民族伟大复兴。"要如期完成这一中心任务和宏伟目标,全党仍要继续"牢牢把握社会主义初级阶段这个基本国情,牢牢立足社会主义初级阶段这个最大实际,牢牢坚持党的基本路线这个党和国家的生命线、人民的幸福线",进而始终抓牢"以经济建设为中心"这个"兴国之要",始终抓好发展这一党执政兴国的第一要务,把高质量发展作为全面建设社会主义现代化国家的首要任务,集中精力办好自己的事情。习近平总书记指出:"以经济建设为中心是兴国之要,发展仍是解决我国所有问题的关键。只有推动经济持续健康发展,才能筑牢国家繁荣富强、人民幸福安康、社会和谐稳定的物质基础。"(中央文献研究室,2017)

全面建设社会主义现代化国家,必须坚持"五位一体"总布局,"全面推进经济建设、政治建设、文化建设、社会建设、生态文明建设,促进现代化建设各个方面、各个环节相协调"。但是,坚持"五位一体"总布局,不是不分基础与条件、主要矛盾与次要矛盾、矛盾的主要方面与次要方面的平均发力。根据马克思主义揭示的"生产力决定生产关系,经济基础决定上层建筑"的基本原理和客观规律,坚持以经济建设为中心始终不能动摇,经济建设是根本,是政治、文化、社会与生态文明建设,乃至实施"四个全面"战略布局的前提或基础。政治建设、文化建设、社会建设、生态文明建设、党的建设等要主动服从和服务于经济建设这个中心。只有始终抓好经济建设这个中心工作,其他工作才能更好地开展。习近平总书记指出:"发展是基础,经济不发展,一切都无从谈起。""党是总揽全局、协调各方的,经济工作是中心工作,党的领导当然要在中心工作中得到充分体现,抓住了中心工作这个牛鼻子,其他工作就可以更好展开。"(中央文献研究室,2017)

坚持以经济建设为中心,就必须把高质量发展作为全面建设社会主义现代化国家的首要任务。因为"没有坚实的物质技术基础,就不可能全面建成社会主义现代化国家。"必须完整、准确、全面贯彻新发展理念,坚持社会主义市场经济改革方向,坚持对外开放,加快构建以国内大循环为主体、国内国际双循环相互促进的新发展格局,把实施扩大内需战略同深化供给侧结构性改革有机结合起来,增强国内循环的内生动力和可靠性,提升国际循环的质量和水平,加快建设现代化经济体系,着力提高全要素生产率,着力提升产业链供应链韧性和安全水平,着力推进城乡融合和区域协调发展,推动经济实现质的有效提升和量的合理增长(韩保江和李志斌,2022)。

10.3.5.2 中国式现代化的实现路径

中国式现代化是对中国特色社会主义道路的高度概括和系统总结,是坚持中国共产党领导,坚持中国特色社会主义,实现高质量发展,发展全过程人民民主,丰富人民精神世界,实现全体人民共同富裕,促进人与自然和谐共生,推动构建人类命运共同体的内在统一,进而创造人类文明新形态。这是一条人类未曾有过的现代化新路,要走好这条中国式现代化新路,必须统筹好"四个全面"战略布局,科学理性地选择实现路径。

(1) 坚持和加强党的全面领导

这是实现中国式现代化的政治保障。习近平总书记指出:"全面建设社会主义现代化国家、全面推进中华民族伟大复兴,关键在党。"党的理论感召力、政治执行力、市场经济驾驭力、组织动员力等都直接关乎全面建设社会主义现代化国家的各项工作能否有效推进。

①要用习近平新时代中国特色社会主义思想,尤其是习近平经济思想武装干部群众。"拥有马克思主义科学理论指导是我们党鲜明的政治品格和强大的政治优势。""实践告诉我们,中国共产党为什么能,中国特色社会主义为什么好,归根到底是马克思主义行,是中国化时代化的马克思主义行。"习近平新时代中国特色社会主义思想是中华文化和中国精神的时代精华,实现了马克思主义中国化新的飞跃,是以中国式现代化推进中华民族伟大复兴的行动指南。坚持人民至上、坚持自信自立、坚持守正创新、坚持问题导向、坚持系统观念、坚持胸怀天下是习近平新时代中国特色社会主义思想的世界观和方法论,坚持以人民为中心的发展思想,完整、准确、全面贯彻新发展理念是习近平经济思想的根本立场和理论要义(韩保江,2018)。唯有用这些党的创新理论武装干部群众,并转变成广大干部

群众的自觉行动，最终才能凝聚起全面建设社会主义现代化国家的磅礴力量。

②要坚决维护党中央权威和集中统一领导，自觉增强"四个意识"、坚定"四个自信"、做到"两个维护"。有效推进中国式现代化，必须强化"两个维护"的制度保障，健全党总揽全局、协调各方的领导制度体系，深化党和国家机构改革，建立健全党中央对重大工作的领导体制，完善推动党中央重大决策落实机制。必须加强党的政治建设，严明政治纪律和政治规矩，提高各级党组织和领导干部的政治判断力、政治领悟力、政治执行力。

③要不断提高党驾驭市场经济和领导高质量发展的能力，习近平总书记指出："能不能驾驭好世界第二大经济体，能不能保持经济社会持续健康发展，从根本上讲取决于党在经济社会发展中的领导核心作用发挥得好不好。"因此，我们党必须自觉研究和遵循现代市场经济规律和高质量发展规律，有效防范资本主义市场经济的弊端，确保中国经济实现"创新成为第一动力、协调成为内生特点、绿色成为普遍形态、开放成为必由之路、共享成为根本目的的发展"。

④不断提高领导干部的工作能力和领导水平。政治路线确定之后，干部就成为关键因素，要实现中国式现代化，各级领导干部特别是高级领导干部要围绕现代化建设中的重点难点问题加强学习和调研，提高把握和运用市场经济规律、自然规律、社会发展规律的能力，成为领导各方面工作的行家里手。

(2) 坚持建设现代化经济体系和构建新发展格局协同推进

这是实现中国式现代化的主要路径。建设现代化经济体系和构建新发展格局，二者互为表里，内在统一于"新发展理念"，都是实现高质量发展的必然路径。习近平总书记指出："高质量发展就是体现新发展理念的发展。"因此，"推动高质量发展，就要建设现代化经济体系"。

①必须突出"创新发展"要求，加快建设"创新引领、协同发展"的现代产业体系，实现实体经济、科技创新、现代金融、人力资源协调发展，使科技创新在实体经济发展中的贡献份额不断提高。

②必须突出"对内开放发展"要求，加快建设"统一开放、竞争有序"的现代市场体系，建设全国统一大市场，加快形成企业自主经营公平竞争、消费者自由选择自主消费、商品和要素自由流动平等交换的制度环境。

③必须突出"共享发展"要求，加快建设"体现效率、促进公平"的收入分配体系，实现收入分配合理、社会公平正义、基本公共服务均等化，全体人民共同富裕。

④必须突出"协调发展"要求，加快建立"彰显优势、协调联动"的城乡区域发展体系，实现区域良性互动、城乡融合发展、陆海统筹整体优化，充分发挥区域禀赋优势。

⑤必须突出"绿色发展"要求，加快建设"资源节约、环境友好"的绿色发展体系，实现绿色循环低碳发展，人与自然和谐共生。

⑥必须突出"对外开放"和"安全发展"要求，加快建设"多元平衡、安全高效"的全面开放体系，发展更高层次开放型经济，构建高水平对外开放新格局。

⑦必须突出"市场机制有效"要求，加快构建"使市场在资源配置中起决定性作用，更好发挥政府作用"的高水平社会主义市场经济体制。

习近平总书记指出："贯彻新发展理念，必然要求构建新发展格局，这是历史逻辑和现实逻辑共同作用使然。"因此，像建设现代化经济体系一样，构建新发展格局，必须完整、准确、全面贯彻新发展理念，最终实现"经济循环的畅通无阻"和"高水平的自立自强"。为此把扩大内需战略基点和坚持供给侧结构性改革战略方向有机统一起来，通过"建设全国统一大市场"和构建"制度型"高水平对外开放新格局，来"打通"国内、国际供给与需求，真正形成"需求牵引供给、供给创造需求的高水平动态平衡"。统筹实施科教兴国和创新驱动发展战略，着力破解"卡脖子"问题。要全面加强对科技创新的部署，充分发挥新型举国体制和"揭榜挂帅"机制的"双重作用"，充分调动政府、企业、社会、科研机构和科研人才等多重积极性和创造性，形成国家创新合力，加快克服重要领域"卡脖子"技术，确保产业链供应链优化安全可控。深入实施区域城乡协调发展战略，全面推进乡村振兴。建立更加有效的区域协调发展新机制，强化举措推进西部大开发形成新格局，深化改革加快东北等老工业基地振兴，发挥优势推动中部地区崛起，以创新引领率先实现东部地区优化发展。要以城市群为主体构建大中小城市和小城镇协调发展的城镇格局，加快农业转移人口市民化。要以共抓大保护、不搞大开发为导向推动长江经济带和黄河流域高质量发展。尤其要支持资源型地区经济转型发展，加快边疆发展，确保边疆巩固、边境安全。尤其要下好乡村振兴这盘大棋，加快推进农业农村现代化，确保国家粮食安全。

(3) 坚持全面深化改革，推进国家治理体系和治理能力现代化

这是实现中国式现代化的内在要求。制度现代化，即推进国家治理体系和治理能力现代化，既是中国式现代化的内在要素与基本内容，也是加快推进中国式现代化进程的有力保障。改革开放以来，我们党通过发挥社会主义制度优势，借鉴市场经济等人类制度文明成果，创造了人类历史上规模最大、速度最快、持续时间最久的经济快速增长和社会保持长期稳定"两大奇迹"。这得益于我们不断深化改革开放，不断完善中国特色社会主义制度，不断完善社会主义市场经济体制和不断推进国家治理体系和治理能力现代化。因此，要最终实现全面建成社会主义现代化强国的奋斗目标，必须继续坚持全面深化改革，不断提高国家治理体系和治理能力现代化水平，为进一步解放和发展社会生产力，加快建设现代化经济体系和构建新发展格局，提供有力的制度支撑。

①继续完善社会主义基本经济制度。一方面，要毫不动摇巩固和发展公有制经济，深化国有企业改革，加快国有经济布局优化和结构调整，推动国有资本和国有企业做强、做优、做大，提高企业核心竞争力。要毫不动摇鼓励、支持、引导非公有制经济发展，依法保护民营企业产权和企业家权益，优化民营企业发展环境，促进民营经济发展壮大。另一方面，要更充分地发挥市场在资源配置中的决定性作用，更好发挥政府作用。为此，要构建全国统一大市场，深化要素市场改革，建设高标准市场体系。

②继续深化科技体制改革。一方面，要健全新型举国体制，强化国家战略科技力量，加强科技基础能力建设，优化配置创新资源。另一方面，深化科技评价改革，加大多元化科技投入，加强知识产权法制保障，形成支持全面创新的基础制度。

③继续深化政治体制改革，发展全过程人民民主，加强人民当家作主制度保障。习近平总书记指出："全过程人民民主是社会主义民主政治的本质属性，是最广泛、最真实、最管用的民主。"因此，我们要健全人民当家作主制度体系，扩大人民有序政治参与，保障人民依法实行民主选举、民主协商、民主决策、民主管理、民主监督等基本权利。尤其要支持和保

证人民通过人民代表大会行使国家权力，保证各级人大都是由民主选举产生、对人民负责、受人民监督。

④继续深化文化体制改革，增强文化自信。一方面，要牢牢掌握党对意识形态工作领导权，全面落实意识形态工作责任制，广泛践行社会主义核心价值观，把社会主义核心价值观融入法治建设。另一方面，要繁荣发展文化事业和文化产业，健全现代文化产业体系和市场体系。

⑤继续深化社会体制改革。一方面，分配制度是促进共同富裕的基础性制度。要坚持按劳分配为主体、多种分配方式并存，构建初次分配、再分配、第三次分配协调配套的制度体系。另一方面，要健全覆盖全民、统筹城乡、公平统一、安全规范、可持续的多层次的社会保障体系，尤其要健全国家安全体系，提高公共安全治理水平，健全共建共治共享的社会治理制度。

⑥要深化生态体制改革，积极稳妥推进"碳达峰碳中和"的政策体系和标准制度建设，进而推动绿色发展，促进人与自然和谐共生。

(4) 坚持全面依法治国，推进法治中国建设

习近平总书记指出："全面依法治国是国家治理的一场深刻革命，关系党执政兴国，关系人民幸福安康，关系党和国家长治久安。必须发挥好法治固根本、稳预期、利长远的保障作用，在法治轨道上全面建设社会主义现代化国家。"因此，应完善以宪法为核心的中国特色社会主义法律体系；扎实推进依法行政，加快法治政府建设。这是依法治国的重点任务和主体工程；深化司法体制综合配套改革，全面准确落实司法责任制，确保严格公正司法；加快法治社会建设，形成覆盖城乡的现代公共法律服务体系，推进多层次多领域依法治理，提升社会治理法治化水平。

(5) 坚持全面从严治党，以党的自我革命引领社会革命

经过党的十八大以来全面从严治党，我们解决了党内许多突出问题，但在全面建设社会主义现代化国家过程中，不仅党面临的执政考验、改革开放考验、市场经济考验、外部环境考验将长期存在，而且精神懈怠危险、能力不足危险、脱离群众危险、消极腐败危险也将长期存在。因此，必须加快完善党的自我革命制度规范体系。

①坚持制度治党、依规治党，以党章为根本，以民主集中制为核心，完善党内法规体系，形成坚持真理、修正错误、发现问题、纠正偏差的机制。

②健全党统一领导、全面覆盖、权威高效的监督体系，完善权力监督机制。

③落实全面从严治党政治责任，用好问责利器。

(6) 必须统筹好发展和安全，推进国家安全体系和能力现代化

习近平总书记指出："国家安全是民族复兴的根基，社会稳定是国家强盛的前提。"因此，为了确保实现中国式现代化奋斗目标，一方面，必须坚持党中央对国家安全工作的集中统一领导，强化经济、重大基础设施、金融、网络、数据、生物、资源、核、太空、海洋等安全保障体系建设，健全反制裁、反干涉、反"长臂管辖"机制。另一方面，必须增强维护国家安全能力，提高公共安全治理水平，尤其要健全共建共治共享的社会治理制度，提升社会治理效能(韩保江等，2022)。

小 结

本章介绍了中国式城市现代化的理论内涵、评价指标及体系,推进中国式城市现代化政策启示。叙述了农业农村现代化的核心内涵、目标定位及实现路径,并构建了农业、农村现代化评价的体系。最后阐述了中国式现代化的发展脉络、科学内涵、世界意义,实现中国式现代化的挑战、中心工作及路径。

思 考 题

1. 简述中国式城市现代化的内涵。
2. 简述如何构建中国式城市现代化的评价指标及体系。
3. 简述农业农村现代化的核心内涵及目标定位。
4. 简述如何实现农业农村现代化。
5. 简述如何进行农业农村现代化的评价。
6. 简述中国式现代化的科学内涵及世界意义。
7. 简述实现中国式现代化的现实挑战及路径。

推荐阅读书目

中国科学院中国现代研究中心,2010. 中国社会现代化的新选择[M]. 北京:科学出版社.

参 考 文 献

艾伯特·马蒂内利，2010. 全球现代化：重思现代性事业[M]. 李国武，译. 北京：商务印书馆.
艾森斯塔德，1988. 现代化：抗拒与变迁[M]. 张旅平，等，译. 北京：中国人民大学出版社.
白永秀，王颂吉，2013. 城乡发展一体化的实质及其实现路径[J]. 复旦大学学报（社会科学版），55(4)：149-156.
包一凡，张海，金海峰，等，2010. 浅谈生态系统管理的内容和方法[J]. 北方环境，22(4)：27-30.
蔡昉，2000. 中国流动人口问题[M]. 郑州：河南人民出版社.
蔡昉，杨涛，2000. 城乡收入差距的政治经济学[J]. 中国社会科学(4)：11-22.
蔡加福，1997. 1949—1995：我国城市化不同阶段的经济结构特征[J]. 中共福建省委党校学报(7)：26-28.
蔡瑞林，陈万明，岳丹丹，2015. 基于因子分析的江苏城乡一体化发展研究[J]. 江苏农业科学，43(4)：414-417.
蔡云辉，2003. 城乡关系与近代中国的城市化问题[J]. 西南师范大学学报（人文社会科学版）(5)：117-122.
常杰，葛滢，2003. 隐没的群落：重构生态学Ⅰ[J]. 植物生态学报，27(1)：141-142.
常杰，葛滢，2005. 统合生物学纲要[M]. 北京：高等教育出版社.
常杰，葛滢，2010. 生态学[M]. 北京：高等教育出版社.
长子中，2012. 我国农业现代化发展历程及基本经验[J]. 北方经济(Z1)：20-23.
陈阜，2002. 农业生态学[M]. 北京：中国农业大学出版社.
陈鉴潮，张绳祖，王定乾，等，1984. 兰州市郊鸟类群落廿年演替[J]. 兰州大学学报(4)：32-36.
陈世品，2004. 福建青冈林恢复过程中植物物种多样性的变化[J]. 浙江林学院学报，21(3)：258-262.
陈涛，柳小妮，辛晓平，等，2008. 呼伦贝尔羊草草甸草原植物多样性与退化程度关系[J]. 甘肃农业大学学报，43(5)：135-140.
陈锡文，2012. 中国特色农业现代化的几个主要问题[J]. 改革(10)：5-8.
陈义媛，2019. 小农户与现代农业有机衔接的实践探索——黑龙江国有农场土地经营经验的启示[J]. 北京社会科学(9)：4-13.
陈佑良，郭焕成，1996. 城乡交错带：特殊的地域与功能[J]. 北京规划建设(3)：47-49.
陈佑良，2000. 论农村生态系统与经济的可持续发展[J]. 中国软科学(8)：24-26.
陈云良，2023. 高质量发展的公共卫生法之道[J]. 求索(2)：150-160.
陈志刚，曲福田，黄贤金，2008. 中国工业化、城镇化进程中的土地配置特征[J]. 城市问题(9)：7-11.
陈宗富，2014. 基于数据包络分析方法的农业生产效率测度[J]. 统计与决策(12)：46-48.
程金香，2004. 生态工业园建设中的企业耦合研究[D]. 西安：西北大学.
成晓星，2007. 美国农业政策和农业现代化探析[J]. 青海社会科学(4)：20-24.
褚宏启，2010. 教育制度改革与城乡教育一体化——打破城乡教育二元结构的制度瓶颈[J]. 教育研究，31(11)：3-11.
崔保山，刘兴土，1999. 湿地恢复研究综述[J]. 地球科学进展，14(4)：358-364.
崔键，马友华，赵艳萍，等，2006. 农业面源污染的特性及防治对策[J]. 中国农学通报，22(1)：

335-339.

崔晓黎，1997. 新中国城乡关系的经济基础与城市化问题研究[J]. 中国经济史研究(4)：1-22.

代玉启，2022. 中国式现代化道路的文化逻辑——学习党的十九届六中全会精神[J]. 浙江社会科学(1)：4-11.

党国英，2015. 城乡界定及其政策含义[J]. 学术月刊(6)：51-58.

邓超颖，张建萍，2012. 生态旅游可持续发展动力系统研究[J]. 林业资源管理(6)：78-82.

丁溪，2010. 生态农业：农业现代化的发展方向[J]. 学术交流(2)：89-91.

董光龙，张红旗，2016. 基于市域的中国城乡一体化发展水平评价[J]. 中国农业资源与区划，37(4)：69-76.

董慧，胡斓予，2022. 中国式现代化道路的历史脉络与经验启示[J]. 理论与改革(1)：10-21.

段应碧，2004. 统筹城乡发展：领导干部学习读本[M]. 北京：党建读物出版社.

樊杰，2003. 基于可再生能源配额制的东部沿海地区能源结构优化问题探讨[J]. 自然资源学报，18(4)：402-411.

樊杰，1997. 能源资源开发与区域经济发展协调研究：以我国西北地区为例[J]. 自然资源学报，12(4)：349-356.

范航清，何斌源，2001. 北仑河口的红树林及其生态恢复原则[J]. 广西科学，8(3)：210-214.

范庆安，庞春花，张峰，2008. 汾河流域湿地退化特征及恢复对策[J]. 水土保持通报，28(5)：192-194.

方传棣，成金华，赵鹏大，2019. 大保护战略下长江经济带矿产—经济—环境耦合协调度时空演化研究[J]. 中国人口·资源与环境(6)：65-73.

方创琳，2022. 城乡融合发展机理与演进规律的理论解析[J]. 地理学报，77(4)：759-776.

冯娟，2003. 社会主义市场经济条件下的城乡关系[D]. 武汉：华中师范大学.

冯尚春，2004. 中国农村城镇化动力研究[D]. 长春：吉林大学.

冯献，李瑾，2022. 乡村治理现代化水平评价[J]. 华南农业大学学报(社会科学版)，21(3)：127-140.

冯云廷，2005. 城市经济学[M]. 大连：东北财经大学出版社.

弗朗西斯，2003. 历史的终结及最后之人[M]. 黄胜强，许铭原，译. 北京：中国社会科学出版社.

富兰克林，2011. 四千年农夫[M]. 北京：东方出版社.

傅睿，胡希军，2007. 浅析我国农村生态系统与城市生态系统的对比[J]. 山西建筑，33(14)：6-7.

高帆，2020. 中国城乡土地制度演变：内在机理与趋向研判[J]. 社会科学战线(12)：56-66.

高彦华，汪宏清，刘琪璟，2003. 生态恢复评价研究进展[J]. 江西科学，21(3)：168-174.

高芸，蒋和平，2016. 我国农业现代化发展水平评价研究综述[J]. 农业现代化研究，37(3)：409-415.

耿国彪，2016. 我国荒漠化土地和沙化土地面积持续"双缩减"[J]. 绿色中国(1)：10-15.

顾海英，2011. 现阶段"新二元结构"问题缓解的制度与政策——基于上海外来农民工的调研[J]. 管理世界(11)：55-65.

关宇，2004. 观光农业理论及其在黑龙江省实践的研究[D]. 哈尔滨：东北农业大学.

管卫华，顾朝林，林振山，2006. 中国能源消费结构的变动规律研究[J]. 自然资源学报，21(3)：401-407.

郭焕成，刘军萍，王云才，2000. 观光农业发展研究[J]. 经济地理，20(2)：119-124.

郭建军，2007. 新时期农村基础设施和公共服务建设的发展与对策[J]. 农业展望(11)：3-7.

国家环境保护总局，2002. 小城镇环境规划编制技术指南[M]. 北京：中国环境科学出版社.

国家社科基金重大项目课题组，2013. 区域现代化理论与实践研究[M]. 南京：江苏人民出版社.

韩保江，2018. 论习近平新时代中国特色社会主义经济思想[J]. 管理世界，34(1)：25-38.

韩保江，李志斌，2022. 中国式现代化：特征、挑战与路径[J]. 管理世界，38(11)：29-43.

韩鹏云, 2021. 农业现代化的实现路径及优化策略[J]. 现代经济探讨(6): 111-118.
韩喜平, 杨威, 2014. 中国垄断行业收入偏高问题及其矫正[J]. 理论学刊(3): 45-49.
何为媛, 王春丽, 2020. 我国农业面源污染现状及治理措施浅析[J]. 南方农业, 14(26): 201-202.
贺庆棠, 1999. 森林环境学[M]. 北京: 高等教育出版社.
贺雪峰, 2015. 农业现代化首先应是小农的现代化[J]. 中国农村科技(6): 21.
贺雪峰, 2015. 为谁的农业现代化[J]. 开放时代(5): 36-48.
贺雪峰, 印子, 2015. "小农经济"与农业现代化的路径选择——兼评农业现代化激进主义[J]. 政治经济学评论(2): 21.
贺耀敏, 1991. 党在建国初期的工业化战略与农业合作化关系研究[J]. 教学与研究(4): 14-21.
洪银兴, 陈雯, 2003. 城市化和城乡一体化[J]. 经济理论与经济管理(4): 5-11.
洪银兴, 2009. 三农现代化途径研究[J]. 经济学家(1): 12-18.
胡鞍钢, 吴群刚, 2001. 农业企业化: 中国农村现代化的重要途径[J]. 农业经济问题(1): 9-21.
胡俊生, 1997. 由隔离走向融合——中国城乡关系的历史演变及发展趋势[J]. 延安大学学报(社会科学版), 19(3): 35-40.
胡银根, 廖成泉, 章晓曼, 等, 2016. 基于数据包络分析的统筹城乡发展效率评价[J]. 城市规划, 40(2): 46-50.
胡玉洁, 张光生, 朱益波, 等, 2004. 论城市环境建设中的生物多样性保护[J]. 环境科学与技术, 27(4): 78-81.
黄辞海, 2002. 城市生态系统的结构和功能是自然生态系统的翻版吗[J]. 中国人口·资源与环境, 12(3): 134-136.
黄凯, 郭怀成, 刘永, 等, 2007. 河岸带生态系统退化机制及其恢复研究进展[J]. 应用生态学报, 18(6): 1373-1382.
黄翔, 2004. 旅游区管理[M]. 武汉: 武汉大学出版社.
纪万斌, 1996. 塌陷与生态[M]. 北京: 地震出版社.
贾建芳, 2006. 现代化进程中农村的历史命运[J]. 科学社会主义(1): 15-17.
姜长云, 李俊茹, 2021. 关于农业农村现代化内涵、外延的思考[J]. 学术界(5): 14-23.
姜作培, 2004. 城乡一体化: 统筹城乡发展的目标探索[J]. 南方经济(1): 5-9.
蒋和平, 张成龙, 刘学瑜, 2015. 北京都市型现代农业发展水平的评价研究[J]. 农业现代化研究, 36(3): 327-332.
蒋永穆, 2018. 基于社会主要矛盾变化的乡村振兴战略: 内涵及路径[J]. 社会科学辑刊(2): 15-21.
蒋永穆, 2020. 从"农业现代化"到"农业农村现代化"[J]. 红旗文稿(5): 30-32.
蒋永穆, 卢洋, 张晓磊, 2019. 新中国成立70年来中国特色农业现代化内涵演进特征探析[J]. 当代经济研究(8): 9-18, 113.
金岚, 2000. 环境生态学[M]. 北京: 高等教育出版社.
金兆怀, 2002. 关于我国农村剩余劳动力转移问题的理论思考与对策[J]. 社会科学战线(3): 22-26.
康秀云, 2006. 马克思主义中国化与中国社会生活方式的变革[J]. 中国特色社会主义研究(2): 30-35.
柯炳生, 2000. 对推进我国基本实现农业现代化的几点认识[J]. 中国农村经济(9): 4-8.
孔繁德, 张建辉, 1995. 城市生物多样性保护问题及对策探讨[J]. 环境科学研究, 8(5): 33-35.
孔繁德, 2001. 生态保护概论[M]. 北京: 中国环境科学出版社.
孔海, 王珊, 陈云, 等, 2013. 我国城市土壤特性研究现状及展望[J]. 贵州农业科学, 41(12): 100-104.
孔红梅, 赵景柱, 姬兰柱, 等, 2002. 生态系统健康评价方法初探[J]. 应用生态学报, 13(4): 486-490.
孔祥智, 张效榕, 2018. 从城乡一体化到乡村振兴——十八大以来中国城乡关系演变的路径及发展趋势

[J]. 教学与研究(8):5-14.

孔祥智,赵昶,2021. 农村现代化的内涵及实现路径[J]. 中国国情国力(4):4-8.

孔祥智,周振,2020. 我国农村要素市场化配置改革历程、基本经验与深化路径[J]. 改革(7):27-38.

雷国珍,1991. 评吴家丕的《中国农民与农业现代化》[J]. 中共党史研究(5):81-82.

李宝春,2023. 乡村振兴战略背景下我国农村水环境污染防治对策研究[J]. 安徽农业科学,51(12):249-252.

李翠环,余树全,周国模,2002. 亚热带常绿阔叶林植被恢复研究进展[J]. 浙江林学院学报,19(3):325-329.

李广文,2006. 山地—盆地过渡带城镇化过程中存在的环境问题及景观生态规划[D]. 西安:陕西师范大学.

李瑾,2002. 我国观光农业的地域模式、功能分区与规划初探[J]. 中国农业资源与区划,23(2):48-51.

李俊,1994. 中国区域能源供求及其因素分析[J]. 资源科学(2):34-40.

李明星,刘柳青,2021. 城乡协同发展水平的综合评价研究——基于湖北省数据的实证[J]. 财会月刊(22):144-150.

李明星,覃玥,2022. 农业农村现代化:历史回溯、时代内涵、目标定位与实现路径[J]. 当代经济研究(11):71-82.

李实,2021. 共同富裕的目标和实现路径选择[J]. 经济研究(11):4-13.

李实,杨一心,2022. 面向共同富裕的基本公共服务均等化:行动逻辑与路径选择[J]. 中国工业经济(2):27-41.

李伟,SRI M I,刘世锦,2014. 中国:推进高效、包容、可持续的城镇化[J]. 管理世界(4):5-41.

李永庚,蒋高明,2004. 矿山废弃地生态重建研究进展[J]. 生态学报,24(1):95-100.

李玉臣,舒洪岚,1995. 矿区废弃地的生态恢复研究[J]. 生态学报,15(3):339-343.

李煜晖,2002. 小城镇发展趋势研究[D]. 南京:南京农业大学.

李运学,邓吉华,黄建胜,2002. 水土流失是我国的头号环境问题[J]. 水土保持学报,16(5):105-107.

李紫薇,廖雪琴,李静,2004. 食品污染与健康[J]. 伊犁师范学院学报(3):56-58.

连平,马泓,2020. 土地制度市场化改革是"十四五"改革的重要任务[N]. 第一财经日报[2020-10-30]. https://www.yicai.com/news/100818993.html.

廖菲,2000. 当代中国农民问题与农民现代化探究[J]. 教学与研究(12):26-31.

林元泰,2003. 武夷山栲树林恢复生态学研究[J]. 浙江林学院学报,20(3):252-256.

刘传江,程建林,2009. 双重"户籍墙"对农民工市民化的影响[J]. 经济学家(10):66-72.

刘德浩,2020. 我国城乡社会保障制度的发展与演进——从"城乡二元"走向"城乡融合"[J]. 中国劳动(3):56-69.

刘国斌,韩世博,2016. 新型城镇化与城乡一体化协调发展实证研究[J]. 黑龙江社会科学(3):57-63.

刘美平,2008. 论中国特色城乡协同发展理论——兼评刘易斯二元结构理论[J]. 马克思主义研究(12):71-74.

刘莎,2004. 统筹城乡发展推进城乡一体化[J]. 中共四川省委省级机关党校学报(4):22-24.

刘守英,2014. 中国城乡二元土地制度的特征、问题与改革[J]. 国际经济评论(3):9-25.

刘守英,王一鸽,2018. 从乡土中国到城乡中国——中国转型的乡村变迁视角[J]. 管理世界(10):128-146.

刘涛,2011. 现代农业产业体系建设路径抉择——基于农业多功能性的视角[J]. 现代经济探讨(1):4.

刘同山,张云华,2020. 城镇化进程中的城乡二元土地制度及其改革[J]. 求索(3):135-142.

刘炜, 2023. 我国城乡金融一体化的现实困境与实践路径[J]. 当代农村财经(6): 31-33.
刘雪尘, 刘尧传, 1960. 向着现代化迈进的中国农业[J]. 读书(1): 22-23.
刘艳艳, 2013. 建国以来中国共产党对农业现代化目标的探索及其启示[D]. 曲阜: 曲阜师范大学.
刘依杭, 2021. 新时代乡村振兴和新型城镇化协同发展研究[J]. 区域经济评论(3): 58-65.
刘应杰, 1996. 中国城乡关系演变的历史分析[J]. 当代中国史研究(2): 6.
娄章胜, 李勤, 1998. 社会转型与农民现代化[J]. 湖北民族学院学报(社会科学版)(1): 67-72.
卢阳春, 高晓慧, 刘敏, 2021. 城乡发展系统耦合协调的效率漏损及时空分异研究: 以四川省21市(州)数据为例[J]. 农村经济(3): 101-109.
卢瑛, 龚子同, 张甘霖, 2000. 城市土壤的特性及其管理[J]. 土壤与环境, 11(2): 206-208.
陆益龙, 2018. 乡村振兴中的农业农村现代化问题[J]. 中国农业大学学报(社会科学版), 35(3): 48-56.
罗必良, 2021. 增长, 转型与生态化发展——从产品性农业到功能性农业[J]. 学术月刊(5): 11.
罗波, 2008. 河流生态恢复的基本思路与对策[J]. 中国农村水利水电(7): 22-23.
罗亚平, 李明顺, 李金城, 等, 2008. 广西锰矿废弃地生态恢复的现状与治理对策[J]. 现代农业科技(13): 356-359.
罗志刚, 2022. 中国城乡关系政策的百年演变与未来展望[J]. 江汉论坛(10): 12-18.
吕丹, 汪文瑜, 2018. 中国城乡一体化与经济发展水平的协调发展研究[J]. 中国软科学(5): 179-192.
吕东梅, 2005. 保护城市生物多样性的意义与途径[J]. 福建热作科技, 30(3): 35-38.
马丁·雅克, 2010. 当中国统治世界: 中国的崛起和西方世界的衰落[M]. 张莉, 刘曲, 译. 北京: 中信出版社.
马历, 龙花楼, 戈大专, 等, 2018. 中国农区城乡协同发展与乡村振兴途径[J]. 经济地理(4): 37-44.
马涛, 杨凤辉, 李博, 等, 2003. 城乡交错带——特殊的生态区[J]. 城市环境与城市生态(17): 37-39.
马玉寿, 2002. 江河源区高寒草甸退化草地恢复与重建技术研究[J]. 草业科学, 19(9): 1-5.
孟秋菊, 2008. 现代农业与农业现代化概念辨析[J]. 农业现代化研究(3): 267-271.
闵庆文, 于贵瑞, 余卫东, 2003. 西北地区水资源安全的生态系统途径[J]. 水土保持研究, 10(4): 272-274.
穆东, 杜志平, 2005. 资源型区域协同发展评价研究[J]. 中国软科学(5): 106-113.
欧阳慧, 2016. 谨防农民工落户的"隐形门槛"[J]. 中国发展观察(15): 32-34.
欧阳慧, 2020. 新一轮户籍制度改革实践中的落户困境与突破[J]. 经济纵横(9): 57-62.
欧阳志云, 王如松, 2000. 生态系统服务功能、生态与可持续发展[J]. 世界科技研究与发展, 22(5): 45-49.
彭超, 刘合光, 2020. "十四五"时期的农业农村现代化: 形势、问题与对策[J]. 改革(2): 20-29.
彭少麟, 2000. 恢复生态学与退化生态系统的恢复[J]. 中国科学院院刊(3): 188-192.
彭少麟, 2007. 恢复生态学[M]. 北京: 气象出版社.
亓学翔, 谷鹏, 李敏, 2004. 城市化发展中的土地问题研究[J]. 山东经济战略研究(5): 48-49.
祁越峰, 2019. 我国能源发展现状及未来趋势分析[J]. 内蒙古煤炭经济(14): 1-2.
钱乐祥, 吕成文, 1999. 福建土壤贫瘠化特征[J]. 地理研究, 18(3): 289-296.
钱志新, 2013. 城乡一体化是通向现代化的必由之路[J]. 唯实(4): 52-53.
覃诚, 汪宝, 陈典, 等, 2021. 中国分地区农业农村现代化发展水平评价[J/OL]. 中国农业资源与区划. https://kns.cnki.net/kcms/detail/11.3513.S.20211015.1855.004.html
任保平, 张倩, 2022. 构建科学合理的中国式现代化的评价指标体系[J]. 学术界(6): 33-42.
任海, 彭少麟, 1998. 广东潮阳沙荒地的改造与开发[J]. 热带地理, 18(3): 227-231.

任海，彭少麟，2001. 恢复生态学导论[M]. 北京：科学出版社.
任海，邬建国，彭少麟，2000. 生态系统管理的概念及其要素[J]. 应用生态学报，11(3)：455-458.
任海，张倩媚，彭少麟，2003. 内陆水体退化生态系统的恢复[J]. 热带地理，23(1)：22-29.
任治君，1995. 中国农业规模经营的制约[J]. 经济研究(6)：54-58.
任志远，李强，2008. 1978年以来中国能源生产与消费时空差异特征[J]. 地理学报，63(12)：1318-1326.
阮云婷，徐彬，2017. 城乡区域协调发展度的测度与评价[J]. 统计与决策(19)：136-138.
亨廷顿，1998. 变动社会中的政治秩序[M]. 王冠华，译. 北京：生活·读书·新知三联书店.
单保爽，刘伟峰，郑立文，等，2006. 采石废弃地植被快速恢复技术[J]. 林业科技开发，20(4)：88-89.
沈清基，1998. 城市生态与城市环境[M]. 上海：同济大学出版社.
胜杰，2015. 浅谈乡镇企业环境污染及解决措施[J]. 农业与技术，35(12)：215-216.
盛连喜，2002. 环境生态学导论[M]. 北京：高等教育出版社.
师博，明萌，2023. 中国式城市现代化的理论内涵及评价研究[J]. 西北工业大学学报(社会科学版)(1)：120-131.
石忆邵，2003. 城乡一体化理论与实践：回眸与评析[J]. 城市规划汇刊(1)：49-54，96.
史卫民，董鹏斌，2021. 农村闲置宅基地入股利用的制度构建[J]. 西安财经大学学报，34(1)：111-119.
史卫民，彭逸飞，2022. 共同富裕下我国城乡融合发展的理论维度与路径突破[J]. 西南金融(12)：81-93.
宋洪远，2016. 加快户籍制度改革推动城乡一体化发展[J]. 农业现代化研究(6)：1021-1028.
宋力夫，杨冠雄，郭来喜，1985. 津地区旅游环境的演变[J]. 环境科学学报(3)：255-265.
宋永昌，由文辉，王祥荣，2000. 城市生态学[M]. 上海：华东师范大学出版社.
宿钟文，2016. 现代化进程中我国城乡一体化的理论与实践研究[D]. 北京：中央民族大学.
孙博文，2022. 建立健全生态产品价值实现机制的瓶颈制约与策略选择[J]. 改革(5)：34-51.
孙博文，2023. 坚持城乡融合发展，持续缩小城乡差距，促进实现共同富裕——学习阐释党的二十大精神[J]. 生态经济，39(2)：13-25.
孙群力，周镖，余丹，2021. 城乡融合发展水平的地区差异和收敛性研究[J]. 经济问题探索(5)：26-36.
孙霄，2019. 采矿废弃地生态恢复与地域文化再建的策略研究[D]. 北京：中央美术学院.
谭福顺，2007. 中国产业结构的现状及其调整[J]. 管理世界(6)：156-157.
谭佳明，朱润喜，2012. 城乡税制一体化改革的理论分析[J]. 财会月刊(29)：31-32.
檀学文，2018. 贫困村的内生发展研究——皖北辛村精准扶贫考察[J]. 中国农村经济(11)：48-63.
唐爱军，2022. 中国式现代化道路的意义叙事[J]. 北京大学学报(哲学社会科学版)(2)：23-32.
唐云锋，马春华，2017. 财政压力、土地财政与"房价棘轮效应"[J]. 财贸经济(11)：39-54.
汪思龙，赵士洞，2004. 生态系统途径——生态系统管理的一种新理念[J]. 应用生态学报，15(12)：2364-2368.
汪宗顺，汪发元，侯玉巧，2020. 乡村生态旅游、城乡一体化与生态文明建设：基于西北地区2004—2018年数据的实证分析[J]. 生态经济(6)：213-220.
王兵，蒋有绪，牛香，等，2020. 森林生态系统服务功能评估规范：GB/T 38582—2020[S]. 北京：中国标准出版社.
王伯荪，彭少麟，1997. 植被生态学[M]. 北京：中国环境科学出版社.
王博文，周楠，张治伟，2008. 我国能源结构发展趋势分析[J]. 商业文化(学术版)(5)：63.
王春敏，程科鹏，2008. 深化土地管理制度改革，推动城乡统筹发展——记首届城乡土地管理制度改革滨海新区高层论坛[J]. 通讯(11): 7-8.

王国梁, 刘国彬, 侯喜禄, 2002. 黄土高原丘陵沟壑区植被恢复重建后的物种多样性研究[J]. 山地学报, 20(2): 182-187.

王辉, 2014. 新型城镇化特征研究[D]. 大连: 辽宁师范大学.

王健, 2004. 城市中心商业区步行系统规划研究[D]. 西安: 西安建筑科技大学.

王克林, 1998. 洞庭湖湿地景观结构与生态工程模式[J]. 生态学杂志, 17(6): 28-32.

王礼先, 朱金兆, 2006. 水土保持学[M]. 北京: 中国林业出版社.

王翩, 谢培菁, 2015. 国内生态旅游研究综述[J]. 旅游纵览(下半月)(8): 232.

王平, 杜娜, 曾永明, 等, 2014. 海口市城乡一体化发展的动力机制研究[J]. 商业经济研究(13): 143-145.

王群, 2003. 城市化进程中土地资源持续利用问题[J]. 中国土地科学, 17(2): 47-51.

王如松, 2000. 论复合生态系统与生态示范区[J]. 科学导报(6): 6-9.

王守智, 2014. 破解城乡二元结构, 推进城乡协同发展——基于新型城镇化战略的分析[J]. 长江论坛(2): 33-39.

王文, 2022. 城市雨水资源化利用分析[J]. 中国资源综合利用, 40(4): 100-101.

王文隆, 夏显力, 张寒, 2022. 乡村振兴与农业农村现代化: 理论、政策与实践——两刊第五届"三农"论坛会议综述[J]. 中国农村经济(2): 137-144.

王旭, 上官永, 1996. 只有发展农业机械化才能实现农业现代化[J]. 中国农机化学报(6): 11-13.

王艳丽, 2003. 生态工业园的规划设计与评价[D]. 上海: 东华大学.

王玉芳, 景淑华, 宫力平, 2007. 可持续发展自生能力的培育[J]. 中国林业经济(2): 30-33.

王兆华, 2019. 新时代我国农业农村现代化再认识[J]. 农业经济问题(8): 76-83.

王振, 2015. 上海城乡发展一体化的战略目标、瓶颈制约与对策建议[J]. 上海经济研究(2): 3-13.

王知桂, 李建平, 2001. 中国城乡人力资源结构大调整的特点、成因及趋势[J]. 福建师范大学学报(哲学社会科学版), 111(2): 1-7.

王资荣, 郝小波, 1988. 张家界国家森林公园环境质量变化及对策研究[J]. 中国环境科学, 8(4): 23-29.

万福绪, 张金池, 2003. 黔中喀斯特山区的生态环境特点及植被恢复技术[J]. 南京林业大学学报, 27(1): 45-49.

万艳华, 2002. 我国城乡一体化及其规划探讨[J]. 华中科技大学学报(城市科学版), 19(2): 60-63.

魏楚, 王丹, 吴宛忆, 等, 2017. 中国农村居民煤炭消费及影响因素研究[J]. 中国人口·资源与环境, 27(9): 178-185.

魏凤, 张晓黎, 辛礼, 等, 2006. 可再生能源发展对我国能源结构的影响[J]. 中国建设动态(阳光能源)(2): 65-67.

魏后凯, 崔凯, 2022. 建设农业强国的中国道路: 基本逻辑、进程研判与战略支撑[J]. 中国农村经济(1): 2-23.

魏后凯, 郜亮亮, 崔凯, 等, 2020. "十四五"时期促进乡村振兴的思路与政策[J]. 农村经济(8): 1-11.

文祯中, 陆健健, 2006. 应用生态学[M]. 上海: 上海教育出版社.

吴思, 2020. 乡村振兴战略背景下C县城乡一体化建设研究[D]. 曲阜: 曲阜师范大学.

吴兴国, 1999. 南宁城市化进程对小气候环境变化影响的分析[J]. 广西气象, 20(2): 27.

吴旭, 2013. 城乡耦合系统人类主导的碳循环及生态服务[D]. 杭州: 浙江大学.

席鹏辉, 梁若冰, 谢贞发, 等, 2017. 财政压力、产能过剩与供给侧改革[J]. 经济研究(9): 86-102.

夏汉平, 蔡锡安, 2002. 采矿地的生态恢复技术[J]. 应用生态学报, 13(11): 1471-1477.

肖生美，翁伯琦，钟珍梅，2012. 生态系统服务功能的价值评估与研究进展[J]. 福建农业学报，27(4)：443-451.
辛岭，蒋和平，2010. 我国农业现代化发展水平评价指标体系的构建和测算[J]. 农业现代化研究，31(6)：646-650.
辛岭，刘衡，胡志全，2021. 我国农业农村现代化的区域差异及影响因素分析[J]. 经济纵横(12)：101-114.
徐俊忠，2017. 十九大提出"乡村振兴战略"的深远意义[J]. 经济导报(12)：10-15.
徐琴，2000. 中国当代户籍制度的演变———项公共政策的功能变迁[J]. 学海(1)：80-85.
薛汉伟，1993. 中国农民与中国现代化[J]. 北京大学学报(哲学社会科学版)(6)：15-22，129.
薛晴，霍有光，2010. 城乡一体化的理论渊源及其嬗变轨迹考察[J]. 经济地理，30(11)：1779-1784.
严江，2006. 农村剩余劳动力转移：新时期的战略思考[J]. 社会科学研究(1)：18-21.
严瑞珍，1997. 农业产业化是我国农村经济现代化的必由之路[J]. 经济研究(10)：74-79.
燕乃玲，虞孝感，2003. 我国生态功能区划的目标、原则与体系[J]. 长江流域资源与环境，12(6)：579-585.
杨爱琴，2004. 加快推进城乡一体化进程的思考[J]. 山西农经(4)：55-60.
杨兵，2002. 对中国城乡一体化问题的反思[J]. 经济纵横(6)：8-10.
杨钧，2014. 河南省城乡一体化评价指标体系及量化分析[J]. 河南农业大学学报(3)：380-385.
杨丽，赵富城，2010. 基于DEA技术的城乡一体化发展效率评价[J]. 经济问题探索(6)：8-13.
叶南客，唐仲勋，1986. "人的现代化"研究评述[J]. 江苏社会科学(11)：36-41.
叶兴庆，程郁，赵俊超，等，2021. 新发展阶段农业农村现代化的内涵特征和评价体系[J]. 改革(9)：1-15.
易纯，2020. 湖南省城乡一体化发展水平及效率评价[J]. 中国农业资源与区划，41(1)：67-75.
余从田，2012. 我国食品安全问题产生的原因与对策分析[J]. 食品工业，33(6)：115-118.
余作岳，彭少麟，1996. 热带亚热带退化生态系统植被恢复生态学研究[M]. 广州：广东科技出版社.
于建，2004. 城市气候中的"五岛"效应[J]. 中学地理教学参考(9)：25.
于磊，2022. 中国式现代化的发展脉络、科学内涵及世界意义[J/OL]. 学术探索，https：//kns.cnki.net/kcms/detail/53.1148.C.20221111.0932.004.html.
喻理飞，朱守谦，2002. 退化喀斯特森林恢复评价和修复技术[J]. 贵州科学，20(1)：7-13.
袁纯清，1998. 共生理论——兼论小型经济[M]. 北京：经济科学出版社.
袁银传，2002. 论农民意识现代化转化的具体道路[J]. 毛泽东邓小平理论研究(3)：87-91.
袁政，2004. 中国城乡一体化误区及有关公共政策建议[J]. 中国人口·资源与环境，14(2)：69-72.
昝国盛，王翠萍，李锋，等，2023. 第六次全国荒漠化和沙化调查主要结果及分析[J]. 林业资源管理(1)：1-7.
曾万涛，2008. 城市边缘区：城乡统筹、城乡一体化的核心部位[J]. 湖南城市学院学报，29(3)：36-39.
章家恩，徐琪，1999. 恢复生态学研究的一些基本问题探讨[J]. 应用生态学报，10(1)：109-113.
张博胜，杨子生，2020. 中国城乡协调发展与农村贫困治理的耦合关系[J]. 资源科学(7)：1384-1394.
张华，2008. 乡镇工业的环境问题与防治对策[J]. 辽宁广播电视大学学报(1)：67-68.
张华宾，2004. 浅谈风景旅游区游人中心的布局与选址[J]. 城市规划与环境建设，24(4)：42-43.
张红宇，2015. 我国农业规模经营的两种路径选择[J]. 农村经营管理(10)：1.
张甘霖，朱永官，傅伯杰，2003. 城市土壤质量演变及其生态环境效应[J]. 生态学报，23(3)：539-544.
张金鹏，1995. 英美现代化研究[M]. 昆明：云南大学出版社.

张克俊，杜婵，2019. 从城乡统筹、城乡一体化到城乡融合发展：继承与升华[J]. 农村经济(11)：19-26.

张理华，骆高远，2001. 小城市规模扩大与气候要素变化研究——以浙江省义乌市的城市发展为例[J]. 淮北煤师院学报，22(4)：55-58.

张娜，尹怀庭，2005. 自然风景旅游区规划设计的环境理念初探[J]. 干旱区资源与环境，19(7)：71-75.

张骑，2003. 甘孜州退化草地生态系统综合治理对策研究[J]. 四川草原(1)：32-34.

张小龙，2018. 城乡融合发展路径思考[J]. 智库时代(44)：160，166.

张晓山，2008. 关于走中国特色农业现代化道路的几点思考[J]. 经济纵横(1)：58-61.

张小允，许世卫，2022. 我国农业农村现代化评价指标体系研究[J]. 农业现代化研究，43(5)：759-768.

张心语，郭诗韵，王亚萍，等，2022. 雄安新区森林生态系统服务功能价值评估及其空间分析研究[J]. 河南农业大学学报，56(4)：661-673.

张雅光，2021. 新时代城乡一体化发展的制度障碍研究[J]. 理论月刊(10)：78-87.

张应杭，1996. "安土"观念对农民现代化的负面影响[J]. 求是学刊(5)：43-46.

张永泽，2001. 自然湿地生态恢复研究综述[J]. 生态学报，21(2)：309-314.

张友国，孙博文，谢锐，2021. 新冠肺炎疫情的经济影响分解与对策研究[J]. 统计研究(8)：68-82.

张志新，2003. 城市气候的特征及危害[J]. 农业与技术，23(3)：136-167.

张忠杰，刘红梅，2012. 中国城乡一体化发展水平区域差异及趋势研究[J]. 农村经济(12)：34-38.

赵桂久，1993. 生态环境综合整治和恢复技术研究[M]. 北京：北京科学技术出版社.

赵纪新，孟祥华，2005. 我国的能源结构及能源战略构成探讨[J]. 煤炭经济研究(6)：11-13.

赵建吉，刘岩，朱亚坤，等，2020. 黄河流域新型城镇化与生态环境耦合的时空格局及影响因素[J]. 资源科学(1)：159-171.

赵秀玲，2021. 农民现代化与中国乡村治理[J]. 清华大学学报(哲学社会科学版)，36(3)：179-191，210.

赵云龙，唐海萍，陈海，等，2004. 生态系统管理的内涵与应用[J]. 地理与地理信息科学，20(6)：94-98.

郑功成，2017. 全面理解党的十九大报告与中国特色社会保障体系建设[J]. 国家行政学院学报(6)：8-17.

郑金芳，王凤京，邓西录，2004. 秦皇岛市农村城镇化现状与对策研究[J]. 河北科技师范学院学报(社会科学版)，3(1)：90-93.

郑有贵，2000. 农业现代化内涵、指标体系及制度创新的探讨[J]. 中国农业大学学报(社会科学版)(4)：56-59，68.

中共中央文献研究室，1982. 三中全会以来重要文件汇编：下[M]. 北京：人民出版社.

中共中央文献研究室，2001. 十五大以来重要文献选编：中[M]. 北京：人民出版社.

中国国家标准化管理委员会，2018. 自然保护区功能区划技术规程：GB/T 35822—2018[S]. 北京：中国标准出版社.

中国科学院国情分析研究小组，1996. 城市与乡村：中国城乡矛盾与协调发展研究[M]. 北京：科学出版社.

中央宣传部，2021. 习近平新时代中国特色社会主义思想学习问答[M]. 北京：学习出版社，人民出版社.

钟钰，秦富，2011. 我国城乡协同发展及趋势研究[J]. 中国流通经济(1)：49-52.

周符波，2009. 中国城市化法律问题研究[D]. 长沙：中南大学.

周锦成，2004. 推进城乡一体化发展切实解决"失地农民"问题[J]. 温州职业技术学院学报，14(4)：68-69.

周叔莲, 1996. 中国城乡经济及社会协调发展研究[M]. 北京: 经济管理出版社.

周雁辉, 周雁武, 李莲秀, 2006. 我国耕地面积锐减的原因和对策[J]. 社会科学家(3): 132-137.

周总瑛, 唐跃刚, 2003. 从油气资源状况论我国未来能源发展战略[J]. 自然资源学报, 18(2): 210-214.

朱道华, 2002. 略论农业现代化、农村现代化和农民现代化[J]. 沈阳农业大学学报(社会科学版)(3): 178-181, 237-238.

朱海龙, 2005. 中国城市化过程中城乡关系问题探究[J]. 甘肃社会科学(3): 33-35.

朱鹤健, 1994. 福州盆地的土壤类型及其利用问题[A]//福建土壤与土地资源研究[C]. 北京: 农业出版社.

朱建奎, 2014. 我国农业面源污染现状及对策研究[J]. 安徽农业科学, 42(4): 1162-1163, 1167.

朱利东, 林丽, 付修根, 2001. 矿区生态重建[J]. 成都理工学院学报, 28(3): 310.

朱立志, 2019. 高效生态是现代农业的发展方向[J]. 人民论坛·学术前沿(19): 41-47.

朱启臻, 2011. 建立良性机制培养现代化职业农民[J]. 农村工作通讯(21): 28.

朱喜安, 魏国栋, 2015. 熵值法中无量纲化方法优良标准的探讨[J]. 统计与决策(2): 12-15.

朱绪荣, 邓宛竹, 张忠明, 2012. 现代农业示范区规划指标体系构建方法研究[J]. 中国农学通报, 28(35): 107-115.

祝秋利, 2018. 解读西方海盗文化的历史演变[J]. 东吴学术(3): 130-135.

宗成峰, 2019. 新中国70年党的城乡关系思想的历史演进[J]. 理论视野(8): 12-18.

邹一南, 2020. 从二元对立到城乡融合: 中国工农城乡关系的制度性重构[J]. 科学社会主义(3): 125-130.

ADAM K, 1988. Stdtökolologie in stichworten[M]. Unterageri: Verlag Ferdinand Hirt.

BERALDI A, KUKK E, NEST A, et al., 2015. Use of cancer-specific mental health resources is there an urban-rural divide? [J]. Supportive Care in Cancer, 23 (5): 1285-1294.

BERTOLLO P, 1998. Assessing ecosystem health in governed landscapes: A framework for developing core indicators(abstract)[J]. Ecosystem Health, 4(1): 33-51.

BOYCE M S, HANEY A, 1997. Ecosystem management: applications for sustainable forest and wild life resources[M]. New Haven: Yale University Press.

BRADSAW A D, 1987. Restoration: An acid test for ecology[A]//JORDON W R III, GILPIN N, ABER J, eds. Restoration Ecology: A synthetic approach to ecology research[M]. Cambridge: Cambridge University Press.

CCICCD, 1996. China Country Paper to Combat Desertification[M]//Beijing: China Forestry Publishing House.

COSTANZA R, 1998. Predictors of ecosystem health[M]//RAPPORT D J R, COSTANZA P R, ESTEIN C et al., eds. Ecosystem health. Malden and Oxford: Blackwell Science.

COSTANZA R, D'ARGE R, DE GRAOT R, et al., 1997. The Value of the world's ecosystem services and natural capital nature[J]. Ecological Economics(387): 253-260.

COSTANZA R T, 1992. An operational definition of health [M]//COSTANZA R, NORTON B, HASKELL B. Ecosystem health: New goals for environmental management. Washington: Ieland Press.

DAILY G C, 1995. Restoring value to the world degraded lands[J]. Science, 269: 350-354.

DAILY G C, 1997. Natnre's services-social dependence on natural ecosystems[M]. Washington: Island Press.

FISCHER J, BROSI B, DAILY G C, et al., 2008. Should agricultural policies encourage landsparing or wildlife-friendly farming? [J]. Frontiers in Ecological and the Environment, 6: 380-385.

GRAHAM T F, 2016. Taking root in foreign soil: Adaptation processes of imported universities[D]. Washington: The George Washington University.

LAMD D, 1994. Restoration of degraded tropical forest lands in the Asia-Pacific region[J]. Journal of Tropical Forest Science, 7(1): 1-7.

MALTBY E, HOLDGATE M, ACREMAN M, 2003. Ecosystem management questions for science and society[M]. 北京: 科学出版社.

UNDP, UNEP, WB, et al., 2000. World Resources 2000—2001: People and ecosystems: The fraying web of life[R]. Washington: World Resources Institute.

VILCHEK G E, 1998. Ecosystem health landscape vulnerability and environmental risk assessment (abstract)[J]. Ecosystem Health, 4(1): 52-60.

ROMANCHUK K, 2004. The effect of limiting residents' work hours on their surgical training: A Canadian perspective[J]. Academic Medicine, 79(5): 384-385.

YANG Z, HAO P, LIU W, et al., 2016. Peri-urban agricultural development in Beijing: Varied forms, innovative practices and policy implications[J]. Habitat International(56): 222-234.